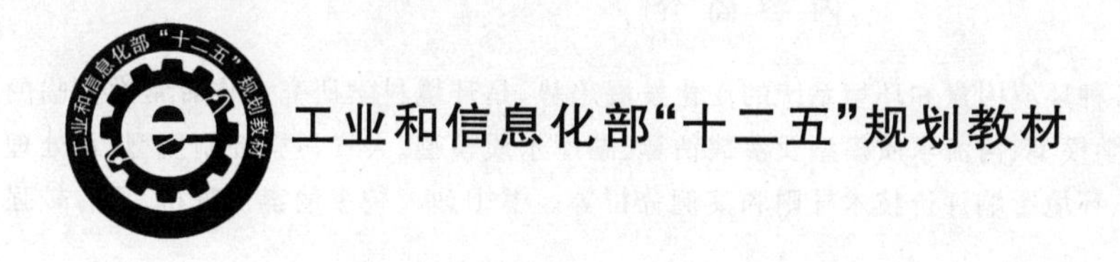

环境模拟与评价

黄中华　孙秀云　韩卫清　编著

北京航空航天大学出版社

内容简介

如何分析、预测和评价各种环境因素和环境系统的变化发展趋势，是环境科学研究工作者常常面临的问题。本书主要介绍了环境数学模型、河流水质模型及参数估算、湖库水质模型、大气污染控制模型、水处理单元操作及单元过程数学模型、环境影响评价技术导则和案例分析等。书中列入较多的案例分析，具有较强的实践性。

本书可作为环境工程、环境科学专业的研究生教材，亦可供环境科学与工程专业的工程技术人员参考。

图书在版编目(CIP)数据

环境模拟与评价 / 黄中华，孙秀云，韩卫清编著
. -- 北京 : 北京航空航天大学出版社，2015.7
ISBN 978-7-5124-1845-5

Ⅰ. ①环… Ⅱ. ①黄… ②孙… ③韩… Ⅲ. ①环境模拟②环境质量评价 Ⅳ. ①TB24②X82

中国版本图书馆 CIP 数据核字(2015)第 159527 号

环境模拟与评价
黄中华　孙秀云　韩卫清　编著
责任编辑　张冀青
*
北京航空航天大学出版社出版发行
北京市海淀区学院路 37 号(邮编 100191)　http://www.buaapress.com.cn
发行部电话:(010)82317024　传真:(010)82328026
读者信箱: goodtextbook@126.com　邮购电话:(010)82316936
北京兴华昌盛印刷有限公司印装　各地书店经销
*
开本:787×1 092　1/16　印张:20.25　字数:518 千字
2015 年 8 月第 1 版　2015 年 8 月第 1 次印刷　印数:2 000 册
ISBN 978-7-5124-1845-5　定价:45.00 元

前　言

针对环境科学与工程专业研究生教学的特点，本书力求贴近工程实践，注重前沿性和互动性，将环境过程数学模型与环境影响评价进行统整，有利于学生全面深入地学习本专业内各分支学科的理论，满足环境科学与工程专业研究生工程素质培养的需要，帮助学生积累工作场所的知识，培养学生的批判性思维。

全书分为两篇。第一篇环境系统与模拟，包括4章，汇集了环境数学模型、大气污染控制模型、天然水体水质数学模型、水处理单元操作和单元过程数学模型等内容。第二篇环境影响评价，包括3章，分别介绍了环境影响评价制度、环境标准及环境影响评价技术导则，提供了不同类别的环境影响评价案例分析。

本书由黄中华、孙秀云、韩卫清共同编写，其中黄中华承担了第一篇的编写工作，孙秀云承担了第二篇中的第5章、6.1～6.6节的编写工作，韩卫清承担了第二篇中的6.7～6.11节和第7章的编写工作。在本书的编写过程中，得到了江苏省环境科学研究院田爱军和南京源恒环境研究所有限公司徐林、段传玲、许志良的斧正，研究生刘郑丽、刘聪聪、李桥等帮助查找、整理了大量文献资料，在此表示感谢。

如果读者发现本书的不足和失误之处，请不吝指教，可发送邮件至hzhlqfox@njust.edu.cn和sunxyun@njust.edu.cn，我们将不断完善。

编　者

2015年1月于南京

目　录

第一篇　环境系统与模拟

工业和信息化部"十二五"规划教材

工业和信息化部"十二五"规划教材

第一篇　环境系统与模拟

第1章　绪　论

1.1　环境模拟

环境系统是环境各要素及其相互关系的总和，环境模拟是环境系统过程的再现。环境模拟应用系统分析原理，建立环境系统的理论或实体模型，在人为控制条件下通过改变特定的参数来观察模型的响应，预测实际系统的行为和特点。环境模拟可以指环境系统自身变化的模拟，包括系统各组成部分变化的模拟，也可以指环境介质中污染物质的运移、转化等的模拟，本书注重后者。环境介质和其中的污染物质都始终处于不断的运动、变化过程中，环境介质是污染物质的载体，明确环境介质运动变化情况是环境过程模拟的基础。

对于环境系统而言，模拟占有很重要的地位。就一个环境系统的污染控制和规划管理而言，为了研究污染物在该环境系统中的变化，采用模型模拟的方法获取相关参数，进而研究环境系统的变化规律。环境模拟包括数学模拟、物理模拟、化学模拟、生物模拟及计算机仿真模拟等，是环境预测的重要手段。

环境模拟的步骤：①确定模拟对象；②确定系统结构；③建立系统模型；④检验模型的有效性；⑤分析系统的灵敏度；⑥实际应用。

1.1.1　环境模拟的对象

环境污染问题中的各种污染物都可以是环境模拟的对象，且环境模拟的对象不仅可以是物质形式的污染物，也可以是其他形式的污染物，如能量形式的余热等。环境模拟的主要对象可以按污染物的载体——环境介质，同时结合污染物的特性分类。

1. 水环境模拟

水环境中污染物包括以下几类：

悬移质及无机盐：颗粒悬浮于水中随水流而搬运，其悬移物被称为悬移质。悬移质及无机盐是无毒性物质，主要影响水的浑浊度和含盐量。

重金属物质：环境中的重金属污染物质主要是指铅、铜、锌、镉、铬、汞等，水体中的重金属主要以溶解态、悬浮态存在。

有机污染物：水体中的有机污染物按降解性可分为可降解有机物和难降解有机物。可降解有机物主要是酚类、溶解性和颗粒性碳水化合物、蛋白质、油脂、氨基酸等；难降解有机物主要是多环芳烃、DDT、氯代化合物等化学性质稳定和难被微生物降解的有机化合物。

富营养化物质：造成水体富营养化的主要因素是氮和磷。水体中氮和磷主要来源于生活

污水、工业废水、家畜排泄物和农业径流等。

浮游植物：在水中浮游生活的微小植物，通常指浮游藻类，主要包括蓝藻、硅藻、甲藻等。

放射性物质：分低中水平放射性物质和高水平放射性物质。低中水平放射性物质，如核电站排放的放射性污染物，主要是氚、锶-90、铯-134等。

水温：可产生热污染一种能量。水温是影响水质过程的重要因素，过高的水温或过快的水温变化都会影响水生生物正常生长和水体的功能，形成热污染。

2. 大气环境模拟

大气污染物的种类有很多，根据其存在的状态，可以概括为两大类：气态污染物和气溶胶状态污染物。气态污染物主要有：以二氧化硫为主的含硫化合物，以一氧化氮和二氧化氮为主的含氮化合物，碳的氧化物，碳氢化合物及卤素化合物。气溶胶状态污染物主要有：尘，指能悬浮于大气中的小固体粒子，其直径一般为1～200 μm；液滴，指大气中悬浮的液体粒子，一般是由于水汽凝结及随后的碰撞增长而形成的；有机盐和无机盐粒子等化学粒子，指在大气中由化学过程产生的固态或液态粒子。

3. 土壤环境模拟

土壤环境污染物的种类很多，有些与水环境中的污染物是一致的，包括重金属物质、无机盐、有机污染物、放射性物质等。

1.1.2 环境模拟的目的和任务

1. 环境模拟的目的

① 掌握环境内部因子变化规律。无论是开展物理模拟还是数学模拟，都可以通过一定的方法获得环境变化的机理和规律。在实际的环境管理和控制中，可以根据目前的环境状况、污染物的迁移转化规律以及可能的污染物发生情况来预测环境质量的变化情况，以便采取必要的措施。

② 对环境的变化进行定性和定量描述。环境保护工作是建立在规划基础上的，建立合理的模型，运用其对环境中污染物的变化做出定量和定性的分析，并据此衡量污染物浓度等是否达到所要求的标准。

③ 提高规划管理工作的效率。通过环境模拟，可以以较小的代价获得较可靠的结果，为决策者提供相应的依据。

2. 环境模拟的任务

环境模拟研究的核心任务是对污染物在环境中的变化过程及其规律，即污染物在物理、化学、生物和气候等因素的作用下随时间和空间的迁移转化过程及其规律准确地描述。它是开展环境评价、预测和预警，制定环境规划和污染控制方案的主要技术手段。

① 量化。通过对环境的模拟，了解其组成资源的量和质的分布及变化规律，从而为决策提供依据。

② 优化。通过模拟，采用科学的规划手段对水环境进行优化配置、污染控制和分配，使其组成资源的量和质处于最佳状态。

③ 决策。对环境各种资源进行调度、分配，使得其社会效益和环境效益均达到较理想的

状态。

④ 控制。使环境的各资源在管理者的监控之下，发挥其最大的社会效益。

1.1.3　环境系统模拟模型的发展趋势

自 20 世纪初 S－P 模型诞生以来，随着人类对环境系统的认识水平不断提高，计算机与软计算技术飞速发展，环境系统模拟模型也发生了突飞猛进的变化。

1. 环境系统模拟模型机理越来越复杂，模拟状态变量越来越多

在水环境模拟方面，从简单的 S－P 模型，发展到氮磷模型、富营养化模型、有毒物质模型和生态系统模型，从点源模型、面源模型到点源与面源耦合的流域综合模拟仿真模型；从环境空气质量模型来看，已从最早的箱式模型与高斯模型，发展到熏烟模型、复杂地形扩散模型及干湿沉积模型，考虑的因素与参数越来越多，模型的机理越来越复杂；其他环境要素的模拟模型也有同样的趋势，特别是考虑不同环境要素（水、气、土壤等）界面间污染物迁移转化机理的跨环境介质环境系统模拟模型已成为研究热点。

2. 环境系统模拟的时空尺度不断增加

① 时间尺度：最早的环境系统模型都是稳态模型，20 世纪 60 年代以后，开始出现动态环境系统模拟模型。动态模型既可以模拟长期过程，也可以模拟瞬时过程。

② 空间尺度：现实世界都是三维的，然而水质模型却经历了从零维、一维、二维到三维逐渐发展的过程。20 世纪 60 年代以前，水环境质量模型以零维和一维为主；60 年代以后，研究逐渐扩展的河口地区，二维模型随之出现；70 年代，由于富营养化研究的需要，三维模型开始出现；到了 90 年代，人类对应用需求更加广泛和深入，三维模型的研究得到了越来越多的重视。近年来，全球气候变化与酸雨等大尺度环境空气问题严重，相关的研究得到不断深入，环境空气质量模型也从区域、城市向国家和全球尺度发展。

3. 环境系统模拟模型的集成化程度不断提高

早期的环境系统模型大多立足于解决单一的环境问题，随着环境科学研究的深入以及环境集成管理的需求，模型的集成化正逐步成为一个新的研究热点。例如，从污水收集、排水管网到城市污水处理厂和受纳水体的城市排水系统集成模拟仿真，点源污染与非点源污染模型的流域水环境系统集成模拟，以及充分综合社会经济模型与环境系统模型的城市环境复杂大系统的集成模拟仿真等。

4. 环境系统模拟软件系统发展迅速

随着环境系统模拟模型的技术手段越来越先进，先进的信息技术，特别是 3S 技术与软计算技术的应用，极大地推动了环境系统模拟模型的发展和完善，涌现出大量的环境模拟软件系统。其中，具有代表性的水环境模型系统包括 WASP、QUAL2E－UNCAS、EFDC 及 MIKE－SWMM 等，可实现河流、湖泊、水库、河口和沿海水域，以及城市排水系统等一系列水环境系统模拟；具有代表性的环境空气模拟系统模型包括 ADMS、AERMOD 及 CALPUFF 等。

5. 环境系统仿真向智能与虚拟发展

随着人工智能技术与三维可视化技术的发展及其在环境科学研究中的广泛应用，环境系统仿真正向智能仿真与虚拟现实方向发展，基于 Agent 的环境系统智能的系统仿真方法以及

基于虚拟现实技术的数字城市与数字流域的建立标志着环境系统模拟仿真已进入新的阶段。

1.2 环境数学模型

数学模型是近些年发展起来的新学科，是数学理论与实际问题相结合的一门科学。它将现实问题归结为相应的数学问题，并在此基础上利用数学的概念、方法和理论进行深入的分析和研究，从定性或定量的角度来刻画实际问题，并为解决现实问题提供精确的数据和可靠的指导。

1.2.1 环境数学模型的定义

数学模型，就是针对或参照某种系统的运动规律、特征和数量相依关系，采用形式化的数学语言，对该系统概括或近似地表达出来的一种数学结构，描述系统（或事物）的这种数学语言和结构常常以一套反映数量关系的数学公式和具体算法体现出来。我们常把这套公式和算法称为数学模型；把与环境系统有关的变量之间的关系，归纳为反映环境系统的性能和机理的数学模型称为环境数学模型。

1.2.2 环境数学模型的分类

① 根据对环境系统信息的掌握程度建立的模型称为白箱模型、灰箱模型和黑箱模型。

白箱模型又称机理模型，是根据对系统的结构和性质的了解，以客观事物变化遵循的物理、化学定律为基础，经逻辑演绎而建立起的模型。这种建立模型的方法叫演绎法。机理模型具有唯一性。

灰箱模型介于白箱模型和黑箱模型之间，是一个半经验、半机理模型。在建立环境数学模型的过程中，几乎每个模型都包含一个或多个待定参数，这些待定参数一般无法由过程机理来确定，通常要借助于观测数据或实验结果。

黑箱模型又称输入/输出模型、统计模型或经验模型，指一些其内部规律还很少为人们所知的现象。它们可在日常例行观察中积累，也可由专门实验获得。根据对系统输入/输出数据的观测，在数理统计基础上建立起经验模型的方法又叫归纳法。经验模型不具有唯一性。

② 根据环境要素不同，可分为大气环境数学模型、水环境数学模型及声环境数学模型等；

③ 根据对环境变量的预测情况，可分为连续型环境数学模型和离散型环境数学模型，以及确定型和随机型环境数学模型；

④ 根据时间和空间变量在模型中的划分情况，可分为时间序列模型和空间序列模型；根据变量在空间变化的特性，可分为一维模型、二维模型及空间三维模型等；

⑤ 根据环境变量的变化情况，可分为线性模型和非线性模型等；

⑥ 根据模型建立时使用的推理方法，可分为统计模型、推理模型及半推理模型等；

⑦ 根据环境数学模型的用途，可分为环境容量模型、环境规划模型、环境评价模型、环境预测模型、环境决策模型、环境经济模型及环境生态模型等。

1.2.3 环境数学模型建立的要求与步骤

众所周知，各种数学应用中，成功的范例大多遵循如下过程：提出问题→分析变量→建立

模型→解释问题→修正模型→解决问题(应用)。这一过程中,最关键的一步(也是最困难的一步)就是数学模型的建立。

把数学方法运用到任一实际问题,都需要把该问题的内在规律用数字、图表或公式、符号表示出来,经过数学的处理,得出供人们分析、预报、决策或控制的定量结果。这个过程就是建立数学模型的过程。这一过程是一个对研究对象进行具体分析和科学抽象的过程,目的在于找到一个能反映问题本质特征的,又是理想化、简单化了的数学模型。

1. 环境系统数学模型的要求

建立数学模型所需的信息通常来自两个方面:一是对系统的结构和性质的认识和理解;二是系统的输入和输出的观测数据。利用前一类信息建立模型的方法称为演绎法;用后一类信息建立模型的方法称为归纳法。用演绎法建立的模型称为机理模型,这类模型一般只有唯一解;用归纳法建立的模型称为经验模型,经验模型一般有多组解。不论用什么方法,建立什么样的模型,都必须满足下述基本要求。

(1) 模型要有足够的精确度

精确度是指模型的计算结果和实际测量数值的吻合程度,精确度不仅与研究对象有关,而且与它所处的时间、状态及其他条件有关。对于模型精确度的具体规定,要视模型应用的主客观条件而定。通常,在人工控制条件下各种模拟试验及由此建立的模型可以达到较高的精确度;而对于自然系统和复合系统的模拟及由此建立的模型,不能期望具有较高的精确度。精确度通常用误差表示。

(2) 模型的形式要简单实用

一个模型既要具备一定的精确度,又要力求简单实用。精确度和模型的复杂程度往往是成正比的。但随着模型的复杂程度的增高,模型的求解趋于困难,要求的代价亦增大。有时为了简化模型以便于求解,只能降低对模型精确度的要求。

(3) 模型的依据要充分

依据充分是指模型在理论推导上要严谨,并且要由可靠的实测数据来检验。

(4) 模型中应该有可控变量

可控变量又称操纵变量,是指模型中能够控制其大小和变化方向的变量。一个模型中应该有一个或多个可控变量,否则这个模型将不能付诸实用。

2. 环境数学模型建立的步骤

第一步,定义问题(环境系统确立)。包括对所研究的环境系统的边界、主要功能、系统的结构,建立模型的前提假设,所建模型的精度和要达到的目的。

第二步,收集相关资料,并对资料进行初步分析(环境系统辨识)。根据研究问题的需要,要尽可能多地收集有关资料和数据,比如有关的环境监测资料、统计资料、文献研究资料等,并对这些数据进行初步的整理。例如可以按照时间或空间变化绘制相应的时空关系曲线,从中可以观察事物变化的大致规律。

第三步,建立概念模型(确定模型结构)。对环境系统进行观察,想象其运动变化情况,包括明确环境系统的结构、输入/输出关系,用自然语言进行描述,初步选择描述问题的变量,确定变量之间的相互影响和变化规律,写出描述这些关系的数学方程,并在满足问题求解要求的前提下,尽可能采用简单的模型形式。

第四步，确定模型中的参数。模型中一些参数的取值需要用某种方式加以确定，如经验公式、实验室实验或数学方法（最小二乘法、优化方法和蒙特卡罗法等）。

第五步，模型的修正和检验。模型的结构形式和参数确定后，模型已经具备求解和计算机优化的条件。但是模型能否付诸应用，只有经过一定的实际检验或试验验证才可投入使用。在实际验证过程中，可能会根据实践和检验对模型的参数作一定的修改，直到模型模拟结果和实际测定结果相符，这时模型投入使用后的模拟结果才是可靠的。如果修改参数不能达到预期的精度，则要考虑对模型结构进行模拟，将得到的模拟结果和实际测定结果对比，如果二者相差在容许限度内，则模型参数可行，否则需要对其进行修正。

第六步，模型的应用。应用所建立的模型去解决原先提出的问题，如果模型达不到解决问题的精度，则需要重复上述步骤。应用模型时，一定要注意建立和推导模型时所假定的一些前提条件，不要在应用模型时超出其适用范围，否则得出的结论可能是错误的。

如果要估计模型计算结果的偏差，则还需要做灵敏度分析。

环境数学模型建立的一般程序框图如图 1－1 所示。

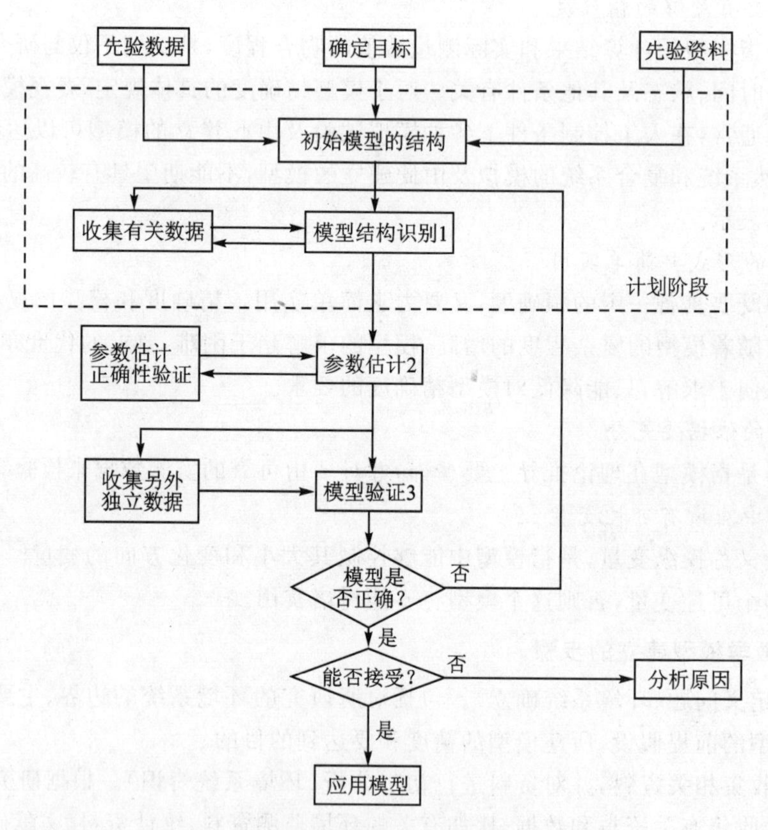

图 1－1　环境数学模型建立的一般程序

1.3　模型参数的估算方法

建立环境数学模型的重要一步是参数估算（parameter estimation）。参数估算是根据从总体中抽取的样本估计总体分布中包含的未知参数的方法，模型的精确性和可靠性直接与参数

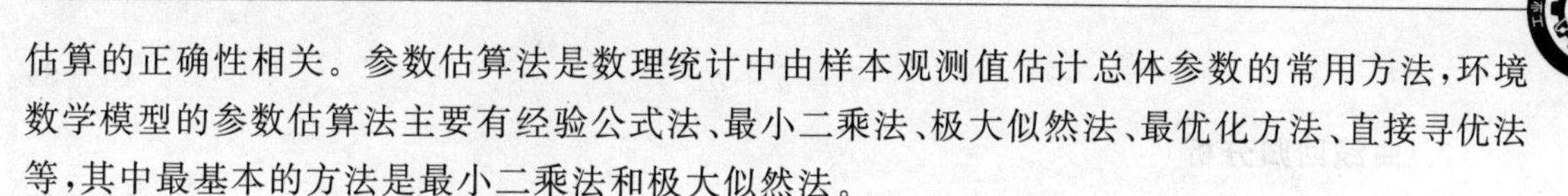

估算的正确性相关。参数估算法是数理统计中由样本观测值估计总体参数的常用方法，环境数学模型的参数估算法主要有经验公式法、最小二乘法、极大似然法、最优化方法、直接寻优法等，其中最基本的方法是最小二乘法和极大似然法。

1.3.1 回归分析

线性回归分析有两个假定：第一，所有自变量的值均不存在误差，因变量的值则含有测量误差；第二，与各测量值拟合最好的曲线为能使各点到曲线的竖向偏差（因变量偏差）的平方和最小的曲线。

根据上述假定，线性回归参数估计就是在观测值和估计值之差的平方和最小的情况下，来估计线性关系中相应参数的值。当自变量和因变量之间呈线性关系，并且自变量个数为 1 时，是一元线性回归；当自变量个数大于 1 时，就是多元线性回归。

1. 一元线性回归分析

一元线性回归是较简单的模型之一，它仅处理两个变量之间的关系，如：

$$y = a + bx$$

这是一条直线，其中 y 为因变量，x 为自变量，a 和 b 为待估参数。

根据最小二乘法的假定，可得：

$$\min Z = \min \sum (y_i - \hat{y}_i)^2 = \min \sum [y_i - (a + bx_i)]^2 \tag{1-1}$$

按照多元函数求极值的方法，令

$$\left.\begin{aligned} \frac{\partial Z}{\partial a} &= -2\sum_{i=1}^{n}[y_i - (a + bx_i)] = 0 \\ \frac{\partial Z}{\partial b} &= -2\sum_{i=1}^{n}[y_i - (a + bx_i)] \cdot x_i = 0 \end{aligned}\right\} \tag{1-2}$$

整理上述方程组可得

$$\left.\begin{aligned} \sum_{i=1}^{n} y_i &= na + b\sum_{i=1}^{n} x_i \\ \sum_{i=1}^{n} y_i x_i &= a\sum_{i=1}^{n} x_i + b\sum_{i=1}^{n} x_i^2 \end{aligned}\right\} \tag{1-3}$$

求解上述方程组可得到参数 a 和 b 的估计值：

$$\hat{a} = \frac{\sum_{i=1}^{n} x_i y_i \sum_{i=1}^{n} x_i - \sum_{i=1}^{n} y_i \sum_{i=1}^{n} x_i^2}{(\sum_{i=1}^{n} x_i)^2 - n\sum_{i=1}^{n} x_i^2}, \quad \hat{b} = \frac{\sum_{i=1}^{n} x_i \sum_{i=1}^{n} y_i - \sum_{i=1}^{n} y_i x_i}{(\sum_{i=1}^{n} x_i)^2 - n\sum_{i=1}^{n} x_i^2} \tag{1-4}$$

对式(1-4)进一步化简可得到

$$\left.\begin{aligned} \hat{b} &= \frac{\sum x_i y_i - (\sum x_i \sum y_i)/n}{\sum x_i^2 - n\left(\frac{1}{n}\sum x_i\right)^2} = \frac{\sum x_i y_i - n\bar{x}\,\bar{y}}{\sum x_i^2 - n\bar{x}^2} = \frac{\sum (x_i - \bar{x})(y_i - \bar{y})}{\sum (x_i - \bar{x})^2} \\ \hat{a} &= \bar{y} - \hat{b}\bar{x} \end{aligned}\right\} \tag{1-5}$$

于是可以得到线性回归方程为

$$\hat{y}=\hat{a}+\hat{b}x \tag{1-6}$$

2. 曲线回归分析

有一些变量之间的关系并不是线性的，但只要通过一定的数学变换就可以变为线性的，从而可以用线性最小二乘的方法估计其参数，如倒数变换、对数变换、混合变换等。

3. 多元线性回归分析

在回归分析中，如果有两个或两个以上的自变量，就称为多元回归。事实上，一种现象常常是与多个因素相联系的，由多个自变量的最优组合共同来预测或估计因变量，比只用一个自变量进行预测或估计更有效，更符合实际。因此多元线性回归比一元线性回归的实用意义更大。

多元线性回归的基本原理和基本计算过程与一元线性回归相同，包括回归系数的估计、回归方程评价、预报区间和置信区间的确定。

1.3.2 非线性模型的参数估计

我们所建立的环境数学模型中，除了线性模型外，还有许多非线性模型。对于非线性模型的参数估计，基本思想仍是通过一系列观测数据，考虑每次观测值和模型输出值之间的差异，尽量使它们之间差的平方和最小，即求式：

$$\min Z=\sum(y_i-\hat{y}_i)^2=\sum[y_i-f(x_i,\beta)]^2 \quad (i=1,2,\cdots,n) \tag{1-7}$$

非线性模型的参数估计方法有单变量的黄金分割法和梯度最优化方法。前者一般对单变量参数估计是有效的，而后者可以适用于单变量和多变量的参数估计。这里讲述比较通用的梯度最优化方法。

首先，给定一个模型的结构：

$$y=f(\vec{x},\vec{\beta}) \tag{1-8}$$

式中：$\vec{x}$为自变量，可以是标量也可以是向量；$\vec{\beta}$为模型参数变量，可以是标量也可以是向量。

其次，我们有一组自变量的观测值 $x_1,x_2,\cdots,x_n$ 及其相应的函数值 $y_1,y_2,\cdots,y_n$。如果给定模型的初始参数值$\vec{\beta}$，就可以根据式(1-8)计算得到模型的计算值 $f_1(x_1,\vec{\beta}),f_2(x_2,\vec{\beta}),\cdots,f_n(x_n,\vec{\beta})$，根据模型估计基本思想，参数估计过程就是求式(1-7)成立的参数值。

一阶梯度最优化方法的具体计算过程如下：

第一步，给定参变量$\vec{\beta}=(\beta_1^0,\beta_2^0,\cdots,\beta_m^0)$的初始值

$$\vec{\beta}=(\beta_1^0,\beta_2^0,\cdots,\beta_m^0) \tag{1-9}$$

及允许迭代误差 ε。这里设参变量是有 m 个元素的向量。

第二步，计算目标函数的初始值

$$Z_0=\sum_{i=1}^{n}[y_i-f_i(x_i,\beta_1^0,\beta_2^0,\cdots,\beta_m^0)]^2 \tag{1-10}$$

第三步，计算目标函数 Z 对参数的梯度，梯度的计算一般采用如下的数值形式：

$$\frac{\partial Z}{\partial \beta_j}=\frac{Z(x,\beta_j^0+0.001\beta_j^0,\beta_k^0)-Z_0}{0.001\beta_j^0} \quad (j=1,2,\cdots,m,k\neq j) \tag{1-11}$$

目标函数对各个参数的梯度形成梯度向量。

第四步，计算参数修正步长 λ。公式如下：

$$\lambda = \frac{\nabla Z(\beta^0)^{\mathrm{T}} \nabla Z(\beta^0)}{\nabla Z(\beta^0)^{\mathrm{T}} H(\beta^0) \nabla Z(\beta^0)} \tag{1-12}$$

式中：$\nabla Z(\beta^0)$ 为目标函数 Z 对参数向量 $\vec{\beta}$ 的梯度向量（m 个元素），可以应用上一步的计算结果；$\boldsymbol{H}(\beta^0)$ 是目标函数 Z 对参数向量 $\vec{\beta}$ 的二阶梯度矩阵（$m \times m$ 阶），即海森（Heiscnberg）矩阵，其计算如下：

$$\boldsymbol{H}(\beta^0) = \begin{bmatrix} \dfrac{\partial^2 Z}{\partial (\beta_1^0)^2} & \dfrac{\partial^2 Z}{\partial(\beta_1^0)\partial(\beta_2^0)} & \cdots & \dfrac{\partial^2 Z}{\partial(\beta_1^0)\partial(\beta_m^0)} \\ \dfrac{\partial^2 Z}{\partial(\beta_2^0)\partial(\beta_1^0)} & \dfrac{\partial^2 Z}{\partial (\beta_2^0)^2} & \cdots & \dfrac{\partial^2 Z}{\partial(\beta_2^0)\partial(\beta_m^0)} \\ \vdots & \vdots & & \vdots \\ \dfrac{\partial^2 Z}{\partial(\beta_m^0)\partial(\beta_1^0)} & \dfrac{\partial^2 Z}{\partial(\beta_m^0)\partial(\beta_2^0)} & \cdots & \dfrac{\partial^2 Z}{\partial (\beta_m^0)^2} \end{bmatrix} \tag{1-13}$$

如果目标函数的形式比较复杂，海森（Heiscnberg）矩阵中的元素的解析解将比较难求，但是按照数值解的方法则可在计算机上方便地实现求解过程。其对角线元素按下式计算：

$$\frac{\partial^2 Z}{\partial \beta_j^2} = \frac{1}{(\Delta \beta_j)^2}[Z(x,\beta_j+\Delta\beta_j,\beta_k) - 2Z(x,\beta_j,\beta_k) + Z(x,\beta_j-\Delta\beta_j,\beta_k)]$$

$$(j = 1,2,\cdots,m) \tag{1-14}$$

对于非对角线元素，其计算公式为

$$\frac{\partial^2 Z}{\partial \beta_j \partial \beta_k} = \frac{1}{(\Delta\beta_j)(\Delta\beta_k)}[Z(x,\beta_j+\Delta\beta_j,\beta_k+\Delta\beta_k) - Z(x,\beta_j+\Delta\beta_j,\beta_k) - Z(x,\beta_j,\beta_k+\Delta\beta_k) + Z(x,\beta_j,\beta_k)] \quad (j=1,2,\cdots,m;k=1,2,\cdots,m) \tag{1-15}$$

其中 $\Delta\beta_j = 0.001\beta_j$，$\Delta\beta_k = 0.001\beta_k$。

第五步，根据上一步计算出的参数修正步长，计算参数 β_j 的修正步长 β_j^1，即：

$$\beta_j^1 = \beta_j^0 - \lambda \frac{\partial Z}{\partial \beta_j} \quad (j = 1,2,\cdots,m) \tag{1-16}$$

第六步，计算新的目标函数值 Z^1：

$$Z^1 = \sum_{i-1}^{n} [y_i - f_i(x_i,\beta_1^1,\beta_2^1,\cdots,\beta_m^1)]^2 \tag{1-17}$$

然后，比较新的目标函数值 Z^1 和原目标函数值 Z^0，如果 $|Z^1 - Z^0| \leqslant \varepsilon$（$\varepsilon$ 为开始指定的允许迭代误差），则可以停止运算，得到参数的估计值 $\vec{\beta} = (\beta_1^1,\beta_2^1,\cdots,\beta_m^1)$。否则，令 $Z^0 = Z^1$，并返回到第三步，继续进行上述迭代过程。

1.3.3　数值微分近似法

数值微分近似法是根据微分定义，将微分方程变为一般的代数方程，从而实现参数估计。将微分方程变为代数方程的一阶和二阶导数计算公式如表 1-1 所列。

表 1-1　微分方程变为代数方程的计算公式

导数形式	转换公式	误差阶数
一阶导数$\frac{dx}{dt}$	$\frac{x(k+1)-x(k)}{\Delta t}$	Δt
	$\frac{x(k)-x(k-1)}{\Delta t}$	Δt
	$\frac{-x(k+2)+4x(k+1)-3x(k)}{2\Delta t}$	Δt^2
	$\frac{2x(k+3)-9x(k+2)+18x(k+1)}{6\Delta t}$	Δt^3
二阶导数$\frac{d^2x}{dt^2}$	$\frac{x(k+1)-2x(k)+x(k-1)}{\Delta t^2}$	Δt^2
	$\frac{x(k+3)+4x(k+2)-3x(k+1)+2x(k)}{\Delta t^2}$	Δt^2

1.4　模型的验证与误差分析

在模型投入应用之前,需要对模型和实际情况是否相符进行检验,并根据检验结果,分析误差,对参数或模型结构进行修改。验证所用的数据对于参数估值来说,应该是独立的。模型的检验是判断模拟结果和实际结果吻合程度的过程,也是评价的过程。下面简单介绍数学模型的验证和误差分析的方法。

1.4.1　图形表示法

模型验证的最简单的方法是将观测数据和模型的计算值共同点绘在直角坐标上。根据给定的误差要求,在模型计算值的上下画出一个区域,如果模型计算值和观测值很接近,则所有的观测点都应该落在计算值的误差区域内。用图形表示模型的验证结果非常直观,但由于不能用数值来表示,其结果不便于相互比较。

1.4.2　相关系数及其显著性检验

计算机的发展和普及为数学模型的验证和误差分析提供了有力的工具。Microsoft Excel提供了一组数据分析工具,称为分析工具库。该工具库包括了一系列统计和误差分析函数,相应的结果将显示在输出表格中,或同时产生图表。要使用分析工具库进行数学模型的验证和误差分析,就必须对所提供的分析函数定义和在统计、误差分析中的作用有相应的了解。一些Excel分析工具函数的定义如表1-2所列。只要适当地使用这些函数就能够取得误差分析的信息,使模型得以验证。

表 1-2　一些 Excel 统计分析函数的定义

定义式	函　数	说　明
$\frac{1}{n}\sum X-\overline{X}$	AVEDEV	一组数据点到其平均值的绝对偏差的平均值
$R_{xy}=\frac{\text{cov}(X,Y)}{\sigma_x\sigma_y}$	CORREL	两组数据集合的相关系数
$\text{cov}(X,Y)=\frac{1}{n}\sum(X_j-\mu_x)(Y_j-\mu_y)$	COVAR	每对偏差乘积的平均值
$\text{DEVSQ}=\sum(X-\overline{X})^2$	DEVSQ	返回偏差平方和
$\text{STDEV}=\sqrt{\frac{n\sum X^2-(\sum X)^2}{n(n-1)}}$	STDEV	估计样本的标准偏差
$\text{VAR}=\frac{n\sum X^2-(\sum X)^2}{n(n-1)}$	VAR	估计样本的方差

1. 相关系数

相关系数是反映两变量之间线性相关程度的量，通常用 r 表示。从统计意义上讲，只有当两变量之间的线性相关程度大于某一程度时，才能认为所得到的回归方程在统计上是有意义的，因此，相关系数可以作为一个指标判断回归方程在统计上是否有意义。

记变量 X 和 Y 的 n 对测定值为 X_i 和 $Y_i(i=1,2,\cdots,n)$，其平均值为 $\overline{X}$ 和 $\overline{Y}$，变量 X 和 Y 间相关系数的定义为

$$r=\frac{\sum_{i=1}^{n}(X_i-\overline{X})(Y_i-\overline{Y})}{\sqrt{\sum_{i=1}^{n}(X_i-X)^2\cdot\sum_{i=1}^{n}(Y_i-\overline{Y})^2}} \tag{1-18}$$

为了计算方便，式(1-18)可以表示为

$$r=\frac{l_{xy}}{\sqrt{l_{xx}l_{yy}}} \tag{1-19}$$

相关系数的取值范围是 $0\leqslant|r|\leqslant1$。当 $|r|=1$ 时，所有的测定值全部落在回归直线上，称为完全线性相关；当 $|r|=0$ 时，所有测定值在散点图上毫无规则地分布，称全无线性相关。$|r|$ 值越接近 1，变量 X 和 Y 的线性相关程度越大。

2. 显著性检验

所谓显著性检验，相当于事先规定一个合理的可以满足使用要求的指标界限。

根据相关系数 r 的定义可知，r 取决于 X_i、Y_i 和数据量 n。因此，对任意一个评价模型都规定一个统一的标准值是不合理的。显著性检验就是依据所占有的数据量 n 的多少及分布情况、变量个数等条件，确定一个合理的标准作为评价指标。

常用的显著性检验有三种方法，分别是 F 检验、r 检验和 t 检验。

(1) F 检验

F 检验的意义在于检验回归方程中的参数 b 的估计值，在某一显著水平下（通常选取 0.05

和0.01)是否为零。该检验方法是在假定 $b=0$ 的基础上进行的。如果 $b=0$,则说明 Y 变化规律与 X 的变化无关。因此,该方法根据占有的数据多少(即样本数 n),查找相应的 $F_{1-\alpha}(1,n-2)$ 分布表,以确定 F 的临界值 F_c。置信概率一般取0.95或0.99,相当于显著水平为 $\alpha=0.05$ 和 $\alpha=0.01$。$F_{1-\alpha}(1,n-2)$ 分布表在任一数学手册上均可查到,在此不再赘述。

F 的计算公式为

$$F=(n-2)\frac{r^2}{1-r^2}$$

当 F 函数的计算值 $F>F_c$ 时,否定原假设,变量间相关性显著。

(2) r 检验

为了使用方便,可以根据 F 检验的判定公式(即 $F>F_c$)来求相关性 r 的值。

因为 $F>F_c$,所以

$$\frac{(n-2)r^2}{1-r^2}>F_c=F_{1-\alpha}(1,n-2)$$

由此可以反求出 r 的临界值 r_c。可根据 r 的大小直接判断所建立回归方程的显著性。

为了保证所建立的回归方程具有最低程度的线性相关关系,要求求出的 r 值要大于 r 的临界值 r_c。当 $|r|\geqslant r_c$ 时,两变量间相关性显著。对于检验相关系数的临界值 r_c,同样可以直接查找相应的数学手册。

表1-3给出了在两种显著性水平 $\alpha=0.05$ 及 $\alpha=0.01$ 下的相关系数的显著性检验表,表中的数值是相关系数的临界值。

表1-3 相关系数检验表

$n-2$ \ α	0.05	0.01	$n-2$ \ α	0.05	0.01
1	0.997	1.000	21	0.413	0.526
2	0.950	0.990	22	0.404	0.515
3	0.878	0.959	23	0.396	0.505
4	0.811	0.917	24	0.388	0.496
5	0.754	0.874	25	0.381	0.487
6	0.707	0.834	26	0.374	0.478
7	0.666	0.798	27	0.367	0.470
8	0.632	0.765	28	0.361	0.463
9	0.602	0.735	29	0.355	0.456
10	0.576	0.708	30	0.349	0.449
11	0.553	0.684	31	0.325	0.418
12	0.532	0.661	32	0.304	0.393
13	0.514	0.641	33	0.288	0.372
14	0.497	0.623	34	0.273	0.354
15	0.482	0.606	35	0.25	0.325
16	0.468	0.590	36	0.232	0.302
17	0.456	0.575	37	0.217	0.283
18	0.444	0.561	38	0.205	0.267
19	0.433	0.549	39	0.195	0.254
20	0.423	0.537	40	0.138	0.181

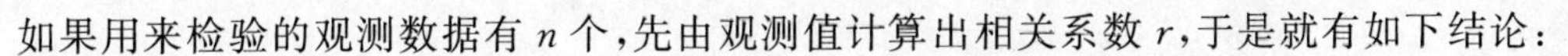

如果用来检验的观测数据有 n 个，先由观测值计算出相关系数 r，于是就有如下结论：

① 如果 $|r| \leqslant r_{0.05}(n-2)$，则认为 y 与 x 的相关关系不显著，或者说 y 与 x 之间不存在相关关系。

② 如果 $r_{0.05}(n-2) < |r| \leqslant r_{0.01}(n-2)$，则认为 y 与 x 的相关关系显著；

③ 如果 $|r| > r_{0.01}(n-2)$，则认为 y 与 x 的相关关系高度显著。

(3) t 检验

t 检验的意义与 F 检验相同。通过查找 t 分布表，可以事先确定 t 的临界数值 t_c，将其与根据实际问题计算得到的 t 进行比较。如果 $t > t_c$，则说明原假设不成立，也就是变量间相关性显著，回归方程具有实用价值。

T 分布值的计算公式为

$$t = (B/S)\sqrt{L_{xx}} \tag{1-20}$$

式中：S 为 Y 的均方差，

$$S = \sqrt{\frac{\sum (Y_i - Y)^2}{n-2}} = \sqrt{\frac{L_{xx}L_{yy} - L_{xy}^2}{(n-2)L_{xx}}} \tag{1-21}$$

1.4.3　相对误差法

相对误差法可以表示为

$$e_i = \frac{|X_i - Y_i|}{X_i} \tag{1-22}$$

式中：X_i 为测量值；Y_i 为对应的计算值；e_i 为相应的相对误差。

如果存在 n 个观察值与相应条件下的计算值，可以根据式(1-22)计算得到 n 个相对误差。将 n 个误差从小至大排列，可以求得小于某一误差值的误差的出现频率。根据所有测量点的误差，作出误差-累积频率曲线(见图 1-2)。由于在误差-累积频率曲线的两端误差存在很大的不确定性，所以可以选择中值误差(即累计频率为 50% 的误差)作为衡量模型的依据，如中值误差为 10%，则认为模型的精度可以满足需要。

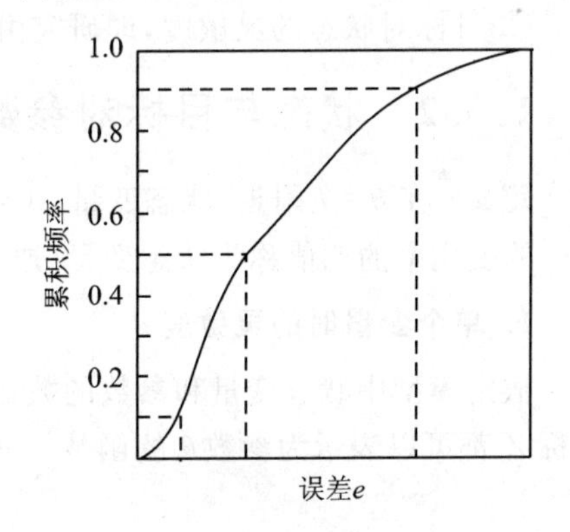

图 1-2　误差-累积频率曲线

在统计学中，中值误差就是概率误差，概率误差可以通过下式计算：

$$e_{0.5} = 0.6745\sqrt{\frac{\sum\left(\frac{X_i - Y_i}{X_i}\right)^2}{n-1}} \tag{1-23}$$

式中：$e_{0.5}$ 为中值误差(概率误差)；n 为测量数据的数目。

中值误差也可以用绝对误差表示：

$$e'_{0.5} = 0.6745\sqrt{\frac{\sum (X_i - Y_i)^2}{n-1}} \tag{1-24}$$

1.5 灵敏度分析

1.5.1 灵敏度分析的意义

环境系统是一个开放性系统，受到包括来自自然条件和人为因素的干扰。由于环境系统所受到的干扰非常复杂，难以精确量化，因此在利用数学模型对环境系统进行模拟时，模型结构、模型参数都会存在偏差。

通过对模型灵敏度的分析，可以估算模型计算结果的偏差，同时灵敏度分析还有利于根据需要探讨建立高灵敏度或低灵敏度的模型，以及用于确定合理的设计裕量。

假定研究模型的形式如下：

目标函数为

$$\min Z = f(x, u, \theta)$$

约束条件为

$$G(x, u, \theta) = 0$$

式中：x 可以是状态变量组成的向量，如空气中的 SO_2 浓度、水体中的 BOD_5 浓度等；u 可以是决策变量组成的向量，如排放污水中的 SS、BOD_5 等；θ 可以是模型参数组成的向量，如水体的大气复氧速度常数 k，大气湍流扩散系数 D_y、D_z 等。

在环境系统中，主要研究两种灵敏度：

① 状态与目标对参数的灵敏度，即研究参数的变化对状态变量和目标值产生的影响；

② 目标对状态的灵敏度，即研究由于状态变量的变化对目标值的影响。

1.5.2 状态与目标对参数的灵敏度

定义：在 $\theta=\theta_0$ 附近，状态变量 x（或目标 Z）相对于原值 x^*（或 z^*）的变化率和参数 θ 相对于 θ_0 的变化率的比值称为状态变量（或目标）对参数的灵敏度。

1. 单个变量时的灵敏度

假定模型中状态变量和参数的数目均为 1，同时假定决策变量保持不变，则状态变量 x 和目标 Z 都可以表示为参数 θ 的函数：

$$\left.\begin{aligned} x^* &= f(\theta_0) \\ Z^* &= F(\theta_0) \end{aligned}\right\} \tag{1-25}$$

根据灵敏度的定义，状态对参数的灵敏度可以表示如下：

$$S_\theta^x = \frac{\Delta x}{x^*}\left(\frac{\Delta\theta}{\theta_0}\right)^{-1} = \left(\frac{\Delta x}{\Delta\theta}\right)\frac{\theta_0}{x^*} \tag{1-26}$$

目标对参数的灵敏度可以表示如下：

$$S_\theta^Z = \frac{\Delta Z}{Z^*}\left(\frac{\Delta\theta}{\theta_0}\right)^{-1} = \left(\frac{\Delta Z}{\Delta\theta}\right)\frac{\theta_0}{Z^*} \tag{1-27}$$

当 $\Delta\theta \to 0$ 时，可以忽略高阶微分项，得

$$\left.\begin{aligned} S_\theta^x &= \left(\frac{\mathrm{d}x}{\mathrm{d}\theta}\right)_{\theta=\theta_0}\frac{\theta_0}{x^*} \\ S_\theta^Z &= \left(\frac{\mathrm{d}Z}{\mathrm{d}\theta}\right)_{\theta=\theta_0}\frac{\theta_0}{Z^*} \end{aligned}\right\} \tag{1-28}$$

式中：$\left(\frac{\mathrm{d}x}{\mathrm{d}\theta}\right)_{\theta=\theta_0}$ 和 $\left(\frac{\mathrm{d}Z}{\mathrm{d}\theta}\right)_{\theta=\theta_0}$ 分别称为状态变量和目标函数的参数的一阶灵敏度系数。它们反映了系统的灵敏度特征。

2. 多变量时的灵敏度

设最优化模型为

$$\begin{aligned} \min Z &= f(x,u,\theta) \\ G(x,u,\theta) &= 0 \end{aligned} \tag{1-29}$$

如果设定 G 是 n 维向量函数，x 是 n 维状态变量，u 是 m 维决策变量，θ 是 p 维参数向量，则状态变量对参数的一阶灵敏度系数是一个 $n\times p$ 的矩阵：

$$\frac{\partial x}{\partial \theta} = \begin{bmatrix} \frac{\partial x_1}{\partial \theta_1} & \cdots & \frac{\partial x_1}{\partial \theta_p} \\ \vdots & & \vdots \\ \frac{\partial x_n}{\partial \theta_1} & \cdots & \frac{\partial x_n}{\partial \theta_p} \end{bmatrix} \tag{1-30}$$

而目标对参数的灵敏度系数则是一个 p 维向量：

$$\frac{\partial Z}{\partial \theta} = \left[\frac{\partial Z}{\partial \theta_1},\cdots,\frac{\partial Z}{\partial \theta_p}\right]^{\mathrm{T}} \tag{1-31}$$

由于参数不仅对目标产生直接影响，还通过对状态的影响对目标产生影响：

$$\frac{\partial Z}{\partial \theta} = \frac{\partial f}{\partial \theta} + \left(\frac{\partial f}{\partial x}\right)\left(\frac{\partial x}{\partial \theta}\right) \tag{1-32}$$

参数对状态的影响可以由约束条件推导：

$$\left(\frac{\partial G}{\partial x}\right)\left(\frac{\partial x}{\partial \theta}\right) + \left(\frac{\partial G}{\partial \theta}\right) = 0 \tag{1-33}$$

如果$\frac{\partial G}{\partial x}$的逆存在，则$\frac{\partial x}{\partial \theta} = -\left(\frac{\partial G}{\partial x}\right)^{-1}\left(\frac{\partial G}{\partial \theta}\right)$，目标对参数的一阶灵敏度可以表达为

$$\frac{\partial Z}{\partial \theta} = \frac{\partial f}{\partial \theta} - \left(\frac{\partial f}{\partial x}\right)\left(\frac{\partial G}{\partial x}\right)^{-1}\left(\frac{\partial G}{\partial \theta}\right) \tag{1-34}$$

1.5.3 目标对约束的灵敏度

如果给定下述模型：

目标函数为

$$\min Z = f(v,u,\theta)$$

约束条件为

$$G(v,u,\theta) = 0$$

式中：v 是 m 维决策变量；u 是 n 维状态变量；θ 是参数向量。根据定义，目标对约束的灵敏度可以表达为

$$S_G^f = \left[\frac{\mathrm{d}f(x)}{f^*(x)}\right]\left[\frac{\mathrm{d}G(x)}{g(x)}\right]_{x=x^0}^{-1} = \left[\frac{\mathrm{d}f(x)}{\mathrm{d}G(x)}\right]\left[\frac{g(x)}{f^*(x)}\right] \tag{1-35}$$

同时，约束条件的变化取决于状态变量和决策变量的变化：

$$\mathrm{d}G(x) = \frac{\partial G(x)}{\partial u}\mathrm{d}u + \frac{\partial G(x)}{\partial v}\mathrm{d}v = \boldsymbol{A}\mathrm{d}u + \boldsymbol{B}\mathrm{d}v \tag{1-36}$$

此外，目标函数的变化也取决于状态变量和决策变量的变化：

$$\mathrm{d}f(x) = \frac{\partial f(x)}{\partial u}\mathrm{d}u - \frac{\partial f(x)}{\partial v}\mathrm{d}v = \boldsymbol{C}\mathrm{d}u + \boldsymbol{D}\mathrm{d}v \tag{1-37}$$

式中

$$\boldsymbol{A} = \begin{bmatrix} \frac{\partial g_1}{\partial u_1} & \cdots & \frac{\partial g_1}{\partial u_n} \\ \vdots & & \vdots \\ \frac{\partial g_n}{\partial u_1} & \cdots & \frac{\partial g_n}{\partial u_n} \end{bmatrix}, \quad \boldsymbol{B} = \begin{bmatrix} \frac{\partial g_1}{\partial v_1} & \cdots & \frac{\partial g_1}{\partial v_m} \\ \vdots & & \vdots \\ \frac{\partial g_n}{\partial v_1} & \cdots & \frac{\partial g_n}{\partial v_m} \end{bmatrix}$$

$$\boldsymbol{C} = \left[\frac{\partial f(x)}{\partial u_1} \quad \cdots \quad \frac{\partial f(x)}{\partial u_n}\right], \quad \boldsymbol{D} = \left[\frac{\partial f(x)}{\partial v_1} \quad \cdots \quad \frac{\partial f(x)}{\partial v}\right]$$

如果 $\boldsymbol{A}$ 存在逆矩阵，由约束条件的变换式可以得出：

$$\mathrm{d}u = \boldsymbol{A}^{-1}\mathrm{d}G(x) - \boldsymbol{A}^{-1}\boldsymbol{B}\mathrm{d}v \tag{1-38}$$

将其代入目标函数的变化表达式，得到：

$$\begin{aligned}\mathrm{d}f(x) &= \boldsymbol{C}[\boldsymbol{A}^{-1}\mathrm{d}G(x) - \boldsymbol{A}^{-1}\boldsymbol{B}\mathrm{d}v] + \boldsymbol{D}\mathrm{d}v = \\ &\boldsymbol{C}\boldsymbol{A}^{-1}\mathrm{d}G(x) + (\boldsymbol{D} - \boldsymbol{C}\boldsymbol{A}^{-1}\boldsymbol{B})\mathrm{d}v\end{aligned} \tag{1-39}$$

根据库恩-塔克定律，在最优点处：

$$(\boldsymbol{D} - \boldsymbol{C}\boldsymbol{A}^{-1}\boldsymbol{B})\mathrm{d}v = 0 \tag{1-40}$$

所以

$$\mathrm{d}f(x)\mid_{x=x^0} = \boldsymbol{C}\boldsymbol{A}^{-1}\mathrm{d}G(x) \tag{1-41}$$

由此可以得到目标对约束的灵敏度系数：

$$\left.\frac{\mathrm{d}f(x)}{\mathrm{d}G(x)}\right|_{x=x^0} = \boldsymbol{C}\boldsymbol{A}^{-1} \tag{1-42}$$

思考题

1. 简述环境模拟对分析环境污染问题的意义。
2. 环境模拟的对象有哪些？
3. 简述建立环境数学模型的要求和步骤。
4. 请说明模型参数估算的方法及各自特点。
5. 已知一组数据，适合线性方程 $Y=b+mX$，试用线性回归估计 b 和 m，同时说明该方程的拟合程度如何。

X	1	2	3	5
Y	2.9	5.0	7.1	11.5

6. 简述应用环境数学模型的优点和局限性。

7. 下表为一有机污染物进入水体后，其浓度的时间数据序列。

时间 t/h	0	1	3	5	7	9	23	27	31
浓度 $C/(\mathrm{mg \cdot L^{-1}})$	2.30	2.22	1.92	1.6	1.52	1.07	0.73	0.50	0.45

其浓度-时间关系可用模型①$C=C_0\exp(K_d t)$或②$C=C_1+C_0\exp(K_d t)$描述。试分别讨论两模型中浓度 C 对参数 K_d 的灵敏度，并判断哪一个模型更稳健。

8. 已知一组实验数据，下面两个模型结构（$y=a\mathrm{e}^{bx}$，$y=ax^b$），哪一个更合适？

x	1	2	4	7	10	15	20	25	30	40
y	1.36	3.69	27	5.5e2	1.1e4	1.6e6	2.4e8	3.6e10	5.3e12	1.2e14

9. 已知一组数据适合方程 $y=a+b_1x_1+b_2x_2$，试估计参数 a，b_1，b_2。

x_1	1.0	1.2	1.4	1.6	1.8	2.0	2.2	2.4
x_2	2.5	3.6	1.8	0.9	1.3	3.4	5.2	2.1
y	0.06	−0.34	0.25	0.56	0.48	−0.12	−0.62	0.36

10. 根据对某一种反应的分析，获得灰箱模型为

$$y=c+a\sqrt{x_1}+b\ln x_2$$

随后为了确定其中的模型参数，通过实验测得了一组数据：

x_1	0.2	1	1.4	1.8	2.2	3	3.4	3.8	4.6	5	5.4	5.8	6.6
x_2	1.5	2.5	3.3	3.5	4.57	4.82	5.5	6	7	7.5	8.17	8.5	9.5
y	14.8	16.6	15.6	16.9	17.4	18.4	19.9	18.4	18.4	20.2	20.4	19.7	21.7

根据这些数据，试对模型中的参数进行估值。

11. 已知河流平均流速为 4.2 km/h，饱和溶解氧为 $O_S=10$ mg/L，河流起始点的生物化学需氧量(BOD)(L_0)浓度为 23 mg/L，沿程几个断面的溶解氧测定数据如下：

X/km	0	9	29	38	55
DO 浓度/$(\mathrm{mg \cdot L^{-1}})$	10	8.2	7.3	6.4	7.1

根据数据及河流溶解氧变化模式

$$O=O_S-(O_S-O_0)\exp\left(-\frac{K_a X}{u_x}\right)+\frac{K_d L_0}{K_a-K_d}\left[\exp\left(-\frac{K_a X}{u_x}\right)-\exp\left(-\frac{K_d X}{u_x}\right)\right]$$

估算河流好氧速度常数 K_d 和复氧速度常数 K_a。

第2章 大气污染控制模型

大气质量模型利用数学和数量技术模拟污染物影响空气的物理和化学过程。根据输入的气象数据和源信息,如排放率及堆叠高度等数据,这些模型可以描述直接排入大气中的主要污染物,而且在某些情况下,还可描述在大气中由于复杂的化学反应而形成的二次污染物。这些模型对空气质量管理体系非常重要,因此被广泛用于控制空气污染,不仅可查明空气质量问题的贡献源,而且可用于协助制定有关减少空气中有害污染物的有效措施。另外,大气质量模型也可用来预测新的控制计划实施后的污染物浓度,以评估这个计划用于减少有害气体暴露而给人类和环境造成危害的有效性。

2.1 影响大气污染物扩散的因素

大气污染物在大气湍流混合作用(见2.2节)下被扩散稀释。我们通常用一些数学模型来模拟污染物在大气中的扩散。在推算和预测大气污染物浓度时,常用的一些典型扩散模型有:烟流模型、烟团模型和箱式模型。而大气污染扩散主要受到气象条件、地貌状况及污染物的特征的影响。

2.1.1 气象因子影响

影响污染物扩散的气象因子主要是大气稳定度和风。

1. 大气稳定度

大气稳定度随着气温层结的分布而变化,是直接影响大气污染物扩散的极重要因素。大气越不稳定,污染物的扩散速率就越快;反之,则越慢。当近地面的大气处于不稳定状态时,由于上部气温低而密度大,下部气温高而密度小,两者之间形成的密度差导致空气在竖直方向上产生强烈的对流,使烟流迅速扩散。大气处于逆温层结的稳定状态时,将抑制空气的上下扩散,使排向大气的各种污染物质在局部地区大量聚积。当污染物的浓度增大到一定程度并在局部地区停留足够长的时间时,就可能造成大气污染。

烟流在不同气温层结及稳定度状态的大气中运动,具有不同的扩散形态。图2-1为烟流在五种不同条件下,形成的典型烟云。

① 波浪型。这种烟型发生在不稳定大气中,即$\gamma>0,\gamma>\gamma_d$。大气湍流强烈,烟流呈上下左右剧烈翻卷的波浪状向下风向输送,多出现在阳光较强的晴朗白天。污染物随着大气运动向各个方向迅速扩散,落地浓度较高,最大浓度点距排放源较近,大气污染物浓度随着远离排放源而迅速降低,对排放源附近的居民有害。

② 锥型。大气处于中性或弱稳定状态,即$\gamma>0,\gamma<\gamma_d$。烟流扩散能力弱于波浪型,离开排放源一定距离后,烟流沿基本保持水平的轴线呈圆锥形扩散,多出现阴天多云的白天和强风的夜间。大气污染物输送距离较远,落地浓度也比波浪型低。

③ 带型。这种烟型出现在逆温层结的稳定大气中,即$\gamma<0,\gamma<\gamma_d$。大气几乎无湍流发生,烟流在竖直方向上扩散速度很小,其厚度在漂移方向上基本不变,像一条长直的带子,而呈扇形

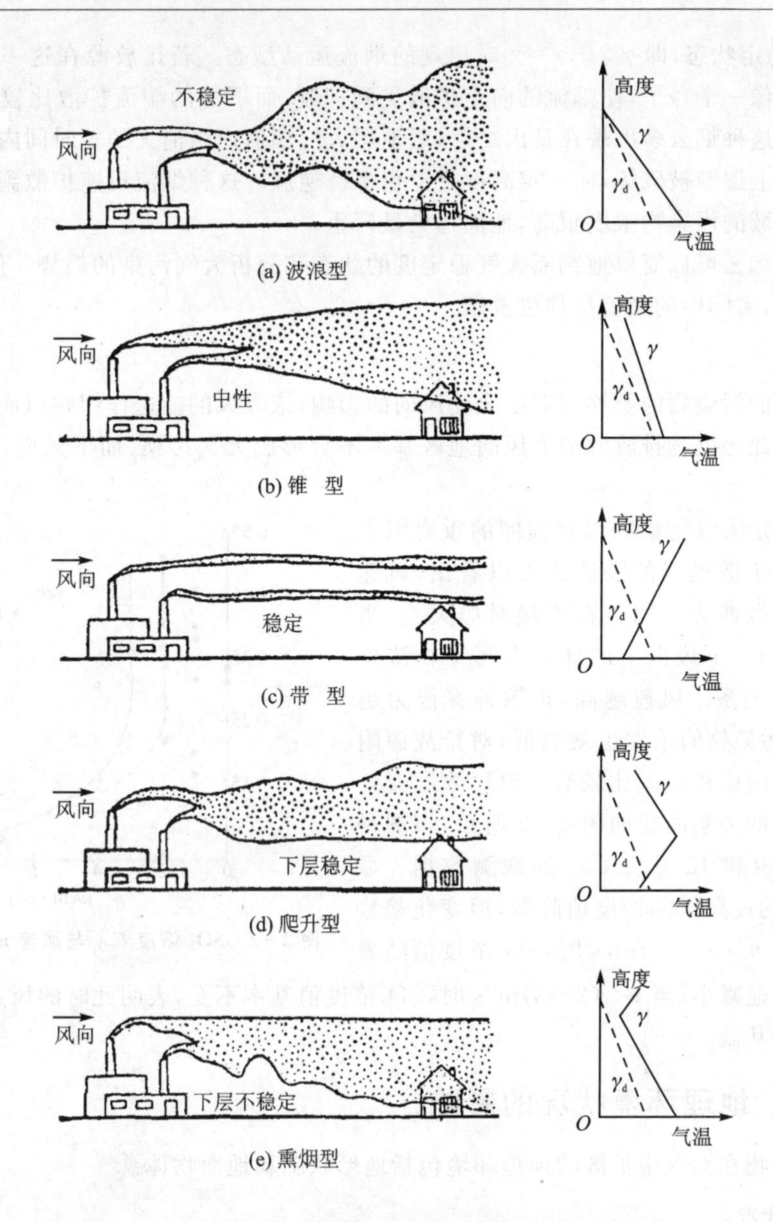

图 2－1　典型烟云与大气稳定度关系

在水平方向上缓慢扩散，也称为扇型，多出现于弱风晴朗的夜晚和早晨。由于逆温层的存在，污染物不易扩散稀释，但输送较远。若排放源较低，污染物在近地面处的浓度较高，当遇到高大障碍物阻挡时，会在该区域聚积以致造成污染。当排放源很高时，近距离的地面上不易形成污染。

④ 爬升型。爬升型为大气某一高度的上部处于不稳定状态，即当 $\gamma>0$，$\gamma>\gamma_d$，而下部为稳定状态，即当 $\gamma<0$，$\gamma<\gamma_d$ 时出现的烟流扩散形态。如果排放源位于这一高度，则烟流呈下侧边界清晰平直，向上方湍流扩散形成一屋脊状，故又称为屋脊型。这种烟云多出现于地面附近有辐射逆温日落前后，而高空受冷空气影响仍保持递减层结。由于污染物只向上方扩散而不向下扩散，因而地面污染物的浓度低。

⑤ 熏烟型。与爬升型相反，熏烟型为大气某一高度的上部处于稳定状态，即当 $\gamma<0$，$\gamma<$

γ_d，而下部为稳定状态，即 $\gamma>0$，$\gamma>\gamma_d$ 时出现的烟流运动型态。若排放源在这一高度附近，上部的逆温层就像一个盖子，使烟流的向上扩散受到抑制，而下部的湍流扩散比较强烈，也称为漫烟型烟云。这种烟云多出现在日出之后，近地层大气辐射逆温消失的短时间内，此时地面的逆温已自下而上逐渐被破坏，而一定高度之上仍保持逆温。这种烟流迅速扩散到地面，在接近排放源附近区域的污染物浓度很高，地面污染最严重。

上述典型烟云可以简单地判断大气稳定度的状态和分析大气污染的趋势。但影响烟流形成的因素很多，实际中的烟流往往更复杂。

2. 风

进入大气的污染物的漂移方向主要受风向的影响，依靠风的输送作用顺风而下，在下风向地区稀释。因此污染物排放源的上风向地区基本不会形成大气污染，而下风向区域的污染程度就比较严重。

风速是决定大气污染物稀释程度的重要因素之一。由高斯扩散模式的表达式可以看出，风速和大气稀释扩散能力之间存在直接对应关系，当其他条件相同时，下风向上的任一点污染物浓度与风速成反比关系。风速越高，扩散稀释能力越强，则大气中污染物的浓度也就越低，对排放源附近区域造成的污染程度就比较轻。SO_2 浓度 C_{SO_2} 与地面风速 u 的关系曲线如图 2-2 所示，该图是某城市 11 月份和 12 月份 C_{SO_2} 的观测数据。显然，随着风速的提高，SO_2 浓度值降低，但变化趋势有所不同。当 $u>(2\sim3)$ m/s 时，SO_2 浓度值随着风速的增高迅速减小；当 $u<(2\sim3)$ m/s 时，SO_2 浓度值基本不变，表明此时的风速对污染物的扩散稀释影响甚微。

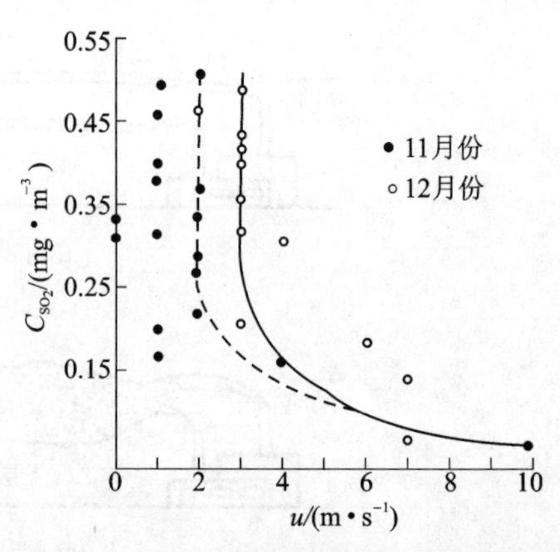

图 2-2　SO_2 浓度 C_{SO_2} 与风速 u 的关系曲线

2.1.2　地理环境状况的影响

影响污染物在大气中扩散的地理环境包括地形状况和地面物体。

1. 地形状况

陆地和海洋，以及陆地上广阔的平地和高低起伏的山地及丘陵都可能对污染物的扩散稀释产生不同的影响。局部地区由于地形的热力作用，会改变近地面气温的分布规律，从而形成前述的地方风，最终影响污染物的输送与扩散。

海陆风会形成局部区域的环流，抑制了大气污染物向远处扩散。例如，白天，海岸附近的污染物从高空向海洋扩散出去，可能会随着海风的环流回到内地，这样去而复返的循环使该地区的污染物迟迟不能扩散，造成空气污染加重。此外，在日出和日落后，当海风与陆风交替时大气处于相对稳定甚至逆温状态，不利于污染物的扩散。还有，大陆盛行的季风与海陆风交汇，两者相遇处的污染物浓度也较高，如我国东南沿海夏季风夜间与陆风相遇。有时，大陆上气温较高的风与气温较低的海风相遇，会形成锋面逆温。

山谷风也会形成局部区域的封闭性环流，不利于大气污染物的扩散。当夜间出现山风时，由于冷空气下沉谷底，而高空容易滞留由山谷中部上升的暖空气，因此时常出现使污染物难以扩散稀释的逆温层。若山谷有大气污染物卷入山谷风形成的环流中，则会长时间滞留在山谷中难以扩散。

如果在山谷内或上风峡谷口建有排放大气污染物的工厂，则峡谷风不利于污染物的扩散，并且污染物随峡谷风流动，从而造成峡谷下游地区的污染。

当烟流越过横挡于烟流途径的山坡时，在其迎风面上会发生下沉现象，使附近区域污染物浓度增高而形成污染，如背靠山地的城市和乡村。烟流越过山坡后，又会在背风面产生旋转涡流，使得高空烟流污染物在漩涡作用下重新回到地面，可能使背风面地区遭到较为严重的污染。

2. 地面物体

由于人类的活动和工业生产中大量消耗燃料，使城市成为一大热源。此外，城市建筑物的材料多为热容量较高的砖石水泥，白天吸收较多的热量，夜间因建筑群体拥挤而不宜冷却，成为一巨大的蓄热体。因此，城市比其周围郊区气温高，年平均气温一般高于乡村 1～1.5 ℃，冬季可高出 6～8 ℃。由于城市气温高，热气流不断上升，乡村低层冷空气向市区侵入，从而形成封闭的城乡环流。这种现象与夏日海洋中的孤岛上空形成海风环流一样，所以称之为城市热岛效应，如图 2-3 所示。

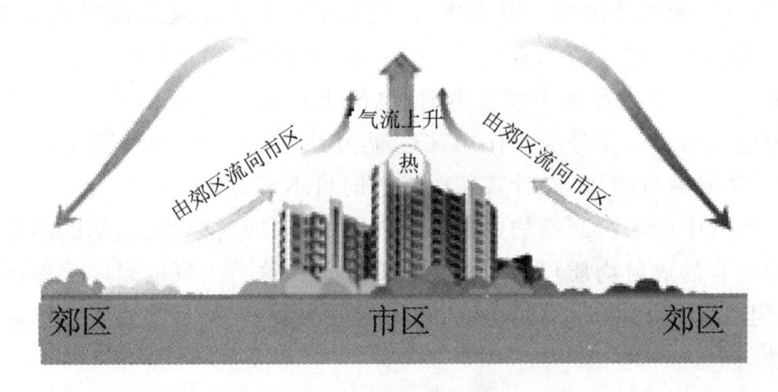

图 2-3　城市热岛效应示意图

城市热岛效应的形成与盛行风和城乡间的温差有关。夜晚，城乡温差比白天大，热岛效应在无风时最为明显，从乡村吹来的风速可达 2 m/s。虽然热岛效应加强了大气的湍流，有助于污染物在排放源附近的扩散。但是这种热力效应构成的局部大气环流，一方面使得城市排放的大气污染物会随着乡村风流返回城市；另一方面，城市周围工业区的大气污染物也会被环流卷吸而涌向市区，这样，市区的污染物浓度反而高于工业区，并久久不易散去。

城市内街道和建筑物的吸热和放热的不均匀性，还会在群体空间形成类似山谷风的小型环流或涡流。这些热力环流使得不同方位街道的扩散能力受到影响，尤其对汽车尾气污染物扩散的影响最为突出。如建筑物与在其之间的东西走向街道，白天屋顶吸热强而街道受热弱，屋顶上方的热空气上升，街道上空的冷空气下降，构成谷风式环流。晚上屋顶冷却速度比街面快，使得街道内的热空气上升而屋顶上空的冷空气下沉，反向形成山风式环流。由于建筑物一般为锐边形状，环流在靠近建筑物处还会生成涡流。当污染物被环流卷吸后就不利于向高空扩散。

排放源附近的高大密集的建筑物对烟流的扩散有明显影响。地面上的建筑物除了阻碍气流运动而使风速减小以外，有时还会引起局部环流，这些都不利于烟流的扩散。例如，当烟流掠过高大建筑物时，建筑物的背面会出现气流下沉现象，并在接近地面处形成返回气流，从而产生涡流。结果，建筑物背风侧的烟流很容易卷入涡流之中，使靠近建筑物背风侧的污染物浓度增高，明显高于迎风侧，如图 2-4 所示。如果建筑物高于排放源，这种情况将更加严重。通常，当排放源的高度超过附近建筑物高度 2.5 倍或 5 倍以上时，建筑物背面的涡流才不会对烟流的扩散产生影响。

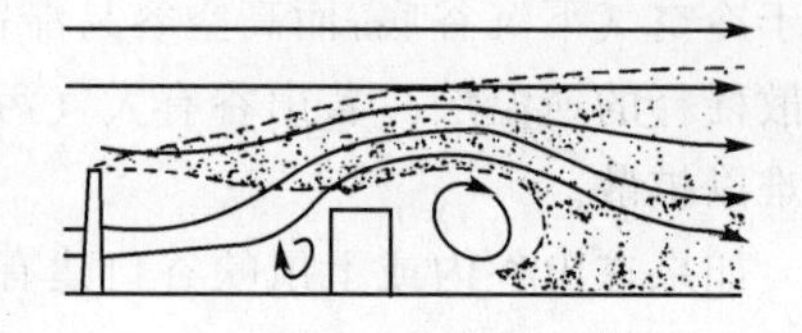

图 2-4　建筑物对烟流扩散的影响

2.1.3　污染物特征的影响

实际上，大气污染物在扩散过程中，除了在湍流及平流输送的主要作用下被稀释外，对于不同性质的污染物，还存在沉降、化合分解、净化等质量转化和转移作用。虽然这些作用对中小尺度的扩散为次要因素，但对较大粒子沉降的影响仍须考虑，对较大区域进行环境评价时净化作用的影响也不能忽略。大气及下垫面的净化作用主要有干沉积、湿沉积和放射性衰变等。

干沉积包括颗粒物的重力沉降与下垫面的清除作用。显然，粒子的直径和密度越大，其沉降速度越快，大气中的颗粒物浓度衰减也越快，但粒子的最大落地浓度靠近排放源。因此，一般在计算颗粒污染物扩散时应考虑直径大于 10 μm 的颗粒物的重力沉降速度。当粒子的直径小于 10 μm 的大气污染物及其尘埃扩散时，碰到下垫面的地面、水面、植物与建筑物等，会因碰撞、吸附、静电吸引或动物呼吸等作用被逐渐从烟流中清除出来，能降低大气中污染物的浓度。但是，这种清除速度很慢，在计算短时扩散时可不考虑。

湿沉积包括大气中的水汽凝结物（云或雾）与降水（雨或雪）对污染物的净化作用。放射性衰变是指大气中含有的放射物质可能产生的衰变现象。这些大气的自净化作用可能减少某种污染物的浓度，但也可能增加新的污染物。由于问题的复杂性，目前尚未掌握它们对污染物浓度变化的规律性。

2.2　大气湍流流动过程基本描述

2.2.1　湍　流

低层大气中的风向不断地变化，上下左右摆动；同时，风速也是时强时弱，形成迅速的阵风起伏。因为风的强度与方向随时间不规则地变化而形成的空气运动称为大气湍流。湍流运动是由无数结构紧密的流体微团——湍涡组成，其特征量的时间与空间分布都具有随机性，但它们的统计平均值仍然遵循一定的规律。大气湍流的流动特征尺度一般取决于离地面的高度，比流体在管道内流动时要大得多，湍涡的大小及其发展基本不受空间的限制，因此在较小的平均风速下就能有很高的雷诺数，从而达到湍流状态。所以近地层的大气始终处于湍流状态，尤其在大气边界层内，气流受下垫面影响，湍流运动更为剧烈。大气湍流造成流场各部分强烈混合，能使局部的污染气体或微粒迅速扩散。烟团在大气的湍流混合作用下，由湍涡不断把烟气推向周围空气中，同时又将周围的空气卷入烟团，从而形成烟气的快速扩散稀释过程。

烟气在大气中的扩散特征取决于是否存在湍流以及湍涡的尺度(直径),如图 2-5 所示。图(a)为无湍流时,烟团仅仅依靠分子扩散使烟团变大,烟团的扩散速率非常缓慢,其扩散速率比湍流扩散小 5~6 个数量级;图(b)为烟团在远小于其尺度的湍涡中扩散,由于烟团边缘受到小湍涡的扰动,逐渐与周边空气混合而缓慢膨胀,浓度逐渐降低,烟流几乎呈直线向下风运动;图(c)为烟团在与其尺度接近的湍涡中扩散,在湍涡的切入卷出作用下烟团被迅速撕裂,大幅度变形,横截面快速膨胀,因而扩散较快,烟流呈小摆幅曲线向下风运动;图(d)为烟团在远大于其尺度的湍涡中扩散,烟团受大湍涡的卷吸扰动影响较弱,其本身膨胀有限,烟团在大湍涡的夹带下作较大摆幅的蛇形曲线运动。实际上,烟云的扩散过程通常不是仅由上述单一情况完成的,因为大气中同时并存的湍涡具有各种不同的尺度。

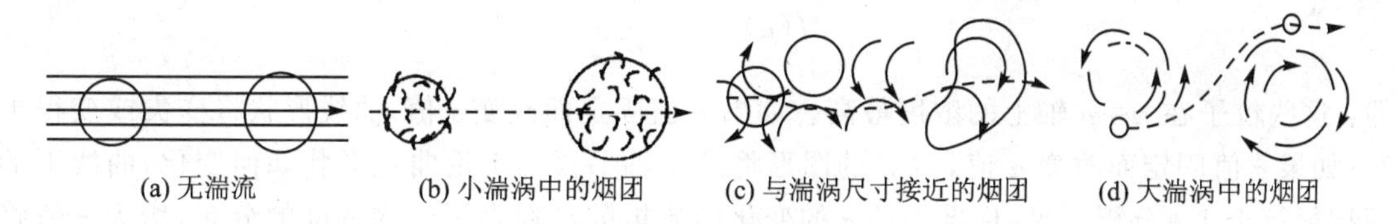

图 2-5　烟团在大气中的扩散

根据湍流的形成与发展趋势,大气湍流可分为机械湍流和热力湍流两种形式。机械湍流是因地面的摩擦力使风在垂直方向产生速度梯度,或者是由于地面障碍物(如山丘、树木与建筑物等)导致风向与风速的突然改变而造成的。热力湍流主要是由于地表受热不均匀,或因大气温度层结不稳定,在垂直方向产生温度梯度而造成的。一般近地面的大气湍流总是机械湍流和热力湍流的共同作用,其发展、结构特征及强弱取决于风速的大小、地面障碍物形成的粗糙度和低层大气的温度层结状况。

2.2.2　湍流扩散与正态分布的基本理论

气体污染物进入大气后,一方面随大气整体漂移,另一方面由于湍流混合,使污染物从高浓度区向低浓度区扩散稀释,其扩散程度取决于大气湍流的强度。大气污染的形成及其危害程度取决于有害物质的浓度及其持续时间,大气扩散理论就是用数理方法来模拟各种大气污染源在一定条件下的扩散稀释过程,用数学模型计算和预报大气污染物浓度的时空变化规律。

研究物质在大气湍流场中的扩散理论主要有三种:梯度输送理论、相似理论和统计理论。针对不同的原理和研究对象,形成了不同形式的大气扩散数学模型。由于数学模型建立时作了一些假设,以及考虑气象条件和地形地貌对污染物在大气中扩散的影响而引入的经验系数,目前的各种数学模式都有较大的局限性,应用较多的是采用湍流统计理论体系的高斯扩散模式。

图 2-6 所示为采用统计学方法研究污染物在湍流大气中的扩散模型。假定从原点释放出一个粒子在稳定均匀的湍流大气中漂移扩散,平均风向与 x 轴同向。湍流统计理论认为,由于存在湍流脉动作用,粒子在各方向(如图中 y 方向)的脉动速度随时间而变化,因而粒子的运动轨迹也随

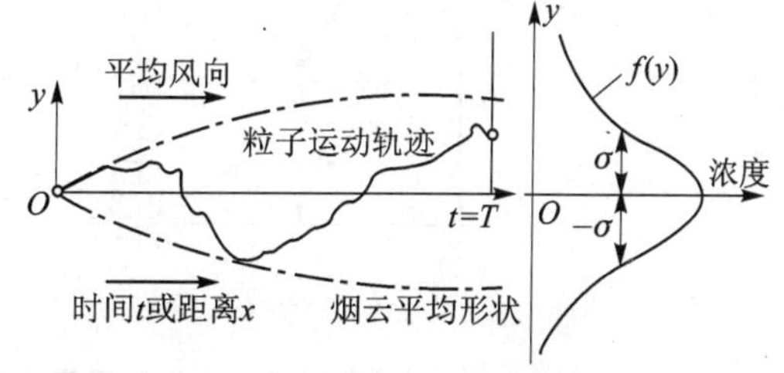

图 2-6　湍流扩散模型

之变化。若平均时间间隔足够长,则速度脉动值的代数和为零。如果从原点释放出许多粒子,经过一段时间 T 之后,这些粒子的浓度趋于一个稳定的统计分布。湍流扩散理论(K 理论)和统计理论的分析均表明,粒子浓度沿 y 轴符合正态分布。正态分布的密度函数 $f(y)$ 的一般形式为

$$f(y) = \frac{1}{\sqrt{2\pi}\sigma}\exp\left[\frac{-(x-\mu)^2}{2\sigma^2}\right] \quad (-\infty < x < +\infty, \sigma > 0) \qquad (2-1)$$

式中:σ 为标准偏差,是曲线任一侧拐点位置的尺度;μ 为任意实数。

图 2-6 中的 $f(y)$ 曲线即为 $\mu=0$ 时的高斯分布密度曲线。它有两个性质,一是曲线关于 $y=\mu$ 的轴对称;二是当 $y=\mu$ 时,有最大值

$$f(\mu) = \frac{1}{\sqrt{2\pi}\sigma}$$

即:这些粒子在 $y=\mu$ 轴上的浓度最高。如果 μ 值固定而改变 σ 值,曲线形状将变尖或变得平缓;如果 σ 值固定而改变 μ 值,$f(y)$ 的图形将沿 y 轴平移。不论曲线形状如何变化,曲线下的面积恒等于 1。分析可见,标准偏差 σ 的变化影响扩散过程中污染物浓度的分布,增大 σ 值将使浓度分布函数趋于平缓并伸展扩大,这意味着提高了污染物在 y 方向的扩散速度。

高斯在大量的实测资料基础上,应用湍流统计理论得出了污染物在大气中的高斯扩散模式。虽然污染物浓度在实际大气扩散中不能严格符合正态分布的前提条件,但大量小尺度扩散试验证明,正态分布是一种可以接受的近似。

2.3 烟流模型

所谓烟流模型就是认为烟只是由于风使它向下风方向移动,即假设在此方向上没有扩散,而在与烟轴成直角的方向上才有扩散的一类模型。其中有代表性的模型是二维连续烟流扩散模型。这一模型在它的烟流截面上浓度分布为二维高斯分布(正态分布),如图 2-7 所示。

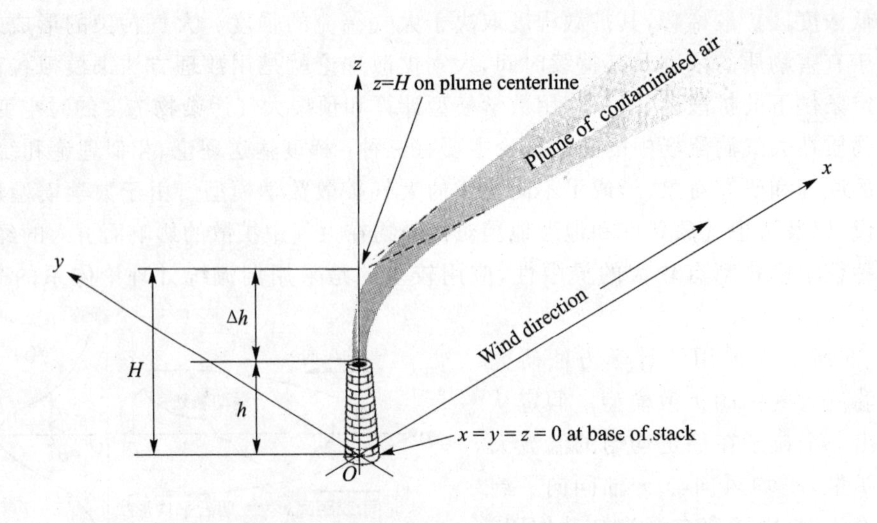

图 2-7 水平和垂直方向上高斯分布的坐标系

高斯烟流模型,由于其计算简单,计算量小,所以是目前广泛使用的扩散模型之一。一般,

其适用条件是：

① 地面开阔平坦，性质均匀，下垫面以上大气湍流稳定；

② 扩散处于同一大气温度层结中，扩散范围小于 10 km；

③ 扩散物质随空气一起运动，在扩散输送过程中不产生化学反应，地面也不吸收污染物而全反射；

④ 平均风向和风速平直稳定，且 $u>1\sim2$ m/s。

高架点源模型的基础数学模型推导如下：

污染物在大气中迁移扩散一般呈三维运动。基于湍流扩散梯度理论，基本运动方程是：

$$\frac{\partial C}{\partial t}+u_x\frac{\partial C}{\partial x}+u_y\frac{\partial C}{\partial y}+u_z\frac{\partial C}{\partial z}=\frac{\partial}{\partial x}\left(E_x\frac{\partial C}{\partial x}\right)+\frac{\partial}{\partial y}\left(E_y\frac{\partial C}{\partial y}\right)+\frac{\partial}{\partial z}\left(E_z\frac{\partial C}{\partial z}\right)-kC \quad (2-2)$$

如果忽略污染物扩散过程中自身的衰减，即 $k=0$，同时忽略 y 方向和 z 方向上的流动，即 $u_y=u_z=0$，则式(2-2)可以简化为

$$\frac{\partial C}{\partial t}+u_x\frac{\partial C}{\partial x}=\frac{\partial}{\partial x}\left(E_x\frac{\partial C}{\partial x}\right)+\frac{\partial}{\partial y}\left(E_y\frac{\partial C}{\partial y}\right)+\frac{\partial}{\partial z}\left(E_z\frac{\partial C}{\partial z}\right) \quad (2-3)$$

式(2-3)中，等号左边第一项为某地的污染物浓度随时间的变化率，第二项为沿 x 轴向(与风向平行)的推流输移项。等号右边是 x、y、z 三个方向上的湍流项。式(2-3)虽已经简化，但仍然很复杂，在不同的初始条件和边界条件下可以得到不同的解。若假定大气流场是均匀的，E_x、E_y、E_z 都是常数，C 为湍流时的平均浓度，则式(2-3)可以写成：

$$\frac{\partial C}{\partial t}+u_x\frac{\partial C}{\partial x}=E_x\frac{\partial^2 C}{\partial x^2}+E_y\frac{\partial^2 C}{\partial y^2}+E_z\frac{\partial^2 C}{\partial z^2} \quad (2-4)$$

式(2-4)是各种高架点源模型的基础。

2.3.1　无边界点源模型

1. 无边界瞬时点源模型

在无边界的大气环境中，一个烟囱瞬间排出的烟气将沿三维方向扩散。假设点源位于坐标原点(0,0,0)，释放时间 $t=0$，根据式(2-4)在空间任一点，任一时刻的污染物浓度可以用下式计算：

$$C(x,y,z,t)=\frac{M}{8(\pi t)^{3/2}\sqrt{E_xE_yE_z}}\exp\left\{-\frac{1}{4t}\left[\frac{(x-u_xt)^2}{E_x}+\frac{y^2}{E_y}+\frac{z^2}{E_z}\right]\right\} \quad (2-5)$$

式中：M 为在 $t=0$ 时刻由原点(0,0,0)瞬间排放的污染物量，即源强。

若令三坐标方向上的污染物分布的标准差为

$$\sigma_x^2=2E_xt,\quad \sigma_y^2=2E_yt,\quad \sigma_z^2=2E_zt$$

则式(2-5)可以写作：

$$C(x,y,z,t)=\frac{M}{\sqrt{8\pi^3}\,\sigma_x\sigma_y\sigma_z}\exp\left\{-\left[\frac{(x-u_xt)^2}{2\sigma_x^2}+\frac{y^2}{2\sigma_y^2}+\frac{z^2}{2\sigma_z^2}\right]\right\} \quad (2-6)$$

2. 无边界无风瞬时点源模型

在无风的条件下，$u_x=0$，由式(2-6)可以求得无边界无风瞬时点源模型：

$$C(x,y,z,t)=\frac{M}{\sqrt{8\pi^3}\,\sigma_x\sigma_y\sigma_z}\exp\left[-\left(\frac{x^2}{2\sigma_x^2}+\frac{y^2}{2\sigma_y^2}+\frac{z^2}{2\sigma_z^2}\right)\right] \quad (2-7)$$

3. 无边界连续稳定源模型

对于一个连续稳定点源$\partial C/\partial t=0$，在$u_x \geqslant 1$ m/s时可以忽略纵向扩散作用，即$E_x=0$，则式(2-7)可以简化为

$$u_x \frac{\partial C}{\partial x} = E_y \frac{\partial^2 C}{\partial y^2} + E_z \frac{\partial^2 C}{\partial z^2} \tag{2-8}$$

式(2-8)的解为

$$C(x,y,z)=\frac{Q}{4\pi x\sqrt{E_x E_y}}\exp\left[-\frac{u_x}{4x}\left(\frac{y^2}{E_y}+\frac{z^2}{E_z}\right)\right]=\frac{Q}{2\pi x\sigma_y\sigma_z}\exp\left[-\frac{1}{2}\left(\frac{y^2}{\sigma_y^2}+\frac{z^2}{\sigma_z^2}\right)\right] \tag{2-9}$$

式中：Q为原点(0,0,0)连续排放的污染源源强，即在单位时间排放的污染物量。

2.3.2 高架连续排放点源模型

烟气的有组织排放一般都是通过烟囱进行的，在任何气象条件下，在开阔平坦的地形上，一个高的烟囱产生的地面污染物浓度总比具有相同源强的低烟囱所产生的地面污染物浓度要低，因此，烟囱高度是大气污染控制的主要变量之一。

烟囱的高度包括两部分：物理高度H_1和抬升高度ΔH。物理高度是烟囱的实体的高度；烟气抬升高度是指烟气在排出烟囱口之后在动量和热浮力的作用下能够继续上升的高度，这个高度可达数十米至上百米，对减轻地面的大气污染有很大作用。因此，计算中烟囱的高度指的是烟囱的有效高度，即烟囱物理高度与抬升高度之和，烟囱的有效高度可用下式计算：

$$H = H_1 + \Delta H \tag{2-10}$$

烟气离开排出口之后，向下风方向扩散，作为扩散边界，地面起到反射作用(见图2-8)。如果假定大气流场均匀稳定，横向、竖向流速和纵向湍流作用可以忽略，即$u_y=u_z=0$，$E_x=0$，对一个排放高度为H的连续点源，其下风向的污染物分布可按下式计算：

$$C(x,y,z,H)=\frac{Q}{2\pi u_x\sigma_y\sigma_z}\left\{\exp\left[-\frac{1}{2}\left(\frac{y^2}{\sigma_y^2}+\frac{(z-H)^2}{\sigma_z^2}\right)\right]+\exp\left[-\frac{1}{2}\left(\frac{y^2}{\sigma_y^2}+\frac{(z+H)^2}{\sigma_z^2}\right)\right]\right\} \tag{2-11}$$

式中：$C(x,y,z,H)$为坐标(x,y,z)处的污染物浓度；H为烟囱的有效高度；Q为烟囱排放源强，即单位时间排放的污染物量。其余符号意义同前。

式(2-11)是高架连续点源的一般解析式，又称Gauss模型。由式(2-11)可以导出各种条件下常用大气扩散模型。

1. 高架连续点源地面浓度模型

令$z=0$，并带入式(2-11)就可以得到高架连续点源地面浓度模型：

$$C(x,y,0,H)=\frac{Q}{\pi u_x\sigma_y\sigma_z}\exp\left(-\frac{y^2}{2\sigma_y^2}-\frac{H^2}{2\sigma_z^2}\right) \tag{2-12}$$

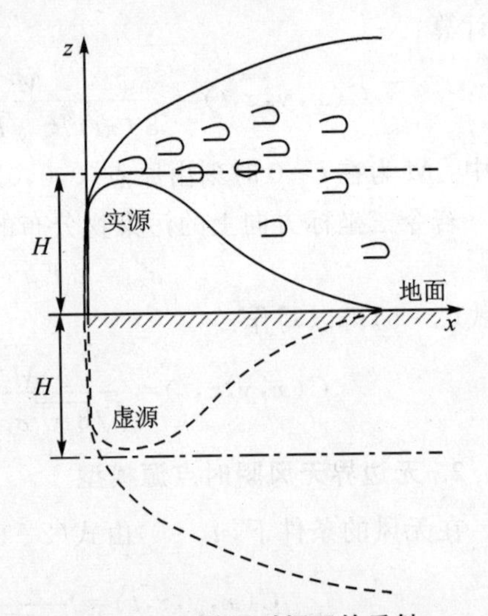

图2-8 地面对烟羽的反射

2. 高架连续点源地面轴线浓度模型

地面轴线是烟囱原点向下风向延伸的方向，即 $y=0$ 的坐标线，由式(2-12)可得高架连续点源地面轴线浓度模型：

$$C(x,0,0,H)=\frac{Q}{\pi u_x \sigma_y \sigma_z \sqrt{E_x E_z}}\exp\left(-\frac{H^2}{2\sigma_z^2}\right) \tag{2-13}$$

3. 高架连续点源最大落地浓度模型

最大落地浓度发生在 x 轴线上($0<x<\infty$)，由$\sigma_y^2=2D_y x/u_x$，$\sigma_z^2=2D_z x/u_x$和式(2-13)可得：

$$C(x,0,0,H)=\frac{Q}{2\pi x\sqrt{E_x E_z}}\exp\left(-\frac{u_x H^2}{4E_z x}\right) \tag{2-14}$$

对式(2-14)中的 x 求导数并令其为零，则有：

$$\frac{\mathrm{d}C}{\mathrm{d}x}=\frac{Q}{2\pi x^2\sqrt{E_y E_z}}\exp\left(-\frac{u_x H^2}{4E_z x}\right)+\frac{Q}{2\pi x\sqrt{E_y E_z}}\exp\left(-\frac{u_x H^2}{4E_z x}\right)\left(\frac{u_x H^2}{4E_z x^2}\right)=0$$

解之得：

$$x^*=\frac{u_x H^2}{4E_z} \tag{2-15}$$

当 $x=x^*$ 时，由式(2-14)可得高架连续点源最大落地浓度模型：

$$C(x,0,0,H)_{\max}=C(x^*,0,0,H)=\frac{2Q\sqrt{E_z}}{\pi e u_x H^2\sqrt{E_y}}=\frac{2Q\sigma_z}{\pi e u_x H^2\sigma_y} \tag{2-16}$$

4. 烟囱有效高度的估算

如果给定地面污染物的最大允许浓度$C_{\max}$，则由式(2-16)可以估算烟囱的有效高度H^*，公式如下：

$$H^*\geqslant\sqrt{\frac{2Q\sigma_z}{\pi e u_x\sigma_y C(x,0,0)_{\max}}} \tag{2-17}$$

5. 逆温条件下高架连续点源模型

若在烟囱排出口的上空存在逆温层，从地面到逆温层的底部的高度为 h，这时烟囱的排烟不仅要受到地面的反射，还要受到逆温层的反射(见图2-9)。

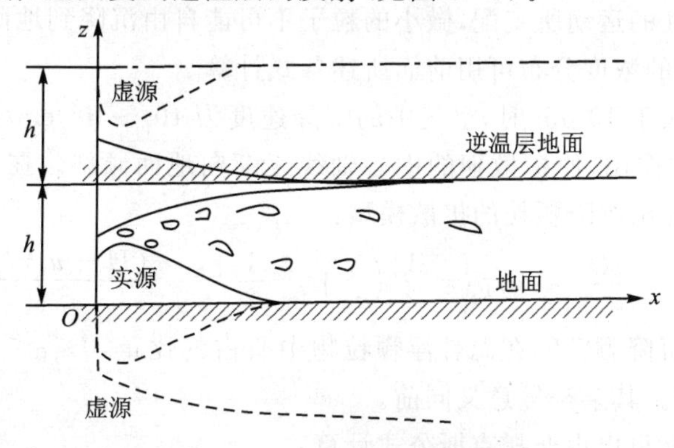

图 2-9　地面和逆温层的反射

在逆温条件下，高架连续点源扩散模型为

$$
\begin{aligned}
C(x,y,z,H)=&\frac{Q}{2\pi u_x\sigma_y\sigma_z}\left\{\exp\left[-\frac{1}{2}\left(\frac{y^2}{\sigma_y^2}+\frac{(z-H)^2}{\sigma_z^2}\right)\right]+\right.\\
&\exp\left[-\frac{1}{2}\left(\frac{y^2}{\sigma_y^2}+\frac{(z+H)^2}{\sigma_z^2}\right)\right]+\\
&\exp\left[-\frac{1}{2}\left(\frac{y^2}{\sigma_y^2}+\frac{(2h-z-H)^2}{\sigma_z^2}\right)\right]+\\
&\left.\exp\left[-\frac{1}{2}\left(\frac{y^2}{\sigma_y^2}+\frac{(2h+z+H)^2}{\sigma_z^2}\right)+\cdots\right]\right\}=\\
&\frac{Q}{2\pi u_x\sigma_y\sigma_z}\left\{\exp\left[-\frac{1}{2}\left(\frac{y^2}{\sigma_y^2}+\frac{(z-H)^2}{\sigma_z^2}\right)\right]+\right.\\
&\exp\left[-\frac{1}{2}\left(\frac{y^2}{\sigma_y^2}+\frac{(z+H)^2}{\sigma_z^2}\right)\right]+\\
&\sum_{n=2}^{\infty}\exp\left[-\frac{1}{2}\left(\frac{y^2}{\sigma_y^2}+\frac{(nh-z-H)^2}{\sigma_z^2}\right)\right]+\\
&\left.\sum_{n=2}^{\infty}\exp\left[-\frac{1}{2}\left(\frac{y^2}{\sigma_y^2}+\frac{(nh+z+H)^2}{\sigma_z^2}\right)\right]\right\}
\end{aligned}
\tag{2-18}
$$

式中：h 为由地面到逆温层底部的高度；n 为计算的反射次数，随着 n 的增大，等号右边第三、四项衰减很快，一般经一两次反射后，虚源的影响已经很小了，所以在实际计算中，只需取 $n=1$ 或 2。

将 $y=0$ 和 $z=0$ 代入式(2-18)可以得到逆温条件下高架连续点源地面轴线浓度模型：

$$
C(x,0,0,H)=\frac{Q}{\pi u_x\sigma_y\sigma_z}\left\{\exp\left(-\frac{H^2}{2\sigma_z^2}\right)+\sum_{n=2}^{\infty}\exp\left[-\frac{(nh-H)^2}{2\sigma_z^2}\right]\right\}
\tag{2-19}
$$

式(2-18)和式(2-19)的应用条件是 $H\leqslant h$，当逆温层的高度小于烟囱的有效高度时，式(2-18)和式(2-19)不能应用。

2.3.3 沉降颗粒的扩散模型

当颗粒物的粒径小于 10 μm 时，空气中的沉降速度小于 1 cm/s，粒子的垂直运动大都由较大的垂直湍流和大气的运动所支配，微小的粒子不可能自由沉降到地面，因而可以忽略其沉降作用。此时，颗粒物的浓度分布可用前面所述各式计算。

当颗粒物的粒径大于 10 μm 时，空气中的沉降速度为 $10^0\sim10^2$ cm/s，颗粒物除了随流场运动以外，还受重力的作用，使扩散羽的中心轴线逐渐向地面倾斜。在考虑地面反射的情况下，由式(2-11)可以导出沉降颗粒的扩散模型：

$$
C(x,y,z,H)=\frac{\alpha Q}{2\pi x u_x\sigma_y\sigma_z}\exp\left\{-\frac{1}{2}\left(\frac{y}{\sigma_y}\right)^2-\frac{1}{2}\frac{\left[z-(H-u_s x/u_x)\right]^2}{\sigma_z^2}\right\}
\tag{2-20}
$$

式中：α 为系数，表示沉降颗粒物在总悬浮颗粒物中所占的比重，$0\leqslant\alpha\leqslant1$；$u_s$ 为颗粒沉降的速度；u_x 为轴向平均风速。其余符号意义同前。

颗粒物的沉降速度可以由斯托克斯公式计算：

$$u_s = \frac{pg\,d^2}{18\,\mu} \tag{2-21}$$

式中：p 为颗粒的密度，g/cm³；g 为重力加速度，980 cm/s²；d 为颗粒直径，cm；μ 为空气黏滞系数，可取 1.8×10^{-2} g/(m·s)。

将 $z=0$ 代入式(2-20)，可以得到计算地面颗粒物浓度的模型：

$$C(x,y,0,H) = \frac{\alpha Q}{2\pi x\,u_x\,\sigma_y\,\sigma_z}\exp\left\{-\frac{1}{2}\left[\frac{y^2}{\sigma_y^2}+\frac{(H-u_s x/u_x)^2}{\sigma_z^2}\right]\right\} \tag{2-22}$$

2.3.4 高架多点源连续排放模型

一般来说，地面上任意一点的污染来源于不同的污染源。如果存在 m 个相互独立的污染源，则在任一空间点 (x,y,z) 处的污染物浓度，就是这 m 个污染源对这一空间点的贡献之和，即

$$C(x,y,z) = \sum_{i=1}^{m} C_i(x,y,z) \tag{2-23}$$

式中：$C_i(x,y,z)$ 为第 i 个污染源对点 (x,y,z) 的贡献。

若以 x_i、y_i、H_i 表示第 i 个污染源排出口的位置及排气筒有效高度，那么当 $x-x_i>0$ 时，

$$C_i(x,y,z) = C'_i(x-x_i,y-y_i,z) = \frac{Q_i}{\pi\,u_x\,\sigma_y\,\sigma_{zi}}\exp\left\{-\frac{1}{2}\left[\frac{(y-y_i)^2}{\sigma_{y_i}^2}+\frac{(z-H_i)^2}{\sigma_{z_i}^2}\right]\right\} \tag{2-24}$$

当 $x-x_i\leqslant 0$ 时，

$$C_i(x,y,z) = C'_i(x-x_i,y-y_i,z) = 0$$

式中：Q_i 为第 i 个污染源的源强；σ_{y_i}、σ_{z_i} 为取决于第 i 个污染源至计算点的纵向距离的横向与竖向的标准差。

令 $z=0$，代入式(2-24)中，可以计算多源作用下的地面浓度。对其余条件可以类推。

2.3.5 连续线源扩散模型

当污染物沿一水平方向连续排放时，可将其视为一线源，如汽车行驶在平坦开阔的公路上。若线源在横风向排放的污染物浓度相等，则可将点源扩散的高斯模式对变量 y 积分，即可获得线源的高斯扩散模式。但由于线源排放路径相对固定，具有方向性，若取平均风向为 x 轴，则线源与平均风向未必同向。所以线源的情况较复杂，应当考虑线源与风向夹角以及线源的长度等问题。

如果风向和线源的夹角 $\beta>45°$，则无限长连续线源下风向地面浓度分布为

$$C(x,0,H) = \frac{\sqrt{2}q}{\sqrt{\pi}u\sigma_z\sin\beta}\exp\left(-\frac{H^2}{2\sigma_z^2}\right) \tag{2-25}$$

如果 $\beta<45°$，则以上模式不能应用。如果风向和线源垂直，即 $\beta=90°$，则可得

$$C(x,0,H) = \frac{\sqrt{2}q}{\sqrt{\pi}u\sigma_z}\exp\left(-\frac{H^2}{2\sigma_z^2}\right) \tag{2-26}$$

对于有限长的线源，线源末端引起的“边缘效应”将对污染物的浓度分布有很大影响。随着污染物接受点与线源距离的增加，“边缘效应”将在横风向距离的更远处起作用。因此在估算有限长污染源形成的浓度分布时，“边缘效应”不能忽视。对于横风向的有限长线源，应以污

染物接受点的平均风向为 x 轴。若线源的范围是从 y_1 到 y_2，且 $y_1<y_2$，则有限长线源地面浓度分布为

$$C(x,0,H)=\frac{\sqrt{2}q}{\sqrt{\pi}u\sigma_z}\exp\left(-\frac{H^2}{2\sigma_z^2}\right)\int_{s_1}^{s_2}\frac{1}{\sqrt{2\pi}}\exp\left(-\frac{s^2}{2}\right)\mathrm{d}s \tag{2-27}$$

式中，$s_1=y_1/\sigma_y$，$s_2=y_2/\sigma_y$，积分值可从正态概率表中查出。

2.3.6 连续面源扩散模型

当众多的污染源在一地区内排放时，如城市中家庭炉灶的排放，可将它们作为面源来处理。因为这些污染源排放量很小但数量很大，若依点源来处理，将是非常繁杂的计算工作。

常用的面源扩散模式为虚拟点源法，即将城市按污染源的分布和高低不同划分为若干个正方形，每一正方形视为一个面源单元，边长一般在 0.5～10 km 之间选取。这种方法假设：

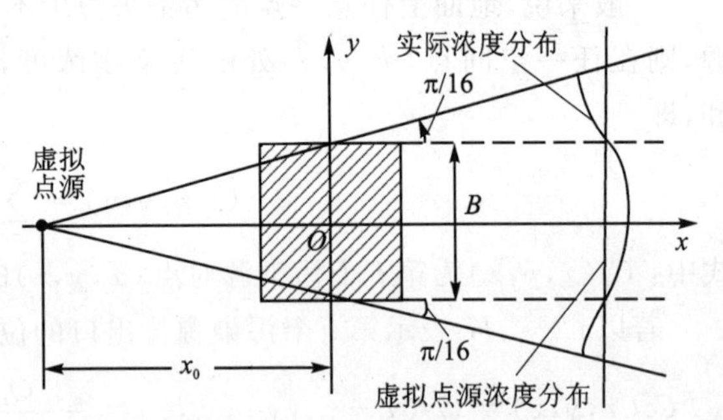

图 2-10　虚拟点源模型

① 有一距离为 x_0 的虚拟点源位于面源单元形心的上风处，如图 2-10 所示。它在面源单元中心线处产生的烟流宽度为 $2y_0=4.3\sigma_{y_0}$，等于面源单元宽度 B。

② 面源单元向下风向扩散的浓度可用虚拟点源在下风向造成的同样的浓度所代替。

根据污染物在面源范围内的分布状况，可分为以下两种虚拟点源扩散模式：

第一种扩散模式，假定污染物排放量集中在各面源单元的形心上。由假设①可得

$$\sigma_{y_0}=B/4.3 \tag{2-28}$$

由确定的大气稳定度级别和式(2-28)求出的 σ_{y_0}，应用 $P-G$ 曲线图(见下节)可查取 x_0。再由(x_0+x)分布查出 σ_y 和 σ_z，则面源下风向任一处的地面浓度由下式确定：

$$C=\frac{q}{\pi u\sigma_y\sigma_z}\exp\left(-\frac{H^2}{2\sigma_z^2}\right) \tag{2-29}$$

式(2-29)即为点源扩散的高斯模式，式中 H 取面源的平均高度，m。

如果排放源相对较高，而且高度相差较大，也可假定 z 方向上有一虚拟点源，由源的最初垂直分布的标准差确定 σ_{z_0}，再由 σ_{z_0} 求出 x_{z_0}；由$(x_{z_0}+x)$求出 σ_z，由(x_0+x) 求出 σ_y，最后代入式(2-29)求出地面浓度。

第二种扩散模式，假定污染物浓度均匀分布在面源的 y 方向，且扩散后的污染物全都均匀分布在长为 $\pi(x_0+x)/8$ 的弧上，如图 2-10 所示。因此，利用式(2-28)求 σ_y后，由稳定度级别应用 $P-G$ 曲线图查出 x_0，再由(x_0+x) 查出 σ_z，则面源下风向任一点的地面浓度由下式确定：

$$C=\sqrt{\frac{2}{\pi}}\frac{q}{u\sigma_z\pi(x_0+x)/8}\exp\left(-\frac{H^2}{2\sigma_z^2}\right) \tag{2-30}$$

2.4 大气污染扩散模型参数确定

大气污染扩散模型的应用效果依赖于公式中各个参数的准确程度，尤其是扩散参数 σ_y、σ_z

及烟流抬升高度 Δh 的估算。其中，平均风速 u 取多年观测的常规气象数据；源强 Q_i 可以计算或测定，而 σ_y、σ_z、Δh 与气象条件和地面状况密切相关。

2.4.1　扩散参数 σ_y 和 σ_z 的估算

扩散参数 σ_y、σ_z 是表示扩散范围及速率大小的特征量，也是正态分布函数的标准差。为了能较符合实际地确定这些扩散参数，许多研究工作致力于把浓度场和气象条件结合起来，提出了各种符合实验条件的扩散参数估计方法。其中应用较多的是由帕斯奎尔(Pasquill) 和吉福特(Gifford)提出的扩散参数估算方法。

1. 帕斯奎尔模型

帕斯奎尔提出一组计算 σ_y 和 σ_z 的式子，它们适用于地面粗糙度很低的情况。公式如下：

$$\sigma_y = (a_1 \ln x + a_2) x \tag{2-31}$$

$$\sigma_z = 0.465 \exp(b_1 + b_2 \ln x + b_3 \ln^2 x) \tag{2-32}$$

式中：a_1、a_2、b_1、b_2 和 b_3 都是大气稳定度的函数，它们的值列于表 2-1。

表 2-1　帕斯奎尔扩散参数

稳定度分级	A	B	C	D	E	F
a_1	−0.023	−0.015	−0.012	−0.006	−0.006	−0.003
a_2	0.350	0.248	0.175	0.108	0.088	0.054
b_1	0.880	−0.985	−1.186	−1.350	−3.880	−3.800
b_2	−0.152	0.820	0.850	0.893	1.255	1.419
b_3	0.147	0.017	0.005	0.002	−0.042	−0.055

2. 雷特尔模型

雷特尔(Reuter)根据气象参数(主要是风速)导出如下表达式：

$$\sigma_y = B t^b \tag{2-33}$$

$$\sigma_z = A t^a \tag{2-34}$$

式中：$t = x/\bar{u}$，$\bar{u}$ 为平均风速；A、B、a、b 为参数，是大气稳定度的函数。表 2-2 给出了 A、B、a、b 的值，表中的大气稳定度按特纳尔方法分类。

表 2-2　雷特尔扩散参数

参　数	稳定度分类					
	A	B	C	D	E	F
B	0.46	0.50	0.94	1.07	1.11	1.27
b	0.73	0.80	0.80	0.84	0.87	0.90
A	0.32	0.74	0.64	0.90	0.83	0.09
a	0.50	0.57	0.70	0.76	0.89	1.46

3. 布里格斯(Briggs)公式

布里格斯根据几种扩散曲线，给出一组适用于高架源的公式，见表 2-3。

表 2-3　σ_y和σ_z的布里格斯近似公式

帕斯奎尔类别	σ_y	σ_z
开阔乡间条件		
A	$0.22x(1+0.0001x)^{-1/2}$	$0.20x$
B	$0.16x(1+0.0001x)^{-1/2}$	$0.12x$
C	$0.11x(1+0.0001x)^{-1/2}$	$0.08x(1+0.0002x)^{-1/2}$
D	$0.08x(1+0.0001x)^{-1/2}$	$0.06x(1+0.0015x)^{-1/2}$
E	$0.06x(1+0.0001x)^{-1/2}$	$0.03x(1+0.0003x)^{-1}$
F	$0.04x(1+0.0001x)^{-1/2}$	$0.016x(1+0.0003x)^{-1}$
城市条件		
A～B	$0.32x(1+0.0004x)^{-1/2}$	$0.14x(1+0.001x)^{-1/2}$
C	$0.22x(1+0.0004x)^{-1/2}$	$0.20x$
D	$0.16x(1+0.0004x)^{-1/2}$	$0.14x(1+0.0003x)^{-1/2}$
E～F	$0.11x(1+0.0004x)^{-1/2}$	$0.08x(1+0.00015x)^{-1/2}$

4. 特纳尔公式

特纳尔提出$\sigma T=\gamma^{T\alpha}$的时间指数形式，$\gamma$、$\alpha$在不同稳定度下扩散参数可选表 2-4 的值，此表中稳定度采用特纳尔分级法，共分为 7 个等级。

表 2-4　特纳尔扩散参数

参　数	稳定度等级	γ	α	扩散时间 T/s
σ_y	A	1.920 91	0.884 785	>0
	B	1.425 01	0.890 339	>0
	C	1.015 38	0.896 354	>0
	D	0.682 402	0.886 706	>0
	E	0.610 032	0.885 474	>0
σ_z	A	0.228 205	1.165 93	0～500
		0.049 064	1.413 27	500～2 000
		0.017 258	1.550 74	>2 000
	B	0.360 763	1.011 28	0～1 000
		0.192 024	1.110 256	>1 000
	C	0.426 406	0.912 511	>0
	D	0.449 05	0.855 756	0～1 000
		1.300 23	0.701 154	>1 000
	E	0.523 275	0.774 22	0～1 000
		1.408	0.630 929	1 000～3 000
		4.098 32	0.497 485	>3 000
	F	0.64	0.698 97	0～1 000
		1.024	0.630 929	1 000～3 000
		4.650 31	0.441 928	>3 000
	G	0.773 470	0.620 945	0～1 000
		1.748 08	0.502 905	1 000～3 000
		7.283 60	0.324 659	>3 000

5. 我国环评导则推荐的扩散参数 σ_y 和 σ_z 的确定

(1) 有风时

有风时扩散参数 σ_y 和 σ_z 的确定(取样时间 0.5 h)：

① 平原地区农村及城市远郊区，其扩散参数选取方法：A、B、C 级稳定度直接由表 2-5 和表 2-6 查算，D、E、F 级稳定度则需向不稳定方向提半级后由表 2-5 和表 2-6 查算。

② 工业区或城区中的点源，其扩散参数选取方法：A、B 级不提级，C 级提到 B 级，D、E、F 级向不稳定方向提一级，再按表 2-5 和表 2-6 查算。

表 2-5　横向扩散参数幂函数表达式数据

扩散参数	稳定度等级(P·S)	α_1	γ_1	下风距离/m
$\sigma_y=\gamma_1 X_1^{\alpha}$	A	0.901 074	0.425 809	0~1 000
	B	0.914 370	0.281 846	0~1 000
	B~C	0.919 325	0.229 500	0~1 000
	C	0.924 279	0.177 154	0~1 000
	C~D	0.926 849	0.143 940	0~1 000
	D	0.929 481	0.110 726	0~1 000
	D~E	0.925 118	0.098 563 1	0~1 000
	E	0.920 818	0.086 001	0~1 000
	F	0.929 481	0.055 363 4	0~1 000

表 2-6　垂直扩散参数幂函数表达式数据

扩散参数	稳定度等级(P·S)	α_2	γ_2	下风距离/m
$\sigma_y=\gamma_2 X_2^{\alpha}$	A	1.121 54	0.079 990 4	0~300
	B	0.941 015	0.127 190	0~500
	B~C	0.941 015	0.114 682	0~500
	C	0.917 595	0.106 803	0
	C~D	0.838 628	0.126 152	0~2 000
	D	0.826 212	0.104 634	1~1 000
	D~E	0.776 864	0.104 634	0~2 000
	E	0.788 370	0.092 752 9	0~1 000
	F	0.784 40	0.062 076 5	0~1 000

③ 丘陵山区的农村或城市，其扩散参数选取方法同工业区。

(2) 小风和静风($u_{10}<1.5$ m/s) 时

小风和静风时，取样时间 0.5 h 的扩散参数按表 2-7 选取。

表 2-7　小风和静风时扩散参数的系数

($\sigma_x=\sigma_y=\gamma_{01},\sigma_z=\gamma_{02}T$)

稳定度等级(P·S)	γ_{01}		γ_{02}	
	$u_{10}<0.5$ m/s	0.5 m/s$\leqslant u_{10}<1.5$ m/s	$u_{10}<0.5$ m/s	0.5 m/s$\leqslant u_{10}<1.5$ m/s
A	0.93	0.76	0.15	1.57
B	0.76	0.56	0.47	0.47
C	0.55	0.35	0.21	0.21
D	0.47	0.27	0.12	0.12
E	0.44	0.24	0.07	0.07
F	0.44	0.24	0.05	0.05

2.4.2　烟气抬升公式

烟气抬升高度是确定高架源的位置、准确判断大气污染扩散及估计地面污染浓度的重要参数之一。从烟囱里排出的烟气，通常会继续上升。上升的原因：一是热力抬升，即当烟气温度高于周围空气温度时，密度比较小，浮升力的作用而使其上升；二是动力抬升，即离开烟囱的烟气本身具有的动量，促使烟气继续向上运动，在大气湍流和风的作用下，漂移一段距离后逐渐变为水平运动，因此，烟羽抬升高度 ΔH 与烟囱的物理高度 H_1 之和称为烟羽的有效高度 H_e。

热烟流从烟囱中喷出直至变平是一个连续的逐渐缓变过程，一般可分为四个阶段，如图 2-11 所示。首先是烟气依靠本身的初始动量垂直向上喷射的喷出阶段。该阶段的距离为几至十几倍烟囱的直径。其次是由于烟气和周围空气之间温差而产生的密度差所形成的浮力而使烟流上升的浮升阶段。上升烟流与水平气流之间的速度差异而产生的小尺度湍涡使得两者混合后的温差不断减小，烟流上升趋势不断减缓，逐渐趋于水平方向。然后是在烟体不断膨胀过程中使得大气湍流作用明显加强，烟体结构瓦解，逐渐失去抬升作用的瓦解阶段。最后是在环境湍流作用下，烟流继续扩散膨胀并随风漂移的变平阶段。

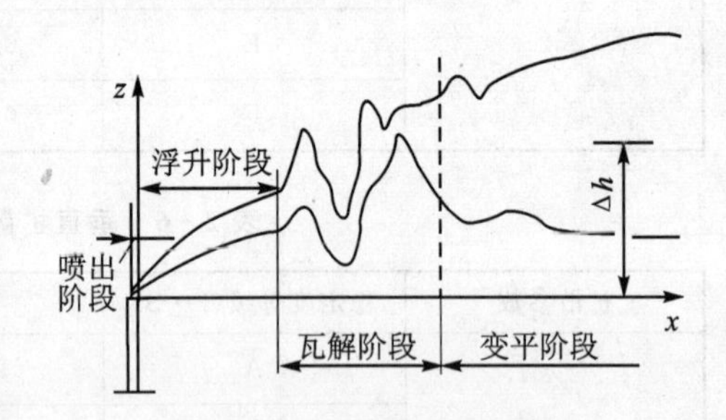

图 2-11　烟流抬升过程

确定烟羽抬升高度的方法很多，有数值计算、风洞模拟、现场观测等。下面简要介绍由现场观测资料分析归纳出的几种计算公式。

1. 霍兰德(Holland)公式(1953 年)

霍兰德公式在中、小型烟源中应用较多，其计算式为

$$\Delta H=(1.5\,v_s d+1.0\times10^{-5}\,Q_H)\sqrt{u_x}=\frac{v_s d}{u_x}\left(1.5+2.68\times10^{-3}p\,\frac{T_s-T_a}{T_s}d\right)\approx\frac{v_s d}{u_x}\left(1.5+2.7\,\frac{T_s-T_a}{T_s}d\right)\qquad(2-35)$$

式中：ΔH 为烟气抬升高度，m；v_s 为烟囱出口的烟气流速，m/s；d 为烟囱出口的内径，m；u_x 为烟囱出口处的平均风速，m/s；Q_H 为排出的烟气热量，J/s；p 为大气压，取 1 000 mbar(10^5 Pa)；

T_s为烟囱出口处的烟气温度,K;T_a为烟囱出口处环境的大气温度,K。

排出的烟气热量Q_H按下式计算:

$$Q_H = 4.18\, Q_m\, c_p \Delta T \tag{2-36}$$

式中:Q_m为单位时间内排出的烟气质量,g/s;c_p为比定压热容,取 1.0 J/(g·K);

$$\Delta T = T_s - T_a$$

单位时间内排出的烟气质量又称烟气的质量流量,可按下式计算:

$$Q_m = \left(\frac{\pi d^2}{4} v_s\right)\frac{p}{R T_s} \tag{2-37}$$

式中:R 为气体常数,取 2.87×10^{-3} mbar·m^3/(g·K)。

霍兰德公式适用于大气稳定度为中性时的情况。当大气稳定度为不稳定时,应将 ΔH 的计算结果增加 10%～20%,稳定时应减少 10%～20%。

2. 摩西-卡森(Moses-Carson)公式(1968 年)

摩西-卡森公式适用于大型烟源($Q_H \geqslant 8.36\times10^6$ J/s)有风情况下($u_x > 1$ m/s)。其计算式为

$$\Delta H = (C_1 v_s d + C_2 Q_H^{1/2})\sqrt{u_x} \tag{2-38}$$

式中:C_1、C_2为系数,是大气稳定度的函数,其取值参见表 2-8。

表 2-8　摩西-卡森公式的系数

大气稳定度	C_1	C_2
稳定	−1.04	0.145
中性	0.35	0.171
不稳定	3.47	0.33

3. 康凯维(CONCAWE)公式(1968 年)

CONCAWE 为西欧清洁空气和水保护(Conservation of Clean Air and Water, Western Europe)的缩写。该公式适用于有风情况下($u_x > 1$ m/s)的中、小型烟源(烟气流量为 15～100 m^3/s,$Q_H < 8.36\times10^6$ J/s),其计算式为

$$\Delta H = 2.71\, Q_H^{1/2}\, \sqrt{u_x^{3/4}} \tag{2-39}$$

4. 布里格斯(Briggs)公式(1969 年)

在静风条件下($u_x < 1$ m/s),霍兰德公式、摩西-卡森公式和康凯维公式都不适用,一般都采用布里格斯公式。

(1) 静风条件下的布里格斯公式

$$\Delta H = 1.4\, Q_H^{1/4}\, (\Delta\theta/\Delta Z)^{-3/8} \tag{2-40}$$

式中:$\Delta\theta/\Delta Z$ 为大气竖向的温度梯度,℃/m,白天取 0.003 ℃/m,夜晚取 0.010 ℃/m。

(2) 有风条件下的布里格斯公式

有风条件下,按不同大气稳定度计算烟羽抬升高度。

① 当大气为稳定时:

$$\Delta H = 1.6\, F^{1/3}\, x^{2/3}\, \sqrt{u_x} \quad (x < x_F \text{ 时}) \tag{2-41}$$

$$\Delta H = 2.4\,(F\, \sqrt{u_x} S)^{1/3} \quad (x \geqslant x_F \text{ 时}) \tag{2-42}$$

② 当大气为中性或不稳定时:

$$\Delta H = 1.6\, F^{1/3}\, x^{2/3}\, \sqrt{u_x} \quad (x < 3.5x^* \text{ 时}) \tag{2-43}$$

$$\Delta H = 1.6\,F^{1/3}(3.5x^*)^{2/3}\ \sqrt{u_x}\quad (x \geqslant 3.5x^* \text{ 时}) \tag{2-44}$$

式中：x 为烟囱下风向的轴线距离，m；x_F 为在大气稳定时，烟气抬升达最高值时所对应的烟囱下风向的轴线距离，m；F 为浮力通量，m^4/s^3；S 为大气稳定度参数；x^* 为大气湍流开始起主导作用的烟囱下风向的轴线距离，m。当 $F<55$ 时，取 $x^*=14\,F^{5/8}$；当 $F\geqslant 55$ 时，取 $x^*=34\,F^{2/5}$。

上述各式中的 x_F、S 和 F 可以分别表示为

$$x_F = \pi\, u_x / S^{1/2} \tag{2-45}$$

$$S = \frac{g}{T}\left(\frac{\Delta\theta}{\Delta z}\right) \tag{2-46}$$

$$F = g\, v_s\, \frac{d^2}{4}\left(\frac{T_s - T_a}{T_s}\right) \tag{2-47}$$

5. 环评推荐烟气抬升公式

(1) 有风时，中性和不稳定条件下烟气抬升高度 ΔH

① 当烟气热释放率 $Q_h \geqslant 2\,100$ kJ/s，且烟气温度与环境温度的差值 $\Delta T \geqslant 35$ K 时，ΔH 用下式计算：

$$\Delta H = n_0 Q_h n_1 H n_2 U^{-1} \tag{2-48}$$

$$Q_h = 0.35\ pQ_v\,\frac{\Delta T}{T_s} \tag{2-49}$$

$$\Delta T = T_s - T_a \tag{2-50}$$

式中：n_0 为烟气热状况及地表系数，见表 2-9；n_1 为烟气热释放率指数，见表 2-9；n_2 为排气筒高度指数，见表 2-9；Q_h 为烟气热释放率，kJ/s；H 为排气筒距地面的几何高度，m，超过 240 m 时取 $H=240$ m；p 为大气压力，kPa；Q_v 为实际排烟率，m^3/s；ΔT 为烟气出口温度与环境温度差，K；T_s 为烟气出口处的温度，K；T_a 为烟气出口环境的大气温度，K；U 为排气筒出口处的平均风速，m/s。

表 2-9　n_0、n_1、n_2 的选取

Q_h/(kJ·s^{-1})	地表状况(平原)	n_0	n_1	n_2
$Q_h \geqslant 21\,000$	农村或城市远郊区	1.427	1/3	2/3
	城市及近郊区	1.303	1/3	2/3
$2\,100 \leqslant Q_h < 21\,000$ 且 $\Delta T \geqslant 35$ K	农村或城市远郊区	0.332	3/5	2/5
	城市及近郊区	0.292	3/5	2/5

② 当 1 700 kJ/s$<Q_h<$2 100 kJ/s 时，

$$\Delta H = \Delta H_1 + (\Delta H_2 - \Delta H)\frac{Q_h - 1\,700}{400} \tag{2-51}$$

$$\Delta H_1 = \frac{2(1.5\,v_s D + 0.01 Q_h)}{U} - \frac{0.048(Q_h - 1\,700)}{U} \tag{2-52}$$

式中：v_s 为排气筒出口处烟气排出速度，m/s；D 为排气筒出口直径，m；ΔH_2 按式(2-48)计算，n_0、n_1、n_2 按表 2-9 中 Q_h 值较小的一类选取；Q_h、U 与①中的定义相同。

③ 当 $Q_h \leqslant 1\,700$ kJ/s 或者 $\Delta T<35$ K 时，

$$\Delta H = \frac{2(1.5\,v_s D + 0.01 Q_h)}{U} \tag{2-53}$$

(2) 有风时,稳定条件下烟气抬升高度 ΔH

$$\Delta H = Q_h^{1/3}\left(\frac{dT_a}{dZ}+0.0098\right)^{1/3}U^{-1/3} \tag{2-54}$$

(3) 静风和小风时烟气抬升高度 ΔH

$$\Delta H = 5.5Q_h^{1/4}\left(\frac{dT_a}{dZ}+0.0098\right)^{-3/8} \tag{2-55}$$

$\frac{dT_a}{dZ}$取值不宜小于 0.01 K/m。

2.4.3 大气稳定度

大气稳定度是指大气层稳定的程度,如果气团在外力作用下产生了向上或向下的运动,当外力去除后,气团逐渐减速并有返回原来高度的趋势,就称这时的大气是稳定的;当外力去除后,气团继续运动,就称这时的大气是不稳定的;如果气团处于随遇平衡状态,则称大气处于中性稳定度。

大气稳定度是影响污染物在大气中扩散的极重要因素。大气处在不稳定状态时,湍流强烈,烟气迅速扩散;大气处在稳定状态时,出现逆温层,烟气不易扩散,污染物聚集地面,极易形成严重污染。在大气质量模型中,受到大气稳定度直接影响的有标准差σ_y、σ_z和混合高度 h。鉴于大气稳定度的确定对于模拟、预测大气环境质量有着极大的影响,近几十年来许多学者对此做了大量的研究。目前用于大气稳定度分类的主要方法是帕斯奎尔(Pasquill)法、特纳尔(Turner)法等。

1. 帕斯奎尔分级法(P.S.)

帕斯奎尔根据地面风速、日照量和云量等气象参数,将大气稳定度分为 A、B、C、D、E、F 六级(见表 2-10)。该方法可以按照一般的气象参数确定大气稳定度等级,应用比较方便。

表 2-10 帕斯奎尔稳定度分级

地面上 10 m 处的风速/($m \cdot s^{-1}$)	白天日照强度			阴云密布的白天或夜晚	夜晚云量	
	强	中	弱		薄云遮天或低云≥4/8	≤3/8
<2	A	A-B	B	D	—	—
2~3	A-B	B	C	D	E	F
3~5	B	B-C	C	D	D	E
5~6	C	C-D	D	D	D	D
>6	C	D	D	D	D	D

注:(1) A 表示极不稳定,B 表示不稳定,C 表示弱不稳定,D 表示中性,E 表示弱稳定,F 表示稳定。
(2) A-B 级按 A、B 的数据内插。
(3) 日落前 1 h 至次日日出后 1 h 为夜晚。
(4) 无论何种天气状况,夜晚前后各 1 h 为中性。
(5) 仲夏晴天中午为强日照,寒冬晴天中午为弱日照。

2. 特纳尔分级法

特纳尔在帕斯奎尔分级的基础上,根据日照等级(即其他气象条件)将大气稳定度分为七级。其方法步骤如下:

第一步，根据太阳高度角 α 确定日照等级，见表 2-11。

表 2-11 日照等级的确定

太阳高度角	$\alpha>60°$	$35°<\alpha\leqslant60°$	$15°<\alpha\leqslant35°$	$\alpha\leqslant15°$
日照等级	4	3	2	1

第二步，根据气象条件及日照等级确定净辐射指数 NRI，见表 2-12。

表 2-12 净辐射指数的确定

时 间	云 量	云 高	净辐射指数 NRI
白昼	≤5/10		等于日照等级
	>5/10	<2 000 m	日照等级-2
		2 000 m≤云高<5 000 m	日照等级-1
	10/10	>2 000 m	日照等级-1
夜晚	≤4/10	—	-2
	>4/10	—	-1
白昼+夜晚	10/10	≤2 000 m	0

注：如果白昼的条件与表中所列不符，可以取 NRI=日照等级。

第三步，由风速和 NRI 确定大气稳定度，见表 2-13。

表 2-13 特纳尔大气稳定度分级

u_x/(m·s^{-1}) \ NRI	4	3	2	1	0	-1	-2
≤0.5	A	A	B	C	D	F	G
0.5～1.5	A	B	B	C	D	F	G
1.5～2.5	A	B	C	D	D	E	F
2.5～3.0	B	B	C	D	D	E	F
3.0～3.5	B	B	C	D	D	D	E
3.5～4.5	B	C	C	D	D	D	E
4.5～5.0	C	C	D	D	D	D	E
5.0～5.5	C	C	D	D	D	D	D
>6	C	D	D	D	D	D	D

注：A～G 所代表的大气稳定度级别与表 2-10 中的一致。

2.5 箱式大气质量模型

箱式大气质量模型的基本假设：在模拟大气的污染物浓度时，可以把所研究的空间范围看成一个尺寸固定的“箱子”，这个箱子的高度就是从地面计算的混合层高度，而污染物浓度在箱子内处处相等。

箱式大气质量模型可以分为单箱模型和多箱模型。

2.5.1 单箱模型

单箱模型是计算一个区域或城市的大气质量的最简单的模型。此模型假定所研究的区域或城市被一个箱子所笼罩，这个箱子的平面尺寸就是所研究的区域或城市的平面，箱子的高度是由地面计算的混合层的高度（见图 2-12）。根据整个箱子的输入、输出，可以写出质量平衡方程：

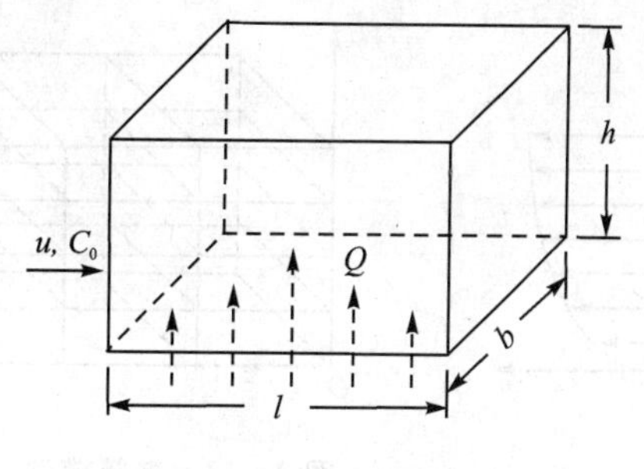

图 2-12　箱式模型

$$\frac{\mathrm{d}C}{\mathrm{d}t}lbh = ubh(C_0 - C) + lbQ - KClbh \tag{2-56}$$

式中：l 为箱子的长度；h 为箱子的高度；b 为箱子的宽度；C_0 为初始条件，污染物的本底浓度；K 为污染物的衰减速度常数；Q 为污染源的源强；u 为平均风速；C 为箱内的污染物浓度；t 为时间坐标。

如果不考虑污染物的衰减，即 $K=0$，当污染源稳定排放时可以得到：

$$C = C_0 + \frac{Ql}{uh}(1 - \mathrm{e}^{-\frac{ut}{l}}) \tag{2-57}$$

当式中 t 很大时，箱内的污染物浓度 C 随时间的变化趋于稳定状态，这时的污染物浓度称为平衡浓度C_p，公式如下：

$$C_\mathrm{p} = C_0 + \frac{Ql}{uh} \tag{2-58}$$

如果污染物在箱内的衰减速度常数 $K\neq0$，则式(2-56)的解为

$$C = C_0 + \frac{Q/h - C_0K}{u/l + K}\left[1 - \exp\left(-\frac{u}{l} + K\right)t\right] \tag{2-59}$$

这时平衡浓度为

$$C_\mathrm{p} = C_0 + \frac{Q/h - C_0K}{u/l + K} \tag{2-60}$$

单箱模型把整个箱内的浓度视为均匀分布，不考虑空间位置的影响，也不考虑地面污染源的不均匀性，因而其计算结果是概略的。单箱模型较多应用在高层次的决策分析中。

2.5.2 多箱模型

多箱模型是对单箱模型的改进，它在纵向和高度方向上把单箱分成若干部分，构成一个二维箱式结构模型，如图 2-13 所示。

多箱模型在高度方向上将 h 离散成 m 个相等的子高度 Δh，在长度方向上将 l 离散成 n 个相等的子长度 Δl，共组成 $m\times n$ 个子箱。在高度方向上，风速可以作为高度的函数分段计算，污染源的源强则根据坐标关系输入贴地的相应子箱中。为了计算方便，可以忽略纵向湍流作用和竖向的推流作用。如果把每一个子箱都视为一个混合均匀的体系，就可以对每一个子箱写出质量平衡方程，例如图 2-14 中的每一个子箱，其质量平衡关系为

$$u_1\Delta h C_{01} - u_1\Delta h C_1 + Q_1\Delta l - E_{2,1}\Delta l(C_1 - C_2)/\Delta h = 0 \tag{2-61}$$

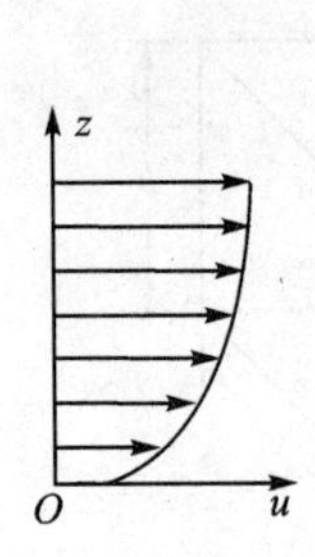

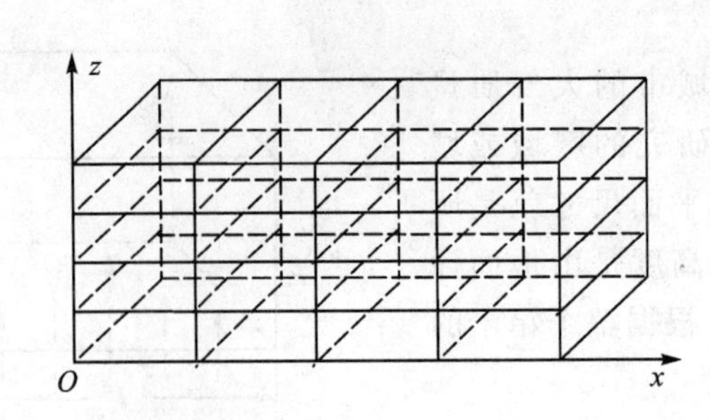

图 2-13　多箱模型

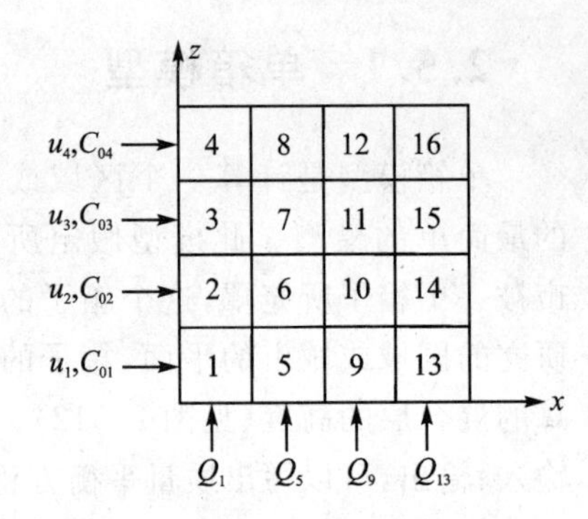

图 2-14　4×4 箱式模型

若令$a_i = u_i \Delta h, e_i = E_{i+1,i} \Delta l / \Delta h$，则式(2-61)可写作：

$$(a_1 + e_1) C_1 - e_1 C_2 = Q_1 \Delta l + a_1 C_{01} \tag{2-62}$$

对于子箱 2～4 可以写出类似方程，它们组成一个线性方程组，可以用矩阵写成

$$\begin{bmatrix} a_1 + e_1 & -e_1 & 0 & 0 \\ -e_1 & a_2 + e_1 + e_2 & -e_2 & 0 \\ 0 & -e_2 & a_3 + e_2 + e_3 & -e_3 \\ 0 & 0 & -e_3 & a_4 + e_3 \end{bmatrix} \begin{bmatrix} C_1 \\ C_2 \\ C_3 \\ C_4 \end{bmatrix} = \begin{bmatrix} Q_1 \Delta l + a_1 C_{01} \\ a_2 C_{02} \\ a_3 C_{03} \\ a_4 C_{04} \end{bmatrix} \tag{2-63}$$

或

$$\boldsymbol{A} \vec{C} = \vec{D} \tag{2-64}$$

以上式中：$\boldsymbol{A}$ 为 4×4 阶矩阵；$\vec{C}$为由子箱 1～4 中的污染物浓度组成的向量；$\vec{D}$为由系统外输入组成的向量；u_i为高度方向上第 i 层的平均风速；$E_{i+1,i}$为高度方向上相邻两层的湍流扩散系数；$C_{01} \sim C_{04}$为高度方向上第 1～4 层的污染物本底浓度；Q_1为输入第 1 个子箱的源强。

对于子箱 1～4，$\boldsymbol{A}$ 和$\vec{D}$均为已知，

$$\vec{C} = \boldsymbol{A}^{-1} \vec{D} \tag{2-65}$$

由于第一列 4 个子箱的输出是第二列 4 个子箱 5～8 的输入，如果 ΔL 和 Δh 是常数，那么对第二列来说，$\boldsymbol{A}$ 的值和式(2-63)相等，只是$\vec{D}$有所变化，这时

$$\vec{D} = \begin{bmatrix} Q_5 \Delta l + a_1 C_1 \\ a_2 C_2 \\ a_3 C_3 \\ a_4 C_4 \end{bmatrix} \tag{2-66}$$

可以写出：

$$\begin{bmatrix} C_5 \\ C_6 \\ C_7 \\ C_8 \end{bmatrix} = \boldsymbol{A}^{-1} \begin{bmatrix} Q_5 \Delta l + a_1 C_1 \\ a_2 C_2 \\ a_3 C_3 \\ a_4 C_4 \end{bmatrix} \tag{2-67}$$

由此可以求得第二列子箱 5～8 的浓度$C_5 \sim C_8$。以此类推，可以求得$C_9 \sim C_{16}$。

如果在宽度方向上也作离散化处理，同理可以构成一个三维的多箱模型。三维多箱模型在计算方法上与二维多箱模型类似，但要复杂得多。

多箱模型可以反映区域或城市大气质量的空间差异，其精度要比单箱模型高，是模拟大气

质量的有效工具。

2.6 大气质量模拟模型简介

由于污染物在大气活动中的复杂性，用传统的实验方法对其进行监测不仅耗时且成本较高，所以用模型模拟污染物的活动及变化，成为了大气环境影响评价的重点。比如，20 世纪 90 年代中后期，由美国国家环保局联合美国气象学会组建法规模式改善委员会(AERMIC)开发的稳态大气扩散模式(AERMOD)，英国剑桥环境研究中心(CERC)推出的城市大气扩散模型(ADMS)，美国环保总局(EPA)推荐由 Sigma Research Corporation 开发的空气质量扩散模型(CALPUFF)，美国 EPA 推出的工业复合源模型(ISC3)等大气环境质量预测模型。

按照 HJ 2.2—2008《环境影响评价技术导则大气环境》要求，进行大气扩散模型计算时，目前国内应用较多的大气模型有 ISC3 模型、ADMS 模型、AERMOD 模型、SCREEN3 模型和国家环境保护总局环境规划院开发的大气扩散烟团轨迹模型。其中，ISC3 模型属于第一代向第二代过渡的模型，ADMS 模型和 AERMOD 模型则属于第二代模型。其中 ADMS 是一个三维高斯模型，以高斯分布公式为主，计算污染物浓度，但在非稳定条件下的垂直扩散使用了倾斜式的高斯模型，烟羽扩散的计算使用了当地边界层的参数，化学模块中使用了远距离传输的轨迹模型和箱模型。

下面对常见的几种大气质量预测模型及软件作简要介绍。

2.6.1 AERMOD 模型

作为新版大气导则推荐的稳态大气扩散模型，AERMOD 将最新的大气边界层和大气扩散理论应用到空气污染扩散模型中。AERMOD 是稳态烟羽模型，以扩散统计理论为出发点，引入与烟羽有关的地形、表面释放、建筑物下洗和城市扩散等参数。AERMOD 模式假设污染物的浓度分布在一定程度上服从高斯分布，适用于评价范围<50 km 的一级、二级大气环境影响评价项目。它可以应用于评估许多污染物的扩散，包括 SO_2、PM10、HCN(Hydrogen Cyanide)、SF6(Sulfur Hexafluoride)、VOCs 等。除了这些污染物以外，AERMOD 模型还可用于评估重金属的扩散，如六价铬、总气态汞 TGM(Total Gaseous Mercury)等。

AERMOD 模型系统包括 AERMOD 扩散模式、AERMET 气象预处理和 AERMAP 地形预处理三个可独立操作的模块。AERMOD 模型的操作流程如图 2-15 所示。

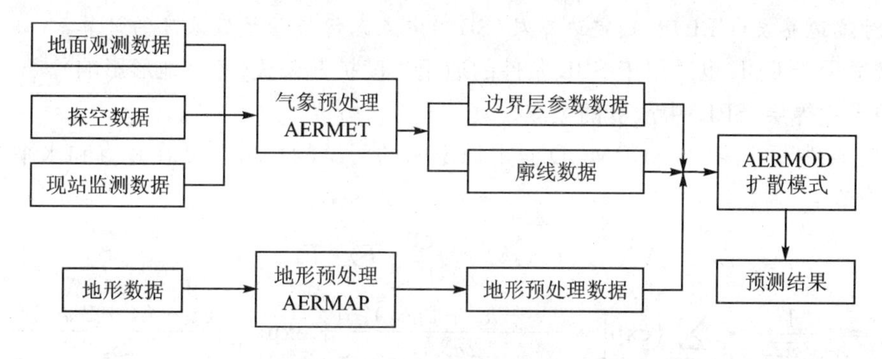

图 2-15　AERMOD 模型的操作流程

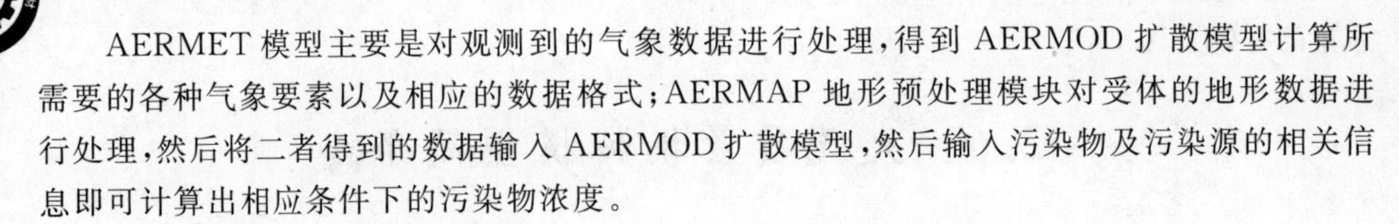

AERMET 模型主要是对观测到的气象数据进行处理，得到 AERMOD 扩散模型计算所需要的各种气象要素以及相应的数据格式；AERMAP 地形预处理模块对受体的地形数据进行处理，然后将二者得到的数据输入 AERMOD 扩散模型，然后输入污染物及污染源的相关信息即可计算出相应条件下的污染物浓度。

1. AERMOD 模型的模块

(1) AERMET——气象模块

该模块重点引用了最新的行星边界层理论，不再采用导则中大气稳定度分类离散性。行星边界层的结构是由热通量和动量通量推动形成的，其高度和污染物在该层的扩散主要受地表粗糙度、反射率和有效水分影响。气象处理器利用原始气象数据计算摩擦速度、莫宁-奥布霍夫(Monin - Obukhov)长度、对流速度尺度、温度尺度、混合层高度和地表热通量，构建风速、水平和垂直湍流、位温梯度等气象参数。

(2) AERMAP——地形模块

AERMAP 模块物理基础采用了临界分流概念，将烟羽分为两种极限状态：一种是在非常稳定的条件下被迫绕过山体的水平烟羽，即绕流烟羽；一种是在垂直方向上沿着山体抬升的烟羽，即翻越烟羽。任一网格点的浓度为两种烟羽浓度加权后的总和。为了确定复杂地形高度，AERMAP 提出了一个有效高度概念，即在一定的研究区域内，污染源对接受点的影响主要取决于污染源所在地和接受点地形高度差及污染源和接受点之间的距离。AERMAP 关于有效高度的提出对污染源所在地和接受点的地形高度差没有限制，不存在一个复杂和简单地形的界限，对不同土地利用类型实现了统一处理。

(3) AERMOD——扩散模块

AERMOD 湍流扩散由参数化方程计算，是连续的。水平和垂直浓度扩散参数包括大气湍流扩散参数和烟羽浮力引起的扩散参数。大气湍流扩散参数计算主要有以下特点：

① 在稳定和对流条件下，水平大气湍流扩散参数计算公式相同；

② 在稳定条件下，垂直大气湍流扩散参数由上升和近地面两部分扩散参数组成；

③ 在对流条件下，直接源和间接源的垂直大气湍流扩散参数由上升和近地面两部分的扩散参数组成；穿透源的垂直大气湍流扩散参数只有上升扩散参数。水平和垂直烟羽浮力引起的扩散参数相同。

2. AERMOD 模型浓度的计算公式

(1) 对流边界层(CBL)和稳定边界层(SBL)中点源污染物扩散浓度的计算

① 既适用于 CBL 也适用于 SBL 条件的通用浓度扩散公式(考虑地形影响)。

② 稳定边界层(SBL)中浓度的预测。

在稳定条件下($L>0$)，AERMOD 假定稳定源的污染物扩散浓度在垂直和水平方向上都符合正态分布：

$$\rho(x,y,z)=\frac{Q}{U}\cdot F_z\cdot F_y \tag{2-68}$$

$$F_z=\frac{1}{\sqrt{2\pi}\sigma_z}\cdot\sum_{n=-\infty}^{\infty}\left\{\exp\left[-\frac{(z-h_p+2nh_z)^2}{2\sigma_z^2}\right]+\exp\left[-\frac{(z+h_p+2nh_z)^2}{2\sigma_z^2}\right]\right\} \tag{2-69}$$

$$F_y = \frac{1}{\sqrt{2\pi}\sigma_y} \cdot \exp\left(-\frac{y^2}{2\sigma_y^2}\right) \tag{2-70}$$

式中：$\rho(x,y,z)$为烟羽的总浓度；F_z 为烟羽的稀释，使用边界层有效参数进行计算；F_y 为烟羽的散布，使用边界层有效参数进行计算；h_p 为烟羽高度；h_z 为垂直混合层的极限高度；σ_y、σ_z 分别为烟羽在水平方向、垂直方向上的扩散参数。

③ 对流边界层(CBL)中浓度的预测。

在对流边界层中，水平方向的扩散仍假定为正态分布；但在垂直方向的浓度分布，则假定是由间接源、直接源和穿透源三种不同类型的源合并后共同的浓度贡献，用一个双正态概率密度函数(PDF)来描述，即非正态的垂直浓度分布。

AERMOD 将对流边界层中接受点的总浓度视为三类源贡献的总和，总浓度 $\rho(x, y, z)$ 的计算式为

$$\rho(x, y, z) = \rho_d(x, y, z) + \rho_r(x, y, z) + \rho_p(x, y, z)$$

$$\rho_d(x, y, z) = \frac{Q}{2\pi U\sigma_y} \cdot \exp\left(-\frac{y^2}{2\sigma_y^2}\right) \cdot \sum_{j=1}^{2}\sum_{m=0}^{\infty} \frac{\lambda_j}{2\sigma_j} \cdot \left\{\exp\left[-\frac{(z-h_j-2mz_j)^2}{2\sigma_j^2}\right] + \exp\left[-\frac{(z+h_j+2mz_j)^2}{2\sigma_j^2}\right]\right\} \tag{2-71}$$

式中：$\rho(x, y, z)$为烟羽的总浓度；$\rho_d(x, y, z)$为污染源直接排放的浓度；$\rho_r(x, y, z)$为虚拟源排放的浓度，其计算公式与 $\rho_d(x, y, z)$相似；$\rho_p(x, y, z)$为夹卷源排放的浓度，其计算公式为简单的高斯扩散公式；λ_j 为高斯分布的权系数，λ_1 为上升气流，λ_2 为下降气流；h_j 为有效源高；σ_j 为垂直扩散系数。

(2) 面源和体源污染物扩散浓度的计算

对于体源，AERMOD 采用直接修正法确定初始烟羽尺度，即在点源烟羽上附加一个方形烟羽尺度：

$$\sigma_y^2 = \sigma_{y_1}^2 + \sigma_{y_0}^2 \tag{2-72}$$

式中：σ_y为修正后的烟羽尺度(即扩散参数)；σ_{y_1} 为附加修正烟羽尺度；σ_{y_0} 为修正前的初始烟羽尺度。

对于面源，AERMOD 通过把每个面源单元简化成“等效点源”来计算面源造成的污染浓度，或者通过面源积分的方法得到全部面源造成的浓度分布。面源可包括正方形、矩形、圆形和多边形，多边形可允许多至接近圆的 20 个边。

3. AERMOD 模型所需数据

(1) AERMOD 扩散模块所需数据要求

运行 AERMOD 扩散模块，需要建立一个文本格式的控制流文件(＊.INP)，还需要引用两个气象数据文件：地面气象数据文件(＊.PFL)和探空廓线数据文件(＊.SFC)。这两个文件由气象预处理模块 AERMET 生成。

如需考虑地形的影响，还要在控制流文件中加入地形数据文件，地形预处理文件需要由地形预处理模块 AERMAP 生成。若考虑建筑物下洗，控制流文件中还需要建筑物的几何参数数据。如需考虑对污染物的清洗机制(干、湿沉降作用)或化学转化，则需要输入分子阻抗系数、沉降速度、化学转化系数等相关参数。

此外，还需要的场地数据包括源所在地的经纬度、地面湿度、地面粗糙度及反射率。预测

点数据包括预测点的地理位置和高程。AERMOD 可以处理网格预测点和任意离散的预测点。

控制流文件 AERMOD.INP 中的参数包括:

① CO (for specifying overall job COntrol options)为模拟工作控制,包括反映大气扩散特征的参数的输入,如下垫面类型、指数衰减、平均时间、大气污染物的类型及地形高度等。

② SO (for specifying SOurce information)为污染源特征参数的输入,包括污染源类型(点源、面源和体源)、污染源的位置坐标及各污染源的排放参数。点源需要污染物排放强度、排气筒高度、烟气出口温度和速度、排气筒内径等参数;面源需要污染源排放强度、排放高度、位置以及面源单元的坐标等排放参数;体源需要污染源排放率、高度、体源初始长度及体源初始宽度。

③ RE(for specifying REceptor information) 为受体特征参数的输入,包括描述受体位置所采用的坐标系等(可以利用 AERMAP 地形预处理模型处理得到)。

④ ME(for specifying MEteorology information)为气象参数的输入,该部分由 AERMET 气象预处理模型计算得到。

⑤ OU(for specifying OUtput options)为对输出文件的控制和选择,包括单个源和一组源排放在各接受点的污染物环境浓度,以及各污染源对受体环境浓度的贡献等。

(2) AERMET 气象预处理所需数据

AERMET 进行气象预处理分两步进行,所以需两个控制流文件(*.INP)。其中一个文件用于合并地面观测资料、5 000 m 以下高空探测资料及补充监测数据,另一个文件根据第一个文件中生成的合并文件计算生成 AERMOD 中所需要的地面及探空数据文件。

(3) AERMAP 地形预处理所需数据

AERMAP 地形预处理模块使用网格化地形数据计算预测点的地形高度尺度。AERMAP 输入的参数包括评价区域网格点(或任意点)的地理坐标和评价区域地形高程数据文件(*.DEM)。

4. AERMOD 模型的优缺点

AERMOD 是以大气边界层和大气扩散理论为基础的,理论基础是最新的研究成果,比较先进;用于控制 AERMET 和 AERMOD 运行的 INP 参数文件;其语法简洁,相关控制参数简单明了。AERMOD 模式形成的两个理论基础都是最新的研究成果,所以应用方面还不是很成熟;AERMOD 扩散模式只能在地面及上部逆温层对污染物的全反射、污染物性质保守的前提下才能使用,如果是在小风条件下则不适用。目前,在扩散的计算中,AERMOD 模式很难反映出湍流特征的不断变化以及大气边界层深度的连续演变。

2.6.2 ADMS 模型

ADMS 大气扩散模型软件由英国剑桥环境研究公司开发。作为新一代稳态大气扩散模式,ADMS 模型将最新的大气边界层和大气扩散理论应用到空气污染物扩散模式中,应用了现有的基于莫宁-奥布霍夫长度和边界层高度等描述边界层结构的参数的最新大气物理理论。

ADMS 模型分为“ADMS-评价”、“ADMS-工业”、“ADMS-城市”等独立系统。

其中,“ADMS-城市”版是大气扩散模型系统(ADMS)系列中最复杂的一个系统。模拟城市区域来自工业、民用和道路交通的污染源产生的污染物在大气中的扩散,ADMS-城市模

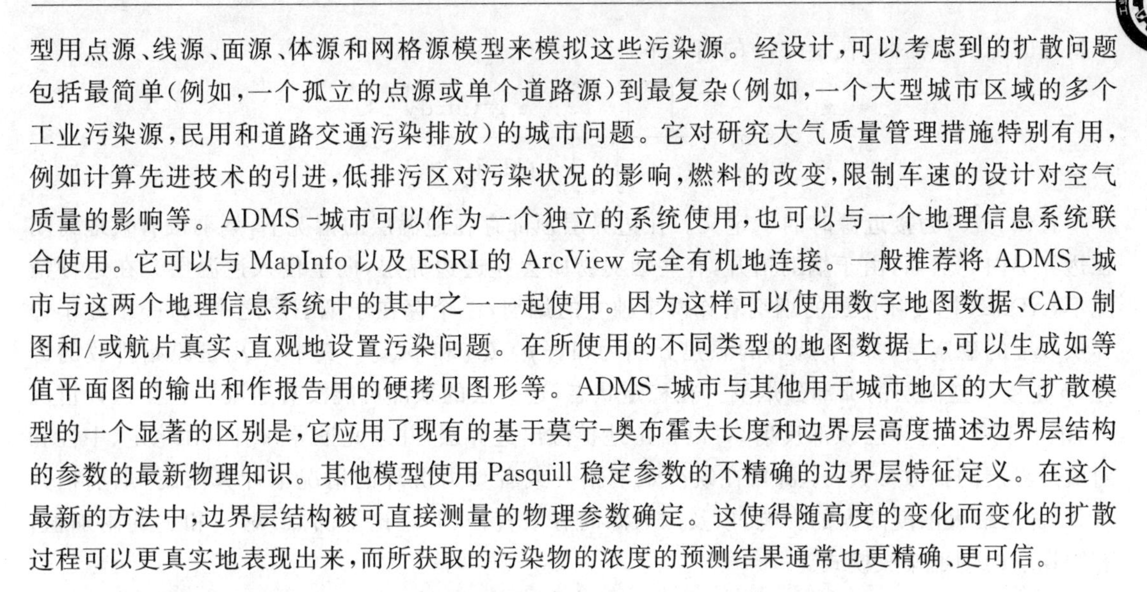

型用点源、线源、面源、体源和网格源模型来模拟这些污染源。经设计，可以考虑到的扩散问题包括最简单(例如，一个孤立的点源或单个道路源)到最复杂(例如，一个大型城市区域的多个工业污染源，民用和道路交通污染排放)的城市问题。它对研究大气质量管理措施特别有用，例如计算先进技术的引进，低排污区对污染状况的影响，燃料的改变，限制车速的设计对空气质量的影响等。ADMS-城市可以作为一个独立的系统使用，也可以与一个地理信息系统联合使用。它可以与 MapInfo 以及 ESRI 的 ArcView 完全有机地连接。一般推荐将 ADMS-城市与这两个地理信息系统中的其中之一一起使用。因为这样可以使用数字地图数据、CAD 制图和/或航片真实、直观地设置污染问题。在所使用的不同类型的地图数据上，可以生成如等值平面图的输出和作报告用的硬拷贝图形等。ADMS-城市与其他用于城市地区的大气扩散模型的一个显著的区别是，它应用了现有的基于莫宁-奥布霍夫长度和边界层高度描述边界层结构的参数的最新物理知识。其他模型使用 Pasquill 稳定参数的不精确的边界层特征定义。在这个最新的方法中，边界层结构被可直接测量的物理参数确定。这使得随高度的变化而变化的扩散过程可以更真实地表现出来，而所获取的污染物的浓度的预测结果通常也更精确、更可信。

1. ADMS 系统的扩散模型(浓度预测公式)

ADMS 模型是一个三维高斯模型，以高斯分布公式为主计算污染浓度，但在非稳定条件下的垂直扩散使用了倾斜式的高斯模型。烟羽扩散的计算使用了当地边界层的参数，化学模块中使用了远距离传输的轨迹模型和箱式模型，可模拟计算点源、面源、线源和体源，模式考虑了建筑物、复杂地形、湿沉降、重力沉降、干沉降、化学反应、烟气抬升、喷射和定向排放等影响，可计算各取值时段的浓度值，并有气象预处理程序。

理论研究和实验表明，扩散参数自源起始随下风距离变化的关系取决于大气边界层的状态(高度 h)、源的高度(z_s)和烟羽在下风方增长的高度。有关在大气稳定状态下($-1\ 000<h/L_{MO}<30$，在从源到下风大致 30 km 的距离范围内，L_{MO} 为莫宁-奥布霍夫长度)各种高度源的扩散，目前没有成熟理论。ADMS 采用的方式是针对参数 z_s/h、h/L_{MO}、x/h 的特定范围，首先利用已有的并被广泛接受的公式，然后建立内插公式，以便覆盖整个范围。现在的模式中包括一个针对对流状况的非高斯型模型。

2. 模式原型

ADMS 模式的一个重要特点是它所预测的地面浓度分布，能估算辐射影响、化学反应影响以及进入凸起地形后的影响。在边界层内，浓度分布属于考虑地表面和逆温层底反射的高斯型烟羽，其一般表达式为

$$\rho(x,y,z,H)=\frac{Q}{2\pi\bar{\mu}\sigma_y\sigma_z}\exp\left(-\frac{y^2}{2\sigma_y^2}\right)\left\{\exp\left[-\frac{(z-H)^2}{2\sigma_z^2}\right]+\exp\left[-\frac{(z+H)^2}{2\sigma_z^2}\right]\right\} \tag{2-73}$$

式中：

$$\sigma_y^2=\frac{\int_{-\infty}^{+\infty}\int_0^{+\infty}y^2C\mathrm{d}z\mathrm{d}y}{\int_{-\infty}^{+\infty}\int_0^{+\infty}C\mathrm{d}z\mathrm{d}y} \tag{2-74}$$

就浓度分布的其他瞬时或独立得出的量而言，高斯烟羽公式中的垂直分布参数并没有一

个精确的定义。然而，在 $\sigma_z < z_s$ 的情况下：

$$\sigma_y^2 = \frac{\int_{-\infty}^{+\infty}\int_0^{+\infty} bz - z_s g^2 C \mathrm{d}z\mathrm{d}y}{\int_{-\infty}^{+\infty}\int_0^{+\infty} C \mathrm{d}z\mathrm{d}y} \tag{2-75}$$

式(2-75)为接近源时的 σ_z 定义。在边界层顶部存在逆温层的情况下，烟羽被有效地封闭在边界层内。然而，由于烟羽抬升，有些烟羽物质会穿透边界层，向上侵入逆温层。在这种情况下，ADMS 把实际排放的烟羽看作两个独立的烟羽，一个存在于烟羽层之中，另一个处于边界层以上的稳定层。两个烟羽的源强分别为 $(1-p)Q_{S0}$ 和 pQ_{S0}。其中：Q_{S0} 是原始排放的源强，p 是侵入逆温层的那部分烟羽。在稳定状态，边界层的顶部可能没有逆温层。在这种情况下，烟羽不产生边界层顶部反射，可以自由地扩散出边界层，并以此推导和引申在稳定、中性和对流边界层的扩散参数(σ_y、σ_z)；在缺少烟羽抬升或者重力沉降的情况下计算浓度；烟羽抬升对 σ_y、σ_z 及最大浓度高度的影响，以及因为源的有限直径(非理论上的点)对 σ_y 和 σ_z 的附加值；有限期间的烟羽排放模式。

3. ADMS 的适用条件

① 模拟点源、面源、线源和体源的输送和扩散；

② 地面、近地面和有高度的污染源的排放；

③ 污染物连续排放；

④ 稳态条件下，EIA 版适用于评价范围小于 50 km，其 Urban 版适用于评价范围数百公里以内；

⑤ 模拟 1 小时到年平均时间的浓度；

⑥ 简单和复杂地形；

⑦ 农村或城市地区。

2.6.3 CALPUFF 模式

1. CALPUFF 模式概述

CALPUFF 是美国 EPA 推荐的由 Sigma Research Corporation 开发的空气质量扩散模型，是用于非定常、非稳态的气象条件下模拟污染物扩散、迁移以及转化的多层、多物种的高斯型烟团扩散模型。CALPUFF 为非定常三维拉格朗日烟团输送模式。

CALPUFF 采用烟团函数分割方法，垂直坐标采用地形追随坐标，水平结构为等间距的网格，空间分辨率为一公里至几百公里，垂直不等距分为 30 多层。污染物包括 SO_2、NOx、C_mH_n、O_3、CO、NH_3、PM10(TSP)、Black Carbon，主要包括污染物之排放、平流输送、扩散、干沉降以及湿沉降等物理与化学过程。CALPUFF 模型系统可以处理连续排放源、间断排放情况，能够追踪质点在空间与时间上随流场的变化规律，考虑了复杂地形动力学影响、斜坡流、FROUND 数影响及发散最小化处理。

CALPUFF 由 CALMET 气象模块、CALPUFF 烟团扩散模块和 CALPOST 后处理模块三部分组成(见图 2-16)，其特点如下：

① 可以处理时变的点源、面源污染；

② 可以模拟几十米到几百公里的区域；

③ 可以预测一小时到一年的污染物浓度；

④ 考虑了污染物的干湿沉降过程和化学转化机制；

⑤ 适合于粗糙、复杂地形条件下的模拟。

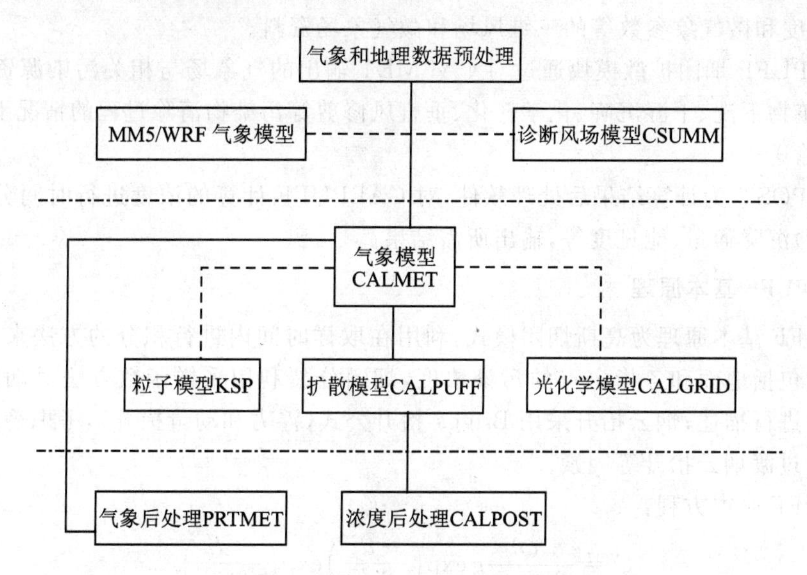

图 2－16　CALPUFF 模块的组成

2．CALPUFF 运行流程

图 2－17 所示为 CALPUFF 的运行流程。

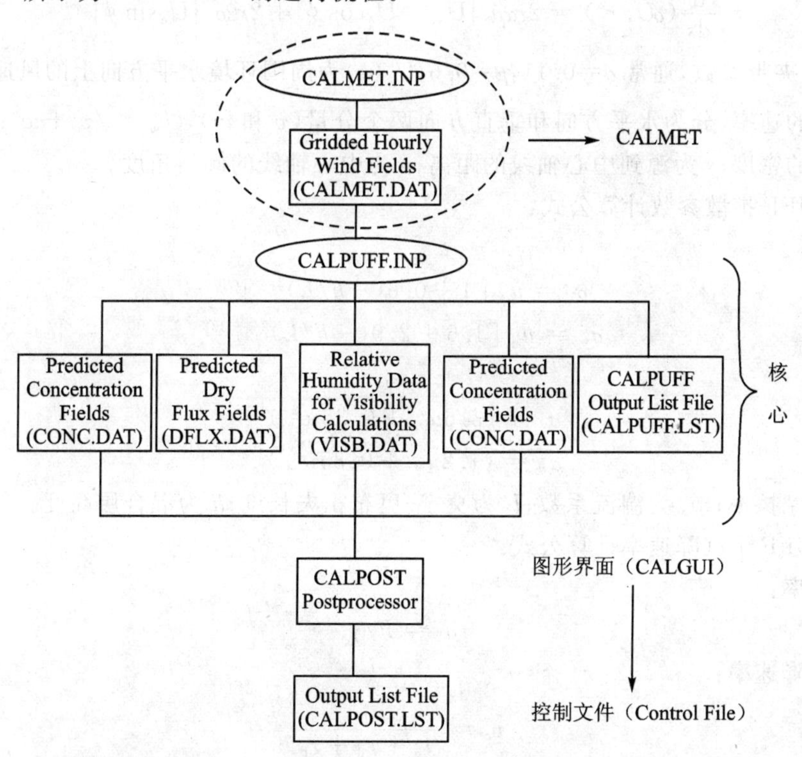

图 2－17　CALPUFF 的运行流程

应用 CALPUFF 扩散模式对空气质量进行模拟时，主要是通过：

① CALMET 气象模块通过质量守恒连续方程对风场进行诊断，在输入模式所需的常规气象观测资料或大型中尺度气象模式输出场后，自动计算并生成包括逐时的风场、混合层高度、大气稳定度和微气象参数等的三维风场和微气象场资料。

② CALPUFF 烟团扩散模块通过对 CALMET 输出的气象场与相关污染源资料的叠加，在考虑到建筑物下洗、干湿沉降、化学转化、垂直风修剪等污染物清除过程的情况下，模拟污染物的传播及输送。

③ CALPOST 为计算结果后处理软件，对 CALPUFF 计算的浓度进行时间分配处理，并计算出干(湿)沉降通量、能见度等，输出所需结果。

3. CALPUFF 基本原理

CALPUFF 基本原理为高斯烟团模式，利用在取样时间内进行积分的方法来节约计算时间，输出主要包括地面和各指定点的污染浓度，烟团分裂利用采样函数方法对烟团的空间轨迹、浓度分布进行描述；烟云抬升采用 Briggs 抬升公式(浮力和动量抬升)，考虑稳定层结中部分烟云穿透、过渡烟云抬升等因素。

CALPUFF 基本方程：

$$C=\frac{Q}{2\pi\sigma_x\sigma_y}g\exp\left(\frac{-d_a^2}{2\sigma_x^2}\right)\exp\left(\frac{-d_c^2}{2\sigma_y^2}\right) \tag{2-76}$$

式中：C 为地面浓度；Q 为源强；σ_x、σ_y、σ_z 为扩散系数；d_a 为顺风距离；d_c 为垂直风向距离。

CALPUFF 面源烟羽抬升方程：

$$\frac{\mathrm{d}}{\mathrm{d}s}(\rho U_{sc}r^2)=2r\alpha\rho_a\left|U_{sc}-U_a\cos\phi\right|+2r\beta\rho_a\left|U_a\sin\phi\right| \tag{2-77}$$

式中：α、β 为夹带参数，通常 $\alpha=0.11$，$\beta=0.6$；$U_a(z)$ 为周围环境水平方向上的风速；U_{sc} 为烟羽沿中心轴线的速率，分为水平方向和垂直方向两个分量(v 和 w)，$U_{sc}=\sqrt{v^2+w^2}$；ρ、ρ_a 分别为烟羽和空气的密度；s 为源到中心轴线的距离；ϕ 为中心轴线的倾斜角度。

CALPUFF 扩散参数计算公式：

近地层：

$$\sigma_v=u_*\left[4+0.6(-h/L)^{2/3}\right]^{1/2} \tag{2-78}$$

$$\sigma_w=u_*\left[1.6+2.9(-h/L)^{2/3}\right]^{1/2} \tag{2-79}$$

混合层：

$$\sigma_v=(3.6u_*^2+0.35w_*^2)^{1/2} \tag{2-80}$$

$$\sigma_w=(1.2u_*^2+0.35w_*^2)^{1/2} \tag{2-81}$$

式中：u_* 为摩擦率；w_* 为湍流系数；L 为莫宁-奥布霍夫长度；h 为混合层高度。

CALPUFF 干沉降速率计算公式：

沉降速率：

$$v_d=F/\chi_s \tag{2-82}$$

气体沉降速率：

$$v_d=\frac{1}{r_a+r_d+r_c} \tag{2-83}$$

颗粒物沉降速率：

$$v_d = \frac{1}{(r_a + r_d + r_a r_d v_g)} + v_g \tag{2-84}$$

CALPUFF 湿沉降污染物的去除量计算公式：

$$\chi_{t+dt} = \chi_t \exp(-\Lambda \Delta t), \quad \Lambda = \lambda(R/R_t) \tag{2-85}$$

式中：F 为污染物沉降通量，g/(m^2·s)；χ_s 为污染物的浓度，g/m^3；r_a、r_d、r_c 分别为近地层、沉降层（准层流层）和植被层的阻尼系数；χ_{t+dt} 表示在 t 和 dt 两个时刻污染物的浓度，g/m^3；Λ 为去除率；λ 为去除系数（s^{-1}），取决于污染物的特征和降水情况；R 和 R_t 表示降水率，mm/h；v_g 为重力沉降系数。

4. 二次开发

CALPUFF 对基础数据要求严格，模型参数的合理选择也是很难的过程，个别参数的变化对结果有很大影响，因此有了对 CALPUFF 的二次开发。CALPUFFSYSTEM 是根据新版大气导则推荐的 EPA 的 CALPUFF 程序开发的界面化软件，提供了功能较强的数据分析和图形处理功能，将 CALMET、CALPUFF、CALPOST、数据预处理程序及建筑物下洗模型（BPIPRIME）有机地结合在一起。

2.6.4 SCREEN3 模型

估算模式 SCREEN3 是一个单源高斯烟羽模式，可计算点源、火炬源、面源和体源的最大地面浓度，以及下洗和岸边熏烟等特殊条件下的最大地面浓度。估算模式中嵌入了多种预设的气象组合条件，包括一些最不利的气象条件，在某个地区有可能发生，也有可能没有此种不利气象条件。所以经估算模式计算出的是某一污染源对环境空气质量的最大影响程度和影响范围的保守的计算结果。

1. SCREEN3 模型结构

SCREEN3 模型主要包括一个可执行文件（screen3.exe），通过交互式界面输入运行所需要的数据。数据输入结束后，会生成一个数据文件（screen3.dat）和一个输出文件（screen3.out）。计算结果由模型自动写入输出文件中，用户打开输出文件后可读取所需的计算结果。用户除了通过交互界面输入数据外，还可以按照模型用户导则中推荐的方法制作输入文件，通过建立批处理文件调用输入文件，然后运行主程序，生成计算结果。

2. SCREEN3 模型原理及主要计算公式

（1）浓度计算公式

SCREEN3 模型是基于高斯模式的大气扩散计算模式，它假定污染物连续排放，扩散期间不发生化学反应，也不考虑其他的去除过程，包括干湿沉降。该模型可模拟点源、面源、体源和火炬源四种类型，模型中的点源浓度计算公式如下：

$$C = \frac{Q}{2\pi u \sigma_y \sigma_z}\left\{\exp\left[-\frac{(z-H_e)^2}{2\sigma_z^2}\right] + \exp\left[-\frac{(z+H_e)^2}{2\sigma_z^2}\right] + \sum_{n=1}^{k}\left\{\exp\left[-\frac{(2nh-H_e-z)^2}{2\sigma_z^2}\right] + \exp\left[-\frac{(2nh-H_e-z)^2}{2\sigma_z^2}\right] + \exp\left[-\frac{(2nh+H_e+z)_2}{2\sigma_z^2}\right] + \exp\left[-\frac{(2nh+H_e-z)^2}{2\sigma_z^2}\right]\right\}\right\} \tag{2-86}$$

式中：C 为接受点的污染物落地质量浓度，mg/m^3；Q 为污染源排放强度，g/s；u 为排气筒出口处的风速,m/s;σ_y、σ_z分别为 y 和 z 方向的扩散参数,m;z 为接受点离地面的高度,m;H_e为排气筒有效高度,m;h 为混合层高度,m;k 为烟羽从地面到混合层之间的反射次数,一般大于或等于 4。面源模式则是通过把每个面源单元简化为一个“等效点源”,用点源公式来计算面源造成的污染浓度或者通过面源积分的方法得到全部面源造成的浓度分布。

(2) 混合层高度计算公式

对于中性或不稳定气象条件,混合层高度计算公式如下:

$$Z_m = 320\ \mu_{10} \tag{2-87}$$

式中:Z_m为中性或不稳定条件下的混合层高度,m;μ_{10}为地面 10 m 高度处的风速,m/s。

当使用此公式计算混合层高度低于烟羽高度 H_e的情况时,混合层高度定为 H_e+1;在稳定条件下,混合层高度定为 10 000 m。

(3) 点源烟羽浮力通量计算公式

$$F_b = gv_o d_o^2 (T_s - I)/T_a \tag{2-88}$$

式中:g 为重力加速度,9.8 m/s²;v_o为烟气出口流速,m/s;d_o为烟囱出口内径,m;T_s为烟气温度,K;T_a为环境温度,K。

计算出浮力通量 F_b后,可以根据 ISC3 用户导则中推荐的模式计算烟羽抬升高度。

(4) 气象数据处理

SCREEN3 模型中内置了 54 种大气稳定度和风速的组合条件,计算时模型将对各种组合的气象条件进行预测,并找出计算结果中的最大值。气象组合条件见表 2-14。

表 2-14 SCREEN3 模型内气象组合条件

稳定度风速/(m·s⁻¹)	1.0	1.5	2.0	2.5	3.0	3.5	4.0	4.5	5.0	8.0	10.0	15.0	20.0
A	*	*	*	*	*								
B	*	*	*	*	*	*	*	*	*				
C	*	*	*	*	*	*	*	*	*	*	*		
D	*	*	*	*	*	*	*	*	*	*	*	*	*
E	*	*	*	*	*	*	*	*	*				
F	*	*	*	*	*	*	*						

注:“*”表示一种气象组合条件。

3. 数据需求

数据需求视计算内容而定。下面给出各种源强数据需求。

① 点源数据:点源排放速率(g/s)、烟囱几何高度(m)、烟囱出口内径(m)、烟囱出口处烟气排放速度(m/s)和烟囱出口处的烟气温度(K)。

② 面源数据:面源排放速率(g/(s·m²))、排放高度(m)、长度(m)(矩形面源较长的一边)和宽度(m)(矩形面源较短的一边)。

③ 体源数据:体源排放速率(g/s)、排放高度(m)、初始横向扩散参数(m)、初始垂直扩散参数(m)、体源初始扩散参数的估算(见表 2-15)、烟囱出口处周围环境温度(K)和计算点高度(m)。

表 2-15　体源初始扩散参数的估算

源的类型	初始横向扩散参数	初始垂直扩散参数
地面源（$H_e=0$）	σ_{y0}＝源的横向边长/4.3	σ_{z0}＝源的高度/2.15
在建筑物上或邻近建筑物的源（$H_e>0$）	σ_{y0}＝源的横向边长/4.3	σ_{z0}＝建筑物的高度/2.15
有地形高度的源，但不在建筑物上或邻近建筑物的源（$H_e>0$）	σ_{y0}＝源的横向边长/4.3	σ_{z0}＝源的高度/4.3

④ 建筑物的下洗：建筑物高度（m）、建筑物宽度（m）和建筑物长度（m）。

⑤ 岸边熏烟：排放源到岸边的最近距离（m）。

⑥ 其他：计算点高度（m）和风速计的高度（m）。

4. SCREEN3 模型的局限性

① SCREEN3 为单源模型，只能计算一个污染源，不能计算多个污染源及复合源。

② 模型只能计算简单地形条件下的一次扩散浓度和复杂地形条件下的 24 小时扩散浓度，不能计算长期平均浓度。

③ 模型假定污染源连续稳定排放，不考虑污染物在大气中的沉降及其他转化过程。

④ 模型不包括线源模型，因此不能对道路交通等线源进行模拟计算。

5. SCREEN3 模型计算结果的准确性

SCREEN3 为估算模型，扩散浓度大于使用 AERMOD 和 ADMS 模型的计算结果，因此该模型主要用于确定大气评价等级及三级评价项目的大气污染物扩散计算，如果大气评价等级为二级或一级，需按照 HJ 2.2—2008 要求使用进一步预测模式进行评价。

6. 对特殊情况的处理

SCREEN3 模型包括建筑物下洗、薰烟和复杂地形等特殊情况的计算选项，但由于该模型只是对污染物浓度进行估算，如果实际评价中遇到上述特殊情况，建议使用 HJ 2.2—2008 中推荐的进一步预测模式进行分析。

2.6.5　大气环评专业辅助系统 EIAProA

“EIAA 大气环评助手”是宁波环科院六五软件工作室开发的软件。它以导则推荐的模型和计算方法作为主要框架，内容涵盖了导则中的全部要求，并进行了适当的拓展与加深。其主要功能模块有：基础数据模块、SCREEN3 模型、AERMOD 模型、93 导则模型、风险预测、工具程序。

1. 主要特点

（1）方便实用

EIAA 采用了面向项目界面，一个环评项目的所有输入/输出文件均自动保存在一个项目文件中，方便查看与维护；采用部件组合方式设计预测方案，可以一次运行多个预测方案；对一个预测方案结果的全部数据表格均可在一个窗口中直接查看，且可用表格或图形方式查看。

（2）内容全面、深入

软件提供了常规大气环评中所需的几乎全部工具程序，分成基础数据、SCREEN3 模型、

AERMOD 模型、93 导则模型、风险预测等模块，且各模块应用较为深入。

(3) 符合新导则要求、新旧兼顾

软件既包含 AERMOD 模型，又包含 93 导则模型和烟团模型，特别适合在新旧导则过渡期开始使用；软件设计者长期从事环评工作，并参与新导则的制订工作，力求软件能够符合实际环评工作的需要并体现新导则的要求。

2. 程序模块

EIAA 的 2.5 版采用了面向项目和面向模型两种界面，是两个独立的程序模块，以适应不同的使用习惯和计算要求。

在采用“项目预测”模块时，每一个环评项目建立一个独立的“ *. Prj”文件，用于保存该项目中用户输入的所有数据、所有方案组合以及所有方案的计算结果。包含了数据预处理、后处理功能，由程序内部选择计算方法。特点是功能强、自动化程度高，但计算过程不透明、操作步骤繁琐。若采用“模型预测”模块，每一个扩散模型都有相对应的程序模块，而且可以同时打开任意多个相同的窗口，便于查找对比。特点是针对性强，使用方便、灵活，便于对扩散过程进行详细研究，但不含数据的预处理和后处理功能，对某些叠加还需手动进行。

“模型预测”中的每一个功能模块，均有 RTF 格式的说明文档与之相对应。这样，对于使用者来说，既可以即时地查看该功能模块的意义、来源，又可以方便地将这些文档直接插入字处理器中。因为这些文档常常包括大量复杂的公式，这样做就大大提高了写作报告书的速度。

此外，EIAA 中也提供了电子表格和图形处理功能，能够输出浓度的平面分布图或轴线变化图。

3. 参数输入与数据预处理

可以输入地形数据、现状监测浓度、关心点位置以及当地实测的扩散参数计算系数、风速幂指数、大气温度梯度。这些参数作为本项目的预测方案中的缺省参数。

可以从风向、风速和云量的气象观测数据中，按需要统计出多年或某年、某季、某月的风频、各风向风速、稳定度频率、污染系数或者联合频率；也可以从多年风频、风速、稳定度频率数据，按一定的风速段估算出全年的联合频率；也可直接输入一个已统计好的联合频率；可以方便绘制各种玫瑰图。

可以输入任意多个点源、面源、体源、线源和区域面源，同时考虑任意多个污染物。

这些输入的参数或经过预处理的气象参数，均可为所有预测方案所共用。

4. 预测方案、参数选项和预测计算

可以用已输入的环境参数、污染气象和污染源，构造各种各样的预测计算方案。程序按输入参数的情况自动选择有风、小风静风、正常排放、非正常排放、点源、面源、体源、区域面源、线源(CALINE4 模式)和颗粒物沉降等模式进行计算。可以计算年、季、月、日均浓度。可以同时计算任意多个计算方案，每个方案里可以有任意多个污染源。

对每一个计算方案，可以控制和调整模式中的每一个参数，在现实可能发生的条件下，允许用户选择计算的模式。例如，可以让一个正常排放的点源在 E 稳定度下风速为 3 m/s 时发生熏烟或海岸线熏烟，并输入相关的参数。

可选择多个计算方案一起计算，在计算过程中允许调用其他程序，自动保存各方案计算结果。

5. 预测结果分析

对于预测计算结果，可以查看各接受点地面高程及其等高线图、各接受点的背景浓度及其分布图、各污染源的浓度和总的浓度及其分布图、各污染源的分担率及其分布图、各污染源或总的浓度的平均评价指数和超标面积，还可以任意改变各污染源的排放率(排放强度)以观察不同排放率下的浓度变化情况，也可查看任意一个横截面或竖截面上的浓度变化图。对所有表格中的数据可以方便地进行各种运算、输出、绘图或打印。

绘图员可以方便地对给定的数据按特定的方式绘制等值线图、X－Y 表图、玫瑰图，并且可以编辑修改图形中的每个元素。等值线图也接受评价底图，可将评价底图输入 EIAA，让 EIAA 将曲线直接绘制在评价底图上。全部图形均以矢量方式打印和保存。

对每个预测计算方案，可以用实测值和预测值进行符合度分析，验证模式的准确性，分析出现偏离的原因，帮助调整有关参数。

对每个预测计算方案，可以按各关心点给定的控制浓度，以总量控制的原则对各污染源进行平权削减分析，给出各污染源的平权污染削减方案。

6. 其他模块

与项目预测不同，模型预测按工业源扩散(代表点源、面源和体源)、公路交通汽车尾气扩散(代表线源)和区域面源扩散(代表城市区域面源)分成三个独立的程序模块，再将薰烟、海岸线薰烟以及其他特殊模式分别孤立开来，由用户自己按需要选择计算模块。此外，“工具”中也提供了一系列具有专一功能的独立模块。

2.6.6 大气扩散烟团轨迹模型

该模型由国家环境保护总局环境规划院开发。

烟团扩散模型的特点是能够对污染源排放出的“烟团”在随时间、空间变化的非均匀性流场中的运动进行模拟，同时保持了高斯模型结构简单、易于计算的特点，模型包括以下几个主要部分。

1. 三维风场的计算

首先利用风场调整模型，得到各预测时刻的风场，由于烟团模型中释放烟团的时间步长比观测间隔要小得多，为了给出每个时间步长的三维风场，我们采用线性插值的方法，利用前后两次的观测风场内插出其间隔时间内各时间步长的三维风场，内插公式如下：

$$V_i = V(t_1) + [V(t_2) - V(t_1)] \cdot \frac{i}{n} \tag{2-89}$$

$$n = (t_2 - t_1)/\Delta t \tag{2-90}$$

式中：$V(t_1)$、$V(t_2)$分别为第 1 和第 2 个观测时刻的风场值；Δt 为烟团释放时间步长；n 为 $t_1 \sim t_2$间隔的时间步长数目；V_i表示 $t_1 \sim t_2$间隔第 i 个时间步长上的风场值。

2. 烟团轨迹的计算

位于源点的某污染源，在 t_0时刻释放出第 1 个烟团，此烟团按 t_0时刻源点处的风向风速运行，经一个时间步长 Δt 后在 t_1时刻到达 P_{11}，经过的距离为 D_{11}；从 t_1开始，第一个烟团按 P_{11}处 t_1时刻的风向风速走一个时间步长，在 t_2时刻到达 P_{12}，其间经过距离 D_{12}；与此同时，在 t_1时刻从源点释放出第 2 个烟团，按源点处 t_1时刻的风向风速运行，在 t_2时刻到达 P_{22}，其经过的

距离为 D_{22}。以此类推，从 t_0 时刻经过 j 个 Δt，到 t_j 时刻共释放出了 j 个烟团，这时，这 j 个烟团的中心分别位于 P_{ij}，$i=1,2,\cdots,j$，设源的坐标为 $(X_s, Y_s, Z_s(t))$，$Z_s(t)$ 为 t 时刻烟团的有效抬升高度，P_{ij} 的坐标为 (X_{ij}, Y_{ij}, Z_{ij})，U、V 分别为风速在 X、Y 方向的分量，则有如下计算公式：

t_1 时刻：

$$X_{11} = X_s + U[t_0, X_s, Y_s, Z_s(t_0)] \cdot \Delta t \tag{2-91}$$

$$Y_{11} = Y_s + V[t_0, X_s, Y_s, Z_s(t_0)] \cdot \Delta t \tag{2-92}$$

$$Z_{11} = Z_s + W[t_0, X_s, Y_s, Z_s(t_0)] \cdot \Delta t \tag{2-93}$$

$$D_1 = D_{11} = \sqrt{(X_{11} - X_s)^2 + (Y_{11} - Y_s)^2} \tag{2-94}$$

t_2 时刻：

$$X_{12} = X_{11} + U[t_1, X_{11}, Y_{11}, Z_{11}] \cdot \Delta t \tag{2-95}$$

$$Y_{12} = Y_{11} + V[t_1, X_{11}, Y_{11}, Z_{11}] \cdot \Delta t \tag{2-96}$$

$$Z_{12} = Z_{11} + W[t_1, X_{11}, Y_{11}, Z_{11}] \cdot \Delta t \tag{2-97}$$

$$D_1^2 = D_{11} + D_{12} = D_1^1 + \sqrt{(X_{12} - X_{11})^2 + (Y_{12} - Y_{11})^2} \tag{2-98}$$

$$X_{22} = X_s + U[t_1, X_s, Y_s, Z_s(t_1)] \cdot \Delta t \tag{2-99}$$

$$Y_{22} = Y_s + V[t_1, X_s, Y_s, Z_s(t_1)] \cdot \Delta t \tag{2-100}$$

$$Z_{22} = Z_s + W[t_1, X_s, Y_s, Z_s(t_1)] \cdot \Delta t \tag{2-101}$$

$$D_2^2 = D_{22} = \sqrt{(X_{22} - X_s)^2 + (Y_{22} - Y_s)^2} \tag{2-102}$$

以此类推，到 t_j 时刻，共释放出 j 个烟团。这些烟团最后的中心位置分别为 P_{ij}，X_{ij}，Y_{ij}，Z_{ij}，$i=1,2,\cdots,j$，对于第 i 个烟团，有：

$$X_{ij} = X_{i(j-1)} + U[t_{j-1}, X_{i(j-1)}, Y_{i(j-1)}, Z_{i(j-1)}] \cdot \Delta t \tag{2-103}$$

$$Y_{ij} = Y_{i(j-1)} + V[t_{j-1}, X_{i(j-1)}, Y_{i(j-1)}, Z_{i(j-1)}] \cdot \Delta t \tag{2-104}$$

$$Z_{ij} = Z_{i(j-1)} + W[t_{j-1}, X_{i(j-1)}, Y_{i(j-1)}, Z_{i(j-1)}] \cdot \Delta t \tag{2-105}$$

$$D_i^j = \sum_{k=1}^{j} D_{ik} = D_i^{j-1} + \sqrt{(X_{ij} - X_{i(j-1)})^2 + (Y_{ij} - Y_{i(j-1)})^2} \tag{2-106}$$

D_i^j 为第 i 个烟团从源点释放后到 t_j 时刻所经过的距离。

3. 浓度公式

由前一小节的计算，已找到由点 (X_s, Y_s) 的污染源释放出来的所有烟团在第 j 个时刻所处的位置，这样 S 处的污染源在第 j 个时刻、在地面某接受点 $R(X,Y,0)$ 造成的浓度就是所有 i 个烟团的浓度贡献之和。考虑中心位于 P_{ij} 的烟团对 R 点的浓度贡献，则有：

$$C_i = \frac{Q_s}{(2\pi)^{2/3}\sigma_x\sigma_y\sigma_z} C_x \cdot C_y \cdot C_z \cdot C_b \cdot C_d \tag{2-107}$$

$$C_x = \exp\left[-\frac{(X - X_{ij})^2}{2{\sigma_x}^2}\right] \tag{2-108}$$

$$C_y = \exp\left[-\frac{(Y - Y_{ij})^2}{2{\sigma_y}^2}\right] \tag{2-109}$$

$$C_b = \exp(-b \cdot j\Delta t) \tag{2-110}$$

$$C_d = \exp\left[-\frac{(V_{d'} \cdot j\Delta t)^2}{2{\sigma_z}^2}\right] \tag{2-111}$$

式中：Q_s 为源强，mg/s；σ_x、σ_y、σ_z 分别为 x、y、z 方向的大气扩散参数，m；C_x、C_y、C_z 分别为 x、y、z 方向的扩散项，C_z 在后面给出算式；C_b为污染物转化项，b 为转化率，1/s；C_d为污染物沉降项；V_d为沉降速率，m/s。

由于考虑到烟团对混合层的穿透作用及混合层对烟团的反射作用，垂直扩散项分以下几种情况讨论：

① 当混合层高为零时(即无混合层时)，有：

$$C_z = \exp\left[-\frac{(Z+Z_{ij})^2}{2{\sigma_z}^2}\right]+\exp\left[-\frac{(Z-Z_{ij})^2}{2{\sigma_z}^2}\right] \tag{2-112}$$

② 计算地面浓度时，$Z=0$，则有：

$$C_z = \exp\left(-\frac{Z_{ij}^2}{2{\sigma_z}^2}\right) \tag{2-113}$$

③ 当混合层高度 Z_i 不为零时，垂直扩散项按以下几种情况计算。

设排放源几何高度为 h_s，混合层高度为 Z_i，令 $Z_i'=Z_i-h_s$，设烟气抬升高为 Δh(烟气抬升高度用 HJ/T 2.2—93 标准推荐的模式计算)，我们可定义烟气穿透率：$P=1.5-\frac{Z_i'}{\Delta h}$，按不同的 P 值分别计算 C_z。

- 当 $P=0$，即 $\Delta h\leqslant\frac{2}{3}Z_i'$时，认为污染物全在混合层内，按封闭性扩散式计算，即污染物在混合层与地面间多次反射。

$$C_z = \sum_{n=-N}^{N}\exp\left[\frac{(Z_{ij}-2nZ_i)^2}{2\sigma_z^2}\right] \tag{2-114}$$

　N 为反射次数，一般取 $N=4$ 即可。

- 当 $P>1$，即 $\Delta h>2Z_i'$时，认为污染物完全穿透混合层，并在混合层以上的稳定层中扩散，因混合层的阻挡而不能到达地面，这时令 $C_z=0$。
- 当 $0<P<1$，即$\frac{2}{3}Z_i'<\Delta h<2Z_i'$时，认为是部分穿透情形，这时有部分污染物抬升到混合层以上，而$(1-P)$部分被封闭在混合层以内，C_z 按下式计算：

$$C_z = C_{z1}+C_{z2} \tag{2-115}$$

许多文献认为穿透到混合层以上的污染物被阻挡后不能向地面扩散，当地区大气层结处于中性偏稳定结构时，混合层对污染物的阻挡作用并不是很强，这时可设计成让这部分烟团在 Z_{ij} $(Z_{ij}=h_s+\Delta h)$高度上向下扩散，则有：

$$C_{z1} = P\cdot\exp\left(-\frac{Z_{ij}^2}{2\sigma_z^2}\right) \tag{2-116}$$

而$(1-P)$部分的烟团在 Z_i 处按封闭扩散：

$$C_{z2} = (1-P)\sum_{n=-N}^{N}\exp\left[-\frac{(Z_{ij}-2nZ_i)^2}{2\sigma_z^2}\right] \tag{2-117}$$

思考题

1. 哪些因素将影响大气污染物的扩散？

2. 什么是大气湍流？试描述大气湍流流动的过程。

3. 什么是高斯烟流模型？试分析其使用条件。

4. 计算城市总体大气污染物浓度时，可采用哪些模型进行计算？说明其中的不同，运用其中一个模型，写出解析解。

5. 山谷中，某厂连续排放某气态守恒污染物质，源强为 Q，混合层高度为 h，山谷长为 a，宽为 b，有风以速率 u 吹入山谷，空气中该种污染物的本底浓度为 C_0。试用质量平衡原理建立污染物浓度的控制方程，写出解并画出图像。分析无穷长时段后，浓度的变化规律。

6. 如何确定大气污染扩散模型的扩散参数？请描述我国环评导则推荐的扩散参数确定方法。

7. 如何对大气稳定度进行分类？

8. 已知某工厂排放 NO_x 的速率为 100 g/s，平均风速为 5 m/s，如果控制 NO_x 的地面浓度增量为 0.15 mg/m³（标态下），试求所必需的烟囱有效高度。（大气处于中性稳定度：$\alpha_1=0.691$，$\gamma_1=0.237$；$\alpha_2=0.610$，$\gamma_2=0.217$）

9. 某厂每天（24 h）燃煤 35 t，煤中含尘量为 30%，排放因子为 85%，烟囱有效源高为 25 m，该地稳定度以 D 级为主，其风速廓线幂指数为 $m=0.28$，$\sigma_y=0.120\ x^{0.902}$，$\sigma_z=0.094\ x^{0.876}$，地面多年平均风速为 2.8 m/s。求：

（1）最大落地浓度点距该厂的距离；

（2）为保证最大落地浓度不超过二级标准（1.0 mg/m³），要装多大除尘效率的除尘设备？

10. 郊区某厂，烟囱高度为 30 m，上出口内径为 2 m，出口温度为 100 ℃，排气量为 30 m³/s，其中 SO_2 浓度为 3 g/m³，该地年平均气温 10 ℃，平均风速 1 m/s，稳定度为中性，大气压为 1 个标准大气压，SO_2 地面达标浓度为 0.10 mg/m³，计算判断：

（1）烟气抬升高度；

（2）最大落地浓度点距烟囱的距离；

（3）下风向地面浓度是否超标。

（$\gamma_1=0.146$，$\alpha_1=0.888$；$\gamma_2=0.528$，$\alpha_2=0.572$）

第 3 章　天然水体水质数学模型

自 Streeter-Phelps 水质模型建立以来，水质模型作为水质规划和环境管理的有效工具，其应用越来越广泛并有了较大的发展。水质数学模型是描述水体中污染物随时间和空间迁移转化规律的数学方程，模型的建立可以为排入河流中污染物的数量与河水水质之间提供定量描述，从而为水质评价、预测及影响分析提供依据。

目前，在水质模型的研究中，比较多地关注河流中的生化需氧量和溶解氧之间关系的模型、碳和氮的形态的模型、热污染模型、细菌自净模型等，因此，这些模型相对比较成熟。而对重金属、复杂的有机毒物的水质模型了解得较少，对营养物的非线性和时变的交互反应了解得更少。

为了便于选择，可以把水质模型按不同的方法进行分类。

① 按时间特性，可分为动态模型和静态模型。描述水体中水质组分的浓度随时间变化的水质模型称为动态模型。描述水体中水质组分的浓度不随时间变化的水质模型称为静态模型。

② 按水质模型的空间维数，可分为零维、一维、二维、三维水质模型。当把所考察的水体看成是一个完全混合反应器时，即水体中水质组分的浓度是均匀分布的，描述这种情况的水质模型称为零维水质模型。描述水质组分的迁移变化在一个方向上是重要的，在另外两个方向上是均匀分布的，这种水质模型称为一维水质模型。描述水质组分的迁移变化在两个方向上是重要的，在另外的一个方向上是均匀分布的，这种水质模型称为二维水质模型。描述水质组分的迁移变化在三个方向进行的水质模型称为三维水质模型。

③ 按描述水质组分的多少，可分为单一组分和多组分的水质模型。水体中某一组分的迁移转化与其他组分没有关系，描述这种组分迁移转化的水质模型称为单一组分的水质模型。水体中一组分的迁移转化与另一组分(或几个组分)的迁移转化是相互联系、相互影响的，描述这种情况的水质模型称为多组分的水质模型。

④ 按水体的类型，可分为河流水质模型、河口水质模型(受潮汐影响)、湖泊水质模型、水库水质模型和海湾水质模型等。河流、河口水质模型比较成熟，湖泊、海湾水质模型比较复杂，可靠性小。

⑤ 按水质组分，可分为耗氧有机物模型(BOD－DO 模型)，无机盐、悬浮物、放射性物质等的单一组分的水质模型，难降解有机物水质模型，重金属迁移转化水质模型。

⑥ 按其他方法分类，可把水质模型分为水质-生态模型、确定性模型和随机模型、集中参数模型和分布参数模型、线性模型和非线性模型等。

水质模型如此众多，如何选择、使用水质模型呢？选择水质模型必须对所研究的水质组分的迁移转化规律有相当的了解。因为水质组分的迁移(扩散和平流)取决于水体的水文特性和水动力学特性。在流动的河流中，平流迁移往往占主导地位，对某些组分可以忽略扩散项；在受潮汐影响的河口中，扩散项必须考虑而不能忽略；这两者选择的模型就不应一样。为了降低模型的复杂性和减少所需的资料，对河床规整、断面不变、污染物排入量不变的河流系统，水质模型往往选用静态的；但这种选择不能充分评价时变输入对河流系统的影响。选择的水质模

型必须反映所研究的水质组分,而且应用条件必须和现实条件接近。

3.1 水体中物质迁移现象的基本描述

天然水环境的复杂性不仅表现在水环境中化学组分的复杂多样性,还表现在水体自身运动的复杂性。水体的运动形式影响着化学物质在水环境中的迁移和分布。采用水质模型时主要考虑化学物质的物理迁移,应用水力学的原理和方法加以处理。对有关的化学迁移,化学及生物化学转化处理则应用化学反应动力学与化学迁移动力学的原理和方法来处理。本节要介绍的是基于上述思想建立起来的主要反映化学物质在水体中空间分布及迁移过程的水质模型。污染物进入环境以后,做着复杂的运动,主要包括:污染物随着介质流动的推流迁移运动、污染物在环境介质中的分散运动以及污染物的衰减转化运动。

3.1.1 物理迁移过程

污染物在水中的物理迁移过程主要包括污染物在水流作用下产生的转移作用(包括对流、分子扩散、紊动扩散和弥散等作用),受泥沙颗粒和底岸的吸附与解吸、沉淀与再悬浮,底泥中污染物的输送等作用过程。

1. 推流迁移

推流迁移是指污染物在气流或水流作用下产生的转移作用。污染物由于推流作用,在单位时间内通过单位面积的推流迁移通量可以计算如下:

$$f_x = u_x C,\quad f_y = u_y C,\quad f_z = u_z C \tag{3-1}$$

式中:f_x、f_y、f_z分别表示x、y、z三个方向上的污染物推流迁移通量;u_x、u_y、u_z分别表示环境介质在x、y、z方向上的流速分量;C为污染物在环境介质中的浓度。

推流迁移只能改变污染物的位置,并不能改变污染物的存在形态和浓度。

2. 分散作用

在讨论污染物的分散作用时,假定污染物质点的动力学特性与介质质点完全一致。这一假设对于多数溶解污染物或中性的颗粒物质是可以满足的。污染物在环境介质中的分散作用包括分子扩散、湍流扩散和弥散。

(1) 分子扩散

分子扩散是由分子的随机运动引起的质点分散现象。分子扩散服从Fick第一定律,即分子扩散的质量通量与扩散物质的浓度梯度成正比:

$$I_x^1 = -E_m \frac{\partial C}{\partial x},\quad I_y^1 = -E_m \frac{\partial C}{\partial y},\quad I_z^1 = -E_m \frac{\partial C}{\partial z} \tag{3-2}$$

式中:I_x^1、I_y^1、I_z^1分别表示x、y、z三个方向上的污染物扩散通量;E_m为分子扩散系数,分子扩散系数在各方向上相同,表示分子扩散是各向同性的;等式右边的负号表示污染物质点的运动指向浓度梯度的负方向。

(2) 湍流扩散

湍流扩散是湍流流场中质点的各种状态(流速、压力、浓度等)的瞬时值,相对于其时间平均值的随机脉动而导致的分散现象。湍流扩散项可以看成是对取状态的时间平均值后所形成

的误差的一种补偿。可以借助分子扩散的形式表达湍流扩散：

$$I_x^2 = -E_x \frac{\partial \bar{C}}{\partial x}, \quad I_y^2 = -E_y \frac{\partial \bar{C}}{\partial y}, \quad I_z^2 = -E_z \frac{\partial \bar{C}}{\partial z} \tag{3-3}$$

式中：I_x^2、I_y^2、I_z^2分别表示 x、y、z 三个方向上湍流扩散所导致的污染物质量通量；$\bar{C}$为环境介质中污染物的时间平均浓度；E_x、E_y、E_z分别表示 x、y、z 三个方向上的湍流扩散系数；等式右边的负号表示湍流扩散的方向是污染物浓度梯度的负方向。与分子扩散不同，湍流扩散是各向异性的。

(3) 弥　散

弥散作用是由于横断面上实际的状态（如流速）分布不均匀与实际计算中采用断面平均状态之间的差别引起的，为了弥补由于采用状态的空间平均值所形成的计算误差，必须考虑一个附加的量——弥散通量。同样借助 Fick 定律来描述弥散作用：

$$I_x^3 = -D_x \frac{\partial \bar{\bar{C}}}{\partial x}, \quad I_y^3 = -D_y \frac{\partial \bar{\bar{C}}}{\partial y}, \quad I_z^2 = -D \frac{\partial \bar{\bar{C}}}{\partial z} \tag{3-4}$$

式中：I_x^3、I_y^3、I_z^3分别表示 x、y、z 三个方向上有弥散所导致的污染物质量通量；$\partial\bar{\bar{C}}$为环境介质中污染物的时间平均浓度的空间平均值；D_x、D_y、D_z分别表示 x、y、z 三个方向上的弥散系数；等式右边的负号表示弥散方向是污染物浓度梯度的负方向。弥散也是各向异性的。

在实际计算中，都采用时间平均值的空间平均值（图 3-1）。为了修正这一简化所造成的误差，引进了湍流扩散项和弥散扩散项，而分子扩散项在任何时候都是存在的，但就数量级来说，弥散项的影响最大，而分子扩散则往往可以忽略。分子扩散系数在大气中的量级为 1.6×10^{-5} m²/s，在河流中为$10^{-5}\sim10^{-4}$ m²/s；而湍流扩散系数的量级要大得多，在大气中为 $2\times10^{-1}\sim10^{-2}$ m²/s（垂直方向）和 $10\sim10^5$ m²/s（水平方向），河流中的扩散系数量级为$10^{-2}\sim10^0$ m²/s。

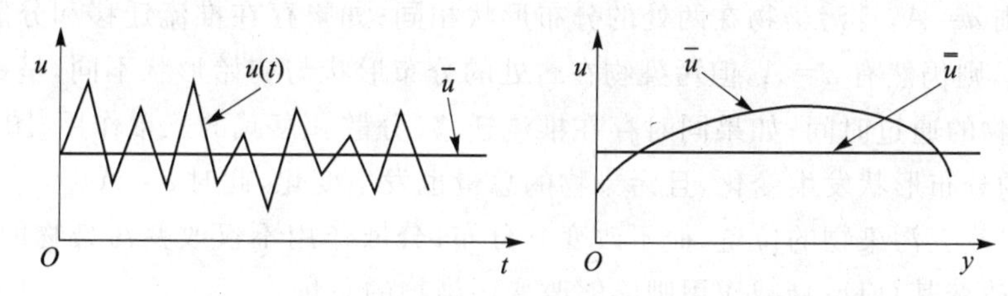

(a) 湍流流速$u(t)$与时间平均流速$\bar{u}$　　(b) 湍流时间平均流速$\bar{u}$与其空间平均流速$\bar{\bar{u}}$

图 3-1　流速分布与分散作用

弥散作用只有在取湍流时间平均值的空间平均值时才发生。弥散作用大多发生在河流或地下水的水质计算中。通常所说的弥散作用实际上包含了弥散、湍流扩散和分子扩散三者的共同作用。

3.1.2　污染物的衰减和转化

进入环境中的污染物可以分为守恒物质和非守恒物质两大类。

守恒物质可以长时间在环境中存在，它们随着介质的运动和分散作用而不断改变位置和初始浓度，但是不会减少在环境中的总量，可以在环境中积累。重金属、很多高分子有机化合物都属于守恒物质。对于那些对生态环境有害，或者暂时无害但可以在环境中积累，从长远来

看可能有害的守恒物质，要严格控制排放，因为环境系统对它们没有净化能力。

非守恒污染物在环境中能够降解，它们进入环境以后，除了随环境介质的流动不断改变位置、不断分散降解浓度外，还会因为自身的衰减而加速浓度的下降。非守恒污染物的降解有两种方式，一种是由污染物自身的运动规律决定的，例如放射性物质的衰减；另一种是在环境因素的作用下，由于化学或生物反应而不断衰减，例如有机物的生物化学氧化过程。环境中非守恒物质的降解多遵循一级反应动力学规律：

$$\frac{dC}{dt}=-kC \tag{3-5}$$

式中：k 为降解速度常数。

污染物在环境中的推流迁移、分散和衰减作用可以用图 3-2 说明。

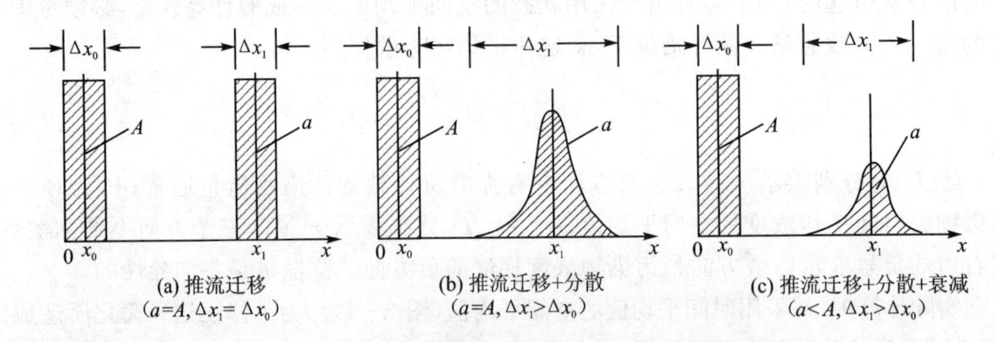

图 3-2　污染物在环境介质中的推流迁移、分散和衰减作用

假定在 $x=x_0$ 处，向环境中排放物质总量为 A，其分布为直方状，全部物质通过 x_0 的时间为 Δt。经过一段时间，该污染物的重心迁移至 x_1，污染物的总量为 a。如果只存在推流迁移[图 3-2(a)]，则 $a=A$，且污染物在两处的分布形状相同；如果存在推流迁移和分散的双重作用[图 3-2(b)]，则仍然有 $a=A$，但污染物在 x_1 处的分布形状与初始形状不同，呈钟形曲线分布，延长了污染物的通过时间；如果同时存在推流迁移、分散和衰减的三重作用[图 3-2(c)]，则不仅污染物的分布形状发生变化，且污染物的总量也发生变化，此时 $a<A$。

推流迁移只改变污染物的位置，而不改变其分布；分散作用不仅改变污染物的位置，还改变其分布，但不改变其总量；衰减作用则能够改变污染物的总量。

污染物进入环境以后，同时发生着上述各种过程，用于描述这些过程的模型是一组复杂的数学模型。

3.1.3　天然水体中影响 BOD-DO 变化的过程

1. 生物化学分解

河流中的有机物由于生物降解所产生的生物化学需氧量(BOD)变化可以用一级反应式表达：

$$L=L_{C_0}e^{-K_C t} \tag{3-6}$$

式中：L 为 t 时刻含碳有机物剩余的生物化学需氧量；L_{C_0} 为初始时刻含碳有机物的总生物化学需氧量；K_C 为含碳有机物的降解速度常数。

K_C 的数值是温度的函数，它和温度之间的关系可以表示为

$$\frac{K_{C,T}}{K_{C,T_1}} = \theta^{T-T_1} \tag{3-7}$$

若取 $T_1=20$ ℃，以$K_{C,20}$为基准，则任意温度 T 的值为

$$K_{C,T} = K_{C,20}\ \theta^{T-20} \tag{3-8}$$

式中：θ 为 K_C的温度系数，θ 值在 1.047 左右（$T=10\sim35$ ℃）。在试验室中测定生物化学需氧量和时间的关系，可以估计K_C值。

河流中的生物化学需氧量(BOD)衰减速度常数K_r可以由下式确定：

$$K_r = \frac{1}{t}\ln\frac{L_A}{L_B} \tag{3-9}$$

式中：L_A、L_B分别为河流上游断面 A 和下游断面 B 处的 BOD 浓度；t 为两个断面间的流动时间。

1961 年，托马斯(H. Thomas)提出了河流 BOD 衰减的另一个原因——沉淀。若反映生化作用和沉淀作用的 BOD 衰减速度常数分别为K_d和K_s，则K_d、K_s和K_r之间存在如下关系：

$$K_r = K_d + K_s \tag{3-10}$$

包士柯(K. Bosko，1966 年)研究了河流中生化作用的 BOD 衰减速度常数K_d和试验室中的数值K_C之间的关系，提出如下计算式：

$$K_d = K_C + \eta\frac{u_x}{H} \tag{3-11}$$

式中：u_x为河流的平均流速，m/s；H 为河流的平均水深，m；η 称为河床的活度系数，综合反映了河流对有机物生化降解作用的影响。K_C和K_d的单位是 d^{-1}。

表 3-1 给出了一般河床坡度下活度系数值。

表 3-1　河床活度系数

河床坡度/‰	活度系数	河床坡度/‰	活度系数
0.47	0.10	4.73	0.40
0.95	0.15	9.47	0.60
1.89	0.25		

如果有机物在河流中的变化符合一级反应规律，那么在河流流态稳定时，河流中 BOD 的变化规律可以表示为

$$L_C = L_{C_0}\exp\left(-K_r\frac{x}{u_x}\right) \tag{3-12}$$

式中：L_C为河流任意断面处含碳有机物剩余的生物化学需氧量浓度；L_{C_0}为起始断面处含碳有机物的生物化学需氧量浓度；x 为距起始断面(排放点)的纵向距离。

含氮有机物排入河流之后，同样发生生物化学氧化过程，可以表示如下：

$$L_N = L_{N_0}\exp\left(-K_N\frac{x}{u_x}\right) \tag{3-13}$$

式中：L_N为 河流任意断面处含氮有机物剩余的生物化学需氧量浓度；L_{N_0}为起始断面处含氮有机物的生物化学需氧量浓度；K_N为含氮有机物生物化学衰减速度常数，亦称为硝化速度常数。K_N值取决于溶解氧含量、河水的 pH 值、水温等因素。含氮有机物的硝化过程分为两个阶段：亚硝化(将氨氮氧化为亚硝酸盐氮)阶段和硝化(将亚硝酸盐氮进一步氧化成硝酸盐氮)阶

段。进入河流的有机氮转化为亚硝酸盐氮的动力学过程可用下述方程表示：

$$\frac{dN_1}{dt}=-K_{11}N_1 \tag{3-14}$$

$$\frac{dN_2}{dt}=-K_{22}N_2+K_{12}N_1 \tag{3-15}$$

$$\frac{dN_3}{dt}=-K_{33}N_3+K_{23}N_2 \tag{3-16}$$

$$\frac{dN_4}{dt}=-K_{44}N_4+K_{34}N_3 \tag{3-17}$$

式中：N_1、N_2、N_3、N_4 分别为河水中有机氮、氨氮、亚硝酸盐氮和硝酸盐氮的浓度；K_{11}、K_{22}、K_{33}、K_{44} 分别为有机氮、氨氮、亚硝酸盐氮和硝酸盐氮的衰减速度常数；K_{12}、K_{23}、K_{34} 分别为有机氮、氨氮、亚硝酸盐氮向前反应速度常数。

当河流流动均匀稳定，且污染物的排放连续稳定时，式(3-14)～式(3-17)的解为

$$N_1=N_{10}A_{11} \tag{3-18}$$

$$N_2=N_{20}A_{22}+\frac{K_{12}N_{10}}{K_{22}-K_{11}}(A_{11}-A_{22}) \tag{3-19}$$

$$N_3=N_{30}A_{33}+\frac{K_{23}N_{20}}{K_{33}-K_{22}}(A_{22}-A_{33})+\frac{K_{12}K_{23}N_{10}}{K_{22}-K_{11}}\left(\frac{A_{11}-A_{33}}{K_{33}-K_{11}}-\frac{A_{22}-A_{33}}{K_{33}-K_{22}}\right) \tag{3-20}$$

$$\begin{aligned}N_4=&N_{40}A_{44}+\frac{K_{12}K_{23}K_{34}N_{10}}{(K_{22}-K_{11})(K_{33}-K_{11})(K_{44}-K_{11})}(A_{11}-A_{44})+\\&\frac{K_{23}K_{34}}{(K_{33}-K_{22})(K_{44}-K_{22})}\left(N_{20}-\frac{K_{12}N_{10}}{K_{22}-K_{11}}\right)(A_{22}-A_{44})+\\&\frac{K_{34}}{K_{44}-K_{33}}\left[N_{30}-\frac{K_{12}K_{23}N_{10}}{(K_{22}-K_{11})(K_{33}-K_{11})}+\right.\\&\left.\frac{K_{23}}{K_{33}-K_{22}}\left(N_{20}-\frac{K_{12}N_{10}}{K_{22}-K_{11}}\right)\right](A_{33}-A_{44})\end{aligned} \tag{3-21}$$

式中：N_{10}、N_{20}、N_{30}、N_{40} 分别为有机氮、氨氮、亚硝酸盐氮和硝酸盐氮的初始浓度，且

$$A_{11}=e^{-K_{11}x/u_x} \tag{3-22}$$

$$A_{22}=e^{-K_{22}x/u_x} \tag{3-23}$$

$$A_{33}=e^{-K_{33}x/u_x} \tag{3-24}$$

$$A_{44}=e^{-K_{44}x/u_x} \tag{3-25}$$

巴维尔(B. Bower)等人在实际河流中测得上述模型中的动力学参数的值，如表 3-2 所列。

表 3-2 含氮有机物反应动力学参数

d^{-1}

K_{11}	K_{22}	K_{33}	K_{44}	K_{12}	K_{23}	K_{34}
0.30	0.65	2.50	0.001	0.30	0.32	2.50

2. 大气复氧过程

水中溶解氧主要来源于大气，氧气由大气进入水中的质量传递速度可以表示为

$$\frac{dC}{dt}=\frac{K_L A}{V}(C_S-C) \tag{3-26}$$

式中：C 为河流中溶解氧的浓度；C_S为河流中饱和溶解氧的浓度；K_L为质量传递系数；A 为气体扩散的表面积；V 为水的体积。

对于河流，$\frac{A}{V}=\frac{1}{H}$，H 是平均水深，(C_S-C)表示河水中的溶解氧不足量，称为氧亏，用 D 表示，则式(3-26)可以写为

$$\frac{dD}{dt}=-\frac{K_L}{H}D=-K_a D \tag{3-27}$$

式中：K_a为大气复氧速度常数。

K_a是河流流态及温度等的函数。如果以 20 ℃作为基准，则任意温度时的大气复氧速度常数可以写为

$$K_{a,r}=K_{a,20}\,\theta_r^{T-20℃} \tag{3-28}$$

式中：$K_{a,20}$为 20 ℃条件下的大气复氧速度常数；θ_r为大气复氧速度常数的温度系数，通常 $\theta=1.024$。

欧康奈尔(D. O'Conner)和多宾斯(W. Dobbins)在 1958 年提出了根据河流的流速、水深计算大气复氧速度常数的方法，其一般形式为

$$K_a=C\frac{u_x^n}{H^m} \tag{3-29}$$

式中：u_x为河流的平均流速，m/s；H 为河流的平均水深，m；K_a的单位是 d^{-1}(20 ℃)；C 为河流溶解氧的浓度。

很多学者对式(3-29)中的参数 C、n、m 进行了研究，表 3-3 列出了部分研究成果。

表 3-3　参数研究结果

数据来源	C	n	m
O'Conner，Dobbins(1958)	3.933	0.50	1.50
Churchill 等(1962)	5.018	0.968	1.673
Owens 等(1964)	5.336	0.67	1.85
Langbein，Durum(1967)	5.138	1.00	1.33
Isaacs，Gaudy(1968)	3.104	1.00	1.50
Isaacs，Maag(1969)	4.740	1.00	1.50
Neglescu，Rojanski(1969)	10.922	0.85	0.85
Padden，Gloyna(1971)	4.523	0.703	1.055
Bennet，Rathbun(1972)	5.369	0.674	1.865

饱和溶解氧浓度是温度、盐度和大气压力的函数，在 760 mmHg 压力下，淡水中的饱和溶解氧浓度可以用下式计算：

$$C_S=\frac{468}{31.6+T} \tag{3-30}$$

式中：C_S为饱和溶解氧的浓度，mg/L；T 为温度，℃。

在河口，饱和溶解氧的浓度还会受到水的含盐量的影响，这时可以用海叶儿(Hyer，1971

年)经验公式计算：

$$C_S = 14.6244 + 0.367134T + 0.0044972T^2 - 0.0966S + 0.00205ST + 0.0002739S^2 \tag{3-31}$$

式中：S 为水中含盐量(ppt)。

3. 光合作用

水生植物的光合作用是河流溶解氧的另一个重要来源。欧康奈尔假定光合作用的速度随光照强弱的变化而变化，中午光照最强时，产氧速度最快，夜晚没有光照时，产氧速度为零。欧康奈尔假定光合作用产氧符合下列速度规律：

$$P_t = P_m \sin\left(\frac{t}{T}\pi\right) \tag{3-32}$$

- 对 $0 \leqslant t \leqslant T, P_t = 0$；
- 对其余时间，T 为白天发生光合作用的持续时间，例如 12 h；t 为光合作用开始以后的时间；P_m 为一天中最大光合作用的产氧速度。

因河流条件，P_m 值变化很大，其范围为 0～30 mg/(L·d)。

对于一个时间平均模型，可将产氧速度取为一天中的平均值(常数)：

$$\left(\frac{\partial O}{\partial t}\right)_p = P \tag{3-33}$$

式中：P 为一天中产氧速度的平均值。

4. 藻类的呼吸作用

藻类的呼吸作用要消耗河水中的溶解氧。通常把藻类呼吸耗氧速度看作是常数，即：

$$\left(\frac{\partial O}{\partial t}\right)_t = -R \tag{3-34}$$

在一般情况下，R 值为 0～5 mg/(L·d)。

光合作用产氧速度与呼吸作用的耗氧速度可以用黑白瓶试验求得。将河水水样分装在两个密封的碘量瓶中，其中一个用黑幕罩住，同时置入河水中。黑瓶模拟黑夜的呼吸作用，白瓶模拟白天的呼吸作用和光合作用，试验在白天进行。根据两个瓶中的溶解氧在试验周期中的变化，可以写出黑瓶和白瓶的氧平衡方程(类似正交法)：

对于白瓶：

$$\frac{24(C_1 - C_0)}{\Delta t} = P - R - K_C L_0 \tag{3-35}$$

对于黑瓶：

$$\frac{24(C_2 - C_0)}{\Delta t} = -R - K_C L_0 \tag{3-36}$$

式中：C_0 为试验开始时水样溶解氧浓度；C_1、C_2 分别为试验结束时白瓶中的水样和黑瓶中的水样溶解氧浓度；K_C 为在试验温度下 BOD 降解速度常数；Δt 为试验延续时间，h；L_0 为试验开始时河水的 BOD 值。

求解式(3-35)、式(3-36)，可以得到河流中的光合作用产氧速度 P(单位为 mg/(L·d))和呼吸耗氧速度 R(单位为 mg/(L·d))。

5. 底栖动物和沉淀物的耗氧

底泥耗氧的主要原因是由于底泥中耗氧物质返回到水中与底泥顶层耗氧物质氧化分解。

目前，底泥耗氧机理尚未完全阐明，费儿(Fair)用阻尼反应来表达底泥的耗氧速度：

$$\left(\frac{\mathrm{d}O}{\mathrm{d}t}\right)_{\mathrm{d}} = -\frac{\mathrm{d}\,L_{\mathrm{d}}}{\mathrm{d}t} = -(1+r_{\mathrm{c}})^{-1}\,K_{\mathrm{b}}\,L_{\mathrm{d}} \tag{3-37}$$

式中：L_{d}为河床的 BOD 面积负荷；K_{b}为河床的 BOD 耗氧速度常数；r_{c}为底泥耗氧的阻尼系数。

底泥耗氧速度常数是温度的函数，温度修正系数的常数值为 1.072(5～30 ℃)。

3.2　水质数学模型基础

反映污染物质在环境介质中运动的基本规律的数学模型称为环境质量基本模型。环境质量基本模型反映了污染物在环境介质中运动的基本特征，即污染物的推流迁移、分散和降解。建立基本模型需基于一些基本假定：进入环境的污染物能够与环境介质相互融合，污染物质点与介质质点具有相同的流体力学特征。污染物在进入环境以后能够均匀地分散开，不产生凝聚、沉淀和挥发，可以将污染物质点当做介质质点进行研究。

而实际中的污染物，在进入环境以后，除了迁移、分散和衰减外，还会经过一些其他的物理、化学或生物学过程，这些过程将通过对基本模型的修正予以研究和表达。

3.2.1　零维模型

所谓零维模型，是描述在研究的空间范围内不产生环境质量差异的模型。这个空间范围类似于一个完全混合的反应器。零维模型是最简单的一类模型。图 3-3 所示为一个连续流完全混合反应器，进入反应器的污染物能够在瞬间分布到反应器的各个部位。

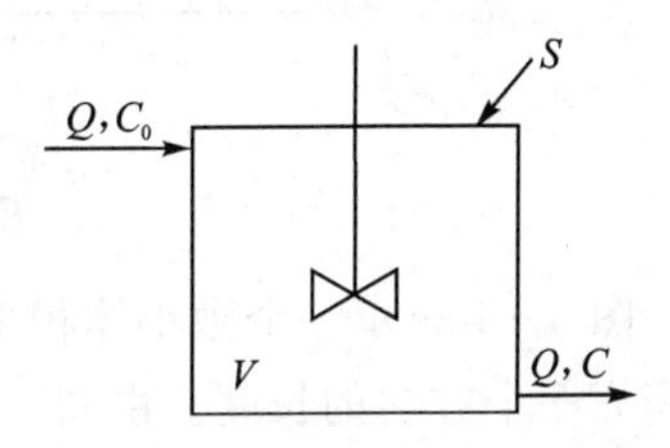

图 3-3　零维模型示意图

根据质量守恒原理，可以写出反应器中的平衡方程：

$$V\,\frac{\mathrm{d}C}{\mathrm{d}t} = QC_0 - QC + S + rV \tag{3-38}$$

式中：V 为反应器的容积；Q 为流入与流出反应器的物质流量；C_0为输入反应器的污染物浓度；C 为输出反应器的污染物浓度，即反应器中的污染物浓度；r 为污染物的反应速度；S 为污染物的源与汇。

若 $S=0$，则：

$$V\,\frac{\mathrm{d}C}{\mathrm{d}t} = Q(C_0 - C) + rV \tag{3-39}$$

如果污染物在反应器中的反应符合一级反应动力学降解规律，即 $r=-kC$，则式(3-39)可以写作：

$$V\,\frac{\mathrm{d}C}{\mathrm{d}t} = Q(C_0 - C) - kCV \tag{3-40}$$

式中：k 为污染物的降解速度常数。

式(3-40)就是零维环境质量模型的基本形式。零维模型广泛应用于箱式空气质量基本模型和湖泊、水库水质模型中。

在稳态条件下，即在$\frac{dC}{dt}=0$时，

$$C=\frac{C_0}{(Q+kV)/Q}=\frac{C_0}{1+k\frac{V}{Q}} \tag{3-41}$$

式中：V/Q为理论停留时间。

3.2.2 一维模型

通过一个微小体积单元的质量平衡推导一维模型。一维模型是描述在一个空间方向（如x）上存在的环境质量变化，即存在污染物浓度梯度的模型。通过对一个微小体积单元的质量平衡过程的推导，可以得到一维基本模型，如图 3-4 所示。

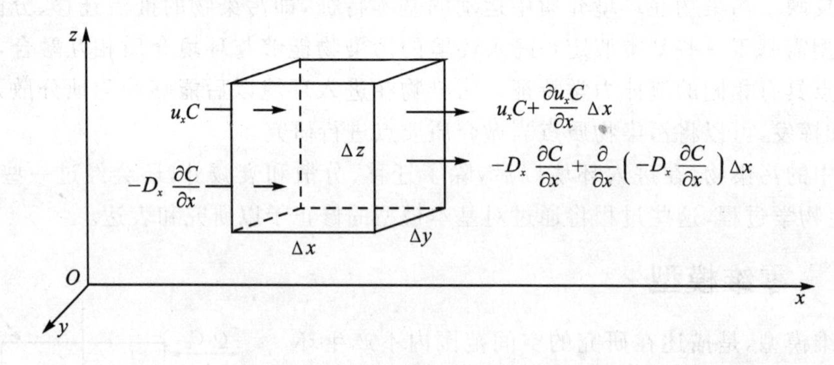

图 3-4 微小体积单元的质量平衡

图 3-4 表示一个微小体积单元在x方向污染物的输入、输出关系。Δx、Δy、Δz分别代表体积元三个方向的长度。由图 3-4 可以写出以下关系。

单位时间内由推流和弥散输入该体积单元的污染物量为$\left[u_xC+\left(-D_x\frac{\partial C}{\partial x}\right)\right]\Delta y\Delta z$。

单位时间内由推流和弥散输出的污染物量为$\left[u_xC+\frac{\partial u_xC}{\partial x}\Delta x+\left(-D_x\frac{\partial C}{\partial x}\right)+\frac{\partial}{\partial x}\left(-D_x\frac{\partial C}{\partial x}\right)\Delta x\right]\Delta y\Delta z$。

单位时间内在微小体积单元中由于衰减输出的污染物量为$kC\Delta x\Delta y\Delta z$。那么，单位时间内输入/输出该微小体积单元的污染物总量为

$$\frac{\partial C}{\partial t}\Delta x\Delta y\Delta z=\left[u_xC+\left(-D_x\frac{\partial C}{\partial x}\right)\right]\Delta y\Delta z-\left[u_xC+\frac{\partial u_xC}{\partial x}\Delta x+\left(-D_x\frac{\partial C}{\partial x}\right)+\frac{\partial}{\partial x}\left(-D_x\frac{\partial C}{\partial x}\right)\Delta x\right]\Delta y\Delta z-kC\Delta x\Delta y\Delta z \tag{3-42}$$

将式(3-42)简化，并令$\Delta x\to 0$，得

$$\frac{\partial C}{\partial t}=-\frac{\partial u_xC}{\partial x}-\frac{\partial}{\partial x}\left(-D_x\frac{\partial C}{\partial t}\right)-kC \tag{3-43}$$

在均匀流场中，u_x和D_x都可以作为常数，则式(3-43)可以写为

$$\frac{\partial C}{\partial t}=D_x\frac{\partial^2 C}{\partial x^2}-u_x\frac{\partial C}{\partial x}-kC \tag{3-44}$$

式中：C 为污染物的浓度，是时间 t 和空间位置 x 的函数；D_x 为纵向弥散系数；u_x 为断面平均流速；k 为污染物的衰减速度常数。

式(3-44)就是均匀流场中的一维基本环境质量模型。一维模型较多地应用于比较长而狭窄的河流水质模型。

1. 一维流场中的瞬时点源排放的解析解

(1) 忽略弥散，即 $D_x=0$

由式(3-44)得

$$\frac{\partial C}{\partial t}+u_x\frac{\partial C}{\partial x}+kC=0 \tag{3-45}$$

该方程可以用特征线方法求解，将其写成两个方程：

$$\frac{\mathrm{d}x}{\mathrm{d}t}=u_x \quad 和 \quad \frac{\mathrm{d}C}{\mathrm{d}t}=-kC$$

前一个方程称为特征线方程，表示污染物进入环境以后的位置 $x(t)$，后一个方程则表示污染物在某一位置的浓度。上式的解为

$$C(x,t)=C_0\exp(-kt)=C_0\left(-\frac{kx}{u_x}\right) \tag{3-46}$$

由于不考虑弥散作用，污染物在环境中某一位置的出现时间都是一瞬间。

(2) 考虑弥散，即 $D_x\neq 0$

根据式(3-44)则有

$$\frac{\partial C}{\partial t}-D_x\frac{\partial^2 C}{\partial x^2}+u_x\frac{\partial C}{\partial x}+kC=0 \tag{3-47}$$

式(3-47)可以通过拉普拉斯变换及其逆变换求解。首先用拉普拉斯变量 L 取代原变量 C，同时令

$$L=L(s,y)=\mathcal{L}[C(x,t)]=\int_0^{\infty}C(x,t)\,\mathrm{e}^{-st}\,\mathrm{d}t$$

通过拉普拉斯变换，得$\mathcal{L}\left(\frac{\partial C}{\partial t}\right)=sL$，则原式可以写为

$$sL-D_x\frac{\mathrm{d}^2L}{\mathrm{d}x^2}+u_x\frac{\mathrm{d}L}{\mathrm{d}x}+kL=0$$

或

$$\frac{\mathrm{d}^2L}{\mathrm{d}x^2}-\frac{u_x}{\mathrm{d}x}\times\frac{\mathrm{d}L}{\mathrm{d}x}-\frac{1}{D_x}(k+s)=0$$

其特征多项式为

$$\lambda^2-\frac{u_x}{D_x}\lambda-\frac{k+s}{D_x}=0$$

其特征值为

$$\lambda_{1,2}=\frac{u_x}{2D_x}\left(1\pm\frac{2\sqrt{D_x}}{u_x}\sqrt{\frac{{u_x}^2}{4D_x}+k+s}\right)$$

则拉普拉斯方程的解为

$$L=A\,\mathrm{e}^{\lambda_1 x}+B\,\mathrm{e}^{\lambda_2 x}$$

代入初始条件 $L(0,s)=C_0$ 和 $L(\infty,s)=0$，得 $A=0$ 和 $B=C_0$，则

$$L = C_0 \exp\left[\frac{u_x x}{2D_x}\left(1 - \frac{2\sqrt{D_x}}{u_x}\sqrt{\frac{u_x^2}{4D_x} + k + s}\right)\right]$$

根据拉普拉斯逆变换公式：

$$L^{-1}\left[\exp(-y\sqrt{s+Z})\right] = \frac{y\exp(-Zt)}{2\sqrt{\pi}\,t^{1.5}}\exp\left(-\frac{y^2}{4t}\right)$$

同时，令 $y=\frac{x}{\sqrt{D_x}}$，$Z=\frac{u_x^2}{4D_x}+k$，代入上式，得

$$C(x,t) = \frac{u_x C_0}{\sqrt{4\pi D_x t}}\exp\left(-\frac{x-u_x t}{4D_x t}\right)\exp(-kt) \tag{3-48}$$

式中，C_0 为起点处污染物的浓度，在污染物瞬时投放时，$C_0=\frac{M}{Q}$，又 $Q=A u_x$，所以

$$C(x,t) = \frac{M}{A\sqrt{4\pi D_x t}}\exp\left(-\frac{x-u_x t}{4D_x t}\right)\exp(-kt) \tag{3-49}$$

式中：M 为污染物瞬时投放量；A 为河流断面的面积。

2. 一维模型的稳态解

典型一维模型是一个二阶线性偏微分方程：

$$D_x\frac{\partial^2 C}{\partial x^2} - u_x\frac{\partial C}{\partial x} - kC = 0 \tag{3-50}$$

该微分方程的特征方程为

$$D_x\lambda^2 - u_x\lambda - k = 0$$

特征方程的特征根为

$$\lambda_{1,2} = \frac{u_x}{2D_x}(1 \pm m)$$

式中：$m=\sqrt{1+\frac{4kD_x}{u_x^2}}$。

一维稳态模型式(3-50)的通解为

$$C = A\,e^{\lambda_1 x} + B\,e^{\lambda_2 x}$$

对于保守或衰减物质，λ 不应该取正值；同时，若给定初始条件为 $x=0$，$C=C_0$，则一维稳态模型式(3-50)的解为

$$C = C_0\exp\left[\frac{u_x t}{2D_x}\left(1-\sqrt{1+\frac{4kD_x}{u_x^2}}\right)\right] \tag{3-51}$$

在推流存在的情况下，弥散作用在稳态条件下往往可以忽略，此时：

$$C = C_0\exp\left(-\frac{kx}{u_x}\right) \tag{3-52}$$

式中：C_0 为起点处污染物的浓度。

对于一维模型：

$$C_0 = \frac{QC_1 + qC_2}{Q+q} \tag{3-53}$$

式中：Q 为河流的流量；q 为污水流量；C_1 为河流中污染物的本底浓度；C_2 为污水中污染物的浓度。

3. 一维动态水质模型的数值解

(1) 显式差分法

一维动态水质模型的基本形式为

$$\frac{\partial C}{\partial t}+u_x\frac{\partial}{\partial x}=D_x\frac{\partial^2 C}{\partial x^2}-kC$$

用向后差分表示，则有：

$$\frac{C_i^{j+1}-C_i^j}{\Delta t}+u_x\frac{C_i^j-C_{i-1}^j}{\Delta x}=D_x\frac{C_i^j-2C_{i-1}^j+C_{i-2}^j}{\Delta x^2}-kC_{i-1}^j \tag{3-54}$$

由式(3-54)可以得到：

$$C_i^{j+1}=C_{i-2}^j\left(\frac{D_x\Delta t}{\Delta x^2}\right)+C_{i-1}^j\left(\frac{u_x\Delta t}{\Delta x}-\frac{2D_x\Delta t}{\Delta x^2}-k\Delta t\right)+C_i^j\left(1-\frac{u_x\Delta t}{\Delta x}+\frac{D_x\Delta t}{\Delta x^2}\right) \tag{3-55}$$

式中：i 为空间网格节点的编号；j 为时间网格节点的编号。

该式表明，为了计算第 i 个节点处第 $j+1$ 个时间节点的水质浓度值，必须知道本空间节点(i)和前两个空间节点($i-1$ 和 $i-2$)处的前一个时间节点(j)处的水质浓度值C_i^j、C_{i-1}^j、C_{i-2}^j。因此，采用向后差分时，根据前两个时间层浓度的空间分布，就可以计算当前时间层的浓度分布。对于第 $j+1$ 个时间层：

当 $i=1$ 时，

$$C_1^{j+1}=C_0^j\beta+C_2^j\gamma$$

当 $i=2$ 时，

$$C_2^{j+1}=C_0^j\alpha+C_1^j\beta+C_2^j\gamma$$

当 $i=i$ 时，

$$C_i^{j+1}=C_{i-2}^j+C_{i-1}^j\beta+C_i^j\gamma\quad(i=1,2,\cdots,n)$$

当D_x、k、u_x、Δx 和 Δt 均为常数时，α、β、γ 亦为常数，即

$$\alpha=\frac{D_x\Delta t}{\Delta x},\quad\beta=\frac{u_x\Delta t}{\Delta x}-\frac{2D_x\Delta t}{\Delta x^2}-k\Delta t,\quad\gamma=1-\frac{u_x\Delta t}{\Delta x}+\frac{D_x\Delta t}{\Delta x^2}$$

式中：Δx、Δt 分别为空间网格的步长和时间网格的步长。

显式差分是有条件稳定的，Δx、Δt 的选择应该满足下述稳定性条件：

$$\frac{u_x\Delta t}{\Delta x}\leqslant 1,\quad\frac{D_x\Delta t}{\Delta x^2}\leqslant\frac{1}{2}$$

根据差分格式的逐步求解过程，可以写出：

$$C^{j+1}=\boldsymbol{A}C^j \tag{3-56}$$

式中：

$$C^{j+1}=(C_1^{j+1}\quad C_2^{j+1}\quad\cdots\quad C_n^{j+1})^{\mathrm{T}},\quad C^j=(C_1^j\quad C_2^j\quad\cdots\quad C_n^j)^{\mathrm{T}}$$

$$\boldsymbol{A}=\begin{bmatrix}\beta & \gamma & & & \\ \alpha & \ddots & \ddots & & \\ & \ddots & \ddots & \ddots & \\ & & \ddots & \ddots & \gamma \\ & & & \alpha & \beta\end{bmatrix}$$

求解式(3-56)的初始条件是 $C(x_i,0)=C_i^0$，边界条件是 $C(0,t_j)=C_0^j$。

(2) 隐式差分法

显式差分是有条件稳定的，在某些情况下，为了保证稳定性，必须取很小的时间步长，从而大大增加了计算时间。

隐式差分是无条件稳定的。隐式差分可以采用向前差分格式。

对于 $i=1$，

$$\frac{C_1^{j+1}-C_1^j}{\Delta t}+u_x\frac{C_1^j-C_0^j}{\Delta x}=D_x\frac{C_2^{j+1}-2C_1^{j+1}+C_0^{j+1}}{\Delta x^2}-k\frac{C_1^{j+1}+C_0^j}{2}$$

对于 $i=2$，

$$\frac{C_2^{j+1}-C_2^j}{\Delta t}+u_x\frac{C_2^j-C_1^j}{\Delta x}=D_x\frac{C_3^{j+1}-2C_2^{j+1}+C_1^{j+1}}{\Delta x^2}-k\frac{C_2^{j+1}+C_1^j}{2}$$

对于 $i=i$，

$$\frac{C_i^{j+1}-C_i^j}{\Delta t}+u_x\frac{C_i^j-C_{i-1}^j}{\Delta x}=D_x\frac{C_{i+1}^{j+1}-2C_i^{j+1}+C_{i-1}^{j+1}}{\Delta x^2}-k\frac{C_i^{j+1}+C_{i-1}^j}{2}$$

$$(i=1,2,\cdots,n)$$

如果令

$$\alpha=-\frac{D_x}{\Delta x^2} \tag{3-57}$$

$$\beta=\frac{1}{\Delta t}+\frac{2D_x}{\Delta x^2}+\frac{k}{2} \tag{3-58}$$

$$\gamma=-\frac{D_x}{\Delta x^2} \tag{3-59}$$

$$\delta_i=\left(\frac{1}{\Delta t}-\frac{u_x}{\Delta x}\right)C_i^j+\left(\frac{u_x}{\Delta x}-\frac{k}{2}\right)C_{i-1}^j \tag{3-60}$$

可以写出隐式差分求解的一般格式：

$$\alpha C_{i-1}^{j+1}+\beta C_i^{j+1}-\gamma C_{i+1}^{j+1}=\delta_i \tag{3-61}$$

对于第一个($i=1$)和第 n 个($i=n$)方程，C_0^{j+1} 和 C_{n+1}^{j+1} 是上下边界的值。若令：

$$C_{n+1}^{j+1}=C_n^{j-1}+(C_n^{j+1}-C_{n-1}^{j-1})=2C_n^{j+1}-C_{n-1}^{j+1}$$

则有：

$$\beta C_1^{j+1}-\gamma C_2^{j+1}=\delta'_1$$

$$\vdots$$

$$\alpha C_{i-1}^{j+1}+\beta C_i^{j+1}-\gamma C_{i+1}^{j+1}=\delta_i$$

$$\vdots$$

$$\alpha'_n C_{n-1}^{j+1}+\beta'_n C_n^{j+1}=\delta_n$$

由此可以写出矩阵方程：

$$\boldsymbol{B}C^{j+1}=\boldsymbol{\delta} \tag{3-62}$$

式中：

$$\boldsymbol{\delta}=(\delta'_1\quad \delta_2\quad \cdots\quad \delta_n)^{\mathrm{T}}$$

$$
\boldsymbol{B}=\begin{bmatrix}
\beta & \gamma & & & \\
\alpha & \ddots & \ddots & & \\
 & \ddots & \ddots & \ddots & \\
 & & \ddots & \ddots & \gamma \\
 & & & \alpha'_n & \beta'_n
\end{bmatrix}
$$

$$
\delta'_1=\delta_1-\alpha C_0^{j+1},\quad \alpha'_n=\alpha-\gamma,\quad \beta'_n=\beta+2\gamma
$$

对于第 $j+1$ 个时间层的浓度空间分布，可以由下式解出：

$$
C^{j+1}=\boldsymbol{B}^{-1}\boldsymbol{\delta} \tag{3-63}
$$

当采用隐式有限差分格式时，在计算C_1^{j+1}的表达式中出现了C_{i+1}^{j+1}值，因此方程组不可能递推求解，必须联立求解。

隐式差分虽然是无条件稳定的，但为了防止数值弥散，应该满足$\frac{u_x \Delta t}{\Delta x}\leqslant 1$ 的条件。

3.2.3　二维模型

二维模型较多应用于宽的河流、河口，较浅的湖泊、水库，也用于空气线源污染模拟。

与推导一维模型相似，当在 x 方向和 y 方向存在浓度梯度时，可以建立起 x、y 方向的二维环境质量基本模型：

$$
\frac{\partial C}{\partial t}=D_x\frac{\partial^2 C}{\partial x^2}+D_y\frac{\partial^2 C}{\partial y^2}-u_x\frac{\partial C}{\partial x}-u_y\frac{\partial C}{\partial y}-kC \tag{3-64}
$$

1. 瞬时点源排放的二维模型

假定所研究的二维平面是 x、y 平面，瞬时点源二维模型的解析解为

$$
C(x,y,t)=\frac{M}{4\pi ht\sqrt{D_xD_y}}\exp\left[-\frac{(x-u_xt)^2}{4D_xt}-\frac{(y-u_yt)^2}{4D_yt}\right]\exp(-kt) \tag{3-65}
$$

式中：u_y为 y 方向的速度分量；D_y为 y 方向的弥散系数；h 为平均扩散深度；其余符号意义同前。

式(3-65)是在无边界约束条件下的解。其边界条件是：当 $y\to\infty$时，$\frac{\partial C}{\partial y}=0$。

如果污染物的扩散受到边界的影响，则需要考虑边界的反射作用。边界的反射作用可以通过一个假定的虚源实现(图 3-5)。把边界作为一个反射镜面，以边界为轴，在实源的对称位置设立一个与实源具有相等源强的虚源。虚源的作用可以代表边界对实源的反射。在有边界的条件下，式(3-65)的解为

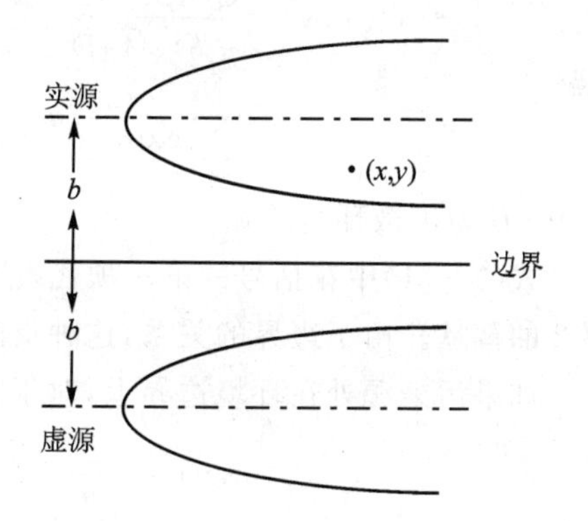

图 3-5　边界的反射

$$
\begin{aligned}
C(x,y,t)=\frac{M\exp(-kt)}{4\pi ht\sqrt{D_xD_y}}\Bigg\{&\exp\left[-\frac{(x-u_xt)^2}{4D_xt}-\frac{(y-u_yt)^2}{4D_yt}\right]+\\
&\left[-\frac{(x-u_xt)^2}{4D_xt}-\frac{(2b+y-u_yt)^2}{4D_yt}\right]\Bigg\}
\end{aligned} \tag{3-66}
$$

式中：b 为实源或虚源到边界的距离。

式(3-66)中,花括号中的第一项为模拟实源的排放,第二项则是模拟虚源的排放。若点源的位置逐步向边界移动,至 $b=0$,即污染物在边界上排放时,虚源与实源合二为一,这时的浓度计算如下:

$$C(x,y,t)=\frac{M\exp(-kt)}{2\pi ht\ \sqrt{D_xD_y}}\left\{\exp\left[-\frac{(x-u_xt)^2}{4\ D_xt}-\frac{(y-u_yt)^2}{4\ D_yt}\right]\right\} \tag{3-67}$$

2. 二维模型的稳态解

假定三维空间中,在 z 方向不存在浓度梯度,即$\frac{\partial C}{\partial z}=0$,就构成了 x、y 平面上的二维问题。在稳定条件下,二维环境质量基本形式是

$$D_x\ \frac{\partial^2 C}{\partial x^2}+D_y\ \frac{\partial^2 C}{\partial\ y^2}-u_x\ \frac{\partial C}{\partial x}-u_y\ \frac{\partial C}{\partial y}-kC=0 \tag{3-68}$$

在均匀流场中,式(3-68)的解析解为

$$C(x,y)=\frac{Q}{4\pi h(x/\ u_x)\ \sqrt{D_xD_y}}\exp\left[-\frac{(y-u_yx/u_x)^2}{4\ D_yx/\ u_x}\right]\exp\left(-\frac{kx}{u_x}\right) \tag{3-69}$$

式中:Q 为源强,即单位时间内排放的污染物量;其余符号同前。

在均匀、稳定流场中,D_x 和u_y往往可以忽略,则式(3-69)的解为

$$C(x,y)=\frac{Q}{u_xh\ \sqrt{4\pi D_yx/u_x}}\exp\left(-\frac{u_x\ y^2}{4\ D_yx}\right)\exp\left(-\frac{kx}{u_x}\right) \tag{3-70}$$

式(3-69)和式(3-70)适合无边界排放的情况[图 3-6(a)]。如果存在边界,则需要考虑边界的反射作用。此时可以通过假设的虚源来模拟边界的反射作用。

如果存在有限边界,即有两个边界,则污染物处在两个边界之间[图 3-6(b)],这时的反射就是连锁式的。这时式(3-68)的解就是

$$C(x,y)=\frac{Q\exp(-kx/\ u_x)}{u_xh\ \sqrt{4\pi D_yx/u_x}}\left\{\exp\left(-\frac{u_x\ y^2}{4\ D_yx}\right)+\right.$$
$$\left.\sum_{n=1}^{\infty}\exp\left[-\frac{u_x\ (nB-y)^2}{4\ D_yx}\right]+\sum_{n=1}^{\infty}\exp\left[-\frac{u_x\ (nB+y)^2}{4\ D_yx}\right]\right\} \tag{3-71}$$

式中:B 为扩散环境的宽度。

式(3-71)中花括号的第一项代表实源的贡献,第二项代表虚源 1 的贡献,第三项代表虚源 2 的贡献。由于边界的关系,这种贡献将无穷次地进行下去。

如果污染源处在环境边界上,对于宽度无限大的环境[图 3-6(a)],则有

$$C(x,y)=\frac{2Q}{u_xh\ \sqrt{4\pi D_yx/u_x}}\exp\left(-\frac{u_x\ y^2}{4\ D_yx}\right)\exp\left(-\frac{kx}{u_x}\right) \tag{3-72}$$

对于在环境宽度为 B 的边界上排放,同样可以通过假设虚源来模拟边界的反射作用,此时

$$C(x,y)=\frac{2Q\exp(-kx/\ u_x)}{u_xh\ \sqrt{4\pi D_yx/u_x}}\left\{\exp\left(-\frac{u_x\ y^2}{4\ D_yx}\right)+\right.$$
$$\left.\sum_{n=1}^{\infty}\exp\left[-\frac{u_x\ (nB-y)^2}{4\ D_yx}\right]+\sum_{n=1}^{\infty}\exp\left[-\frac{u_x\ (nB+y)^2}{4\ D_yx}\right]\right\} \tag{3-73}$$

虚源的贡献随着反射次数的增加而衰减很快,实际计算中,取 $n=2\sim3$ 已经可以满足精度

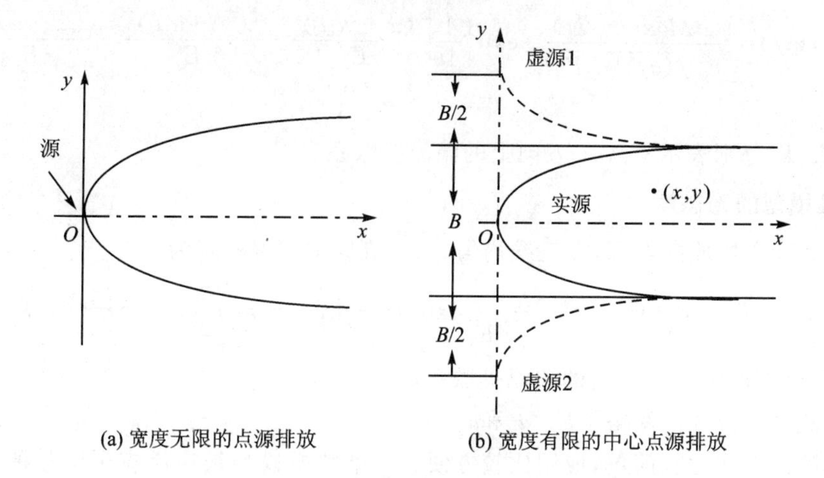

(a) 宽度无限的点源排放　　(b) 宽度有限的中心点源排放

图 3-6　二维稳态点源的中心排放

要求。

3. 二维动态模型的数值解(差分法)

二维动态模型的一般形式为

$$\frac{\partial C}{\partial t}=D_x\frac{\partial^2 C}{\partial x^2}+D_y\frac{\partial^2 C}{\partial y^2}-u_x\frac{\partial C}{\partial x}-u_y\frac{\partial C}{\partial y}=kC$$

该模型求解可借助 P－R(Peaceman-Rachfold)的交替方向法。P－R 方法的差分格式如下：

$$\frac{C_{i,k}^{2j+1}-C_{i,k}^{2j}}{\Delta t}=D_x\frac{C_{i+1,k}^{2j+1}-2C_{i,k}^{2j+1}+C_{i-1,k}^{2j+1}}{\Delta x^2}+D_y\frac{C_{i,k+1}^{2j}-2C_{i,k}^{2j}+C_{i,k-1}^{2j}}{\Delta y^2}-u_x\frac{C_{i+1,k}^{2j+1}-C_{i,k}^{2j+1}}{\Delta x}-u_y\frac{C_{i,k+1}^{2j}-C_{i,k}^{2j}}{\Delta y}-\frac{k}{4}(C_{i,k}^{2j+1}+C_{i+1,k}^{2j+1}) \tag{3-74}$$

$$\frac{C_{i,k}^{2j+2}-C_{i,k}^{2j+1}}{\Delta t}=D_x\frac{C_{i+1,k}^{2j+1}-2C_{i,k}^{2j+1}+C_{i-1,k}^{2j+1}}{\Delta x^2}+D_y\frac{C_{i,k+1}^{2j+2}-2C_{i,k}^{2j+2}+C_{i,k-1}^{2j+2}}{\Delta y^2}-u_x\frac{C_{i+1,k}^{2j+1}-C_{i,k}^{2j+1}}{\Delta x}-u_y\frac{C_{i,k+1}^{2j+2}-C_{i,k}^{2j+2}}{\Delta y}-\frac{k}{4}(C_{i,k}^{2j+2}+C_{i,k+1}^{2j+2}) \tag{3-75}$$

在相邻两个时间层$(2j+1)$和$(2j+2)$中交替使用上面两个差分方程，前者是在 x 方向上求解，后者是在 y 方向上求解。

3.2.4　三维模型

在三维模型中，由于不采用状态的空间平均值，不存在弥散修正。空气点源扩散模拟、海洋水质模拟大多使用三维模型。

如果在 x、y、z 三个方向上都存在污染物浓度梯度，则可以写出三维空间的环境质量基本模型：

$$\frac{\partial C}{\partial t}=E_x\frac{\partial^2 C}{\partial x^2}+E_y\frac{\partial^2 C}{\partial y^2}+E_z\frac{\partial^2 C}{\partial z^2}-u_x\frac{\partial C}{\partial x}-u_y\frac{\partial C}{\partial y}-u_z\frac{\partial C}{\partial z}-kC \tag{3-76}$$

1. 瞬时点源排放的三维模型的解

瞬时点源排放在均匀稳定的三维流场中的解析解为

$$C(x,y,z,t)=\frac{M\exp(-kt)}{8\sqrt{(\pi t)^3E_xE_yE_z}}\exp\left\{\frac{1}{4t}\left[\frac{(x-u_xt)^2}{E_x}+\frac{(y-u_yt)^2}{E_y}+\frac{(z-u_zt)^2}{E_z}\right]\right\} \tag{3-77}$$

式中：E_x、E_y、E_z分别表示x、y、z方向上的湍流扩散系数。

2. 三维模型的稳态解

一个连续稳定排放的点源，在三维均匀、稳定流场中的解析解为

$$C(x,y,z)=\frac{Q}{4\pi x\sqrt{E_yE_z}}\exp\left[-\frac{u_x}{4x}\left(\frac{y^2}{E_y}+\frac{z^2}{E_z}\right)\right]\exp\left(-\frac{kx}{u_x}\right) \tag{3-78}$$

式中：E_y、E_z分别表示y、z方向的湍流扩散系数。

在求解式(3-77)时，忽略了E_x、u_y和u_z。

解析模型的形式比较简单，应用比较方便。一维解析模型被广泛应用于各种中小型河流的水质模型，三维解析模型在空气环境质量预测中被普遍采用。在流场均匀稳定的条件下，二维解析模型也可以用于模拟河流的水质。

在采用解析模型时，一定要注意解析模型的定解条件。

3.3 河流水质模型

水质模拟是预测评价水环境问题的重要手段之一。近几十年来，国内外许多学者针对所研究的问题的不同，提出了不同的水质模型，用于研究污染物在河流中迁移转化的特征、规律及其影响因素并对发展趋势进行预测。水质模型是描述参加水循环的水体中各水质组分所发生的物理、化学、生物和生态学等诸多方面的变化规律和相互影响关系的数学方法，是水环境污染治理规划决策分析中不可缺少的重要工具。

水质数学模型可以有不同的分类。根据研究对象不同，可以分为地表水、地下水水质数学模型。根据所选用的数学工具不同，水质模型可以分为确定性模型(以数学物理方程为主)、随机模型(包括统计模型)、规划模型(以运筹学为主要工具)、灰色模型(以灰色系统理论为主要工具)、模糊模型(以模糊数学为主要工具，较多用于水质质量评价)等不同类型。根据模型表达式对应的空间结构，可以分为零维(不含空间变量)、一维、二维、三维及高维模型。根据模型表达式是否含有时间变量，可以分为稳定模型(不含时间变量)和动态模型(含时间变量，多用于描述水质随时间变化的规律)。按模型所考虑因素的广泛性，可以分为单因素(单变量)模型和多因素(多变量)模型。水质模型一般都是多因素模型，但有时为了进行多因素比较，可以把多因素分割为单因素加以研究。

3.3.1 河流的混合稀释模型

1. 污染物与河水的混合

当废水进入河流后，便不断地与河水发生混合交换作用，使保守污染物浓度沿流程逐渐降低，这一过程称为混合稀释过程。在这个过程中，从污水排放口到污染物在河流横断面上达到均匀分布，通常要经历竖向混合与横向混合两个阶段，然后再纵向继续混合。

由于河流的深度通常要比其宽度小很多，污染物进入河流后，在较短的距离内就达到了竖

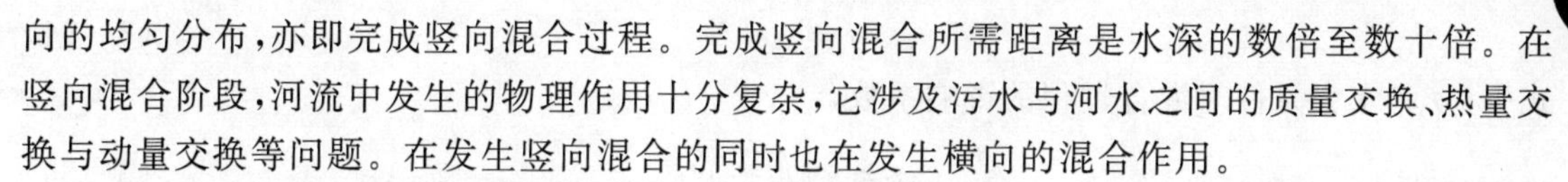

向的均匀分布，亦即完成竖向混合过程。完成竖向混合所需距离是水深的数倍至数十倍。在竖向混合阶段，河流中发生的物理作用十分复杂，它涉及污水与河水之间的质量交换、热量交换与动量交换等问题。在发生竖向混合的同时也在发生横向的混合作用。

从污染物达到竖向均匀分布到污染物在整个断面达到均匀分布的过程称为横向混合阶段。在直线均匀河道中，横向混合的主要水动力是横向弥散作用；在弯道中，由于水流形成的横向环流，大大加速了横向混合的进程。完成横向混合所需距离要比竖向混合大得多。

在横向混合完成之后，污染物在整个断面上达到均匀分布。如果没有新的污染物输入，守恒污染物质将一直保持恒定的断面浓度；非守恒断面污染物质则由于生物化学等作用产生浓度变化（主要指浓度减小），但在整个断面上的分布始终（大体上）是均匀的。对大多数守恒污染物，混合稀释是它们迁移的主要方式之一。对非守恒污染物，混合稀释也是它们迁移的重要方式之一。水体的混合稀释、扩散能力，与其水体的水文特征密切相关。

在竖向混合阶段，由于所研究问题涉及空间三个方向，竖向混合问题又称三维混合问题，相应的横向混合问题称为二维混合问题，完成横向混合以后的问题称为一维混合问题。

如果研究的河段很长，而水深、水面宽度都相对很小，一般可以简化为一维混合问题。处理一维混合问题要比二维、三维混合问题简单得多。

2. 河水的基本混合稀释模型

污水排入河流的入河口称为污水注入点，污水注入点以下的河段，污染物在断面上的浓度分布是不均匀的，靠近污水注入点一侧的岸边浓度高，远离排放口对岸的浓度低。随着河水的流动，污染物在整个断面上的分布逐渐均匀。污染物浓度在整个断面上变为均匀一致的断面，称为水质完全混合断面。把最早出现水质完全混合断面的位置称为完全混合点。污水注入点和完全混合点把一条河流分为三部分。污水注入点上游称为初始段或背景河段，污水注入点到完全混合点之间的河段称为非均匀混合河段或混合过程段，完全混合点的下游河段称为均匀混合段。

设河水流量为 $Q(\mathrm{m^3/s})$，污染物浓度为 $C_1(\mathrm{mg/L})$，废水流量为 $q(\mathrm{m^3/s})$，废水中污染物浓度为 $C_2(\mathrm{mg/L})$，水质完全混合断面以前，任一非均匀混合断面上参与和废水混合的河水流量为 $Q_i(\mathrm{m^3/s})$，把参与和废水混合的河水流量 Q_i 与该断面河水流量 Q 的比值定义为混合系数，以 a 表示。把参与和废水混合的河水流量 Q_i 与废水流量 q 的比值定义为稀释比，以 n 表示。数学表达式如下：

$$a = \frac{Q_i}{Q} \tag{3-79}$$

$$n = \frac{Q_i}{q} = \frac{aQ}{q} \tag{3-80}$$

在实际工作中，混合过程段的污染物浓度 C_i 及混合段总长度 L_n 按费洛罗夫公式计算：

$$C_i = \frac{C_1 Q_i + C_2 q}{Q_i + q} = \frac{C_1 aQ + C_2 q}{aQ + q} \tag{3-81}$$

$$L_n = \left[\frac{2.3}{\alpha}\lg\left(\frac{aQ+q}{(1-a)q}\right)\right]^3 \tag{3-82}$$

混合过程段的混合系数 a 是河流沿程距离 x 的函数，公式如下：

$$a(x) = \frac{1-\exp(-b)}{1+(Q/q)\exp(-b)} \tag{3-83}$$

$$b = \alpha x^{1/3} \tag{3-84}$$

式中：α 为水力条件对混合过程的影响系数，

$$\alpha = \zeta\phi\left(\frac{E}{q}\right)^{1/3} \tag{3-85}$$

$$E = \frac{Hu}{200} \quad \text{（对于平原河流）} \tag{3-86}$$

式中：x 为自排污口到计算断面的距离，m；ϕ 为河道弯曲系数，$\phi=x/x_0$；x_0 为自排污口到计算河段的直线距离，m；ζ 为排放方式系数，岸边排放 $\zeta=1$，河心排放 $\zeta=1.5$；H 为河流平均水深，m；u 为河流平均流速，m/s；E 为湍流扩散系数，m^2/s。

在水质完全混合断面以下的任何断面，处于均匀混合段，a、n、C 均为常数，有

$$a = 1, \quad n = Q/q$$

$$C = \frac{C_1 Q + C_2 q}{Q + q} \tag{3-87}$$

3.3.2 守恒污染物在均匀流场中的扩散模型

进入环境的污染物可以分为两大类：守恒污染物和非守恒污染物。污染物进入环境以后，随着介质的运动不断地变换所处的空间位置，还由于分散作用不断向周围扩散而降低其初始浓度，但它不会因此而改变总量发生衰减。这种污染物称为守恒污染物。如重金属、很多高分子有机化合物等。

污染物进入环境以后，除了随着环境介质流动而改变位置，并不断扩散而降低浓度外，还因自身的衰减而加速浓度的下降。这种污染物称为非守恒污染物。非守恒物质的衰减有两种方式：一是由其自身运动变化规律决定的，如放射性物质的蜕变；另一种是在环境因素的作用下，由于化学的或生物化学的反应而不断衰减的，如可生化降解的有机物在水体中微生物作用下的氧化-分解过程。

费洛罗夫公式解决的虽然也是守恒污染物在混合过程的污染物浓度及混合段总长度问题，但对于大、中河流一、二级评价，根据工程、环境特点评价工作等级及当地环保要求，有时需要对河宽方向有更细致的认识，而需要采用二维模式。

1. 均匀流场中的扩散方程

考虑到污染物的守恒，在均匀流场中一维扩散方程为

$$\frac{\partial C}{\partial t} = D_x \frac{\partial^2 C}{\partial x^2} - u_x \frac{\partial C}{\partial x} \tag{3-88}$$

假定污染物排入河流后在水深方向（z 方向）上很快均匀混合，当 x 方向和 y 方向存在浓度梯度时，建立起二维扩散方程基本模型：

$$\frac{\partial C}{\partial t} = D_x \frac{\partial^2 C}{\partial x^2} + D_y \frac{\partial^2 C}{\partial y^2} - u_x \frac{\partial C}{\partial x} - u_y \frac{\partial C}{\partial y} \tag{3-89}$$

式中：D_x 为 x 方向的弥散系数；u_x 为 x 方向的流速分量；D_y 为 y 方向的弥散系数；u_y 为 y 方向的流速分量。

(1) 无限大均匀流场中移流扩散方程的解

考察式(3-88)，对于均匀流场，只考虑 x 方向的流速 $u_x=u$，认为 $u_y=0$，且整个过程是一个稳态的过程，则有

$$u\frac{\partial C}{\partial x}=D_x\frac{\partial^2 C}{\partial x^2}+D_y\frac{\partial^2 C}{\partial y^2} \tag{3-90}$$

若在无限大均匀流场中，坐标原点设在污染物排放点，污染物浓度的分布呈高斯分布，则方程式的解为

$$C=\frac{Q}{uh\sqrt{4\pi D_y x/u}}\exp\left(-\frac{y^2u}{4D_y x}\right) \tag{3-91}$$

式中：Q 是连续点源的源强，g/s；C 的单位为 g/m^3，且 $g/m^3=mg/L$。

(2) 河岸反射时移流扩散方程的解

式(3-91)是无限大均匀流场的解。自然界的河流都有河岸，河岸对污染物的扩散起阻挡及反射作用，增加了河水中的污染。多数排污口位于岸边的一侧，对于半无限均匀流场，仅考虑本河岸反射。如果岸边排放源位于河流纵向坐标 $x=0$ 处，则岸边排放连续点的像源与原点源重合，下游任一点的浓度为

$$C(x,y)=\frac{2Q}{uh\sqrt{4\pi D_y x/u}}\exp\left(-\frac{y^2u}{4D_y x}\right) \tag{3-92}$$

对于需要考虑本岸与对岸反射的情况，如果河宽为 B，则只计河岸一次反射的二维静态河流岸边排放连续点源水质模型的解为

$$C(x,y)=\frac{2Q}{uh\sqrt{4\pi D_y x/u}}\left\{\exp\left(-\frac{y^2u}{4D_y x}\right)+\exp\left[-\frac{(2B-y)^2u}{4D_y x}\right]\right\} \tag{3-93}$$

均匀流场中连续点源水质模型求解的三类排放情况如图 3-7 所示。

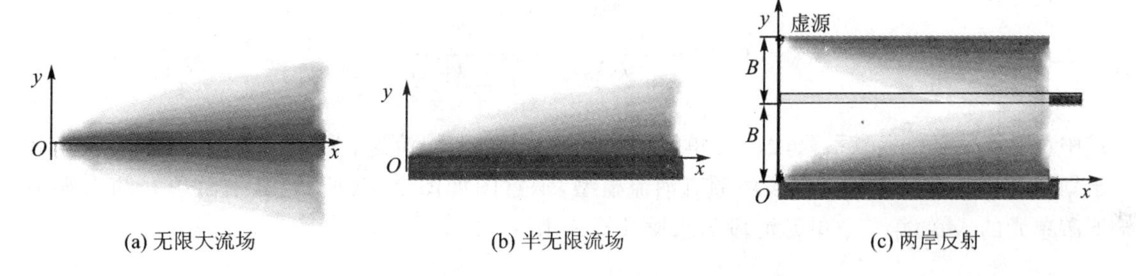

图 3-7　均匀流场连续点源的三类排放情况

2. 完成横向均匀混合的距离

根据横向浓度分布状况，若某断面上河对岸浓度达到同一断面最大浓度的 5%，则定义为污染物到达对岸。这一距离称为污染物到达对岸的纵向距离，用镜像法计算。本岸 $C(L_b,0)$ 计算时不计对岸的反射项。污染物到达对岸 $C(L_b,B)$，只需要考虑一次反射。使用式(3-92)计算浓度，并按定义 $C(L_b,B)/C(L_b,0)=0.05$ 解出的纵向距离 L_b 为

$$L_b=\frac{0.067\,5uB^2}{D_y} \tag{3-94}$$

虽然理论上讲，用镜像法计算时，如果纵向距离相当大，两岸反射会多次发生。然而，多数情况下，随着纵向距离的增加，虚源的作用衰减得十分迅速。正态分布曲线趋于平坦，横向浓度分布趋于均匀。实际应用中，若断面上最大浓度与最小浓度之差不超过 5%，则可以认为污染物已经达到了均匀混合。由排放点至完成横向均匀混合的断面的距离称为完全混合距离。由理论分析和实验确定的完全混合距离，按污染源在河流中心排放和污染源在河流岸边排放

的不同情况，可如下表示完全混合距离。

中心排放情况：

$$L_m = \frac{0.1uB^2}{D_y} \tag{3-95}$$

岸边排放情况：

$$L_m = \frac{0.4uB^2}{D_y} \tag{3-96}$$

3.3.3 非守恒污染物在均匀河流中的水质模型

1. 零维水质模型

如果将一顺直河流划分成许多相同的单元河段，每个单元河段看成是完全混合反应器。设流入单元河段的入流量和流出单元河段的出流量均为 Q，入流的污染物浓度为 C_0，流入单元河段的污染物完全均匀分布到整个单元河段，其浓度为 C。当反应器内的源漏项，仅为反应衰减项，并符合一级反应动力学的衰减规律时，为 $-k_1C$，根据质量守恒定律，可以写出完全反应器的平衡方程，即零维水质模型：

$$V\frac{\mathrm{d}C}{\mathrm{d}t} = Q(C_0 - C) - k_1CV \tag{3-97}$$

当单元河段中污染物浓度不随时间变化，即 $\mathrm{d}C/\mathrm{d}t=0$，为静态时，零维的静态水质模型为

$$0 = Q(C_0 - C) - k_1CV$$

经整理可得

$$C = \frac{C_0}{1+\dfrac{k_1V}{Q}} = \frac{C_0}{1+\dfrac{k_1\Delta x}{u}} \tag{3-98}$$

式中：k_1 为污染物衰减系数；Δx 为单元河段长度；u 为平均流速；$\Delta x/u$ 为理论停留时间。对于划分许多零维静态单元河段的顺直河流模型，示意图如图 3-8 所示，其上游单元的出水是下游单元的入水，第 i 个单元河段的水质计算式为

$$C_i = \frac{C_0}{\left(1+\dfrac{k_1V}{Q}\right)^i} = \frac{C_0}{\left(1+\dfrac{k_1\Delta x}{u}\right)^i} \tag{3-99}$$

图 3-8 由多个零维静态单元河段组成的顺直河流水质模型

2. 一维水质模型

当河流中河段均匀时，该河段的断面积 A、平均流速、污染物的输入量 Q、扩散系数 D 都不随时间而变化，污染物的增减量仅为反应衰减项且符合一级反应动力学。此时，河流断面中污染物浓度是不随时间变化的，即 $\mathrm{d}C/\mathrm{d}t=0$。一维河流静态水质模型基本方程变化为

$$u_x \frac{\mathrm{d}C}{\mathrm{d}x} = D_x \frac{\mathrm{d}^2 C}{\mathrm{d}x^2} - kC$$

这是一个二阶线性常微分方程，可用特征多项式解法求解。若将河流中平均流速 u_x 写作 u，初始条件为：$x=0,C=C_0$，则常微分方程的解为

$$C = C_0 \exp\left[\frac{u}{2D_x}\left(1-\sqrt{1+\frac{4k_1 D_x}{u^2}}\right)x\right] \tag{3-100}$$

如果忽略扩散项，沿程的坐标 $x=ut$，$\mathrm{d}C/\mathrm{d}t=-k_1 C$，代入初始条件 $x=0,C=C_0$，则方程的解为

$$C(x) = C_0 \exp[-(k_1 x/u)] \tag{3-101}$$

3.3.4　单一河段水质模型

当所研究的河段内只有一个排放口时，称该河段为单一河段。在研究单一河段时，一般把排放口置于河段的起点，即定义排放口处的纵向坐标 $x=0$。上游河段的水质视为河流水质的本底值。单一河段的模型一般都比较简单，是研究各种复杂模型的基础。

水质模型结构主要取决于所研究的范围及其水体中污染物的混合情况，如果对一个较长的河段或河流进行水质规划，一维模型已能得出较好的结果。在所有的一维模型中，应用最多的是生化需氧量-溶解氧（BOD - DO）耦合模型，这是因为它既对研究水污染控制具有普遍的重要性，又能较为真实地反映实际情况，因此，几十年来，人们一直对该类模型中最具有代表性的 S - P（Streeter - Phelps）一维水质模型进行研究。

1. BOD - DO 耦合模型（S - P 模型）

描述河流水质的第一个模型是由斯特里特（H. Streeter）和菲尔普斯（E. Phelps）在 1925 年建立的，简称为 S - P 模型。S - P 模型描述一维稳态河流中 BOD - DO 的变化规律。在建立 S - P 模型时，提出如下基本假设：

① 河流中的 BOD 衰减反应和溶解氧 DO 的复氧都是一级反应；

② 反应速度是恒定的；

③ 河流中的耗氧只是 BOD 衰减反应引起的，而河流中溶解氧的来源则是大气复氧。

BOD 的衰减反应速度与河水中 DO 的减少速度相同，复氧速率与河水中的亏氧量 D 成正比。

S - P 模型是关于 BOD 和 DO 的耦合模型，可写为

$$\frac{\mathrm{d}L}{\mathrm{d}t} = -K_\mathrm{d} L \tag{3-102}$$

$$\frac{\mathrm{d}D}{\mathrm{d}t} = -K_\mathrm{d} L - K_\mathrm{a} D \tag{3-103}$$

式中：L 为河流中的 BOD 值；D 为河流中的氧亏值；K_d 为河流中 BOD 衰减（耗氧）速度常数；K_a 为河流复氧速度常数；t 为河流的流行时间。

式（3 - 102）和式（3 - 103）的解析解为

$$L = L_0\, \mathrm{e}^{-K_\mathrm{d} t} \tag{3-104}$$

$$D = \frac{K_\mathrm{d} L_0}{K_\mathrm{a} - K_\mathrm{d}}(\mathrm{e}^{-K_\mathrm{d} t} - \mathrm{e}^{-K_\mathrm{a} t}) + D_0\, \mathrm{e}^{-K_\mathrm{a} t} \tag{3-105}$$

式中：L_0 为河流起始点的 BOD 值；D_0 为河流起始点的氧亏值。

式(3-105)表示河流的氧亏变化规律。如果以河流的溶解氧来表示,则

$$O = O_S - D = O_S - \frac{K_d L_0}{K_a - K_d}(e^{-K_d t} - e^{-K_a t}) - D_0 e^{-K_a t} \tag{3-106}$$

式中:O为河流中的溶解氧值;O_S为饱和溶解氧值。

式(3-106)称为S-P氧垂公式,根据式(3-106)绘制的溶解氧沿程变化曲线称为氧垂曲线,参见图3-9。

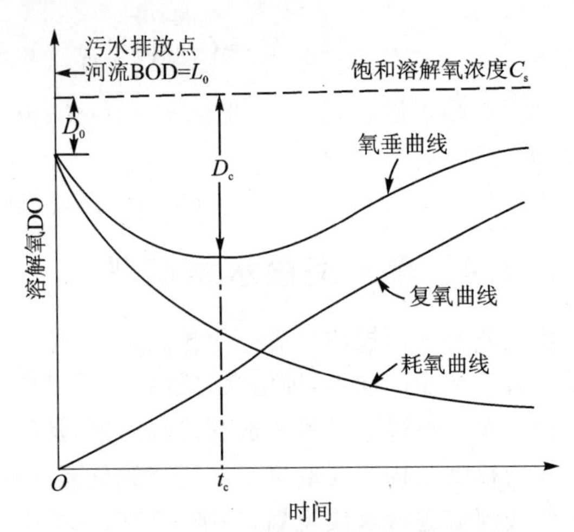

图3-9 溶解氧氧垂曲线

在很多情况下,人们希望能找到溶解氧浓度最低的点——临界点。在临界点,河水的氧亏值最大,且变化速度为零,则

$$\frac{dD}{dt} = K_d L - K_a D_c = 0 \tag{3-107}$$

由此得

$$D_c = \frac{K_d}{K_a} L_0 e^{-K_d t_c} \tag{3-108}$$

式中:D_c为临界点的氧亏值;t_c为由起始点到达临界点的流行时间。

临界氧亏发生的时间可以由下式计算:

$$t_c = \frac{1}{K_a - K_d} \ln \frac{K_a}{K_d}\left[1 - \frac{D_0(K_a - K_d)}{L_0 K_d}\right] \tag{3-109}$$

S-P模型广泛应用于河流水质的模拟预测中,也用于计算允许最大排污量。

2. S-P模型的应用

(1) 计算DO达到临界点的位置和浓度

按最不利的条件,河流中DO的最低值和发生DO最低值的位置是规划设计必不可少的依据。对于可以忽略系数的河流,只要按照公式

$$O = O_S - (O_S - O_0)e^{-k_2 \frac{x}{u}} + \frac{k_1 \text{BOD}}{k_1 - k_2}(e^{-k_1 \frac{x}{u}} - e^{-k_2 \frac{x}{u}}) \tag{3-110}$$

的一阶导数并使其等于0即可得临界点的坐标X_{er}(km):

$$X_{er} = \frac{u}{k_1 - k_2} \ln\left\{\frac{k_2}{k_1}\left[1 - \left(\frac{k_2}{k_1} - 1\right)\frac{O_S - O_0}{\text{BOD}_0}\right]\right\}$$

如令$F = k_2/k_1$,称F为自净系数,X_{er}代入式(3-110),得临界点的DO浓度O_{er}(mg/L)的计算公式:

$$O_{er} = O_S - \frac{\text{BOD}_0}{F}\left\{F\left[1 - (F-1)\frac{O_S - O_0}{\text{BOD}_0}\right]\right\}^{\frac{1}{1-F}} \tag{3-111}$$

对于没有明显的污染带的河流,只要研究的河段相当长,就可以忽略排污口的支流进入后的混合段。这时我们通常把有支流进入、有排污口或有取水口的断面作为一个河段的起始断面,并认为上游来水、支流的入流和排入的废水都在起始断面处立即完全混合。

(2) 计算污染源的允许排放量

对于一个河段,在规定了水质标准之后,利用O_{er}计算公式,按规定的溶解氧浓度标准

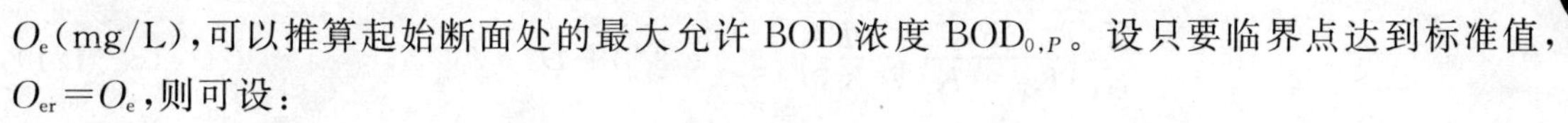

O_e(mg/L)，可以推算起始断面处的最大允许 BOD 浓度 $BOD_{0,P}$。设只要临界点达到标准值，$O_{er}=O_e$，则可设：

$$O_{er}=O_S-\frac{BOD_0}{F}\left\{F\left[1-(F-1)\frac{O_S-O_0}{BOD_0}\right]\right\}^{\frac{1}{1-F}}=O_e$$

$$O_S=O_e-\frac{BOD_{0,P}}{F}\left\{F\left[1-(F-1)\frac{O_S-O_0}{BOD_{0,P}}\right]\right\}^{\frac{1}{1-F}}=0$$

如果把方程左边看作是 $BOD_{0,P}$ 的函数，则可改写成 $f(BOD_{0,P})=0$ 的解方程，即求一个函数零点的问题，采用的求函数零点的方法是牛顿法。求得 $BOD_{0,P}$ 后，利用公式

$$BOD_{0,P}=\frac{Q_1 BOD_1+Q_2 BOD_2+Q_3 BOD_3-Q_4 BOD_4}{Q_1+Q_2+Q_3-Q_4} \tag{3-112}$$

可计算最大允许排污强度 W_p：

$$W_p=Q_3 BOD_3=BOD_{0,P}(Q_1+Q_2+Q_3-Q_4)-Q_1 BOD_1-Q_2 BOD_2+Q_4 BOD_4 \tag{3-113}$$

式中：Q_1、Q_2、Q_3、Q_4 分别表示上游来水、支流入水、废水和上游取水的流量，m^3/s；BOD_1、BOD_2、BOD_3、BOD_4 分别表示上游来水、支流入水、废水和上游取水的 BOD，mg/L。

3. S－P 模型的修正型

为了计算河流水质的某些特殊问题，人们提出了一些新的模型，它们都是在 S－P 模型基础上开发的。

(1) 托马斯模型

托马斯在 S－P 模型的基础上引进了沉淀作用对 BOD 去除的影响，托马斯模型的形式为

$$\frac{dL}{dt}=-(K_d+K_s)L \tag{3-114}$$

$$\frac{dD}{dt}=K_d L-K_a D \tag{3-115}$$

式中：K_s 为由沉淀作用去除 BOD 的速度常数。

托马斯方程的解为

$$L=L_0\,e^{-(K_d+K_s)t} \tag{3-116}$$

$$D=\frac{K_d L_0}{K_a-(K_d+K_s)}\left[e^{-(K_d+K_s)t}-e^{-K_a t}\right]+D_0\,e^{-K_a t} \tag{3-117}$$

(2) 康布模型

康布在 S－P 模型的基础上提出了包括底泥耗氧和光合作用的模型

$$\frac{dL}{dt}=-(K_d+K_s)L+B \tag{3-118}$$

$$\frac{dD}{dt}=-K_a D+K_d L-P \tag{3-119}$$

式中：B 为底泥的耗氧速度；P 为河流中光合作用产氧速度。

式(3－118)和式(3－119)的解为

$$L=\left(L_0-\frac{B}{K_d+K_s}\right)e^{-(K_d+K_s)t}+\frac{B}{K_d+K_s} \tag{3-120}$$

$$D=\frac{K_d}{K_a-(K_d+K_s)}\left(L_0-\frac{B}{K_d+K_s}\right)\left[e^{-(K_d+K_s)t}-e^{-K_a t}\right]+$$

$$\frac{K_d}{K_a}\left(\frac{B}{K_d+K_s}-\frac{P}{K_d}\right)(1-e^{-K_a t})+D_0\,e^{-K_a t} \tag{3-121}$$

如果K_s、B、P为零,式(3-120)和式(3-121)就化简为S-P模型。

(3) 欧康奈尔模型

欧康奈尔在托马斯模型的基础上引进了含氮有机物对水质的影响。其模型的形式为

$$u_x\,\frac{d\,L_C}{dx}=-(K_d+K_s)\,L_C \tag{3-122}$$

$$u_x\,\frac{d\,L_N}{dx}=-K_N\,L_N \tag{3-123}$$

$$u_x\,\frac{dD}{dx}=K_d\,L_C+K_N\,L_N-K_a D \tag{3-124}$$

式中:L_C为含碳有机物的BOD值;L_N为含氮有机物的BOD值;K_N为含氮有机物衰减速度常数。

若给定初始条件:当$x=0$时,$L_C=L_{C_0}$,$L_N=L_{N_0}$,$D=D_0$,则式(3-122)~式(3-124)的解为

$$L_C=L_{C_0}\,e^{-(K_d+K_s)x/u_x} \tag{3-125}$$

$$L_N=L_{N_0}\,e^{-K_N x/u_x} \tag{3-126}$$

$$D=D_0\,e^{-K_a x/u_x}-\frac{K_d\,L_{C_0}}{K_a-(K_d+K_s)}\left[e^{-(K_d+K_s)x/u_x}-e^{-K_a x/u_x}\right]+\frac{K_N\,L_{N_0}}{K_a-K_N}(e^{-K_N x/u_x}-e^{-K_a x/u_x}) \tag{3-127}$$

3.3.5 多河段水质模型

当河流的水文和水力条件沿程发生变化,沿河有支流或废水输入,以及有取水口和渠道引水时,需将河流分为若干河段进行河流水质污染的模拟。

1. BOD-DO耦合矩阵模型

水质模型的解析解是在均匀和稳定的水流条件下取得的。在河流水文条件沿线发生变化时,可以将河流分成若干个河段,使得每一个河段内部的水文条件基本保持均匀稳定,在每一个河段内部可以应用解析模型。

通常可以按下述原则在河流上设置断面:

① 河流断面形状发生剧烈变化处,这种变化导致河流的流态(流速、流量及水深的分布等)发生相应的变化;

② 支流或污水的输入处;

③ 河流取水口处;

④ 其他需要设立断面的地方,如桥涵附近便于采样的地方、现有的水文站附近等。

河流断面确定之后,就可以根据水流与污染物的输入、输出条件,作出河流水质计算的概化图。图3-10表示一维多段河流的概化图。

图3-10中:Q_i为第i断面进入河流污水(或支流)的流量;Q_{1i}为由上游进入断面的流量;Q_{2i}为由断面i输出到下游的流量;Q_{3i}为在断面i处的取水量;L_i、O_i分别为在断面i处进入河流的污水(或支流)的BOD和DO的浓度;L_{1i}、O_{1i}分别为由上游进入断面i的BOD和DO的

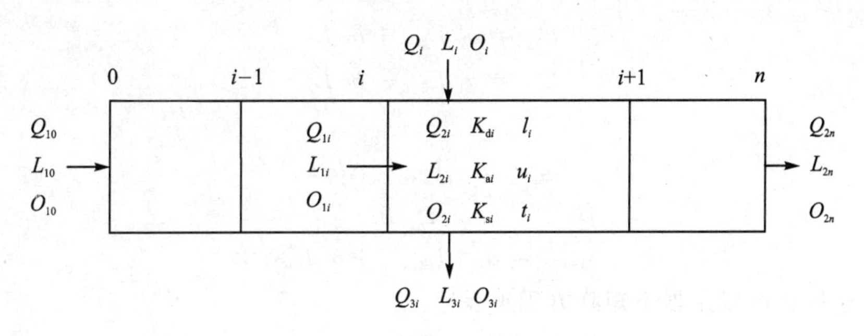

图 3－10　一维多段河流的概化图

浓度；L_{2i}、O_{2i}分别为由断面 i 向下游输出的 BOD 和 DO 的浓度；K_{di}、K_{ai}、K_{si}分别为断面 i 下游河段的水质模型参数，其中 K_{di}为 BOD 衰减速度常数，K_{ai}为大气复氧速度常数，K_{si}为悬浮物的沉淀与再悬浮速度常数；l_i为断面下游河段的长度；u_i为断面下游河段的平均流速；t_i为断面下游河段的流行时间。

一般河流水质的特点之一，是上游每一个排放口排放的污染物对下游每一断面的水质都会产生一个增量，而下游的水质对上游不会产生影响。因此，河流每一断面的水质状态都可以视为上游每一个断面排放的污染物和本断面排放的污染物的影响的总和。这里讨论 BOD 多河段模型也可以应用于性质与 BOD 类似的其他污染物的模拟。

由 S－P 模型可写出河流中 BOD 变化的规律：

$$L = L_0\, e^{-K_d t} \tag{3-128}$$

根据图 3－10 中符号定义及水流连续性原理，可以写出每个断面流量、BOD 平衡关系：

$$Q_{2i} = Q_{1i} - Q_{3i} + Q_i \tag{3-129}$$

$$Q_{1i} = Q_{2,i-1} \tag{3-130}$$

$$L_{2i}\, Q_{2i} = L_{1i}\,(Q_{1i} - Q_{3i}) + L_i\, Q_i \tag{3-131}$$

另外，由 S－P 模型可以写出由断面至断面间的 BOD 衰减关系：

$$L_{1i} = L_{2,i-1}\, e^{-K_{d,i-1} t_{i-1}} \tag{3-132}$$

令

$$\alpha_{i-1} = e^{-K_{d,i-1} t_{i-1}} \tag{3-133}$$

代入式(3－132)，得

$$L_{1i} = \alpha_{i-1}\, L_{2,i-1} \tag{3-134}$$

同时，由式(3－131)和式(3－134)可写出：

$$L_{2i} = \frac{L_{2,i-1}\ \alpha_{i-1}\,(Q_{1i} - Q_{3i})}{Q_{2i}} \tag{3-135}$$

令

$$a_i = \frac{\alpha_{i-1}\,(Q_{1i} - Q_{3i})}{Q_{2i}} \tag{3-136}$$

$$b_i = \frac{Q_i}{Q_{2i}} \tag{3-137}$$

由式(3－135)、式(3－136)和式(3－137)可以写出任意断面的 BOD 表达式：

$$L_{21} = a_0 L_{2,0} + b_1 L_1$$
$$L_{22} = a_1 L_{2,1} + b_2 L_2$$
$$\vdots$$
$$L_{2i} = a_{i-1} L_{2,i-1} + b_i L_i$$
$$\vdots$$
$$L_{2n} = a_{n-1} L_{2,n-1} + b_n L_n$$

这一组递推式可以用如下矩阵方程来表达：

$$\boldsymbol{A}\vec{L}_2 = \boldsymbol{B}\vec{L} + \vec{g} \tag{3-138}$$

式中，$\boldsymbol{A}$、$\boldsymbol{B}$ 是 n 阶矩阵，

$$\boldsymbol{A} = \begin{bmatrix} 1 & & & \\ -a_1 & 1 & & \\ & \ddots & \ddots & \\ & & \ddots & \ddots \\ & & -a_{n-1} & 1 \end{bmatrix} \quad \boldsymbol{B} = \begin{bmatrix} b_1 & & & \\ & \ddots & & \\ & & \ddots & \\ & & & \ddots \\ & & & & b_n \end{bmatrix}$$

矩阵方程(3-138)表示每一个断面向下游输出的 BOD(向量$\vec{L}_2$)与各个节点输入河流的 BOD(向量 $\vec{L}$)之间的关系。在水质预测和模拟时，$\vec{L}$是一组已知量，$\vec{L}_2$ 是需要模拟的量；在水污染控制规划中，$\vec{L}$作为河流 BOD 约束是一组已知量，$\vec{L}_2$是需要确定的量。

由式(3-138)可以得出：

$$\vec{L}_2 = \boldsymbol{A}^{-1}\boldsymbol{B}\vec{L} + \boldsymbol{A}^{-1}\vec{g} \tag{3-139}$$

式中：$\vec{g}$是 n 维向量，

$$\vec{g} = (g_1 \quad 0 \quad \cdots \quad 0)^{\mathrm{T}} \tag{3-140}$$

$$g_1 = a_0 L_{20} \tag{3-141}$$

其中 g_1是初始条件。

2. 多河段 DO 模型

根据 S-P 模型，可以写出第 i 个断面的溶解氧计算式：

$$O_{1i} = O_{2,i-1}\,\mathrm{e}^{-K_{\mathrm{a},i-1}t_{i-1}} - \frac{K_{\mathrm{d},i-1}\,L_{2,i-1}}{K_{\mathrm{a},i-1} - K_{\mathrm{d},i-1}}(\mathrm{e}^{-K_{\mathrm{d},i-1}t_{i-1}} - \mathrm{e}^{-K_{\mathrm{a},i-1}t_{i-1}}) + O_{\mathrm{S}}(1 - \mathrm{e}^{-K_{\mathrm{a},i-1}t_{i-1}}) \tag{3-142}$$

同时，根据质量平衡原理，可以写出：

$$O_{2i}\,Q_{2i} = O_{1i}(Q_{1i} - Q_{3i}) + O_i\,Q_i \tag{3-143}$$

令

$$\gamma_i = \mathrm{e}^{-K_{\mathrm{a}i}t_i} \tag{3-144}$$

$$\beta_i = \frac{K_{\mathrm{d}i}(\alpha_i - \gamma_i)}{K_{\mathrm{a}i} - K_{\mathrm{d}i}} \tag{3-145}$$

$$\delta_i = O_{\mathrm{S}}(1 - \gamma_i) \tag{3-146}$$

将式(3-144)～式(3-146)代入式(3-143)，整理得

$$Q_{2i} = \frac{Q_{1i} - Q_{3i}}{Q_{2i}}(O_{2,i-1}\,\gamma_{i-1} - L_{2,i-1}\,\beta_{i-1} + \delta_{i-1}) + \frac{Q_i}{Q_{2i}}O_i \tag{3-147}$$

令

$$c_{i-1} = \frac{Q_{1i} - Q_{3i}}{Q_{2i}}\gamma_{i-1} \tag{3-148}$$

$$d_{i-1}=\frac{Q_{1i}-Q_{3i}}{Q_{2i}}\beta_{i-1} \tag{3-149}$$

$$f_{i-1}=\frac{Q_{1i}-Q_{3i}}{Q_{2i}}\delta_{i-1} \tag{3-150}$$

由式(3-147)可得

$$O_{2i}=c_{i-1}O_{2,i-1}-d_{i-1}L_{2,i-1}+f_{i-1}+b_iO_i \tag{3-151}$$

与BOD的计算相似，将上述递推方程归结为一个矩阵方程：

$$\boldsymbol{C}\vec{O}_2=-\boldsymbol{D}\vec{L}_2+\boldsymbol{B}\vec{O}+\vec{f}+\vec{h} \tag{3-152}$$

式中：$\boldsymbol{C}$ 和 $\boldsymbol{D}$ 是 n 维矩阵，分别为

$$\boldsymbol{C}=\begin{bmatrix}1 & & & & \\ -c_1 & 1 & & & \\ & \ddots & \ddots & & \\ & & \ddots & \ddots & \\ & & & -c_{n-1} & 1\end{bmatrix}\quad \boldsymbol{D}=\begin{bmatrix}0 & & & & \\ d_1 & 0 & & & \\ & d_2 & \ddots & & \\ & & \ddots & \ddots & \\ & & & d_{n-1} & 0\end{bmatrix}$$

由式(3-152)可得

$$\vec{O}_2=\boldsymbol{C}^{-1}\boldsymbol{B}\vec{O}-\boldsymbol{C}^{-1}\boldsymbol{D}\vec{L}_2+\boldsymbol{C}^{-1}(\vec{f}+\vec{h}) \tag{3-153}$$

式中：

$$\vec{f}=(f_0\quad f_1\quad \cdots\quad f_{n-1})^{\mathrm{T}} \tag{3-154}$$

$$\vec{h}=(h_1\quad 0\quad \cdots\quad 0)^{\mathrm{T}} \tag{3-155}$$

表征初始条件影响的 n 维向量。$\vec{f}$的值可以由式(3-150)计算，$\vec{h}$的值可以按下式计算：

$$h_1=c_0O_{20}-d_0L_{20} \tag{3-156}$$

将式(3-139)代入式(3-153)得

$$\vec{O}_2=\boldsymbol{C}^{-1}\boldsymbol{B}\vec{O}-\boldsymbol{C}^{-1}\boldsymbol{D}\boldsymbol{A}^{-1}\boldsymbol{B}\vec{L}+\boldsymbol{C}^{-1}(\vec{f}+\vec{h})-\boldsymbol{C}^{-1}\boldsymbol{D}\boldsymbol{A}^{-1}\vec{g} \tag{3-157}$$

若令

$$\boldsymbol{U}=\boldsymbol{A}^{-1}\boldsymbol{B} \tag{3-158}$$

$$\boldsymbol{V}=-\boldsymbol{C}^{-1}\boldsymbol{D}\boldsymbol{A}^{-1}\boldsymbol{B} \tag{3-159}$$

$$\vec{m}=\boldsymbol{A}^{-1}\vec{g} \tag{3-160}$$

$$\vec{n}=\boldsymbol{C}^{-1}\boldsymbol{B}\vec{O}+\boldsymbol{C}^{-1}(\vec{f}+\vec{h})-\boldsymbol{C}^{-1}\boldsymbol{D}\boldsymbol{A}^{-1}\vec{g} \tag{3-161}$$

代入式(3-139)和式(3-157)，得

$$\vec{L}_2=\boldsymbol{U}\vec{L}+\vec{m} \tag{3-162}$$

$$\vec{O}_2=\boldsymbol{V}\vec{L}+\vec{n} \tag{3-163}$$

式(3-162)和式(3-163)就是描述多段河流的BOD-DO耦合关系的矩阵模型。其中 $\boldsymbol{U}$ 和 $\boldsymbol{V}$ 是两个由给定数据计算的 n 阶下三角矩阵，$\vec{m}$和$\vec{n}$是两个由给定数据计算的 n 维向量。每输入一组污水的BOD($\vec{L}$)值，就可以获得一组对应的河流BOD值和DO值($\vec{L}_2$和$\vec{O}_2$)。由于 $\boldsymbol{U}$ 和 $\boldsymbol{V}$ 反映了这种因果变换关系，因此称 $\boldsymbol{U}$ 为河流BOD稳态响应矩阵，$\boldsymbol{V}$ 为河流DO稳态响应矩阵。

3. 含支流的河流矩阵模型

当支流和主流要作为一个整体考虑时，可以对支流写出与式(3-162)和式(3-163)相似的矩阵方程，然后插入主流的矩阵方程，形成新的矩阵方程。

设主流含有 n 个断面，支流含有 m 个断面(不含支流汇入主流处的断面)，汇合断面在主

流上的编号为 i，主流各断面的编号为 $1,2,\cdots,i,\cdots,n$，支流各断面的编号为 $1(i),2(i),\cdots,j(i),\cdots,m(i)$，如图 3－11 所示。

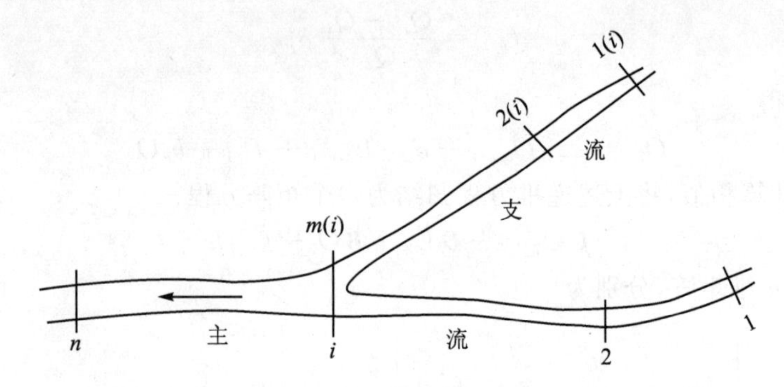

图 3－11　含支流的河流系统

首先对主流和支流分别写出 BOD 和 DO 矩阵方程：

$$\vec{L}_2=\boldsymbol{U}\vec{L}+\vec{m} \tag{3-164}$$

$$\vec{O}_2=\mathbf{V}\vec{L}+\vec{n} \tag{3-165}$$

$$\vec{L}'_2=\boldsymbol{U}'\vec{L}'+\vec{m}' \tag{3-166}$$

$$\vec{O}'_2=\mathbf{V}'\vec{L}'+\vec{n}' \tag{3-167}$$

式中符号的意义同前。凡含“′”的符号代表支流的有关向量和矩阵。

将式(3－164)、式(3－165)的 $\vec{L}$ 展开得

$$\vec{L}=(L_1\quad L_2\quad\cdots\quad L_i\quad\cdots\quad L_n)^{\mathrm{T}}$$

式中 L_i 表示由支流输入的 BOD 值，L_i 的值就是式(3－162)中 $\vec{L}'_2$ 的最后一个元素 L'_{2m}，即

$$L_i=L'_{2m}=u'_{m1}L'_1+u'_{m2}L'_2+\cdots u'_{mj}L'_j+\cdots+u'_{mm}L'_m+m'_m \tag{3-168}$$

由此可以求出主流矩阵方程中的 $\vec{L}$，进而计算主流各断面的 BOD($\vec{L}_2$)和 DO($\vec{O}_2$)。

L'_{2m} 可以通过引入一个算子 λ 计算：

$$L'_{2m}=\boldsymbol{\lambda}^{\mathrm{T}}(U'\vec{L}'+\vec{m}') \tag{3-169}$$

式中：$\boldsymbol{\lambda}^{\mathrm{T}}=(0\quad 0\quad\cdots\quad 0\quad 1)$ 为 m 维算子向量。

4. 二维水质模型

如果需要模拟的河段较短，或宽度较大，污染物在宽度方向上的浓度梯度较大，就要进行纵向和横向的模拟。描述纵向和横向水质变化的水质模型称为平面二维水质模型。

平面二维水质模型的一般形式为

$$\frac{\partial C}{\partial t}+u_x\frac{\partial C}{\partial x}+u_y\frac{\partial C}{\partial y}=\frac{\partial}{\partial x}\left(D_x\frac{\partial C}{\partial x}\right)+\frac{\partial}{\partial y}\left(D_y\frac{\partial C}{\partial y}\right)+S$$

一般情况下，由于河床非常不规则，解析解应用受到限制，常常采用数值解。目前，常用数值解很多，如有限差分法、有限元法、有限单元（容积法）法等。这里介绍有限单元法在求解二维水质模型中的应用。

在一给定的河段中，沿水流方向将河宽分成 m 个流带，同时，在垂直水流方向，将河段分为 n 个子河段，构成一个含有 n 个有限单元平面网格系统，建立的正交坐标系统如图 3－12 所示。

对每个有限单元来说，水质变化原因包括：由纵向或横向水流的携带作用造成的输入与输出；由纵向及横向弥散作用形成的输入和输出；污染物的转化与衰减；系统外部的输入。根据这些关系，可以针对每一个有限单元写出质量平衡方程，然后联立求解方程，就可以获得二维系统中的污染物分布。

二维系统中横向水流分量的确定是非常困难的。如果在划分流带时，使得每条流带的流量保持恒定，就可以忽略横向的水流交换。为了保持流带内的流量恒定，流带的宽度就必然要随河流的形状不断变化。假定河流的计算流量为 Q，河宽为 B，横断面的面积为 A，断面形状如图 3－13 所示。

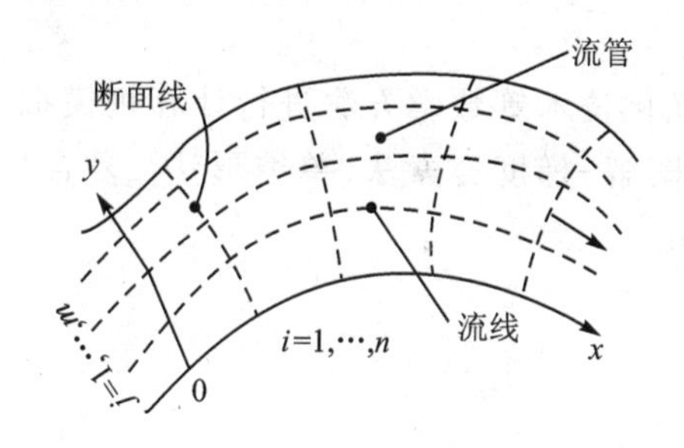

图 3－12　正交曲线坐标系统

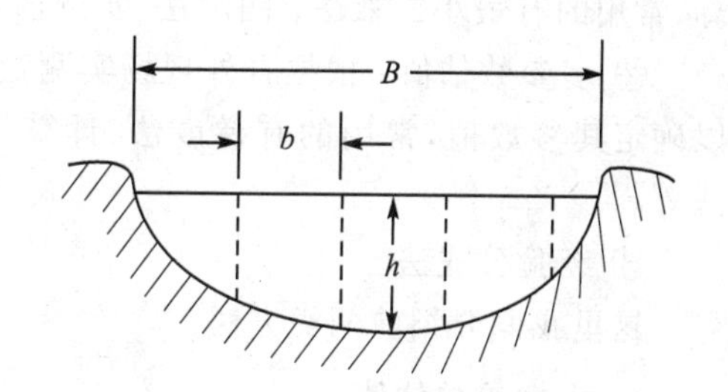

图 3－13　河流断面

河流断面上任一单位宽度上的流量可以用下式计算：

$$q = a\left(\frac{h}{H}\right)^{b}\frac{Q}{B} \tag{3-170}$$

式中：q 为河流断面上某一单位宽度上的流量；h 为河流断面上某一单位宽度上的局部水深；Q 为河流流量；H 为河流断面的平均水深；B 为河流断面水面的宽度。

a 和 b 是根据断面流量分布估计的参数。休姆(Sium)根据河流中观测的数据给出了河流中 a、b 参数的取值范围：

在平直河道中：若 $50 \leqslant B/H < 70$，则 $a=1.0$，$b=5/3$；若 $70 \leqslant B/H$，则 $a=0.92$，$b=7/4$。

在弯曲河道中：若 $50 \leqslant B/H < 100$，则 $0.95 \geqslant a \geqslant 0.80$，$2.48 \geqslant b \geqslant 1.78$。

当河流断面上的单宽流量确定之后，就可以求出断面上的横向累积流量，作出横向累积流量曲线，如图 3－14 所示。

根据累积流量曲线，可以确定相对于某一确定流量流带的宽度。流带宽度确定之后，就可以给出流带的形状，然后垂直各流带的分界线（流线）作出断面线。由流线和断面线构成一个正交曲线坐标系统（图 3－12）。这个系统共含有 $m \times n$ 个单元，单元的长度为 Δx_i，宽度为 Δy_i，深度为 Δh_i。如果假定在一个单元内部的浓度是均匀的，就可以对每一个单元写出物质平衡方程，从而建立系统水质模型。

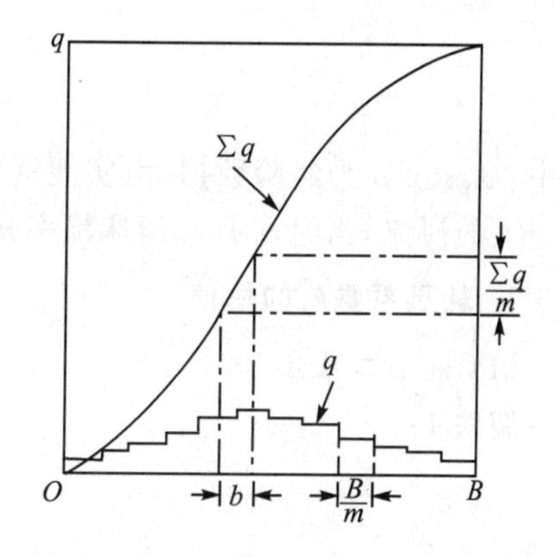

图 3－14　断面横向累积流量曲线

3.3.6 河流水质模型参数的估算

水质模型中有许多参数，如对流项中有水文参数；扩散项中有水利参数，需要确定扩散系数或弥散系数 E；增减项中有水质参数，包括 k_1、k_2、k_3 等的推求。这些参数是水体的物理、生物和化学动力学过程的常数。参数值估算的正确与否，关系到模型的可靠性。可以说，参数估值是建立水质模型的核心工作，水质模型只有给其参数赋予准确的值后，才有实用价值。

模型参数估值方法大体可分为三类：

① 单参数估值：通过实验室或野外现场测定所得数据，采用一些数学方法，进行分析估算，常用的有最小二乘法、图解法、实测估算法、两点法等。

② 多参数估值：根据野外现场实测数据，利用最优化技术等数学方法进行计算机模拟，以确定其参数值，常用的有梯度法、计算机扫描计算-图解-梯度搜索法、单纯形法、复合形法等。

③ 经验公式法。

这里我们介绍前两类方法。

1. 水文参数估值

水质模型中要求的各种流量值，可根据附近水文观测站的实测流量进行推算，并可插补求得各断面的流量值。由于断面平均流速 u、平均水深 H、水面宽度 B 等水利参数都是流量 Q 的函数，其关系为

$$\left.\begin{aligned} u &= \frac{Q}{A} \\ H &= \frac{A}{B} \end{aligned}\right\} \tag{3-171}$$

式中：A 为过水断面面积。

也可由流量 Q 直接计算有关的水力参数。以下的经验关系式得到广泛应用：

$$\left.\begin{aligned} u &= \alpha Q^{\beta} \\ H &= \gamma Q^{\delta} \\ B &= \frac{1}{\alpha\gamma} Q^{(1-\beta-\delta)} \end{aligned}\right\} \tag{3-172}$$

式中：α、β、γ、δ 为经验数据，由实测资料统计确定。α、γ 一般随河床大小而变化；β 较为稳定。对于大的河流，当河宽 B 和河床糙率 n 不变时，$\beta=0.4$，$\delta=0.6$。

2. 耗氧系数 k_1 的估值

(1) 最小二乘法

解法 1：

$$\frac{\mathrm{d}L}{\mathrm{d}t} = -k_1 L$$

解得

$$L = L_0 \theta^{-k_1 t}$$

化简上式，得

$$y = L_0(1-\theta^{-k_1 t}) \tag{3-173}$$

式中：L 为 t 时刻 CBOD 浓度；L_0 为起始断面（$t=0$）的 CBOD 浓度；y 为耗氧量。

依据 n 对数据$[t,y(t)]$，用最小二乘法估计参数L_0和k_1。

对式(3－173)中的 t 取微分

$$\frac{\mathrm{d}y}{\mathrm{d}t}=L_0\,k_1\,\mathrm{e}^{-k_1 t}$$

两边取对数

$$\ln\left(\frac{\mathrm{d}y}{\mathrm{d}t}\right)=\ln\left(L_0\,k_1\right)-k_1 t$$

作变量代换

$$\ln\left(\frac{\mathrm{d}y}{\mathrm{d}t}\right)=Y,\quad \ln\left(L_0\,k_1\right)=A$$

得

$$Y=A-k_1 t$$

$$Q=\sum_{i=1}^{n}\left[Y_i-\left(A-k_1\,t_i\right)\right]^2$$

根据极值原理，得

$$A=\frac{\sum t_i\sum\left(\frac{\mathrm{d}y}{\mathrm{d}t}\right)t_i-\sum\left(\frac{\mathrm{d}y}{\mathrm{d}t}\right)\sum t_i^2}{\sum t_i^{\ 2}-N\sum t_i^2}$$

$$k_1=\frac{\sum t_i\sum\left(\frac{\mathrm{d}y}{\mathrm{d}t}\right)-N\sum\left(\frac{\mathrm{d}y}{\mathrm{d}t}\right)\sum t_i}{\sum t_i^{\ 2}-N\sum t_i^2}\tag{3-174}$$

因为$L_0 k_1=\exp A$，所以有

$$L_0=\frac{\exp A}{k_1}\tag{3-175}$$

当对$\frac{\mathrm{d}y}{\mathrm{d}t}$进行具体数值计算时，一般用差商近似微商，即

$$\frac{\mathrm{d}y}{\mathrm{d}t}=\frac{y_{i+1}-y_{i-1}}{t_{i+1}-t_{i-1}}\tag{3-176}$$

而在 $t=t_1$和 $t=t_n$处必须采用向前差分和向后差分表达式，即

$$f'\left(t_1\right)=\frac{-f\left(t_3\right)+4f\left(t_2\right)-3f\left(t_1\right)}{2h}$$

$$f_1\left(t_n\right)=\frac{3f\left(t_n\right)-4f\left(t_{n-1}\right)+f\left(t_{n-2}\right)}{2h}\tag{3-177}$$

式中：$h=t_{i+1}-t_i$，为步长。

解法 2：设$k_1=k_1^{(0)}+h$，则式(3－173)可写成

$$y=L_0\,\mathrm{e}^{-\left(k_1^{(0)}+h\right)t}\approx L_0\left(1-\mathrm{e}^{-k_1^{(0)}t}\cdot\mathrm{e}^{-ht}\right)\approx L_0\left[1-\mathrm{e}^{-k_1^{(0)}t}\left(1-ht\right)\right]=a\,f_1+b\,f_2$$

按最小二乘法可解得：

$$a=\frac{\sum f_2^2\sum f_1 y-\sum f_1\,f_2\sum f_2 y}{\sum f_1^2\sum f_2^2-\left(\sum f_1\,f_2\right)^2},\quad b=\frac{\sum f_1^2\sum f_2 y-\sum f_1\,f_2\sum f_1 y}{\sum f_1^2\sum f_2^2-\left(\sum f_1\,f_2\right)^2}\tag{3-178}$$

式中：$a=L_0$；$b=L_0h$；$f_1=1-e^{-k_1^{(0)}t}$；$f_2=t\theta^{-k_1^{(0)}t}$。

(2) 上下游断面两点法

设污染物从上游(断面)均匀且稳定地流进河流，如测得上下游断面A、B两点的污染物浓度分别为C_A、C_B，而水流由上游断面流到下游断面的时间(可用平均流速推求)为Δt，则

$$k_1=\frac{1}{\Delta t}\ln\frac{L_A}{L_B} \tag{3-179}$$

式中：L_A、L_B分别为河段上游断面和下游断面的BOD浓度，量纲为ML^{-3}。

(3) 溶解氧平衡模型法

氧亏(D)的简化方程为

$$\frac{dD}{dt}=k_1L-k_2D \tag{3-180}$$

在临界氧亏D_C处，$\frac{dD}{dt}=0$，即

$$D_C=\frac{k_1}{k_2}L=\frac{k_1}{k_2}L_0\exp(-k_1t_0)$$

将上式两边取对数，得

$$\ln D_0=\ln k_1+\ln\frac{L_0}{k_2}-k_1t_0 \tag{3-181}$$

式中：D_C、t_0分别为临界氧亏浓度和河水到达临界氧亏处的流行时间，可通过氧亏曲线求得。

式(3-181)中k_2通过其他方法求得，此时方程(3-181)就变成只含k_1的一元方程，可方便地求解得到k_1。

【例3-1】 已知$L_0=15$ mg/L，$O_S=9.5$ mg/L，$k_2=2\ d^{-1}$。由水团追踪试验得表3-4所列的资料，由此数据可作氧垂曲线如图3-15所示。

表3-4 水团追踪试验的假定数据

t/d	0	0.1	0.3	0.6	0.9	1.2	1.5	1.8	2.0
DO浓度/(mg·L^{-1})	7.5	6.48	5.30	4.84	5.13	6.32	6.33	6.89	7.22
D/(mg·L^{-1})	1.5	2.52	3.70	4.16	3.87	2.68	2.67	2.11	1.78

解：由测定数据(见表3-4)作氧垂曲线(见图3-15)。

从图可得出$t_c=0.6$ d，$D_C=4.2$ mg/L，将上述已知量代入方程(3-181)，

$$\ln 4.2=\ln k_1+\ln 15-\ln 2-0.6k_1$$

即
$$0.6k_1-\ln k_1-0.58=0$$

用近似求解法求解得

$$k_1=0.985\ d^{-1}\approx 0.99\ d^{-1}$$

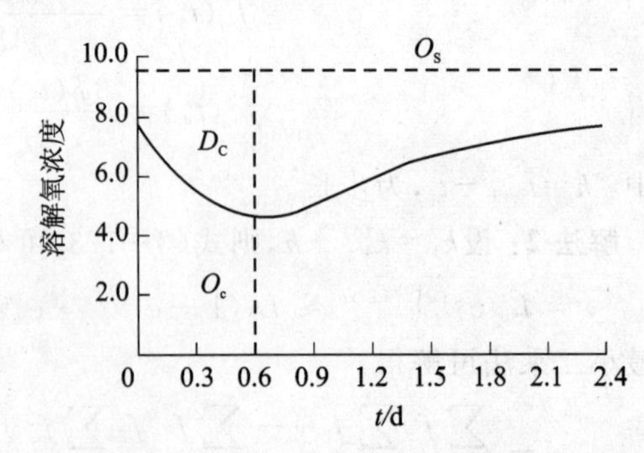

图3-15 溶解氧垂曲线图

3. 硝化系数的估值

硝化过程的一级反应方程为

$$\frac{dL_N}{dt}=-k_NL_N$$

解得
$$\ln L_N=\ln L_{N0}-k_Nt$$

式中：L_{N0}为起始断面($t=0$)的 NBOD 浓度；L_N为 t 时的 NBOD 浓度。

根据实测的L_{N0}、L_N，以及断面间距离、平均流速，即可计算求得k_N。

【例 3-2】 已测得河流各断面的 NH_4-N、NO_2-N、NO_3-N 的浓度(见表 3-5)，求k_N。

表 3-5　水团追踪实测数据

时间/d	NH_4-N	$(NH_3-N)+(NH_2-N)$	$(NH_3-N)+(NH_2-N)$的增量	扣除被氧化的 NH_4-N
0	9.6	2.5	0	9.6
0.3	8.8	3.0	0.5	9.1
0.6	8.1	3.4	0.4	8.7
0.8	7.6	3.7	0.3	8.4
1.0	7.0	4.2	0.5	7.9
1.5	5.0	4.9	0.7	7.2
2.0	3.0	5.7	0.8	6.4
2.5	2.2	6.3	0.6	5.8

解：(1) 两点法求解：

$$k_N = \frac{\ln 9.6 - \ln 5.8}{2.5}\ \mathrm{d}^{-1} = 0.202\ \mathrm{d}^{-1}$$

(2) 逐个计算k_{Ni}(两点法)，再求k_N。

$$k_{N1} = 0.178,\quad k_{N2} = 0.149,\quad k_{N3} = 0.175,\quad k_{N4} = 0.307$$

$$k_{N5} = 0.186,\quad k_{N6} = 0.236,\quad k_{N7} = 0.197$$

$$k_N = \frac{\sum_{i=1}^{7} k_{Ni}}{7} = 0.204\ \mathrm{d}^{-1}$$

4. 复氧系数的估值

(1) 实测法

1) 测定夜间河流断面的 DO 变化

Hormberger 根据夜间无光合作用和藻类呼吸速度的条件，采用

$$\frac{\mathrm{d}O}{\mathrm{d}t} = k_2(O_S - O) - R_0 \tag{3-182}$$

式中：R_0为藻类呼吸耗氧系数，mg/(L·d)。

在$t_i \to t_{i+1}$边界条件下($t_{i+1} - t_i = \delta$)，积分得

$$O_{i+1} - O_i = \left[\bar{O}_{Si} - O_i - \frac{R_0}{k_2}\right](1 - \mathrm{e}^{-k_2\delta}) \tag{3-183}$$

式中：O_{Si}为在 δ 时间内河水中溶解氧的饱和浓度的平均值，mg/L。

式(3-183)可写为

$$d_i = a_i\zeta_1 - \zeta_2\zeta_1 \tag{3-184}$$

式中：

$$d_i = O_{i+1} - O_i \tag{3-185}$$

$$a_i = \bar{O}_{Si} - O \tag{3-186}$$

$$\zeta_1 = 1 - e^{-k_2\delta} \tag{3-187}$$

$$\zeta = R_0 / k_2 \tag{3-188}$$

由最小二乘法原理可求得

$$\zeta_2 = \frac{-\left(\sum a_i^2 \sum d_i - \sum a_i d_i \sum a_i\right)}{n\sum a_i d_i - \sum a_i \sum d_i} \tag{3-189}$$

$$\zeta_1 = \frac{\sum d_i}{\sum a_i - n\zeta_2} \tag{3-190}$$

式中：n 为测量时间间隔数。所以

$$k_2 = -\frac{1}{\delta}\ln(1-\zeta_1) \tag{3-191}$$

$$R_0 = k_2\,\zeta_2 \tag{3-192}$$

2）测定无藻类作用河流断面 DO 的变化（粗估k_2）

Churchill 等人提出按下式表达溶解氧亏的变化

$$\frac{dD}{dt} = -k_2 D \tag{3-193}$$

式中：D 为河水溶解氧亏浓度，mg/L。

式（3-193）积分得

$$k_2 = \frac{\ln D_2 - \ln D_1}{t_1 - t_2} \tag{3-194}$$

式中：t_1、t_2分别为取样测定的两个时间，量纲为 T；D_1、D_2分别为t_1、t_2时刻的溶解氧亏，量纲为 ML^{-3}。

3）在已知k_1条件下，由 Streeter－Phelps 氧平衡方程估算k_2

采用方程

$$D_c = \frac{k_1}{k_2} L_0\, e^{-k_1 t_c}$$

或

$$k_2 = k_1 \frac{L_0}{D_C} e^{-k_1 t_c} \tag{3-195}$$

式中：k_1为 BOD 衰减系数，量纲为 T^{-1}；L_0为河水始端 BOD_5浓度，量纲为 ML^{-3}；D_c为临界氧亏浓度，量纲为 ML^{-3}；t_c为河水流至临界氧亏处的流动时间，量纲为 T。

或采用方程

$$k_2 = k_1 \frac{\bar{L}}{\bar{D}} - \frac{\Delta D}{2.3\Delta t\,\bar{D}} \tag{3-196}$$

式中：$\bar{L}$为在河段上下断面间的平均 BOD 浓度，量纲为 ML^{-3}；$\bar{D}$为在河段上下断面间的平均溶解氧亏，量纲为 ML^{-3}；ΔD 为上游到下游断面的氧亏变化，量纲为 ML^{-3}；Δt 为流经时间间隔，量纲为 T；k_1为耗氧系数，量纲为 T^{-1}。

（2）经验公式法

1）O'Connor－Dobbins 公式

$$k_{2(20\,℃)} = \frac{[D_{M(20\,℃)}u]^{0.5}}{h^{1.5}}$$

或

$$k_{2(20\,℃)} = \frac{294[D_{M(20\,℃)}u]^{0.5}}{h^{1.5}} \tag{3-197}$$

式中：$D_{M(20℃)}$为 20 ℃时氧分子在水中的扩散系数，$1.76\times10^{-4}\ m^2/d$；u 为平均流速，m/s；h 为平均水深，m。

或

$$k_{2(20℃)}=\frac{[D_{M(20℃)}u]^{0.5}}{h^{1.5}}\times 86\ 400\ d^{-1} \tag{3-198}$$

任意温度(T 时)的复氧系数 $k_{2(T)}$ 与 20 ℃水温时的复氧系数$k_{2(20℃)}$有以下关系：

$$k_{2(T)}=k_{2(20℃)}\cdot(1.024)^{T-20℃} \tag{3-199}$$

式中：T 为任意温度，℃；1.024 为温度系数。

2) 村上公式

$$k_{2(20℃)}=\frac{22.56\ n^{3/4}/u^{9/8}}{h^{3/2}} \tag{3-200}$$

式中：n 为粗糙系数；其余符号同上。

5. 弥散系数的估值

河流平均的纵向弥散系数方程：

$$\bar{E}_x=\frac{1}{A}\int_0^B q'(y)\mathrm{d}y\int_0^y\frac{1}{E_y h(y)}\mathrm{d}y\int_0^y q'(y)\mathrm{d}y \tag{3-201}$$

费希尔提出用近似差分积分公式(3-202)代替式(3-201)：

$$E=-\frac{1}{A}\sum_{k=2}^{n}q'_k\Delta y_k\left[\sum_{j=2}^{k}\frac{\Delta y_i}{D_{yj}h_j}\left(\sum_{i=1}^{j-1}q'_i\Delta y_i\right)\right] \tag{3-202}$$

当河段为均匀顺直河段，Δy_i取定常值时，$\Delta y_i=\Delta y$，式(3-202)可改写为

$$E=-\frac{(\Delta y)^3}{0.23u^*A}\sum_{k=2}^{n}q'_k\left[\sum_{j=2}^{k}\frac{1}{h_j^2}\left(\sum_{i=1}^{j-1}q'_i\right)\right]$$
$$i=1,\cdots,n;\quad k=2,\cdots,n \tag{3-203}$$

式中：A 为总过水断面积，m^2，$A=\sum_{i=1}^{n}\bar{h}_i\Delta y_i$；$n$ 为河宽分割为 Δy 的单元数；$\bar{h}_i$为第 i 单元的平均水深，m，$\bar{h}_i=\frac{h_i+h_{i+1}}{2}$($h_i$、$h_{i+1}$为第 i 单元左右两边水深，m)；q'_i为第 i 单元单位宽度上的流量偏差，$m^3/(s\cdot m)$；E_y为横向扩散系数，m^2/s；u^* 为摩阻流速，$u^*=\sqrt{ghI}$(I 为水力坡度)。

图 3-16 所示为河流横断面示意图。

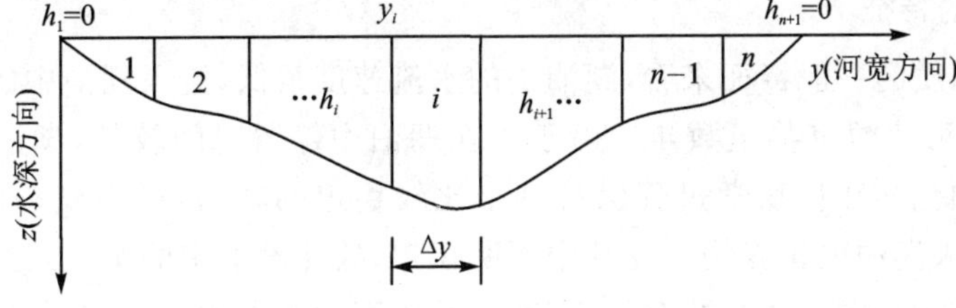

图 3-16　河流横断面示意图

根据河流断面上各单元的水深h_i、流速u_i、水力坡度 I 等资料即可计算纵向离散系数。

3.4 湖泊和水库的水质模型

3.4.1 湖泊环境概述

湖泊是被陆地围着的大片水域。湖泊是由湖盆、湖水和湖中所含有的一切物质组成的统一体，是一个综合生态系统。湖泊水域广阔，贮水量大。它可作为供水水源地，用于生活用水、工业用水、农业灌溉用水。湖泊中的污染物质种类繁多，它既有河水中的污染物、大气中的污染物，又有土壤中的污染物，几乎集中了环境中所有的污染物。例如，河流和沟渠与湖泊相通，受污染的河水、渠水流入湖泊，使其受到污染；湖泊四周附近工矿企业的工业污水和城镇生活污水直接排入湖泊，使其受到污染；湖区周围农田、果园土地中的化肥、农药残留和其他污染物质可随农业回水和降雨径流进入湖泊。大气中的污染物由降水清洗注入湖泊。此外，湖泊中来往船只的排污及养殖投饵等，亦是湖泊污染物的重要来源之一。

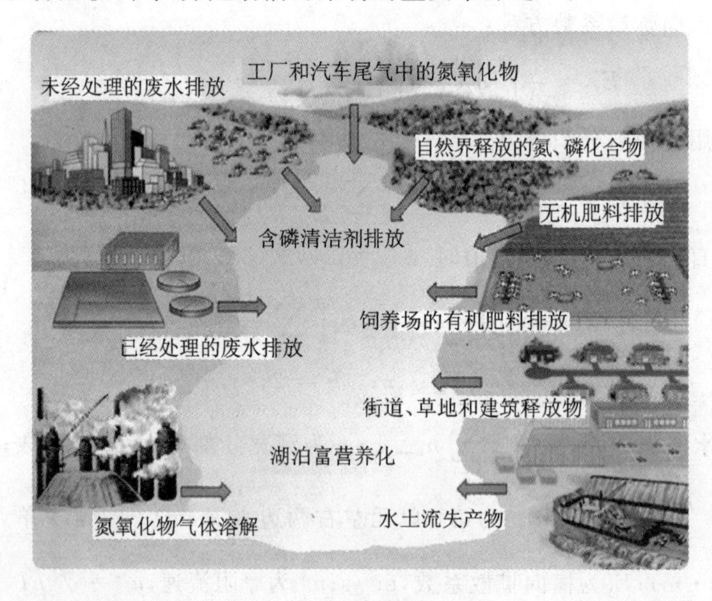

图 3-17 湖泊污染的来源

1. 湖泊污染的特征

从湖泊水文水质的一般特征来看，湖泊中的水流速度很低，流入湖泊中的河水在湖泊中停留时间较长，一般可达数月甚至数年。由于水在湖泊中停留时间较长，湖泊一般属于静水环境。这使湖泊中的化学和生物学过程保持一个比较稳定的状态，可用稳态的数学模型描述。由于静水环境，进入湖泊的营养物质在其中不断积累，致使湖泊中的水质发生富营养化。进入湖泊的河水多输入大量颗粒物和溶解物质，颗粒物质沉积在湖泊底部，营养物使水中的藻类大量繁殖，藻类的繁殖使湖泊中其他生物产率越来越高。有机体和藻类的尸体堆积湖底，它和沉积物一起使湖水深度越来越浅，最后变为沼泽。湖泊中污染物种类很多，各湖泊水文条件也不相同，描写湖泊水质的预测模式也是多种多样的。

根据湖泊水中营养物质含量的多少，可把湖泊分为富营养型和贫营养型。贫营养湖泊水

中营养物质少，生物有机体的数量少，生物产量低；湖泊水中溶解氧含量高，水质澄清。富营养湖泊，生物产量高，以及它们的尸体要耗氧分解，造成湖水中溶解氧下降，水质变坏。

湖泊的边缘至中心，由于水深不同而产生明显的水生生物分层，在湖深的铅直方向上还存在着水温和水质的分层。随着一年四季的气温变化，湖泊水温的铅直分布也呈有规律的变化。夏季的气温高，湖泊表层的水温也高。由于湖泊水流缓慢，处于静水环境，表层的热量只能由扩散向下传递，因而形成了表层水温高、深层水温低的铅直分布。整个湖泊处于稳定状态。到了秋末冬初，由于气温的急剧下降，使湖泊表层水温亦急剧下降，水的密度增大，当表层水密度比底层水密度大时，会出现表层水下沉，导致上下层水的对流。湖泊的这种现象称为“翻池”。翻池的结果使水温、水质在水深方向上分布均匀。翻池现象在春末夏初也可能发生。水库和湖泊类似，同样具有上述特征。

2. 湖泊(水库)水流状态

湖泊(水库)水流状态分为前进和振动两类。前者指湖流和混合作用，后者指波动和波漾。

① 湖流：指湖水在水力坡度、密度梯度和风力等作用下产生沿一定方向的缓慢流动。湖流经常呈水平环状运动(多出现在湖水较浅的场合)和垂直环状运动(湖水较深处)。

② 混合：指在风力和水力坡度作用下产生的湍流混合和由湖水密度差引起的对流混合作用。

③ 波动：主要由风引起的，又称风浪。

④ 波漾：是在复杂的外力作用下，湖中水位有节奏地升降变化。

3. 湖泊(包括水库)水质评价要求

湖泊(包括水库)水质评价中，对水质监测有相应要求。监测点的布设应使监测水样具有代表性，数量又不能过多，以免监测工作量过大。因此，应在下列区域设置采样点：河流、沟渠入湖的河道口；湖水流出的出湖口、湖泊进水区、出水区、深水区、浅水区、渔业保护区、捕捞区、湖心区、岸边区、水源取水处、排污处(如岸边工厂排污口)。预计污染严重的区域采样点应布置得密些，清洁水域相应地稀些。不同污染程度、不同水域面积的湖泊，其采样点的数目也不应相同。湖泊分层采样和湖泊水库采样点最小密度要求如表 3-6 所列。

表 3-6　湖泊分层采样和湖泊水库采样点最小密度要求

湖泊面积/km^2	监测点个数	湖泊水深/m	分层采样
10 以下	10	5 以下	表层(水面下 0.3～0.5 m)
10～100	20	5～10	表层、底层(离湖底 1.0 m)
100～500	30	10～20	表层、中层、底层
500～1 000	40	20 以上	表层，每隔 10 m 取一层水样或在水温跃变处上、下分别采样
1 000 以上	50		

湖泊水质监测项目的选择，主要根据污染源调查情况、湖泊的用处、评价目的而确定。环评导则中提供了按行业编制的特征水质参数表，根据建设项目特点、水域类别及评价等级选定，选择时可适当删减。一般情况下，可选择 pH 值、溶解氧、化学耗氧量、生化需氧量、悬浮物、大肠杆菌、氮、磷、挥发酚、氰、汞、铬、镉、砷等，根据不同情况可增减监测项目。在采样时间和次数上，可根据评价等级的要求安排。监测应在有代表性的水文气象和污染排放正常情况

下进行。若获得水质的年平均浓度，必须在一年内进行多次监测，至少应在枯、平、丰水期进行监测。

3.4.2 混合箱式模型

1. 沃伦威德尔模型

沃伦威德尔模型是沃伦威德尔(R. A. Vollenweider)在20世纪70年代初期研究北美大湖时提出的。模型适用于停留时间很长、水质基本处于稳定状态的湖泊水库。该模型不能描述发生在湖泊内的物理、化学和生物过程，同时也不考虑湖泊和水库的热分层，是只考虑其输入-输出关系的模型。

对于停留时间很长、水质基本处于稳定状态的中小型湖泊和水库，可以简化为一个均匀混合的水体。沃伦威德尔假定，湖泊中某种营养物的浓度随时间的变化率，是输入、输出和在湖泊内沉积的该种营养物量的函数，可以用质量平衡方程表示：

$$V\frac{\mathrm{d}C}{\mathrm{d}t}=I_c-sCV-QC \tag{3-204}$$

式中：V为湖泊或水库的容积，m^3；C为某种营养物质的浓度，g/m^3；I_c为某种营养物质的输入总负荷，g/a；s为该营养物质在湖泊或水库中的沉降速度常数，1/a；Q为湖泊的出流流量，m^3/a。

如果令$r=Q/V$，称为冲刷速度常数，则式(3-204)可以写为

$$\frac{\mathrm{d}C}{\mathrm{d}t}=\frac{I_c}{V}-sC-rC \tag{3-205}$$

在给定初始条件$t=0$，$C=C_0$时，上式的解析解为

$$C=\frac{I_c}{V(s+r)}+\frac{V(s+r)C_0-I_c}{V(s+r)}\exp[-(s+r)t] \tag{3-206}$$

水体在入流、出流及营养物质输入稳定的条件下，当$t\to\infty$时，可达到水中营养物平衡浓度：

$$C_p=\frac{I_c}{(r+s)V} \tag{3-207}$$

如果进一步令$t_w=\frac{1}{r}=\frac{V}{Q}$和$V=A_sh$，则水库、湖泊中的营养物质平衡浓度可以写成：

$$C_p=\frac{L_c}{sh+h/t_w} \tag{3-208}$$

式中：t_w为湖泊水库的水力停留时间，a；A_s为湖泊水库的水面面积，m^2；h为湖泊水库的平均水深，m；L_c为湖泊水库的单位面积营养负荷，$g/(m^2\cdot a)$，$L_c=\frac{I_c}{A_s}$。

图3-18所示为沃伦威德尔模型应用实例。

2. 吉柯奈尔-狄龙模型

吉柯奈尔-狄龙模型引入滞留系数R_c的概念。滞留系数的定义是进入湖泊水库中的营养物在其中的滞留分数。吉柯奈尔-狄龙模型写为

$$\frac{\mathrm{d}C}{\mathrm{d}t}=\frac{I_c(1-R_c)}{V}-rC \tag{3-209}$$

式中：R_c为某种营养物在湖泊水库中的滞留分数；其余符号同前。

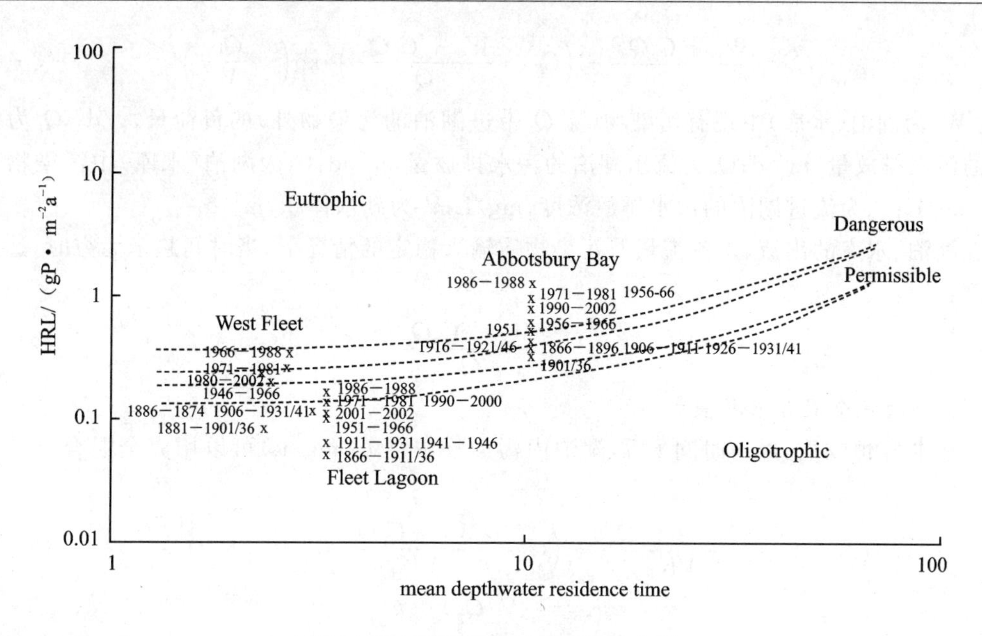

图 3-18　沃伦威德尔模型应用实例

给定初始条件 $t=0, C=C_0$，可以得到上式的解析解：

$$C=\frac{I_c(1-R_c)}{rV}+\left[C_0-\frac{I_c(1-R_c)}{rV}\right]e^{-rt} \tag{3-210}$$

若湖泊水库的入流、出流、污染物的输入都比较稳定，当 $t\to\infty$ 时，可以得到上式的平衡浓度：

$$C_p=\frac{I_c(1-R_c)}{rV}=\frac{L_c(1-R_c)}{rh} \tag{3-211}$$

可以根据湖泊水库的入流、出流近似计算出滞留系数：

$$R_c=1-\frac{\sum_{j=1}^{m} q_{0j}C_{0j}}{\sum_{k=1}^{n} q_{ik}C_{ik}} \tag{3-212}$$

式中：q_{0j} 为第 j 条支流的出流量，m^3/a；C_{0j} 为第 j 条支流出流中的营养物浓度，mg/L；q_{ik} 为第 k 条支流入流水库的流量，m^3/a；C_{ik} 为第 k 条支流中的营养物浓度，mg/L；m 为入流的支流数目；n 为出流的支流数目。

3. 我国环境评价的湖泊完全混合平衡模式

沃伦威德尔提出的箱式水质模型是此后大多数湖泊、水库水质模型的先驱。我国的地面水环境评价导则建议对小型湖泊（水库）的一、二、三级均采用湖泊完全混合平衡模式。完全混合平衡模式是将湖泊水体看成一个箱体，箱体内水质是均匀的，箱体内污染物浓度的变化仅与流进流出的污染物数量有关，并假设进出湖泊的水量是均匀稳定的。因湖水均匀混合，根据湖泊进出水量的多少和污染物的性质，可建立以下湖泊水质预测模型。

（1）污染物守恒情况

对于守恒物质（惰性物质），经历时间 t 后，湖泊内污染物浓度 C（mg/L）可以用质量平衡方程求出：

$$C = \frac{W_0 + C_p Q_p}{Q_h} + \left(C_0 - \frac{W_0 + C_p Q_p}{Q}\right)\exp\left(-\frac{Q_h}{V}t\right) \tag{3-213}$$

式中：W_0为湖泊(水库)中现有污染物(除Q_p带进湖泊的污染物外)的负荷量，g/d；Q_p为流进湖泊的污水排放量，m^3/d；Q_h为流出湖泊的污水排放量，m^3/d；C_0为湖泊(水库)中污染物现状浓度，mg/L；C_p为流进湖泊的污水排放浓度，mg/L；V为湖水体积，m^3。

在湖泊、水库的出流、入流流量及污染物质输入稳定的情况下，当时间趋于无穷时，达到平衡浓度：

$$C = \frac{W_0 + C_p Q_p}{Q_h} \tag{3-214}$$

(2) 湖泊完全混合衰减模式

对于非守恒物质，经历时间t后，湖泊内污染物浓度C(mg/L)可以用完全混合衰减方程表示：

$$C = \frac{W_0 + C_p Q_p}{VK_h} + \left(C_0 - \frac{W_0 + C_p Q_p}{VK_h}\right)\exp(-K_h t) \tag{3-215}$$

$$K_h = (V/Q_h) + k_1 \tag{3-216}$$

式中：K_h是描述污染物浓度变化的时间常数，d^{-1}；它是两部分的和：k_1(d^{-1})表示污染物质按k_1的速度作一级降解反应，而V/Q_h(d)是湖水体积与出流流量比，表现了湖水的滞留时间。对照式(6-44)与式(6-42)，其差别在于污染物降解反应速度常数k_1。k_1的确定方法与河流参数类似，一级评价可采用多点法或多参数优化法；二级可采用两点法或多参数优化法；三级可采用室内实验法或类比调查法；当无法取得合适的实测资料时，一、二、三级均可采用室内实验法。

在湖泊、水库的出流、入流流量及污染物质输入稳定的情况下，当时间趋于无穷时，达到平衡浓度：

$$C = \frac{W_0 + C_p Q_p}{VK_h} \tag{3-217}$$

4. 斯诺得格拉斯分层水质模型

沃伦威德尔模型把一个湖泊考虑为一个统一的整体，相当于一个均匀混合搅拌器，而不要求描述其内部的水质分布。在夏季，由于水温造成的密度差，致使水质强烈地分层。在表层和底层存在不同的水质状态。1975年，斯诺得格拉斯(Snodgrass)等人提出了一个分层的箱式模型，用以近似描述水质分层状况。由于大气湍流的影响，表层形成一个一定深度的等温层，底部的温度从上至下呈缓慢的递减过程，在上层与底层之间存在一个很大的温度梯度的斜温层(见图3-19)。由于斜温层的存在，分层箱式模型把上层和下层各视为完全混合模型。分层箱式模型分为分层期(夏季)模型和非分层期(冬季)模型，分层期考虑上、下分层现象，非分层期不考虑分层。图3-20所示为分层箱式水质模型概化图。该模型模拟正磷酸盐(P_o)和偏磷酸盐(P_p)两个水质组分的变化规律。

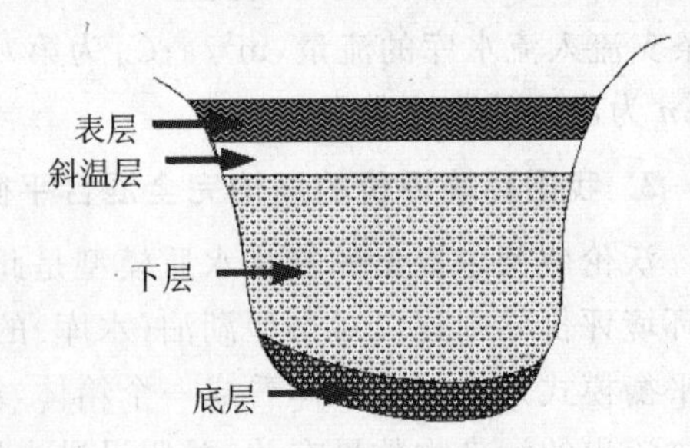

图3-19 湖库分层示意图

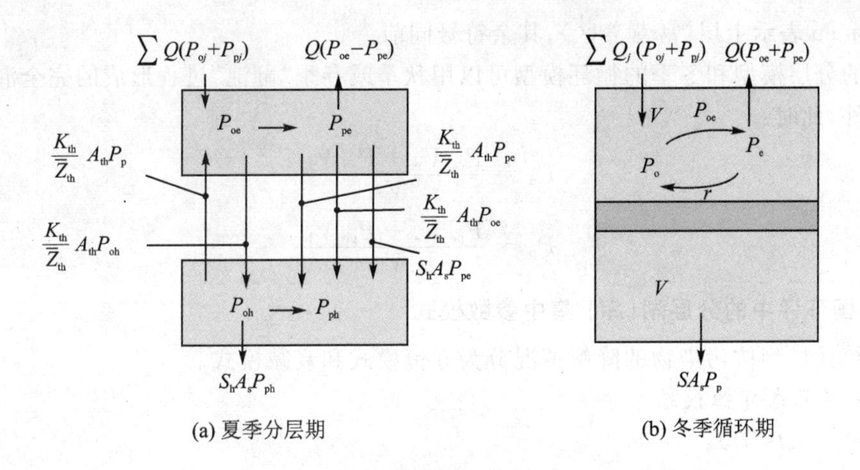

(a) 夏季分层期　　(b) 冬季循环期

图 3-20　分层箱式水质模型概化图

对于夏季分层模型，可以写出 4 个独立的微分方程。

① 对表层正磷酸盐 P_{oe}：

$$V_e \frac{dP_{oe}}{dt} = \sum Q_j P_{oj} - Q P_{oe} - P_e V_e P_{oe} + \frac{k_{th}}{\overline{Z}_{th}} A_{th}(P_{oh} - P_{oe}) \tag{3-218}$$

② 对表层偏磷酸盐 P_{pe}：

$$V_e \frac{dP_{pe}}{dt} = \sum Q_j P_{pj} - Q P_{pe} - S_e A_{th} P_{pe} + P_e V_e P_{poe} + \frac{k_{th}}{\overline{Z}_{th}} A_{th}(P_{ph} - P_{pe}) \tag{3-219}$$

③ 对下层正磷酸盐 P_{oh}：

$$V_h \frac{dP_{oh}}{dt} = r_h V_h P_{ph} + \frac{k_{th}}{\overline{Z}_{th}} A_{th}(P_{oe} - P_{oh}) \tag{3-220}$$

④ 对下层偏磷酸盐 P_{ph}：

$$V_h \frac{dP_{ph}}{dt} = S_e A_{th} P_{phe} - S_h A_s P_{ph} - r_h V_h P_{ph} - \frac{k_{th}}{\overline{Z}_{th}} A_{th}(P_{pe} - P_{ph}) \tag{3-221}$$

式中：下标 e 和 h 分别表示上层和下层；下标 th 和 s 分别表示斜温层和底层沉淀区的界面；P、r 分别表示净产生和衰减的速度常数；k 为竖向扩散系数，包括湍流扩散、分子扩散，也包括内波、表层风波以及其他过程对热传递或物质穿越斜温层的影响；$\overline{Z}$ 为平均水深；V 为箱的体积；A 为界面面积；Q_j 为由河流流入湖泊的流量；Q 为流出湖泊的流量；S 为磷的沉淀速度常数。

在冬季，由于上部水温下降，密度增加，促使上下层之间的水量循环，由上层和下层的磷平衡可以得到两个微分方程。

① 对全湖的正磷酸盐 P_o：

$$V \frac{dP_o}{dt} = Q_j P_{oj} - QP_o - P_{eu} V_{eu} P_o + rVP_p \tag{3-222}$$

② 对全湖的偏磷酸盐 P_p：

$$V \frac{dP_p}{dt} = Q_j P_{pj} - Q P_p + P_{eu} V_{eu} P_p - rV P_p - SA_s P_p \tag{3-223}$$

式中：下标 eu 表示上层（富营养区）；其余符号同前。

夏季的分层模型和冬季的循环模型可以用秋季或春季“翻池”过程形成的完全混合状态作为初始条件，此时：

$$P_o = \frac{P_{oe} V_e + P_{oh} V_h}{V} \tag{3-224}$$

$$P_p = \frac{P_{pe} V_e + P_{ph} V_h}{V} \tag{3-225}$$

5. 我国环评中的分层湖（库）集中参数模式

分层箱式模型按污染物的降解情况分为守恒模式和衰减模式。

(1) 分层箱式守恒模式

分层期（$0<t<t_1$）：

$$\left.\begin{aligned} C_{E(t)} &= C_{pE} - [C_{pE} - C_{M(t-1)}]\exp(-Q_{pE}t/V_E) \\ C_{H(t)} &= C_{pH} - [C_{pH} - C_{M(t-1)}]\exp(-Q_{pH}t/V_H) \end{aligned}\right\} \tag{3-226}$$

式中：C_E、C_H分别为分层湖（库）上层、下层的平均浓度，mg/L；C_M为分层湖（库）非成层期污染物平均浓度，mg/L，下标（$t-1$）表示上一周期；C_{pE}、C_{pH}分别为向分层湖上层、下层排放的污染物浓度，mg/L；Q_{pE}、Q_{pH}分别为向分层湖上层、下层排放的污水流量，m^3/d；V_E、V_H分别为分层湖（库）上层、下层的湖水体积，m^3。

湖水翻转时，上、下两层完全混合，混合浓度 C_T 为

$$C_{T(t)} = \frac{C_{E(t)} V_E + C_{H(t)} V_H}{V_E + V_H} \tag{3-227}$$

非分层期（$t_1<t<t_2$）浓度 C_M 为

$$C_{M(t)} = C_p - (C_p - C_{T(t)})\exp[-Q_p(t-t_1)/V] \tag{3-228}$$

(2) 分层箱式衰减模式

分层箱式衰减模式与完全混合衰减模式十分相似。通过引入污染物浓度变化的时间常数 K_h(1/d)进行描述，它也是湖水的滞留时间与污染物降解反应速度常数两部分的和。

$$K_{hE} = (Q_{pE}/V_E) + k_1$$
$$K_{hH} = (Q_{pH}/V_H) + k_1$$

分层期（$0<t<t_1$），分层湖（库）各层的平均浓度：

$$C_{E(t)} = \frac{C_{pE}Q_{pE}/V_E}{K_{hE}} - \frac{[C_{pE}Q_{pE}/V_E - K_{hE}C_{M(t-1)}]\exp(-K_{hE}t)}{K_{hE}} \tag{3-229}$$

$$C_{H(t)} = \frac{C_{pH}Q_{pH}/V_H}{K_{hH}} - \frac{[C_{pH}Q_{pH}/V_H - K_{hH}C_{M(t-1)}]\exp(-K_{hH}t)}{K_{hH}} \tag{3-230}$$

湖水翻转时，上、下两层完全混合，混合浓度 C_T 仍以式（3-227）计算：

$$C_{T(t)} = \frac{C_{E(t)} V_E + C_{H(t)} V_H}{V_E + V_H}$$

非分层期（$t_1<t<t_2$）浓度 C_M 为

$$C_{M(t)} = \frac{C_pQ_p/V}{K_h} - \frac{C_pQ_p/V - K_hC_{T(t)}}{K_h}\exp(-k_h t) \tag{3-231}$$

3.4.3 非完全混合水质模型

对于水域宽阔的大湖泊，当其主要污染源来自某些入湖河道或沿湖厂、矿时，污染往往仅

出现在入湖河口与排污口附近的水域，污染物浓度梯度明显。

这时若采用均匀混合型水质模型往往会造成很大的误差，因而需要研究污染物在湖水中稀释、扩散规律，采用不均匀混合水质模型描述。

污染物在开阔湖面的湖水中的稀释、扩散现象较为复杂，不宜简单地套用河流中一维扩散方程，一般可用有限容积模型，而且扩散系数应当考虑风浪等更多的影响因素。在研究湖泊水质模型时，采用圆柱形坐标较为简便，这样湖泊中的二维扩散问题可简化为一维扩散问题。

1. 湖泊扩散的水质模型

A. B. 卡拉乌舍夫在研究难降解污染物质在湖水中心稀释、扩散规律时采用了圆柱形坐标。取湖（库）排污口附近的一块水体（见图 3 - 21），其中 q 为入湖污水量，m^3/d；r 为湖泊内某计算点离排污口的距离，m；C 为所求计算点的污染物浓度，mg/L；ϕ 为废水在湖水中的扩散角度，由排放口附近地形决定，当废水在开阔的岸边垂直排放时，$\phi=180°$；当在湖心排放时，$\phi=360°$。

图 3 - 21　湖（库）排污口附近的污染物扩散

卡拉乌舍夫分析了湖水中的平流和扩散过程，应用质量平衡原理推得如下扩散方程：

$$\frac{\partial C_r}{\partial t}=\left(M_r-\frac{Q_p}{\phi H}\right)\frac{1}{r}\frac{\partial C_r}{\partial r}+M_r\frac{\partial^2 C_r}{\partial r^2} \qquad (3-232)$$

式中：C_r 为所求计算点的污染物浓度，mg/L；M_r 为径向湍流混合系数，m^2/d；Q_p 为排入湖中的废水量，m^3/d；ϕ 为废水在湖（库）中的扩散角（根据湖（库）岸边形状和水流状况确定，中心排放取 2π 弧度，在开阔、平直和与岸边垂直时取 π 弧度）；r 为湖内某计算点到排出口距离，m。

当排污口稳定排放时，边界条件取距排放口充分远某点 r_0 处的现状值 C_{r0}，将式（3 - 232）积分，得

$$C_r=C_p-(C_p-C_{r0})\left(\frac{r}{r_0}\right)^{\frac{Q_p}{\phi H M_r}} \qquad (3-233)$$

对于径向湍流混合系数 M_r，考虑到风浪的影响，可采用下述经验公式计算：

$$M_r=\frac{\rho H^{2/3}d^{1/3}}{f_0 g}\sqrt{\left(\frac{uh}{\pi H}\right)^2+\bar{u}^2} \qquad (3-234)$$

式中：ρ 为水的密度；H 为计算范围内湖（库）的平均水深；d 为湖底沉积物颗粒的直径；g 为重力加速度；f_0 为经验系数；u 为风浪和湖流造成的湖水平均流速；h 为波高。

2. 易降解物质简化的水质模型

当湖水流速很小、风浪不大、湖水稀释扩散作用较弱的情况下，可将式（3 - 232）中的扩散项忽略掉，并考虑污染物的降解作用，这样即可得到稳态条件下污染物在湖（库）中推流和生化降解共同作用下的基本方程：

$$Q_p\frac{\mathrm{d}C_r}{\mathrm{d}r}=-k_1 C_r H\phi r \qquad (3-235)$$

当边界条件取 $r=0$ 时，$C_r=C_{r0}$（C_{r0} 为排出口浓度），其解析解为

$$C_r=C_{r0}\exp\left(-\frac{k_1\phi H r^2}{172\ 800\ Q_p}\right) \qquad (3-236)$$

k_1的确定可采用两点法和多点法。

当考察湖库的水质指标溶解氧时，并只考虑 BOD 的耗氧因素与大气的复氧因素，可在前面的条件下推导出湖库的氧亏方程：

$$Q_{\mathrm{p}} \frac{\mathrm{d}D}{\mathrm{d}r} = (k_1 L - k_2 D) H\phi r \tag{3-237}$$

其解析解为

$$D = \frac{k_1 L_0}{k_2 - k_1}\left[\exp\left(-\frac{k_1 \phi H r^2}{2Q_{\mathrm{p}}}\right) - \exp\left(-\frac{k_2 \phi H r^2}{2Q_{\mathrm{p}}}\right)\right] + D_0 \exp\left(-\frac{k_2 \phi H r^2}{2Q_{\mathrm{p}}}\right) \tag{3-238}$$

式中：D_0为排放口处的氧亏量。

3. 我国环评中的湖泊水质扩散模型

在无风浪情况下，污水排入大湖(库)的湖水浓度预测，对一、二、三级评价均可采用卡拉乌舍夫湖泊水质扩散模型。污染物守恒模式如图 3-22 所示。

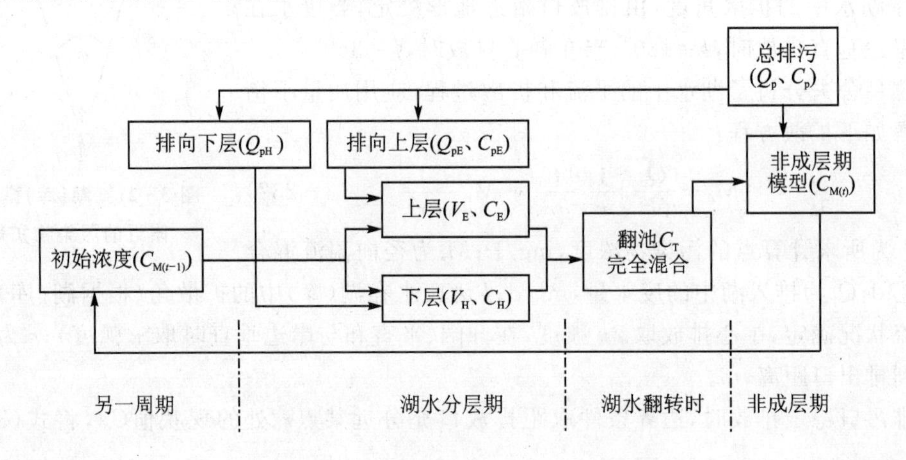

图 3-22　湖水分层箱式计算模型示意图

$$C_r = C_{\mathrm{p}} - (C_{\mathrm{p}} - C_{r0})\left(\frac{r}{r_0}\right)^{Q_p/\phi h D_r} \tag{3-239}$$

式中：ϕ可根据湖(库)的岸边形状和水流情况确定，湖心排放 2π 弧度，平直岸边取 π 弧度；选取离排放口充分远的某点为参照点，以 r_0表示排放口到该点的距离，C_{r0}表示该点现状的浓度值。h 表示湖水的平均深度，r 表示排放口到考核点的距离，D_r是径向混合系数，$\mathrm{m^2/s}$。D_r的确定对不同的评价等级有不同要求，一级可以采用示踪试验法，三级可以采用类比调查法，二级可酌情确定。其他符号含义同前。

对于污染物以时间常数 k_1(1/d)降解的情况，湖泊推流衰减模式为

$$C_r = C_{\mathrm{h}} + C_{\mathrm{p}} \exp\left(-\frac{k_1 \phi h r^2}{2Q_{\mathrm{p}}}\right) \tag{3-240}$$

式中：ϕ 可根据湖(库)岸边形状和水流状况确定，中心排放取 2π 弧度，平直岸边取 π 弧度；C_{h}为湖水原有的污染物浓度，在此基础上叠加了一个排入污水经扩散和衰减后的浓度值。

4. 湖泊环流二维稳态混合模式

近岸环流显著的大湖(库)可以使用湖泊环流二维稳态混合模式进行预测评价。

污染物守恒的湖泊环流二维稳态模式基本方程如下：

岸边排放：

$$C(x,y)=C_{\mathrm{h}}+\frac{C_{\mathrm{p}}Q_{\mathrm{p}}}{h\sqrt{\pi D_{y}xu}}\exp\left(-\frac{y^{2}u}{4D_{y}x}\right) \tag{3-241}$$

非岸边排放：

$$C(x,y)=C_{\mathrm{h}}+\frac{C_{\mathrm{p}}Q_{\mathrm{p}}}{2h\sqrt{\pi D_{y}xu}}\left[\exp\left(-\frac{y^{2}u}{4D_{y}x}\right)+\exp\left(-\frac{(2a+y)^{2}u}{4D_{y}x}\right)\right] \tag{3-242}$$

污染物非守恒的湖泊环流二维稳态衰减模式基本方程如下：

岸边排放：

$$C(x,y)=\left[C_{\mathrm{h}}+\frac{C_{\mathrm{p}}Q_{\mathrm{p}}}{h\sqrt{\pi D_{y}xu}}\exp\left(-\frac{y^{2}u}{4D_{y}x}\right)\right]+\exp\left(-\frac{k_{1}x}{u}\right) \tag{3-243}$$

非岸边排放：

$$C(x,y)=\left\{C_{\mathrm{h}}+\frac{C_{\mathrm{p}}Q_{\mathrm{p}}}{2h\sqrt{\pi D_{y}xu}}\left[\exp\left(-\frac{y^{2}u}{4D_{y}x}\right)+\exp\left(-\frac{(2a+y)^{2}u}{4D_{y}x}\right)\right]\right\}\exp\left(-\frac{k_{1}x}{u}\right) \tag{3-244}$$

式中：h 为湖水平均深度；a 为排放口到岸边的距离；D_y 为横向混合系数，$\mathrm{m^2/s}$。其他符号含义同前。

3.5 水质模型的发展趋势

纵观国内外水质模型的研究，模型的空间维数，可以模拟的水质组分都达到了很高的发展阶段。多维模型软件应用成熟，水质模拟组分增多，不仅能对非生命物质（如有机污染指标、泥沙、重金属、油类、悬浮颗粒物、有机有毒物质）进行模拟，还可以对诸如藻类、浮游生物、底栖动物等水生生物进行模拟，模型的应用范围也由河流向流域性综合水域发展。地理信息系统在模型中得到了广泛应用，但综合性以及不确定性水质模型研究不足等诸多问题还有待进一步解决。综合考虑地表径流、地下水流，水生生态系统的水动力与水质模型系统以及水质模型不确定性的研究，现在以及将来都将是国内外水质模型研究的重要方向。水质数学模型发展完善还需要一个过程。今后的发展有以下特点：

3.5.1 以 GIS 为平台

地理信息系统（Geographic Information System，简称为 GIS）是具有地理位置的空间数据为研究对象，以空间数据库为核心，采用空间分析和建模的方法，适时提供多种空间的和动态的资源与环境信息。它涉及人工智能、环境工程、规划理论、地学、数学等多种学科和专业。近年来 GIS 已广泛应用于各领域，特别在水质模拟与管理规划方面发挥了重要作用。由于江河流域水环境信息是具有空间特征的信息，通过应用 GIS 技术可使流域水环境信息从单一的表格、数据形式逐步转变为具有生动形象的图形、图像方式，并且以这些信息为基础，还可完成对相关流域水环境的预测、规划，以及对某些重大水环境问题进行预警和防范。从而将 GIS 技术结合于水环境污染模拟、控制和决策，也是水质模型今后重要的研究课题。

3.5.2 模拟结果的动态化、可视化

利用新技术、新方法、新手段对河流水质进行模拟并将最终的模拟结果可视化、动态化、虚

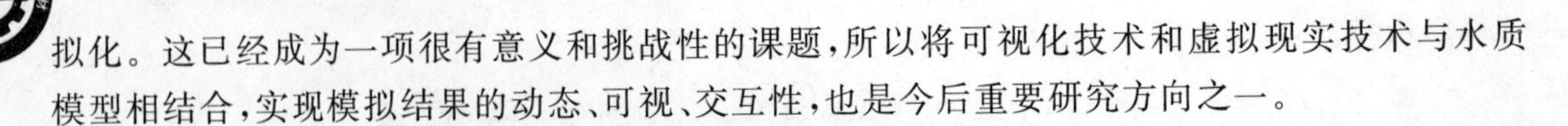

拟化。这已经成为一项很有意义和挑战性的课题，所以将可视化技术和虚拟现实技术与水质模型相结合，实现模拟结果的动态、可视、交互性，也是今后重要研究方向之一。

3.5.3 河流综合水质模型的完善

目前，综合模型的共同特点，考虑到影响水体中的污染物浓度的综合因素，并通过一定的假设对这些影响因素进行概化，以期进一步提高水质模型模拟的真实度。当然，现有的综合水质模型也存在一些亟待解决的问题，并未完全清楚污染物在介质中的迁移转化过程，近似假设仍可能导致模拟较大地偏离真实情况；模型比较复杂，导致许多参数难以较准确度量和估值，参数的随机性也会引起结果的不确定性。因此，加强污染机理研究、提高参数估值准确度及研究模型的不确定性将成为河流综合水质模型在今后发展中的一个重要方向。

3.6 水质模型的软件及应用

随着水污染防治工作的开展，水质模型作为水污染控制研究的工具在水质规划中起越来越重要的作用。然而，大小不同的河流，由于其水文条件、污径比等不同，模拟河流水变化的手段也各有差异。综观河流水质模型的研究发展过程，大致可分为 3 个阶段。第 1 阶段，1925—1970 年，是考虑水质项不多的一维定常模型阶段；第 2 阶段，1970—1985 年，是河流水质模型的快速发展阶段；第 3 阶段，1985 年至今，是河流水质模型的发展与完善阶段。

欧美发达国家开发的水质模型软件包括 ISO 开发的 PRR（河流污染削减规划模型）、RWIM（一维和二维河流水质模式）、WQRRS（河流水库水质模型）等。其中最富有代表性的是美国国家环保局的 QUAL2E（河流水质增强型），它模拟了污染物质在河流中的迁移，是河流水质模型，最初是用来模拟水质传统的成分（如富营养化、藻类、溶解氧）。在通常情况下，参照水流和输入的废弃物负荷，可以计算每一部分的水流平衡、水温平衡和物质平衡。另外，EPA 开发的水环境模型系列软件有：河流水质量增强模型 AQUATOX、地下水建模维持中心 CSMOS 和集水处流入流出水质水量模型 HSPF。此外，英国 AEA 技术公司开发的 OTTER 是用于模拟重金属和放射性物质在淡水环境中迁移的多媒体仿真模型工具，典型的是大气沉积物质的后续影响。它集成了集水区、河流和湖泊的模型。人类通过饮水和食用鱼类而吸收污染物的剂量可以计算出来，并且通过在英国湖泊地区的试验数据证明预测结果是有效的。另外，有些模型集成了几个数学模块，每一个模块都可以单独地解决固定的问题，如美国地质勘探局（USGS）提供的 USGS 水源应用软件，包括地质化学、地下水、地表水和水质等几个模块。每一个模块，又由若干模型软件构成，如地表水软件包括 BRANCH、ANNIE、CAP 等，水质量软件包括 BIOMOC、BLTM、DOTABLES 等。

以下对常见的 QUAL2K、WASP、EIAW 等模型软件作一简单介绍。

3.6.1 QUAL－II 模型系列

QUAL 模型系列中的最初完整模型是美国德克萨斯州水利发展部（Texas Water Development Board）于 1971 年开发完成的 QUAL－I 模型。而 QUAL－I 模型的雏形则是 F. D. Masch 及其同事在 1970 年提出的。QUAL－I 模型应用较成功。在该模型的基础上，1972 年美国水资源工程公司（Water Resources Engineering，Inc.，缩写为 WRE）和美国环保局（U. S.

EPA)合作开发完成了QUAL－II模型的第1个版本。1976年3月，SEMCOG(Southeast Michigan Council of Governments)和美国水资源工程公司合作对此模型作了进一步的修改，并将当时各版本的所有优秀特性都合并到了QUAL－II模型的新版本中。自1987年以来，我国学者应用QUAL－II模型解决了大量河流水质规划、水环境容量计算等问题，并结合国内的实际情况，对该模型进行了改进。

QUAL－II模型可以模拟13种物质，这13种物质是：溶解氧、生化需氧量(BOD)、氨氮、亚硝酸盐氮、硝酸盐氮、溶解的正磷酸盐磷、藻类-叶绿素a、大肠杆菌、温度、一种任选的可衰减的放射性物质和3种难降解的惰性组分。QUAL－II模型可按用户希望的任意组合方式模拟这13种物质。QUAL－II模型属于综合水质模型，它引入了水生生态系统与各污染物之间的关系，从而使水质问题的研究更为深化。该模型各组成成分之间的相互关系以溶解氧为核心。大肠杆菌、可衰减的放射性物质以及3种难降解的惰性组分与溶解氧无关。

1. QUAL2E模拟的原理

作为一个准动态模型，QUAL2E将恒定流水力学与水质参数结合，而这些水质参数既可以是恒定的，也可以是逐日变化的，QUAL2E模型既可以作为静态模型使用，也可用于动态模拟。当QUAL2E作为静态模型使用时，它可以用来研究废水排放对河流水质的影响(定量、定性和定位)，也可以和现场采样程序联合使用，以确定非点源废水排放的定量和定性的特征；当QUAL2E作为动态模型使用时，用户可以研究气象数据每天的变化对水质(主要是溶解氧和温度)的影响，也可以研究由于藻类生长和呼吸的影响，溶解氧每天的变化量。

QUAL2E假定存在主流输送机理，即假定平流与扩散都沿着河流的主流方向，而在河流的横向与垂向上水质组分是完全均匀混合的。QUAL2E模型的基本方程是一维平流-扩散物质迁移方程，该方程考虑了平流、扩散、稀释、水质组分自身反应、水质组分间的相互作用以及组分的外部源和汇对组分浓度的影响。对于任意一种物质组分，有：

$$\frac{\partial C}{\partial t}=\frac{\partial\left(A_x D_{\mathrm{L}}\dfrac{\partial C}{\partial x}\right)}{A_x\partial x}-\frac{\partial(A_x\bar{u}C)}{A_x\partial x}+\frac{\mathrm{d}C}{\mathrm{d}t}+\frac{S}{V}\tag{3-245}$$

式中：C为污染物浓度，mg/L；x为河流纵向坐标，m；t为时间，s；A_x为河流过水断面面积，m^2；D_{L}为河流纵向离散系数，m/s；$\bar{u}$为河流断面平均流速，m/s；S为外部的源或汇，g/s；V为计算单元的体积，m^3。式子右边的四项分别代表扩散、平流、组分反应和外部源和汇。

2. QUAL2E对河流的概化

QUAL2E首先将模拟河道划分为一系列恒定非均匀流河段，再将每个河段划分为若干等长的计算单元。河道数据以河段组织，同一河段具有相同的水力、水质特性和参数，各河段的水力、水质特性则各不相同。

单元是QUAL2E中最小的计算单位，每个单元都是理想混合的反应器，河段由单元组合而成。但是应用QUAL2E模型河段最多25个；每个河段不超过20个计算单元，即全流程不超过500个；源头最多为7个；汇合单元最多为6个；输入和输出单元最多为25个。上述条件限制决定计算单元长度随流域的纵向沿程距离而变化，对中小型河流而言，流程越短，计算单元的长度Δx越小，则每单元与实际情况越接近，模拟越精确。

为了描述河流的空间分布特征，QUAL2E将单元定义为以下8种类型：

① 源头单元(H)：主流和支流的源头，源头单元是源头河段的第一个单元交汇点单元(J)；

② 有支流汇入的单元交汇点上游单元(U)；

③ 主流中交汇点单元的上一个单元系统的最后单元(L)；

④ 模拟系统中的最后一个计算单元取水口单元(P)；

⑤ 含有取水口的单元排放口单元(W)；

⑥ 含有排放口的单元水工建筑物单元(D)；

⑦ 含有水工建筑物单元的标准单元(S)；

⑧ 除以上 7 种单元之外的单元都定义为标准单元。

通过划分河段单元，QUAL2E 将模拟河段概念化为一系列通过输移、扩散机理首尾相连、均匀混合的反应为计算单元。一组具有相同水力、水质特性和参数的单元构成河段，QUAL2E 按河段组织模型数据。在每一个时间步长上，对任一种水质组分，QUAL2E 在每个计算单元上列出水质方程，由于对复杂的河流系统，上述方程很难求解，故 QUAL2E 采用向后隐式有限差分法求其数值解。

QUAL2E 模型可以模拟面源污染，它假定一段时间内沿河段入流的地下水或污水排放近似为一常数。这种假定更贴近排污实际，使得模型开发具有很好的实用价值。

3. QUAL2K 模型

QUAL2K(或简称 Q2K)模型是 QUAL 模型系列中的一个。它是在 QUAL2E 的基础上改进而成的，两者的共同之处是：

① 一维。水体在垂向和横向都是完全混合的。

② 定常。模拟的是不均匀定常流场和浓度场。

③ 日间热收支。日间热收支和温度在日间时间轴上用一个气象学方程模拟。

④ 日间水质动力学。所有水质变量在日间时间轴上模拟。

⑤ 热量和物质输入。模拟点源和非点源负荷和去除。

较 QUAL2E 而言，QUAL2K 的不同之处包括：

① 软件环境和界面。QUAL2K 在 Microsoft Windows 环境下实现，所用的编程语言是 Visual Basic for Applications(VBA)。用户图形界面则用 Excel 实现。可从美国环保局网站获得该模型的可执行程序、文档及源代码。

② 模型分割。QUAL2E 将系统分割成几个等距河段，而 QUAL2K 则将系统分割成几个不等距河段。另外，在 QUAL2K 中，多个污水负荷和去除可以同时输入到任何一个河段中。

③ 碳化 BOD(CBOD)分类。QUAL2K 使用两种碳化 BOD 代表有机碳。根据氧化速率的快慢把碳化 BOD 分为慢速 CBOD 和快速 CBOD。另外，在 QUAL2K 中，对非活性有机物颗粒(碎屑)也进行了模拟。这种碎屑由固定化学计量的碳、氮和磷颗粒组成。

④ 缺氧。QUAL2K 通过在低氧条件下将氧化反应减少为零来调节缺氧状态。另外，在低氧条件下，反硝化反应很明确地模拟为一级反应。

⑤ 沉积物、水体之间的交互作用。在 QUAL2E 中，溶解氧和营养物在沉积物、水体之间

的流量只是做了一些文字性的描述，而在 QUAL2K 中，则是在内部做了模拟，即氧(SOD)和营养物流量可用一个方程模拟，该方程由有机沉淀颗粒、沉积物内部反应及上层水体中可溶解物质的浓度构成。

⑥ 底栖藻类。QUAL2K 模拟了底栖藻类。

⑦ 光线衰减。光线衰减是由藻类、碎屑和无机颗粒方程计算。

⑧ pH。对碱度和无机碳都进行了模拟，在它们的基础上模拟河流 pH。

⑨ 病原体。对一种普通病原体进行了模拟。病原体的去除由温度、光线和沉积方程决定。

⑩ 不仅适用于完全混合的树枝状河系，而且允许多个排污口、取水口的存在以及支流汇入和流出。

⑪ 对藻类、营养物质、光 3 者之间的相互作用进行了矫正。

⑫ 在模拟过程中对输入和输出等程序有了进一步改进。

⑬ 计算功能的扩展。

⑭ 新反应因子的增加，如藻类 BOD、反硝化作用和固着植物引起的 DO 变化。

美国环保局还对 QUAL2K 模型进行着改进，并于 2009 年 1 月发布了该模型的一个最新版本。

4. QUAL2K 模型优势

① 功能全面，通用性强。

② 对数据、资料的需求量较少，需人力、时间和经费也较少。

③ 由一些简单模型组合而成，大量的动力学参数可参照简单模型的数值。

④ 界面规范，可视化程度高。图形用户界面采用 Excel 实现。Excel 属于日常办公软件，操作方便、易掌握。

⑤ 程序语言经优化设计，计算效率高，软件内存需求小且运行速度快。

⑥ 编程语言为 VBA，即 VB 的简化版，简单易学，用该语言开发的软件易于与其他兼容性软件搭配使用。

⑦ 可从美国环保局网站获得全部源代码。

5. 应用 QUAL2E 模型模拟河流水质

应用 QUAL2K 模型对某河流水质进行模拟。

为了方便计算和模拟，进行了以下假设 ：水流是相对恒定的；河流的物理、化学、生化过程和水文过程假设为稳态，各反应以及沉降过程均为一级反应；区域排水量以及各种指标物质的浓度都保持一定；各河段的过水断面具有相同的几何特征。将汇入干流的支流作为点源输入。根据水文监测站的多年实测资料，计算出支流的流量，以作为点源的流量。同时，支流的指标物质浓度取各时间段内实测资料的平均值。

(1) 河段的划分

某河流全长为 34.5 km，概化图如图 3－23 所示。根据模型及计算精度的要求，将其划分为 5 个河段，如表 3－7 所列。

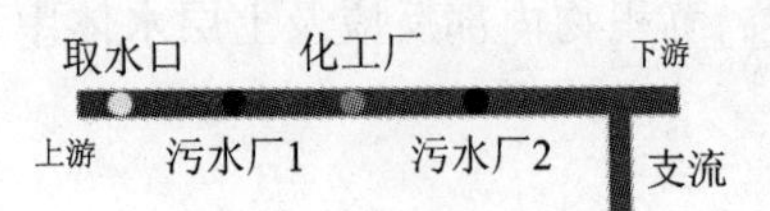

图 3-23　二干河概化图

表 3-7　二干河河段

河　段	河段长度/km
1	5.3
2	6.5
3	5.7
4	4.5
5	5.3

(2) 河段边界及水质数据

在 QUAL2K 模型中,将支流作为一个点源来处理。根据水文站多年的实测数据,求得各点源和支流的流量。支流的水质是各时间段内实测数据的平均值。各河段水力监测数据和水环境特征如表 3-8、表 3-9 所列。

表 3-8　各河段水力监测数据

河段编号	流量/($m^3 \cdot s^{-1}$)	流速/($m \cdot s^{-1}$)	水深/m
1	4.36	0.096	3.29
2	4.25	0.107	3.48
3	4.93	0.117	3.37
4	5.21	0.172	3.5
5	5.03	0.164	3.36

表 3-9　水环境特征

点源种类	位置/km	流量/($m^3 \cdot s^{-1}$)	BOD_5/($mg \cdot L^{-1}$)	DO/($mg \cdot L^{-1}$)
污水厂1	7.5	0.21	30	—
化工厂	11	0.075	150	—
污水厂2	16.6	0.14	30	—
支流	21.3	0.97	7.5	3.4
取水口位置	4.5	0.096	—	—
上游起始断面	—	4.35	6.1	4.5

(3) 参数的确定

1) 水力参数的确定

在已知速度 U、流量 Q、水深 H 的情况下,通过公式,以及 b 和 β 经验值,可以求得系数 a 和 α 的值。结果如表 3-10 和表 3-11 所列。

表 3-10　b 和 β 的经验值

公　式	速度指数	经验值	数值范围
$U=aQ^b$	b	0.43	0.4～0.6
$H=\alpha Q^\beta$	β	0.45	0.3～0.5

表 3-11　流速 U 和水深 H 的相关系数和指数值

速度/($m \cdot s^{-1}$)		水深/m	
a 系数	b 指数	α 系数	β 指数
0.051 6	0.43	1.796 6	0.45
0.057 6	0.43	1.814 3	0.45
0.059 9	0.43	1.644 9	0.45
0.085 3	0.43	1.666 6	0.45
0.082 8	0.43	1.624 8	0.45

2）水质参数的确定

水质参数包括 BOD_5 耗氧系数 k_1、复氧系数 k_2、河流纵向弥散系数 D_L。采用历史测量数据进行水质参数的率定，通过上述计算方法，得到各河段 BOD_5 耗氧系数 k_1、复氧系数 k_2、河流纵向弥散系数 D_L，见表 3-12。

表 3-12　根据历史实测数据求得各段水质模拟参数

河段编号	距离/km	k_1/d^{-1}	k_2/d^{-1}	纵向弥散系数 D_L	BOD_5 浓度/($mg \cdot L^{-1}$)	DO 浓度/($mg \cdot L^{-1}$)	曼宁系数 n
1	5.2	0.26	0.23	0.18	6.3	4.4	0.03
2	6.5	0.32	0.25	0.21	6.9	3.1	0.03
3	5.7	0.40	0.39	0.22	7.1	2.9	0.03
4	4.5	0.42	0.18	0.44	6.3	1.1	0.04
5	5.3	0.29	0.42	0.41	6.5	2	0.04

3）模型的验证

模型的参数的计算方法已经在参数的率定中确认，在确定参数后，需要对 QUAL2K 模型的正确性进行验证。利用实测数据求得各河段水质模拟参数，见表 3-13。

表 3-13　利用实测数据求得各河段水质模拟参数

河段编号	距离/km	k_1/d^{-1}	k_2/d^{-1}	纵向弥散系数 D_L	BOD_5 浓度/($mg \cdot L^{-1}$)	DO 浓度/($mg \cdot L^{-1}$)	曼宁系数 n
1	4.5	0.14	0.17	0.18	6.2	3.4	0.03
2	9	0.19	0.15	0.21	7.4	3.1	0.03
3	15.9	0.17	0.21	0.19	6.7	0.9	0.03
4	21.3	0.12	0.30	0.44	6.9	1.6	0.04
5	27.2	0.14	0.16	0.41	6	1.7	0.04

将表 3-13 中的参数输入 QUAL2K 模型，对河流水质情况进行模拟，得到各测点的 BOD_5 和 DO 浓度的模拟值，并与实测值进行比较，见图 3-24 和图 3-25。

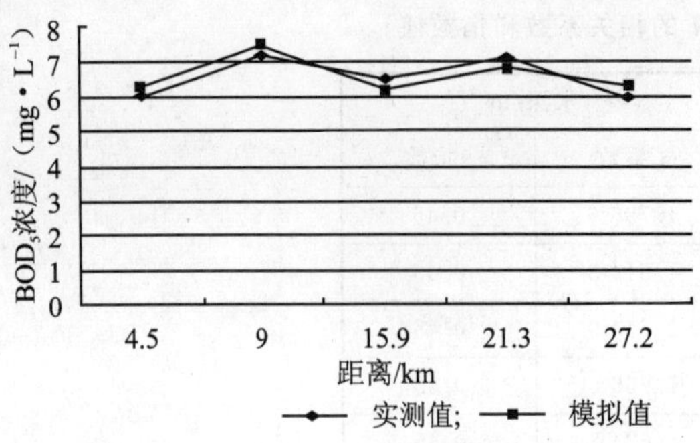

图 3-24　BOD_5实测值和模拟值折线图

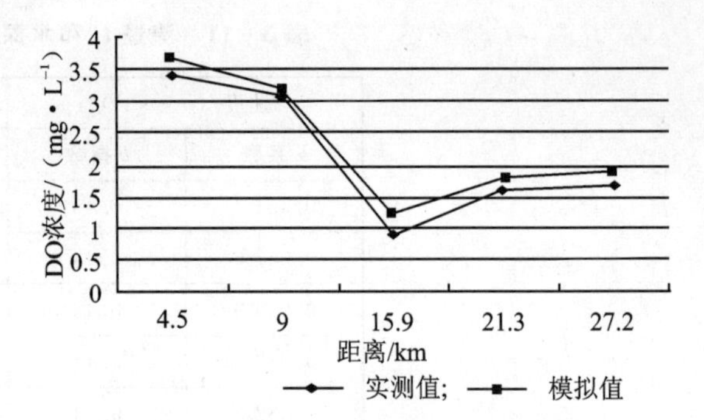

图 3-25　DO 实测值和模拟值折线图

验证结果表明：QUAL2K 模型进行检验后发现实测数据与模型的计算结果相对应，模型可靠、适用，可以对该河流水质进行模拟。

3.6.2　WASP 水质模型

WASP(The Water Quality Analysis Simulation，水质分析模拟程序)是美国环保局提出的、推荐使用的水质模型，能够用于不同环境污染决策系统中分析和预测由于自然和人为污染造成的各种水质状况，可以模拟水文动力学、河流一维不稳定流、湖泊和河口三维不稳定流、常规污染物和有毒污染物在水中的迁移和转化规律。

WASP 是水质分析模拟程序，是一个动态模型模拟体系，它基于质量守恒原理，待研究的水质组分在水体中以某种形态存在，WASP 在时空上追踪某种水质组分的变化。它由两个子程序组成：有毒化学物模型 TOXI 和富营养化模型 EUTRO，分别模拟两类典型的水质问题：

① 传统污染物的迁移转化规律(DO、BOD 和富营养化)。

② 有毒物质迁移转化规律(有机化学物、金属、沉积物等)。

TOXI 是有机化合物和重金属在各类水体中迁移积累的动态模型，采用了 EXAMS 的动力学结构，结合 WASP 迁移结构和简单的沉积平衡机理，它可以预测溶解态和吸附态化学物在河流中的变化情况。EUTRO 采用 POTOMAC 富营养化模型的动力学，结合 WASP 迁移结构，该模型可预测 DO、COD、BOD、富营养化、碳、叶绿素 a、氨、硝酸盐、有机氮、正磷酸盐等物质在河流中的变化情况。

1. 基本方程

WASP 水质模块的基本方程是一个平移-扩散质量迁移方程，它能描述任一水质指标的时间与空间变化。在方程里除了平移和扩散项外，还包括由吸附、解析等作用引起的化学反应动力项。对于任一无限小的水体，水质指标 C 的质量平衡式为

$$\frac{\partial C}{\partial t}=-\frac{\partial}{\partial x}(U_x C)-\frac{\partial}{\partial y}(U_y C)-\frac{\partial}{\partial z}(U_z C)+\frac{\partial}{\partial x}\left(E_x\frac{\partial C}{\partial x}\right)+\frac{\partial}{\partial y}\left(E_y\frac{\partial C}{\partial y}\right)+\frac{\partial}{\partial z}\left(E_z\frac{\partial C}{\partial z}\right)+S_L+S_B+S_K \tag{3-246}$$

式中：U_x、U_y、U_z分别为河流的横向、纵向、垂向的流速，量纲为 LT^{-1}；C 为溶质浓度，量纲为 ML^{-1}；E_x、E_y、E_z分别为河流的横向、纵向、垂向的扩散系数，量纲为 L^2T；S_L为点源和非点源负荷，量纲为 LT^{-1}；S_B为边界负荷，量纲为 LT^{-1}；S_K为动力转换项，量纲为 LT^{-1}。

2. EUTRO 模块

EUTRO 模拟了 8 个常规水质指标，即 $NH_3-N(C_1)$、$NO_3-N(C_2)$、无机磷(C_3)、浮游植物(C_4)、CBOD(C_5)、DO(C_6)、有机氮(C_7)和有机磷(C_8)。这 8 个指标分为 4 个相互作用的子系统：浮游植物动力学子系统、磷循环子系统、氮循环子系统和 DO 平衡子系统。这 4 个系统之间的相互转换关系见图 3-26。

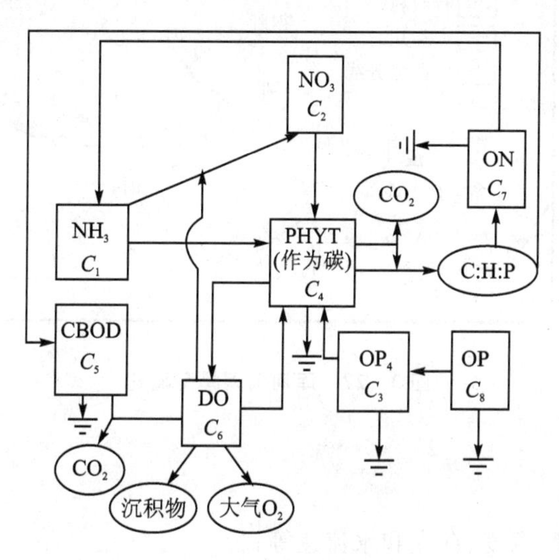

图 3-26　EUTRO 系统之间的相互转换关系

在 EUTRO 模型中，充分考虑了各系统间的相互转化关系，即 S_K 项反映了这 4 个系统、8 个指标之间的相互转化和影响。而这些指标除了相互影响之外，还会受到光照、温度等的影响。

3. TOXI 模块

TOXI 模块模拟有毒物质的污染，可考虑 1～3 种化学物质和 1～3 种颗粒物质，包括有机化合物、金属和泥沙等。对于某一污染物质可分别计算出其在水体中溶解态和颗粒态的浓度，在底泥孔隙水和固态底泥中的浓度。但是，污染物质在河流中的迁移转化机理却要比常规指标复杂得多，它受到水体流动因素、气象因素，以及物质本身的一系列物理、化学性质等的影响。因此，TOXI 模块所考虑的动力过程也更为复杂，其中包括了转化、吸附和挥发等。转化过程包括生物降解、水解(酸性水解、中性水解、碱性水解)、光解、氧化反应及其他化学反应等。吸附作用是一个可逆的平衡过程，包括 DOC 吸附、固体吸附。挥发过程与气象条件等有关。

3.6.3　WASP 软件应用

以辽宁省浑河的一条支流细河为例，应用 WASP 对该河流 2007 年的 BOD 和 DO 指标进行模拟。

1. 河网模型概化

根据河流自身特点和周边环境状况，将实际水体概化为一系列 3 个关联的段，并计算出每段的水体体积、相邻分区间的特征距离以及分区间剖面面积。概化后的概念模型如图 3-27 所示，其中，第一段河流附近有一个仙女河污水处理厂；第二段河流附近是工业园区和居民生活区，有

三一重工、辽鞍集团等企业，还有杨士乡等居民聚集区；第三段河流附近有少量居民居住。

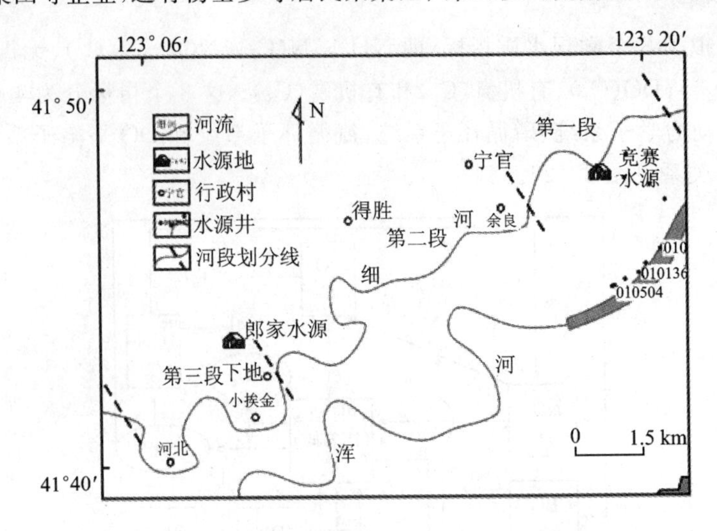

图 3－27　浑河河网模型概化

2. 数据采集

数据采集主要包括：

① 各段的河流长度、宽度、深度和水流速等；

② 边界浓度；

③ 每段河流中在某些时间点测得的污染物浓度值；

④ 水温和光照的时间序列值。

3. 建立模拟并输入参数

本案例主要用来模拟浑河的支流细河 2007 年污染质迁移规律，选用的模型为 EUTRO。用来模拟的指标为 BOD 和 DO，依次录入河段的初始浓度值、边界浓度值、光照和水温等其他相关参数信息。

WASP 软件界面如图 3－28 所示，模型应用步骤可见 EPA 网站。

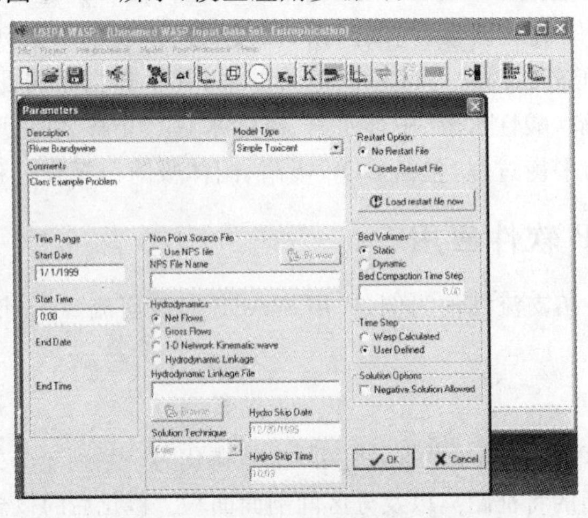

图 3－28　WASP 软件界面

4. 运行模拟,结果输出

结果的输出主要有 3 种方式:

① 表 3-14 中滚动显示每个时刻的每段河流的污染质浓度值。其中 DO 和 BOD 是模拟的指标。

表 3-14　某一时刻各段污染质浓度值

河段一 BOD/(mg·L^{-1})	河段二 BOD/(mg·L^{-1})	河段三 BOD/(mg·L^{-1})	DO/(mg·L^{-1})
15.07	0.00	0.00	11.68
24.75	0.00	71.27	4.38
30.00	44.01	0.00	8.74

② 输出 CSV 的数据文件(见表 3-15)。

表 3-15　2007 年浑河的支流细河每段河流每天的 BOD 浓度值

时　间	河段一 BOD/(mg·L^{-1})	河段二 BOD/(mg·L^{-1})	河段三 BOD/(mg·L^{-1})	时　间	河段一 BOD/(mg·L^{-1})	河段二 BOD/(mg·L^{-1})	河段三 BOD/(mg·L^{-1})
第 1 天	0.015	0.117	0.248	第 138 天	4.904	69.038	70.340
第 2 天	4.878	59.533	43.799	第 139 天	4.888	71.605	71.069
第 33 天	5.017	114.326	42.312	第 140 天	4.873	74.222	71.857
第 34 天	5.012	113.534	42.312	第 141 天	4.858	76.791	72.688
第 55 天	5.061	100.010	31.382	第 142 天	4.842	79.807	73.550
第 56 天	5.059	99.321	30.880	第 143 天	4.828	82.194	74.512
第 57 天	5.062	98.876	30.413	第 144 天	4.825	85.014	75.666
第 58 天	5.059	98.083	29.907	第 145 天	4.818	89.745	76.814
第 59 天	5.048	96.981	29.655	第 146 天	4.496	92.575	77.858
第 60 天	5.005	96.731	29.655	第 147 天	4.796	96.123	79.307
第 107 天	4.996	57.782	43.849	第 179 天	4.652	146.313	45.948
第 137 天	4.913	66.636	69.594	第 180 天	4.652	147.812	20.035

BOD(生化耗氧量)是表示水中有机物等需氧污染物质含量的一个综合指示。其值越高说明水中有机污染物质越多,污染也就越严重。第二段河流中 BOD 的值明显比其他河段高,其中很多时刻超过 100 mg/L,说明该河段污染较严重,由于该河段附近有工业园区和居民生活区,使得大量的工业废水和生活污水排入河流,不能被微生物降解的有机物的量大于能被微生物降解的有机物的量,导致 BOD 含量高,可考虑对该工业区内相关工厂采取减排措施。第一段河流中的 BOD 含量低,低于 5 mg /L,该河段附近有一个污水处理厂。

③ 输出数据进行图形化显示,表现出各指标的趋势图(见图 3-29)。

图 3-29(a)显示的是在第二段河流中 BOD 指标的变化趋势。可以看出,在 5—7 月期间,BOD 明显增加,在 7 月初,大于 140 mg /L,因为在该段时间内居民用水增加,生活污水排放过多,同时工业区内工业废水也排放过多,导致河流中有机物质含量剧增,有机物降解所需

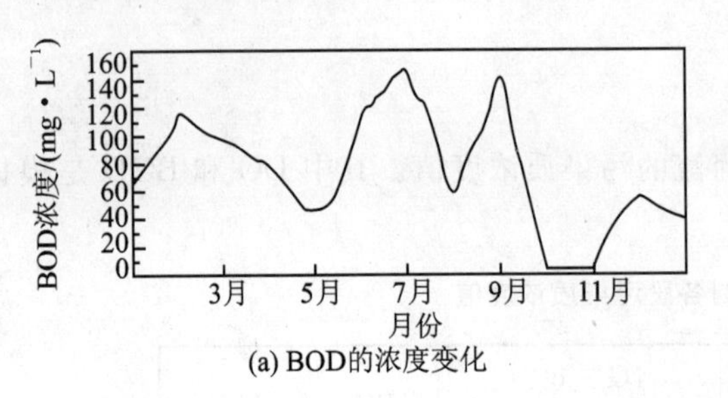

(a) BOD的浓度变化

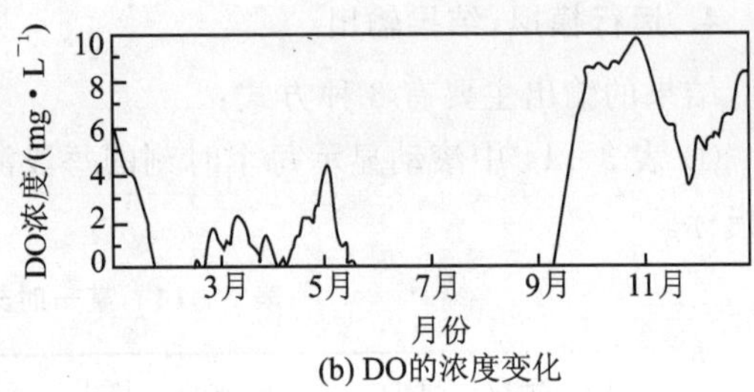

(b) DO的浓度变化

图 3-29　2007 年 BOD 和 DO 的浓度变化图

要的氧气量随之剧增。BOD 值增大，说明河段的污染严重，进入 10 月后期，随着排污量的减少，污染程度有所减缓。

图 3-29(b)显示的是第二段河流中 DO 的变化趋势。DO（溶解氧含量）可作为评价水体受有机物污染及其自净程度的间接指标。其含量受水温的影响很大，水温愈高，水中溶解氧的含量越低。5 月末至 9 月初水温高，随着排污的增加，水中的有机物含量高，水中溶解氧被消耗，消耗氧的速度大于空气中的氧。通过水面溶入水体的复氧速度和水中溶解氧浓度值降低，为 0.004 mg/L 左右，进而使水体处于厌氧状态，此时水中厌氧微生物繁殖，有机物发生腐败分解，生成 NH_3 和 H_2S 等，使水发臭发黑，河流污染严重。

综合 BOD 和 DO 两个指标可以看出 6—10 月期间，工业区和居民区的污水排放量大，河流中的有机污染物含量高，河流污染严重，可根据实际情况对河流附近的工厂制定合理的减排方案，比如限制部分工厂的生产时间，或者在工厂排污口附近设置监测点，限制排污量，或者在工业区和居民区附近修建污水处理厂使得排放达到标准要求或适应环境容量要求。

3.6.4　地面水环评助手 EIAW

EIAW 是地面水环评助手（Environmental Impact Assessment Assistant Special For Ground Water）的简称。这是由 SFS（Six Five Software，六五软件工作室）继大气环评助手 EIAA 之后推出的第二个环评辅助软件系统。

EIAW 以 HJT 2.3—93 地面水环评导则中推荐的模型和计算方法作为主要框架，内容涵盖了导则中的全部要求，包括参数估值和污染源估算。除了拓展导则中的内容外还增加了许多实用的内容，例如可用于计算多个污染源、多个支流、流场不均匀等复杂的情况模拟计算、动态温度数值模型、动态 SP 数值模型等。EIAW 是面向模型的软件，每一个扩散模型都可以找到对应的程序模块。EIAW 又是一个多文档的程序，可以同时打开任意多个相同的窗口。EIAW 采用了灵活的参数输入格式，可以用文本也可以用表格方式输入，每个功能模块均有 RTF 格式的说明文档与之相对应，同时提供了电子表格和图形处理功能，能够输出浓度的平面分布图或轴线变化图。

1. EIAW 的功能模块

EIAW 以导则为框架，但在许多方面从广度和深度上又进行了拓展。其功能模块包括河流、河口、湖库、海湾、参数估值及工具。

河流模式有导则河流模式（导则中 11 个河流解析模式，适用平直、均匀河段，且要求污染源稳定均匀排放，只有一个污染源）、基本扩散模式解析解法、基本扩散模式数值解法、S-P 模

式、温度模式、pH 模式、模拟计算(一维、二维)及河流硝化方程与混合段长度。

河口模式包括河口解析模型、河口数值模型及河口模拟计算。

湖(库)模式包括导则湖(库)模式、完全混合箱式基本模式及湖(库)富营养化的判别。

海湾模式包括海湾 5 -约瑟夫-新德那模式、海湾二维潮流混合模型及海湾二维潮流温度模型。

参数估值包括水力学参数估值、耗氧系数 k_1、复氧系数 k_2、混合系数 M、多参数同时优化估值及其他参数。

工具包括地面水评价分级(地面水现状评价方法、地面水面源源强确定方法及相关系数和相对误差)、电子表格及绘图。

2. 模型应用

(1) 导则中的河流模式

应用于河流中的点源扩散。要求河流的流场是均匀的,而且是稳定的,即流速、流量等参数均是常数,不随时间和空间的变化。污染源也只有一个,无任何支流或取水口。

点源排放出的污染物在河流中的混合过程一般分为三个阶段:垂直混合段、混合过程段和充分混合段。垂直混合过程很短,一般不考虑。混合过程段是污染物在河流的横向上逐渐展开的阶段,这一段河流在横向上各点有不同的浓度值,因此需要计算二维浓度分布。当某一断面上任意点的浓度与断面平均浓度之差小于平均浓度的 5%时,认为已完成横向混合,这之后的河段就称为充分混合段。充分混合段在横向上浓度已基本相同,因此只需计算断面平均浓度,只需一维计算。

坐标系以排放口为原点(0,0),流线为 x 轴,正向指向下游,y 轴与流线垂直。

如果污染物的衰减过程是耗氧的,则宜采用 S - P 模型或其修正式。由 S - P 模型或其修正式,下列式子是成立的:

$$\left.\begin{aligned} C(x) &= f(x,\vec{K},u,\vec{C}_0) \\ O(x) &= f(x,\vec{K},u,\vec{C}_0,O_0) \end{aligned}\right\} \tag{3-247}$$

式中:$\vec{K}$ 是参数项。根据不同的修正式,$\vec{K}$ 中可包含不同的参数,可能有 K_1、K_2、K_3、K_N、B、P 等;$\vec{C}_0$ 是起始浓度项,如考虑硝化作用,则应包括氨氮浓度,否则仅指耗氧污染物浓度;O_0 是起始处的溶解氧值。

在每一个单元起点处,计算出来水、取水、污水、支流混合水的流量和污染物、溶解氧的浓度,就可以使用适当的 S - P 模型计算出本单元内任一点的污染物和溶解氧浓度。

起点处污染物浓度:

$$C_{i1} = \frac{(Q_{ih} - Q_{iq})C_{ih} + Q_{iw}C_{iw} + Q_{iz}C_{iz}}{Q_i} \tag{3-248}$$

起点处溶解氧浓度:

$$O_{i1} = \frac{(Q_{ih} - Q_{iq})O_{ih} + Q_{iw}O_{iw} + Q_{iz}O_{iz}}{Q_i} \tag{3-249}$$

式中:下标 h、q、w、z 分别表示来水、取水、污水和支流混合水。

在 x 断面($0\leqslant x\leqslant L_i$)处浓度为

$$\left.\begin{aligned} C(x) &= f(x,\vec{K}_i,u_i,\vec{C}_{i1}) \\ O(x) &= f(x,\vec{K}_i,u_i,\vec{C}_{i1},O_{i1}) \end{aligned}\right\} \tag{3-250}$$

所以

$$\left.\begin{aligned} Q_{i+1,\mathrm{h}} &= Q_i \\ C_{i+1,\mathrm{h}} &= C_{i2} = c(L_i) = f(L_i,\vec{K}_i,u_i,\vec{C}_{i1}) \\ O_{i+1,\mathrm{h}} &= O_{i2} = o(L_i) = f(L_i,\vec{K}_i,u_i,\vec{C}_{i1},O_{i1}) \end{aligned}\right\} \tag{3-251}$$

上式中,函数 $f()$为 S-P 模型或其修正式的解析式。

(2) 河　口

1) 欧康纳河口模式

导则中的欧康纳河口模式,可用于计算中、小河河口潮周平均、高潮平均和低潮平均水质,适用于污染物的完全混合段。

可以考虑两种河口形状。一种是均匀河口,要求河口宽度基本保持不变。对于某些河口,在一个不长的河段内是可以作为均匀河口处理的。另一种是匀变河口,河口的宽度沿海方向均匀变大,呈喇叭状。对于均匀河口,$x<0$ 表示计算排放口上游的污染物上游浓度;$x>0$ 表示计算排放口上游的污染物下游浓度。对于持久性污染物,均匀河口的下游浓度是个常数,不随 x 变化。对于匀变河口,所有计算点 x 值均为正值。排放口坐标为 x_0。$x<0$ 表示在排放口上游;$x>0$ 表示在排放口下游。要注意的是,导则中的匀变河口模式只适用于非持久性污染物,当 $K_1=0$ 时是不能用的。

2) 河口 BOD-DO 耦合模式

适用于混合良好的窄长河口,要求污水与河水在短距离内完成完全混合过程。BOD−DO 耦合方程与河流的 S-P 方程的基本式是完全相同的,但是这里的弥散系数是很大的(数量级为 $10^1\sim10^2$),当边界条件 $x=\infty$时,$DO=DO\mathrm{s}$。同河流 S-P 模型一样,可以计算离排放口 x 处的 BOD 和 DO 浓度,或临界点浓度和位置,或从允许最小 DO 浓度反推允许的排污量等。

对 S-P 模型基本式,按边界条件:当 $x=\pm\infty$时,$O=O_0$,可解得:

$$\left.\begin{aligned} C &= C_0\,\frac{1}{\beta_1}\mathrm{e}^{\gamma_1 x} \\ D &= C_0\alpha_1\left(\frac{1}{\beta_1}\mathrm{e}^{\gamma_1 x}-\frac{1}{\beta_2}\mathrm{e}^{\gamma_2 x}\right)+D_0\,\frac{1}{\beta_2}\mathrm{e}^{\gamma_2 x} \\ O &= O_\mathrm{S}-D \end{aligned}\right\} \tag{3-252}$$

$$C_0=\frac{C_\mathrm{p}Q_\mathrm{p}}{Q_\mathrm{h}+Q_\mathrm{p}},\quad D_0=O_\mathrm{S}-\frac{O_\mathrm{p}Q_\mathrm{p}+O_\mathrm{h}Q_\mathrm{h}}{Q_\mathrm{h}+Q_\mathrm{p}}$$

$$\beta_1=\sqrt{1+4M_lk_1/u^2},\quad \beta_2=\sqrt{1+4M_lk_2/u^2}$$

$$\alpha_1=\frac{k_1}{k_2-k_1}$$

对排放口上游($x<0$):

$$\gamma_1=\frac{u_x}{2M_l}(1+\beta_1),\quad \gamma_2=\frac{u_x}{2M_l}(1+\beta_2)$$

对排放口下游($x>0$):

$$\gamma_1=\frac{u_x}{2M_l}(1-\beta_1),\quad \gamma_2=\frac{u_x}{2M_l}(1-\beta_2)$$

对上式中的 D 求导并使其等于0,可求出临界点:

$$x_c=\frac{1}{\gamma_1-\gamma_2}\ln\left[\left(1-\frac{D_0}{C_0\alpha_1}\right)\cdot\frac{\beta_1}{\beta_2}\cdot\frac{\gamma_2}{\gamma_1}\right] \tag{3-253}$$

将 x_c 代入解析解,就可求出 O_c 和 D_c。只有当 $D_0<C_0a_1$ 时,才会有临界点。

上述式子中:Q_p 为污水流量,m^3/s;C_p 为污水中污染物的浓度,mg/L;Q_h 为河口中河水净流量,m^3/s;C_h 为河口水中污染物的本底浓度,mg/L;x 为预测点离排放口的流线距离,m;u 为河口流速,m/s;C 为预测点 x 处的好氧降解物浓度,mg/L;O 为预测点 x 处的溶解氧DO浓度,mg/L;D 为预测点 x 处的氧亏值,mg/L;C_0 为排放口完全混合水中好氧降解物浓度,mg/L;O_0 为排放口完全混合水中溶解氧DO浓度,mg/L;D_0 为排放口完全混合水中的氧亏值,mg/L;O_S 为河流中饱和溶解氧浓度,mg/L;x_c 为临界点(溶解氧最低点)离排放口的流线距离,m;C_c 为临界点(溶解氧最低点)好氧降解物浓度,mg/L;O_c 为临界点(溶解氧最低点)溶解氧DO浓度,也称最小DO,mg/L;D_c 为临界点(溶解氧最低点)的氧亏值,也称为最大氧亏,mg/L;k_1 为河口中好氧污染物降解(耗氧)系数,d^{-1};k_2 为河口中水体复氧系数,d^{-1};M_l 为河口纵向混合(弥散)系数,m^2/s。

河口一维潮汐模型的数值解法、河口二维潮汐模型的数值解法适用于潮汐河口完全混合段的一级评价,可用于持久性污染物或非持久性污染物,可得出任意时刻的浓度分布。此算法只适用于河段宽度基本均匀的情况。

河口一维水质模拟,对于河口,如果只需计算潮周平均浓度,污染物排放又是稳定的,则使用模拟算法最为灵活。

(3) 湖 库

1) 导则中的湖库模式

湖库完全混合模式:模式1适用于小湖库中的持久性污染物;模式5适用于小湖库中的非持久性污染物。当降解系数 $k_1=0$ 时自动采用模式1,否则采用模式5。

无风大湖库点源排放模式:湖库模式2、模式6计算离排放口 r 处的平衡浓度。模式2称为卡拉乌舍夫模式,适用于持久性污染物;模式6称为湖泊推流衰减模式,适用于非持久性污染物。

近岸环流显著湖库模式:导则湖库环流二维混合模式3为环流二维稳态混合模式,用于持久性污染物;模式7为环流二维稳态混合衰减模式,用于非持久性污染物。

分层湖库的集总参数模式:模式4适用于持久性污染物;模式8适用于非持久性污染物。

狭长湖移流衰减模式:导则湖库9适用于从湖库顶端入口附近排入废水的狭长形湖泊或水库。污染物与湖水充分混合,随湖水边流动边衰减,从狭长湖的另一端流出。湖库污染物降解系数 k_1 的确定:一级可以采用多点法,二级可以采用多点法或两点法,三级可以采用两点法。

部分混合模式:导则湖库10适用于循环利用湖水的小湖库。k_1 的确定可采用实验室测定法确定,三级也可以采用类比调查法。

2) 完全混合箱式基本模式

这两个模式与导则中的湖库模式1、模式5描述的是相通的一种混合过程，但对参数的需求有所不同。对于停留时间很长、水质基本处于稳定状态的湖泊和水库，可以被作为一个均匀混合的箱体进行研究。而沃伦威德尔模式是最早用于描述这种完全混合湖库的数学模型，难以确定沃伦威德尔模式中的沉积速率常数 s，吉柯奈尔和迪龙在1975年引入滞留系数 R_c，称为吉柯奈尔-迪龙模型。

3) 湖库富营养化判断

根据湖泊水库的营养源计算营养负荷，预测湖泊水库的营养物浓度，然后预测其营养状况。判断标准：当P平衡浓度PE＞0.03 mg/L和N平衡浓度NE＞0.3 mg/L时，属富营养化；当PE＜0.02 mg/L和NE＜0.2 mg/L时，属贫营养化；否则属于过渡状态。

(4) 海　湾

1) 约瑟夫-辛德那模式

该模式适用于海湾持久性污染物三级评价。可用于计算离点源排放口径向距离为 r(m)处的污水浓度。其中排放角 φ 可以根据海岸形状和水流情况确定：远离排放取 2π 弧度，平直海岸岸边排放取 π 弧度；d 可以参考表3-16确定：M_v 一般可取(0.010±0.005)m/s，近岸可取0.005 m/s。

表3-16　混合深度 d 的参考数据

海　域	近　岸	大河口、港口	离岸2～25 km	大陆架
d/m	2	2～6	2～10	≥10

2) 海湾二维潮流混合模式

采用特征理论差分解法求解海湾二维潮流混合模型，适用于计算海湾中持久性污染物的扩散。对于非持久性污染物，因为在海湾中的混合系数很大，降解作用相对扩散作用微乎其微，因此也可以用此式。首先用导则海湾-2(特征理论潮流模式)计算流场，再用海湾-4(特征理论混合模式)计算浓度场。

3) 海湾二维潮流温度模式

海湾二维潮流温度模式采用特征理论差分解法，适用于计算海湾中热源的扩散。首先用导则海湾-2(特征理论潮流模式)计算流场，再用海湾-6(特征理论温度模式)计算温度场。

3. 参数估值

(1) 水力学参数估值

该软件提供了一些水力学参数计算的工具。

① 以河流平均水深和河床坡降计算磨阻流速。

② 以曼宁公式为基础计算河流的谢才系数、平均流速和流量、河流平均水深 H。需输入河床糙率、水力半径和河床坡降以及河流断面面积及河宽等。采用蒙特卡洛法求解超越方程。

(2) 耗氧系数 k_1 估值

不同的评价要求、不同的水体可能需要不同方法来测定耗氧系数 k_1。该软件提供4种常用的方法：实验室测定法、野外两点测定法、野外多点测定法及四点DO测定法。

(3) 复氧系数 k_2 估值

不同的评价要求、不同的水体可能需要不同方法来测定复氧系数 k_2。该软件提供两种常

用的方法：

① 野外 DO 实验测定法。本法适用于河、湖、库等稳定水体。

② 经验式估算 k_2。该软件提供了三种经验公式，均用于估算河流的复氧系数 k_2。它们适用于不同的条件，需要输入不同的参数。

(4) 混合系数 M 估值

混合系数 M 主要是由弥散引起，所以一些资料中也称为弥散系数 D。不同的评价要求、不同的水体可能需要不同方向的混合系数，使用不同的方法来测定混合系数 M。该软件提供 3 种实测方法和 10 种经验式法估算混合系数 M 的经验式。其中 3 种实测方法包括：

① 示踪实验法测定河流纵向混合系数 M_x（仅用于河流）；

② 示踪实验法测定河流横向混合系数 M_y（仅用于河流）；

③ Ficher 法测定河流纵向混合系数 M_x（仅用于河流）。

(5) 多参数同时估值

应用多维参数的最优化估值方法，可以同时确定模型中多个参数。这种方法的优点是从模型的整体出发，由此求得的参数代入模型后使模型的可靠性得到较大的提高。同时要注意以下几点：

① 模型结构已证明是合理或基本合理的。

② 参数的初值要合情理，有代表性。

③ 使用已由最优化求出参数的模型时，环境条件应该与测定用于最优化数据时的环境相似。

(6) 其他参数计算

提供一些计算工具，用以计算水体的饱和溶解氧浓度 O_S、柯氏力参数 f、水面热交换系数 kTs 以及 k_1、k_2 的温度校正。

4. 工　具

工具主要包括以下内容：

① 地面水评价分级；

② 地面水现状评价方法：内梅罗平均值、单项水质指标、多项水质综合指标、自净利用指数以及污染排序指数 ISE；

③ 面源源强的确定：计算水土流失面源源强和堆积物面源源强；

④ 公路建设项目生态环境影响评价：水土流失的侵蚀量、因公路尾气引起土壤铅含量变化以及公路项目生活污水和冲洗废水；

⑤ 相关系数与相对误差：用于模式的验证的相关系数和相对误差的累积频率。

5. 案　例

【例 3-3】 计算完全混合段浓度。废水排放量 $Q_p=1\ m^3/s$，废水中污染物浓度 $C_p=100\ mg/L$，河水流量 $Q_h=10\ m^3/s$，河水中污染物浓度 $C_h=0.1\ mg/L$。

选择“只计算完全混合浓度”，输入河水和污水的流量和浓度，按刷新结果后，可得到以下结果：

解： 废水排放量 $Q_p=1\ m^3/s$；

废水中污染物浓度 $C_p=100\ mg/L$；

河水流量 $Q_h=10\ m^3/s$；

河水中污染物浓度 $C_h=0.1\ mg/L$；

混合浓度 $C=9.181\ 818\ mg/L$。

模拟结果如图 3-30 所示。

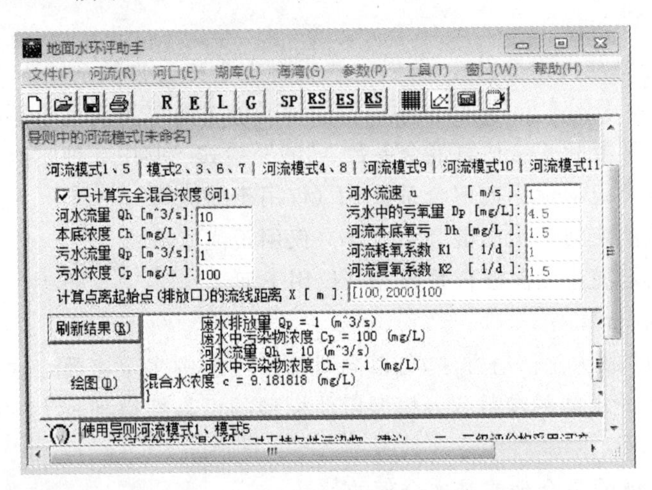

图 3-30 模拟结果

3.6.5 其他水质模型简介

1. MIKE 模型体系

MIKE 模型体系由丹麦水动力研究所(DHI)开发，包括 MIKE11、MIKE21 和 MIKE3。MIKE11 是一维动态模型，用于模拟河网、河口、滩涂等地区的情况；MIKE21 是二动态模型，用来模拟在水质预测中垂向变化常被忽略的湖泊、河口、海岸地区。

MIKE21 模型可用于模拟河流、湖泊、河口、海湾、海岸及海洋的水流、波浪、泥沙及环境场，可为工程应用、海岸及规划提供完备、有效的设计条件和参数；该软件的高级图形用户界面与高效计算引擎的结合，使其在世界范围内成为很多专业河口海岸工程技术人员不可缺少的工具，并曾在丹麦、埃及、澳大利亚、泰国等许多国家得到成功应用。如今，该软件已在国内的一些大型工程中得到广泛应用。如：长江口综合治理工程、杭州湾数值模拟、南水北调工程、重庆市城市排污评价、太湖富营养模型、香港新机场工程建设、台湾桃园工业港兴建工程等。

MIKE3 与 MIKE21 类似，但它处理三维空间。MIKE 模型体系在中国也已有应用实例。以一维 MIKE 模型为例，模型的基本公式为

$$\frac{\partial C}{\partial t}=E_x\frac{\partial C}{\partial x^2}-\bar{u}\frac{\partial C}{\partial x}-K_1L+K_2(C_S-C)-S_R \qquad (3-254)$$

$$\frac{\partial L}{\partial t}=E_x\frac{\partial^2 L}{\partial x^2}-\bar{u}\frac{\partial L}{\partial x}-(K_1+K_3)L+L_A \qquad (3-255)$$

式中：C、L、C_S分别为横断面 DO 和 BOD 浓度及当时水温下的饱和溶解氧，量纲为 ML^{-3}；E_x为沿流向扩散系数，量纲为 L^2T^{-1}；$\bar{u}$ 为平均流速，量纲为 LT^{-1}；t 为时间，量纲为 T；k_1、k_2分别为生化耗氧系数和河水复氧系数，量纲为 T^{-1}；x 为横断面沿程距离，量纲为 L；S_R为由水生生物光合作用、呼吸作用和河床底泥耗氧等引起的 DO 增减率，量纲为 ML^3T；L_A为当地径流

或吸着有机物的底泥重新悬浮引起的BOD增减率，量纲为ML^3T。

MIKE21系统包括了以下几个模拟引擎：

① 单一网格。这是一种传统的矩形模型，是将研究区域划分成同一大小的矩形网格，网格的大小(分辨率)由模拟区域大小及具体应用决定，网格越小计算精度越高，但耗时越长。

② 嵌套网格。这也是一种矩形模型，只是在同一模型中可以有多种网格大小。在大网格模型中可以嵌套小网格模型。

③ 曲线网格。网格呈四边形或近似矩形，主要适用于蜿蜒河段的水动力学计算和河床演变分析。

④ 有限元网格。这是一种三角形网格，采用有限元解法。该网格能够很好地模拟弯道或水上结构物周围区域的流场。

2. MIKE21主要模块

(1) 前后处理模块(Pre - &Post Processing,PP)

MIKE21为用户准备输入数据、数据转换和分析、结果的演示提供了灵活方便的工具。MIKE21系统使用相同的数据格式、文件和目录结构作为前后处理的工具，以便应用于各种输入和输出数据及结果演示的操作中。

(2) 水动力学模块(Hydrodynamics,HD)

水动力学模块模拟由于各种作用力的作用而产生水位及水流变化。它包括了广泛的水力现象，可用于任何忽略分层的二维自由表面流的模拟。HD模块是MIKE21软件包中的基本模块，它为泥沙传输和环境水文学提供了水动力学的计算基础。HD模块模拟湖泊、河口和海岸地区的水位变化和由于各种力的作用而产生的水流变化。当用户为模型提供了地形、底部糙率、风场和水动力学边界条件等输入数据后，模型会计算出每个网格的水位和水流变化。模型利用ADI二阶精度的有限差分法对动态流的连续方程和动量守恒方程求解。MIKE21 HD模块是非常通用的水文学工具，它可以用来描述各种水力现象，如：潮汐交换和潮流、风暴潮、漩涡、港区的水面波动、溃坝和海啸。

(3) 水质和环境评价模块

水质和环境评价模块包括对流扩散模块(AD)和水质模块 (ECOLab)。

AD模块模拟水中溶解物由于对流和扩散作用的传输过程，如：盐度、热交换、大肠菌群和其他异型生物质的化合物，线性衰减和热耗散也能通过AD模块来计算。AD方程是采用三阶精度有限差分法，QUICKEST - SHARP或ULTIMATE - QUICKEST来求解。这样的解法有效避免了对流扩散模块中质量守恒、偏高和偏低值的问题。第三种可能是使用简单的UPWIND解法来求解。AD模块的典型可用于发电厂冷却水的循环和脱盐厂的盐循环，各种守恒或线性衰减水溶物的环境研究(如盐、温度、污水、菌群、有毒的有机化合物、重金属或放射性元素)以及高级水质模块中水溶物扩散计算。

高级的水质和环境评价分析则需要借助MIKE21的水质模块ECOLab进行模拟，ECOLab是一个完备的、用于生态模拟的数值实验室，它提供了从简单到复杂的解决方案。而且，它还提供了一系列的模板，用户可根据自己的具体应用选择使用模板，并可在此基础上写入自己的公式来创建自己的应用模板，从而为用户节省了大量用于编程的时间。该模块用于河流、湿地、湖泊、水库等的水质模拟，预报生态系统的响应、简单到复杂的水质研究工作、水环境影响评价及水环境修复研究、水环境规划和许可研究、水质预报。

(4) 泥沙传输模块

MIKE21 包含三种类型的泥沙传输模块：输沙模块(ST)、输泥模块和质点模块。

3. AQUATOX 模型

AQUATOX 是水生生态系统的模拟软件，用于预测水体中的营养物质、沉积物、有机化学物质的归宿以及它们对水体中有机体的直接或间接的影响。AQUATOX 模拟了生物质及化学物质从生态系统的一个圈到另一圈的转移，同时计算了随时间推移的生物及化学过程。AQUATOX 模拟多种环境压力(包括营养物质、有机负荷、沉淀物、有毒化学物质及温度)以及它们对藻类、水生植物、无脊椎动物及鱼群的影响。AQUATOX 可用于识别和理解化学水质，物理环境及水生生物之间的因果关系。它可描述一系列的水生生态系统，包括垂直分层湖泊、水库、池塘、河流、小溪及河口。它包括 3 个独立的模拟程序：水动力学子模型(DYNHYD)、富营养化子模型(EU2TRO)及有毒物质模型(TOXI)，它们均可以独立运行。

AQUATOX 可用于解决有关从化学和物理环境到生物群落的一系列问题。其功能如下：

① 评价并确定哪种环境压力是造成生物伤害的主要原因；

② 预测农药及其他有毒物质对水生生物的影响；

③ 评价潜在生态系统对气候变化的响应；

④ 通过与 BASINS 模型的链接，评估土地使用状况改变对水生生物的影响；

⑤ 评估减少污染物负荷后鱼群的恢复时间。

4. 康奈尔混合区专家系统

康奈尔混合区专家系统(Cornell Mixing Zone Expert System，CORMIX) 是一种水动力混合区模型与决策支持系统，由美国康奈尔大学土木及环境工程学研究所 Jirka 等人于 1996 年开发完成。该软件的早期版本由美国环保局正式对外发布，目前由 MixZon Inc 公司负责该软件的信息更新、授权使用、销售及技术支持，是美国环保局和美国核管理委员会(US-NRC) 认可的用于(液态流出物) 连续点源排放的混合区环境影响评价模拟和决策支持系统。

CORMIX 是一个水质模型及决策支持系统，用于评估从点源排放的废水对混合区域所造成的环境影响。CORMIX 研发者对模型水深、水体分层、水平侧向流速、排污量、液态流出物密度、受纳水体密度及扩散管的设计形态等因素，进行一系列正交实验，确定液态流出物以不同排放方式排放至不同受纳水体时可能的流动形态，采用长度尺度比例模型针对不同的环境状况及射流状况等因素所产生的不同流动形态(依据长度尺度比值来分类，将计算得到的各种比值与经验常数比较以区分流动形态)，分别建立适用于各流动形态的稀释方程，导出不同流动形态稀释度(稀释倍数) 的相应数学式，能广泛用于多种环境及射流状况。CORMIX 系统模型可用于不同水体环境的不同排放方式，具有适应性强、应用范围广、计算过程耗时短的特点。同时，软件也在不断升级，使用户操作更方便，界面更友好。

CORMIX 可根据所输入的排放源项条件、排水构筑物的特征参数及受纳水体水动力条件等资料来分析、预测液态流出物在水环境中的稀释扩散情形，特别着重于排放近区的初始稀释或初始混合，也可用于模拟远距离输送行为。

CORMIX 主要包括 4 个水动力学模拟计算模块和 2 个后处理模块，其名称及对应的主要功能如下：

① CORMIX1:用于模拟水面以下(淹没式)或水面单孔排放的稀释行为;

② CORMIX2:用于模拟水面以下(淹没式)多孔排放的稀释行为;

③ CORMIX3:用于模拟水面(表层) 排放(浮力射流) 的稀释行为;

④ DHYDRO:用于模拟海洋环境下，采用单孔、淹没式多孔或水面排放方式，排放浓盐水和P或沉积物的稀释行为;

⑤ CorJet:后处理模块，用于处理无边界环境条件下淹没式单孔和多孔排放的近区稀释特性相关的数据信息;

⑥ FFL:后处理模块，用于分析远区稀释的羽流特性，模块基于/累计流量法0，将概化处理后的CORMIX远区羽流转换成自然水体(河流或河口等) 实际流动形态下的羽流分布。

5. BASINS 模型体系

BASINS(Better Assessment Science in Integrating Point and Non-point Sources)是由美国环保局发布的多目标环境分析系统，基于GIS环境，可对水系和水质进行模拟。最初用于水文模拟，后来集成了河流水质模型QUAL2E和其他模型，同时使用了土壤水质评价工具WEAT和ARCVEIW界面，可使用GIS从数据库抽取数据。该系统由6个相互关联的能对水系和河流进行水质分析、评价的组件组成，它们分别是国家环境数据库、评价模块、工具、水系特性报表、河流水质模型、非点源模型和后处理模型。

6. OTIS 模型体系

OTIS是由USGS开发的可用于对河流中溶解物质的输移进行模拟的一维水质模型，带有内部调蓄节点，状态变量是痕迹金属。这个模型能模拟河流，还可用于模拟示踪剂试验。它只研究用户自定义水质组分，还提供了参数优化器。OTIS模型已被广泛应用于水质模拟，OTIS模型如下：

$$\frac{\partial C}{\partial t}=-\frac{Q}{A}\frac{\partial C}{\partial x}+\frac{1}{A}\frac{\partial}{\partial x}\left(AD\frac{\partial C}{\partial x}\right)+\frac{q_{\mathrm{LIN}}}{A}(C_{\mathrm{L}}-C)+\alpha(C_{\mathrm{S}}-C) \tag{3-256}$$

$$\frac{\partial C_{\mathrm{S}}}{\partial t}=\alpha\frac{A}{A_{\mathrm{s}}}(C-C_{\mathrm{S}}) \tag{3-257}$$

式中：A、A_{S} 分别为主要渠道横截面积、储蓄区横截面积，量纲为 L^2；x 为距离，量纲为L；C、C_{L}、C_{S}分别为主要渠道溶解物浓度、侧向入流溶解物浓度、储蓄区溶解氧浓度，量纲为 ML^{-3}；D 为弥散系数，量纲为 $\mathrm{L}^2\mathrm{T}^{-1}$；$Q$ 为流量率，量纲为 $\mathrm{L}^3\mathrm{T}^{-1}$；$q_{\mathrm{LIN}}$ 为侧向流量率，量纲为 $\mathrm{L}^3\mathrm{T}^{-1}\mathrm{L}^{-1}$；$t$ 为时间，量纲为T；α 为储蓄区交换系数。

7. CE - QUAL - W2 模型体系

CE - QUAL - W2模型是二维水质和水动力学模型。这一模型由直接耦合的水动力学模型和水质输移模型组成。CE - QUAL - W2模型可模拟包括DO、TOC、BOD、大肠杆菌、藻类等在内的17种水质变量浓度变化。CE - QUAL - W2水质模型如下：

$$\frac{\partial BC}{\partial t}+\frac{\partial UBC}{\partial x}+\frac{\partial WBC}{\partial z}-\frac{\partial\left[BD_x\left(\dfrac{\partial C}{\partial x}\right)\right]}{\partial x}-\frac{\partial\left[BD_z\left(\dfrac{\partial C}{\partial z}\right)\right]}{\partial z}=C_{\mathrm{q}}B+SB \tag{3-258}$$

式中：B 为时间空间变化的层宽，量纲为L；C 为横向平均的组分浓度，量纲为 ML^{-3}；U、W 分别为 x 方向(水平)、z 方向(竖直)的横向平均流速，量纲为 LT^{-1}；D_x、D_z分别为 x、z 方向上温度和组分的扩散系数,量纲为 L^2T^{-1};C_q 为入流或出流的组分的物质流量率,量纲为 $ML^{-3}T^{-1}$;S 为相对组分浓度的源汇项,量纲为 $ML^{-3}T^{-1}$。

思考题

1. 简述污染物进入环境之后的迁移转化特性及相应模型。

2. 模拟水质的基本模型有哪些?说明它们的适用条件。

3. 试描述守恒污染物和非守恒污染物在均匀流场中的扩散模型。

4. 河流宽度 50 m,平均深度 2 m,断面平均流速 0.25 m/s,横向弥散系数 $D_y=2\ m^2/s$,污染物边界上排放,试计算:

(1) 污染物到达彼岸所需距离 L_b;

(2) 完成横向混合所需距离 L_m。

5. 在河流岸边有一连续稳定排放污水口,河宽 6.0 m,水深 0.5 m,河水流速 0.3 m/s,横向弥散系数 $D_y=0.05\ m^2/s$,求污水到达对岸的纵向距离 L_b 和完全混合的横向距离 L_m。若污水排放口排放量为 80 g/s,说明在到达对岸的纵向距离断面浓度 $C(L_b,B)$、$C(L_b,0)$,完全混合的纵向距离断面浓度 $C(L_m,B)$、$C(L_m,0)$ 各是多少?

6. 均匀河段长 10 km,有一含 BOD 的废水从这一河段的上游端点流入废水流量为 $q=0.2\ m^3/s$,BOD 浓度 $C_2=200$ mg/L;上游河水流量 $Q=2.0\ m^3/s$,BOD 浓度 $C_1=2$ mg/L,河水的平均流速 $u=20$ km/d,BOD 的衰减系数 $k=2\ d^{-1}$,求废水入河口以下(下游) 1 km、2 km、5 km 处的河水中 BOD 的浓度。

7. 一均匀河段,有含 BOD 的废水流入,河水的平均流速 $u=20$ km/d,起始断面河水(和废水完全混合后)含 BOD 浓度为 $C_0=20$ mg/L,BOD 的衰减系数 $k=2\ d^{-1}$,扩散系数 $D_x=1\ km^2/d$,求下游 1 km 处的河水中 BOD 的浓度。

8. 河流中连续稳定排放污水,污水中某种污染物的浓度为 50 g/s,河流水深 $h=1.5$ m,流速 $u=0.3$ m/s,横向弥散系数 $D_y=5\ m^2/s$,污染物的衰减系数 $k=0$。试求:在无边界的情况下,$(x,y)=(2\ 000\ m,10\ m)$处的污染物浓度。

9. S-P 模型基于哪些假设?请描述其推导过程并说明临界点的氧亏值和发生时间。

10. 简述 S-P 模型的修正模型有哪些?

11. 如何基于 S-P 模型推算污染源的允许排放量。

12. 一维河流水量 $Q=6.0\ m^3/s$,平均流速 $u_x=0.3$ m/s,$K_d=0.25\ d^{-1}$,$K_a=0.4\ d^{-1}$,设上游本底 BOD_5 浓度为 2 mg/L,氧亏值为 0,$T=20$ ℃。污水排放数据如下:$q=1.0\ m^3/s$,BOD_5 浓度为 100 mg/L,DO=0。试求:

(1) 临界氧垂点处的 DO 浓度;

(2) 临界氧垂点下游 DO 浓度恢复到 6 mg/L 的位置。

13. 某厂在一河上游瞬时事故排放了 100 kg 酚,当时河水流速 $u=3.6$ km/h,纵向弥散系数 $D_x=1.5\ m^2/s$,河流断面面积为 $40\ m^2$,酚的衰减系数 $k=2\ d^{-1}$。求:

(1) 距工厂下游 500 m 处、距事故发生瞬间 15 min 时,以及下游 1.5 km 处、距事故发生瞬间 1 h 的河水含酚浓度;

(2) 忽略弥散作用又各为多少?

14. 已知工厂污水排放量为0.5 m^3/s，污水中BOD浓度为400 mg/L，其上游河水流量为20 m^3/s，流速为0.2 m/s，BOD浓度为2 mg/L，氧亏为1.2 mg/L，水温为20 ℃，$K_d=0.1\ d^{-1}$，$K_a=0.2\ d^{-1}$。

（1）确定最大氧亏处的溶氧值及距排放口的距离；

（2）为保证排放口至下游110 km的河段中溶氧不低于6.5 mg/L，确定排放口处污水排放BOD的最大浓度。

15. 小河河宽25 m，水深2 m，水温10 ℃，某断面上游来水流量50 m^3/s，BOD浓度为10 mg/L，DO饱和。该断面有一工厂，每小时取清水1 200 m^3，每小时排污水300 m^3，污水中BOD浓度为500 mg/L，氧亏为2 mg/L，工厂下游2 km、4 km处各有一个取水口，取水时取水量都是5 m^3/s，$K_d=0.2\ d^{-1}$，$K_a=0.3\ d^{-1}$。计算：

（1）当两取水口不取水时，水质最坏处离工厂排污口的距离；

（2）水质最坏处的BOD和DO值。

16. 简述湖泊和水库的水质特征。

17. 湖泊的容积$V=1.0\times10^7\ m^3$，支流输入水量$Q_{in}=0.5\times10^8\ m^3/a$，河流中的BOD浓度为3 mg/L；湖泊的BOD本底浓度为1.5 mg/L，BOD在湖泊中的沉积速度常数$s=0.08\ a^{-1}$。湖泊输出水量$Q_{out}=0.5\times10^8\ m^3/a$。试求湖泊的BOD平衡浓度，及达到平衡浓度的99%所需的时间。

第 4 章　水处理单元操作和单元过程数学模型

自 20 世纪 50 年代以来，人们逐渐把化学工程中关于单元操作和单元过程的概念引入水处理学科理论中，从而使水处理学科理论的发展进入了一个新的阶段，也为使用各种数学模型选择最优水处理设计、对水处理过程实现最优控制以及选择最佳工艺过程和工艺参数等创造了条件。所谓水处理单元操作和单元过程数学模型是指用来描述这类反应器中的各种过程的数学模型。

4.1　连续流动釜式反应器的基本设计方程

4.1.1　全混流假定

连续流动釜式反应器的结构和间歇釜式反应器相同，但进出物料的操作是连续的，即一边连续恒定地向反应器内加入反应物，同时连续不断地把反应产物引出反应器，这样的流动状况称为全混流。全混流是一种理想化的假定，是理想的流动模型。实际工业生产中广泛应用的连续流动釜式搅拌反应器，只要达到足够的搅拌强度，其流型就很接近于全混流。

这里的论述都限于定态操作范围，即假定反应器在稳定操作条件下，任何空间位置处物料浓度、稳定和加料速度都不随时间而发生变化的定常状态。

4.1.2　连续流动釜式反应器中的反应速率

图 4－1 所示为连续流动釜式反应器。在连续流动釜式反应器中，反应原料以稳定的流速进入反应器，反应器中的反应物料以同样的稳定流速流出反应器。由于强烈搅拌的作用，刚进入反应器的新鲜物料与已存留在反应器内的物料在瞬间达到完全混合，使釜内物料的浓度和温度处处相等。这种停留时间不同的物料之间的混合，称为逆向（时间概念上的逆向）混合或返混。在连续流动釜式反应器中，逆向混合程度最大。实际生产中的多数连续流动搅拌釜式反应器，由于搅拌充分，可认为属于全混流反应器。

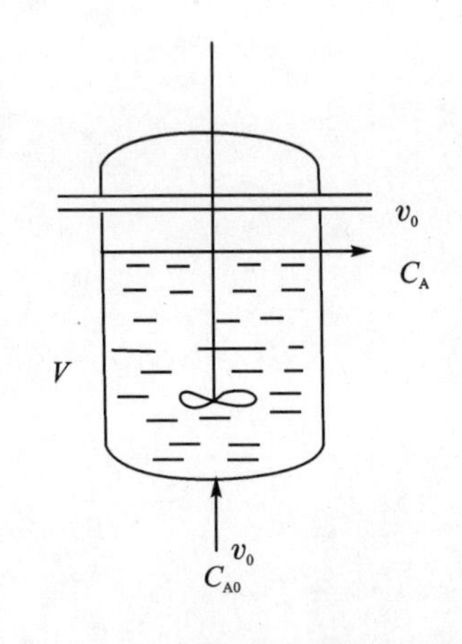

图 4－1　连续流动釜式反应器

根据全混流的定义，既然釜内物料浓度处处相等，则在反应器出口处即将流出反应器的物料浓度也应该与釜内物料浓度一致。因此，流出反应器的物料浓度应该与反应器内的物料浓度相等。连续流动釜式反应器中的反应速率即由釜内物料的浓度和温度决定。

连续流动釜式反应器的特点，可归结如下：

① 反应器中的物料浓度和温度处处相等，并且等于反应器出口物料的浓度和温度。

② 物料质点在反应器内停留时间有长有短，存在不同停留时间物料的混合，即返混程度最大。

③ 反应器内物料所有参数，如浓度、温度等都不随时间变化，从而不存在时间这个自然变量。

4.1.3 连续流动釜式反应器的基本方程

图 4-1 为连续流动釜式反应器，对整个反应器进行物料衡算和热量衡算。如首先考虑在连续流动釜式反应器中进行的是等温、等容反应过程 A→P，则可对物料 A 作物料衡算。假定反应器在定态条件下进行，则可得：

$$v_0 C_{A0} = v_0 C_A + (-r_A)V \tag{4-1}$$

式中：v_0 为进料体积流率；V 为反应器体积；C_{A0}、C_A 分别为进料和出料中反应物 A 的浓度；$(-r_A)$ 为反应物 A 的反应速率。

式(4-1)即为连续流动釜式反应器的基本设计方程式，可写成

$$\tau = \frac{V}{v_0} = \frac{C_{A0} - C_A}{(-r_A)} \tag{4-2}$$

这里的 τ 是表示反应器生产能力的一个参数。

【例 4-1】 有液相反应 $A + B \rightleftharpoons P + R$，在 120 ℃时，正、逆反应的速率常数分别为 $k_1 = 8\ L/(mol \cdot min)$，$k_2 = 1.7\ L/(mol \cdot min)$。若反应在连续流动釜式反应器中进行，其中物料容量为 100 L。两股进料流同时等量导入反应器，其中一股含 A 3.0 mol/L，另一股含 B 2.0 mol/L，求当 B 的转化率为 0.8 时，每股料液的进料流量应为多少?

解： 假定在反应过程中物料的密度恒定不变，当 B 的转化率为 0.8 时，在反应器中和反应器的出口流中各组分的浓度应为

$$C_{A0} = 1.5\ mol/L$$

$$C_{B0} = 1.0\ mol/L$$

$$C_B = C_{B0}(1 - x_B) = 1.0\ mol/L \times 0.2 = 0.2\ mol/L$$

$$C_A = C_{A0} - C_{B0}x_B = (1.5 - 0.8)\ mol/L = 0.7\ mol/L$$

所以

$$C_p = 0.8\ mol/L, \quad C_R = 0.8\ mol/L$$

对于可逆反应，有

$$\begin{aligned}(-r_A) = (-r_B) = k_1 C_A C_B - k_2 C_p C_R &= \\ (8 \times 0.7 \times 0.2 - 1.7 \times 0.8 \times 0.8)\ mol/(L \cdot min) &= \\ (1.12 - 1.08)\ mol/(L \cdot min) &= \\ 0.04\ mol/(L \cdot min)&\end{aligned}$$

对于连续流动釜式反应器：

$$\tau = \frac{V}{v_0} = \frac{C_{A0} - C_A}{(-r_A)} = \frac{C_{B0} - C_B}{(-r_B)}$$

$$v_0 = \frac{V(-r_A)}{C_{A0} - C_A} = \frac{V(-r_B)}{C_{B0} - C_B} = \frac{100 \times 0.04}{0.8}\ L/min = 5\ L/min$$

所以，两股进料流中每一股进料流量应为 2.5 L/min。

4.2 沉淀和过滤

4.2.1 沉 淀

沉淀法是水处理中最基本的方法之一。它是利用水中悬浮颗粒和水的密度差，在重力作用下产生下沉作用，以达到固液分离的一种过程。根据水中悬浮颗粒的性质、凝聚性能及浓度，沉淀通常分为四种：自由沉淀、絮凝沉淀、区域沉淀、压缩沉淀。这里主要对自由沉淀和絮凝沉淀进行分析。

1. 自由沉淀

水中的悬浮颗粒因两种力的作用发生运动：重力、浮力。重力大于浮力时，下沉；两力相等时，相对静止；重力小于浮力时，上浮。

假定：①颗粒为球形；②沉淀过程中颗粒的大小、形状、重力等不变；③颗粒只在重力作用下沉淀，不受器壁和其他颗粒影响。

悬浮颗粒在静水中开始沉淀以后，会受到三种力的作用：颗粒的重力 F_1，颗粒的浮力 F_2，下沉过程中受到的摩擦阻力 F_3。沉淀开始时，因受重力作用产生加速运动，经过很短时间后，三力达到相互平衡，颗粒即呈等速下沉(图 4－2)。

可用牛顿第二定律表达颗粒的自由沉淀过程：

$$m\frac{\mathrm{d}u}{\mathrm{d}t}=F_1-F_2-F_3 \tag{4-3}$$

式中：m 为颗粒质量，kg；u 为颗粒沉速，m/s；t 为沉淀时间，s；F_1 为颗粒的重力，$F_1=\frac{\pi d^3}{6}\rho_s g$，其中 ρ_s 为颗粒密度(kg/m^3)，d 为颗粒直径(m)，g 为重力加速度；F_2 为颗粒的浮力，$F_2=\frac{\pi d^3}{6}\rho_L g$，其中 ρ_L 为液体密度(kg/m^3)；F_3 为颗粒沉淀过程中受到的摩擦阻力。

图 4－2 颗粒自由沉淀过程

颗粒沉淀受到的摩擦阻力可表示为

$$F_3=\lambda\cdot A\cdot\rho_L\frac{u^2}{2} \tag{4-4}$$

式中：λ 为阻力系数，当颗粒周围绕流处于层流状态时，$\lambda=\frac{24}{Re}$，其中 Re 为颗粒绕流雷诺数，与颗粒的直径、沉速、液体的粘度等有关，$Re=\frac{ud\rho_L}{\mu}$，其中 μ 为液体的动力粘度；A 为自由沉淀颗粒在垂直面上的投影面积，为 $\frac{1}{4}\pi d^2$。

颗粒下沉开始时，沉速为 0，逐渐加速，阻力 F_3 也随之增加，很快三种力达到平衡，颗粒等速下沉，$\frac{\mathrm{d}u}{\mathrm{d}t}=0$，把 F_1、F_2、F_3 代入式(4－3)，可得

$$m\frac{\mathrm{d}u}{\mathrm{d}t}=(\rho_s-\rho_L)g\frac{\pi d^3}{6}-\lambda\frac{\pi d^2}{4}\rho_L\frac{u^2}{2} \tag{4-5}$$

故

$$u=\sqrt{\frac{4}{3}\cdot\frac{g}{\lambda}\frac{\rho_s-\rho_L}{\rho_L}\cdot d}$$

代入阻力系数公式，整理后得

$$u=\frac{\rho_s-\rho_L}{18\,\mu}g\,d^2 \tag{4-6}$$

式(4－6)即为球状颗粒自由沉淀的沉速公式，也称斯托克斯(Stokes)公式。

2. 絮凝沉淀

絮凝沉淀过程中，沉淀颗粒会发生凝聚，凝聚的程度与悬浮固体浓度、颗粒尺寸分布、负荷、沉淀池深、沉淀池中的速度梯度等因素有关，这些变量的影响只能通过沉淀试验确定。

絮凝沉淀试验柱直径一般取 150～200 mm，高度上应与拟建沉淀池相同，含悬浮固体混合液引入柱中时，开始应缓慢搅拌均匀，同时保证试验过程中温度均匀，以避免对流，试验时间应与拟建沉淀池沉淀时间相同，取样口的位置约间隔 0.5 m，在不同的时间间隔取样分析悬浮固体浓度，对每个分析样品计算去除百分率，然后像绘制等高线一样绘制等百分率去除曲线，标于图 4－3 中。

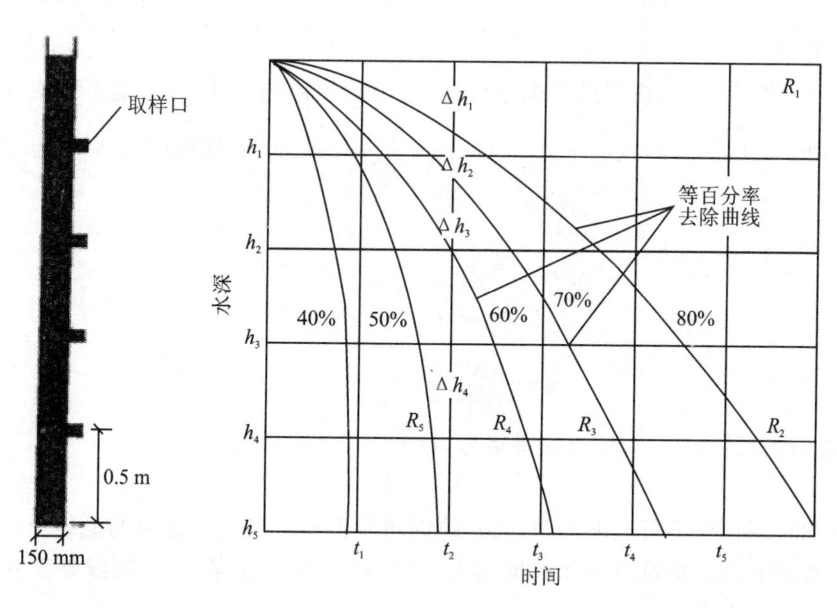

图 4－3　絮凝沉淀试验分析

絮凝沉淀速度 u 可以用下式计算：

$$u=\frac{H}{t} \tag{4-7}$$

式中：u 为沉淀速度，m/s；H 为沉淀柱高度，m；t 为达到给定去除率所需要的时间，s。

对于指定的沉淀时间和沉淀高度，总沉淀效率 η 可用下式计算：

$$\eta=\sum_{i=1}^{n}\left(\frac{\Delta h_i}{H}\right)\left(\frac{R_i+R_{i+1}}{2}\right) \tag{4-8}$$

式中：η 为总沉淀效率，%；i 为等百分率去除曲线号；Δh_i 为等百分率去除曲线之间的距离，m；H 为沉降柱总高度，m；R_i、R_{i+1} 分别为曲线号 i 和 $i+1$ 的等百分去除率，%。

4.2.2 过滤基本方程

过滤是以某种多孔物质为介质，在外力作用下，使悬浮液中的液体通过介质的孔道，而固体颗粒被截留在介质上，从而实现固、液分离的操作。

1. 过滤速度与过滤速率

单位时间内获得的滤液体积称为过滤速率，单位为 m^3/s。单位过滤面积上的过滤速率称为过滤速度，单位为 m/s。若过滤过程中其他因素不变，则由于滤饼厚度不断增加而使过滤速度逐渐变小。任一瞬间的过滤速度可写成如下形式：

$$u=\frac{\mathrm{d}V}{A\mathrm{d}\theta}=\frac{\varepsilon^3}{5a^2(1-\varepsilon)^2}\frac{\Delta p_c}{\mu L} \tag{4-9}$$

而过滤速率为

$$\frac{\mathrm{d}V}{\mathrm{d}\theta}=\frac{\varepsilon^3}{5a^2(1-\varepsilon)^2}\frac{A\cdot\Delta p_c}{\mu L} \tag{4-10}$$

式中：V 为滤液量，m^3；θ 为过滤时间，s；A 为过滤面积，m^2；ε 为床层空隙率；a 为颗粒的比表面积，m^2/m^3；Δp_c为流体通过床层的压降，Pa；μ 为流体黏度，Pa·s；L 为床层高度，m。

2. 滤饼的阻力

对于不可压缩滤饼，滤饼层的空隙率可视为常数，颗粒的形状、尺寸也不改变，因此比表面积 a 亦为常数。式(4-9)和式(4-10)中的$\frac{\varepsilon^3}{5a^2(1-\varepsilon)^2}$反映了颗粒的特性，其值随物料而不同。令

$$r=\frac{\varepsilon^3}{5a^2(1-\varepsilon)^2} \tag{4-11}$$

则式(4-9)可写成

$$u=\frac{\mathrm{d}V}{A\mathrm{d}\theta}=\frac{\Delta p_c}{\mu rL}=\frac{\Delta p_c}{\mu R} \tag{4-12}$$

式中：r 为滤饼的比阻，$1/m^2$；R 为滤饼阻力，1/m。其计算式为

$$R=rL \tag{4-13}$$

式(4-12)表明，对不可压缩滤饼，任一瞬间单位面积上的过滤速率与滤饼上、下游两侧的压强差 Δp_c成正比，Δp_c是过滤操作的推动力；与滤饼厚度 L、比阻 r 和滤液黏度 μ 成反比，单位面积上的过滤阻力是 μrL。

3. 过滤介质的阻力

滤饼过滤中，过滤介质的阻力一般较小，与其厚度及本身的致密程度有关。通常把过滤介质的阻力视为常数，写出滤液穿过过滤介质层的速度关系为

$$u_m=\frac{\mathrm{d}V}{A\mathrm{d}\theta}=\frac{\Delta p_m}{\mu R_m} \tag{4-14}$$

式中：u_m为滤液穿过过滤介质层的速度，m/s；Δp_m为过滤介质上、下游两侧的压强差，Pa；R_m为过滤介质阻力，1/m。

过滤介质与滤饼之间的分界面难以划定，过滤操作中总是把两者联合起来考虑。通常，滤饼与过滤介质的面积相同，所以两层中的过滤速度应相等，则

$$u = u_{m} = \frac{dV}{A\,d\theta} = \frac{\Delta p_{c} + \Delta p_{m}}{\mu(R + R_{m})} = \frac{\Delta p}{\mu(R + R_{m})} \quad (4-15)$$

式中：$\Delta p = \Delta p_{c} + \Delta p_{m}$，代表滤饼与过滤介质两侧的总压强降，称为过滤压强差。

为方便起见，设想以一层厚度为 L_{e} 的滤饼来代替过滤介质，而过程仍能完全按照原来的速率进行，那么，这层设想中的滤饼就应当具有与过滤介质相同的阻力，即

$$rL_{e} = R_{m}$$

于是式(4-15)可写为

$$\frac{dV}{A\,d\theta} = \frac{\Delta p}{\mu(rL + rL_{e})} = \frac{\Delta p}{\mu r(L + L_{e})} \quad (4-16)$$

式中：L_{e}为过滤介质的当量滤饼厚度，或称虚拟滤饼厚度，m。

4. 过滤基本方程

在滤饼过滤过程中，滤饼厚度 L 随时间增加，滤液量也不断增多。

若每获得 1 m^3滤液所形成的滤饼体积为 $v(m^3)$，则任一瞬间的滤饼厚度 L 与当时已经获得的滤液体积 V 之间的关系为

$$LA = vV$$

即

$$L = vV/A$$

同理，如生成厚度为L_{e}的滤饼所应获得的滤液体积以V_{e}表示，则

$$L_{e} = \frac{vV_{e}}{A} \quad (4-17)$$

式中：V_{e}为过滤介质的当量滤液体积，或称虚拟滤液体积，m^3。

在一定的操作条件下，以一定介质过滤一定的悬浮液时，V_{e}为定值，但同一介质在不同的过滤操作中，V_{e}值不同。

于是，式(4-16)可以写为

$$\frac{dV}{A\,d\theta} = \frac{\Delta p}{\mu rv\left(\frac{V + V_{e}}{A}\right)} \quad (4-18a)$$

或

$$\frac{dV}{d\theta} = \frac{A^{2}\Delta p}{\mu rv(V + V_{e})} \quad (4-18b)$$

式(4-18b)是过滤速率与各有关因素间的一般关系式。

考虑到滤饼的压缩性，通常可借用下面的经验公式来粗略估算压强差增大时比阻的变化，即

$$r = r'(\Delta p)^{s} \quad (4-19)$$

式中：r'为单位压强差下滤饼的比阻，1 /m^2；Δp 为过滤压强差，Pa；s 为滤饼的压缩性指数，无因次。一般情况下，s=0～1。对于不可压缩滤饼，s=0，可压缩滤饼 s=0.2～0.8。

将式(4-19)代入式(4-18b)，得到

$$\frac{dV}{d\theta} = \frac{A^{2}\Delta p^{1-s}}{\mu r'v(V + V_{e})} \quad (4-20)$$

式(4-20)称为过滤基本方程式,表示过滤进程中任一瞬间的过滤速率与各有关因素间的关系,是过滤计算及强化过滤操作的基本依据。

4.3 活性污泥法数学模型

活性污泥是悬浮的微生物群体及它们所吸附的有机物质和无机物质的总称。活性污泥法工艺能从污水中去除溶解的和胶体的可生物降解有机物,以及能被活性污泥吸附的悬浮固体和其他一些物质,无机盐类也能被部分去除,类似的工业废水也可用活性污泥法处理。

由于活性污泥系统是一个复杂的生化学反应系统,且水质、水量负荷变化大,因而能够描述活性污泥系统反应过程的数学模型成为具有实用价值的工具。首先,数学模型有助于描述和理解活性污泥系统的反应过程,从而更深刻地认识所研究的现象和规律,为设计提供理论上的指导;其次,通过数学模型还可以模拟活性污泥法污水处理的动态过程,对出水指标进行实时预测,为污水处理的运行提供指导;最后,将数学模型和控制理论及方法结合起来,可以对污水处理的控制系统进行优化,从而提高净化效率,降低处理成本。

20世纪50年代中期,国外一些学者引入化工领域的反应器理论及微生物理论,通过基质降解、微生物生长及各参数之间的关系建立了各自的活性污泥静态数学模型。其中具有代表性的有Eckenfelder等挥发性悬浮固体(Volatile Suspended Solid,VSS)积累速率经验公式提出的活性污泥模型,Mckinney等活性污泥全混假设提出的活性污泥模型和Lawrence、Mc Carty L等基于微生物生长动力学理论提出的活性污泥模型。这3种模型基于生长-衰减机理。这些模型对实际的生化反应系统作了很大简化,其区别仅在于有机物降解速率表达式和活性污泥组分划分的差异。由于模型计算结果可基本满足活性污泥工艺设计的要求,且具有模型变量易测、动力学参数确定及方程求解方便等特点,迄今仍广泛用于活性污泥的工艺设计。但是,这些静态模型只考虑了污水中含碳有机物的去除,并没有考虑氮磷的去除过程;不能解释和描述污水生物处理中常见的有机物"快速去除"和出水中有机物浓度随进水浓度变化的现象;也不能很好地预测实际观察中存在的有机物浓度增加时,微生物增长速率变化的滞后效应。1987年,Mogens等在总结前人工作的基础上,提出IWA(International Water Association,IWA)活性污泥1号模型ASM1(Activated Sludge Model No1)。

下面对活性污泥法中的细胞生长动力学模型、劳伦斯-麦卡蒂(Lawrence-Mc Carty)模型和ASMs活性污泥模型作一介绍。

4.3.1 活性污泥法中的细胞生长动力学模型

自20世纪50年代以来,国外一些学者在废水生物处理的动力学模型方面做了不少工作,所谓生物处理动力学主要包括:

① 基质降解动力学,涉及基质降解与基质浓度、生物量等因素之间的关系;

② 微生物增长动力学,涉及微生物增长与基质浓度、生物量、增长常数等因素之间的关系;

③ 基质降解与生物量增长、基质降解与需氧、营养要求等关系。

1. Monod方程

1942年,现代细胞生长动力学奠基人J. Monod提出了描述底物浓度对细胞生长速率影

响的著名的 Monod 动力学模型，以后相继提出的模型都是在此基础上进行的修改和补充。

该模型的基本假设如下：

① 细胞生长为均衡生长，因此可用细胞浓度的变化来描述细胞的生长；

② 培养基中只有一种底物是细胞生长的限制性底物，其他组分则均为过量，它们的变化不影响细胞的生长；

③ 细胞生长视为简单单一反应。

在这三个假设下，细胞的比生长速率与基质浓度之间的关系可以用 Monod 方程来表示：

$$\mu = \frac{\mu_{max} S}{K_s + S} \tag{4-21}$$

式中：μ 为比生长速率，s^{-1}；μ_{max} 为最大比生长速率，s^{-1}；S 为限制性底物浓度，g/L；K_s 为饱和常数，g/L，其值等于比生长速率恰为最大比生长速率的一半时的限制性底物浓度。

虽然 Monod 是采用单一基质和单一菌种做的试验，但在后来学者的研究中，对混合基质和混合菌种的培养，Monod 关系式基本上也是正确的。所以 Monod 关系式也被广泛地应用于混合培养中。但同时必须认识到 Monod 方程仅适用于细胞生长较慢和细胞密度较低的环境[5]。

在上述这一讨论中，事实上我们是假设限制性底物全部用于细胞的生长。但在实际中又常发现，若底物浓度低于某一数值，细胞将会停止生长。这是因为，细胞为了维持其正常的生理活动，也需要消耗部分底物，如用于维持细胞内外化学物质的浓度梯度、修复受损的 DNA 和 RNA 分子和结构以及细胞运动等与细胞生长无直接关系的生理活动。

当细胞生长很旺盛时，所消耗的这部分底物所占比例很少；如果 μ 值较小，细胞密度较大，则需要考虑这部分能量所消耗的底物，该部分能量常称为维持能。

如果底物浓度进一步降低至不足以满足上述维持能对底物的需要，则细胞又会消耗一部分胞内含物，以满足维持细胞生理活动的需要，此时称为细胞的内源代谢或内源呼吸。

上述两种情况下的细胞比生长速率可表示为

$$\mu = \frac{\mu_{max} S}{K_s + S} - b \tag{4-22}$$

式中：对于维持代谢，b 值与维持系数有关；对于内源代谢，b 值为内源代谢速率常数，s^{-1}[4]。

当把 Monod 方程应用于活性污泥生物处理法中时，通过相应的数学变形及定义可以得到 Monod 基质去除率公式，如下式：

$$\frac{dS}{dt} = \frac{k_{max} XS}{K_s + S} \tag{4-23}$$

式中：k_{max} 为最大比基质去除速率常数，s^{-1}；S 为限制性底物浓度，g/L；K_s 为饱和常数，g/L；X 为细胞浓度，g/L。

从这个公式可以看出，Monod 的研究认为基质去除率不仅与限制性底物浓度有关还与细胞浓度有关。

2. Contois 模型

Contois 在 1959 年应用 Monod 模型去适应一定基质连续培养好氧产气菌的资料时，发现"饱和常数"与进水基质浓度（S_0）成正比。因此提出了相应的 Contois 基质去除率公式为

$$\frac{dS}{dt} = \frac{k_{max} XS}{aS_0 + S} \tag{4-24}$$

式中：a 为经验常数；$k_{\max}$ 为最大比基质去除速率常数，s^{-1}；X 为细胞浓度，g/L；S_0 为进水基质浓度，g/L。

Mc Carty 和 Mosey 认为"Contois 效应"可解释为在很高的基质浓度下，由于扩散限制而引起的。Contois 动力学模型指出了出水基质浓度 S 是进水基质浓度 S_0 的函数，这比起 Monod 模型中的 S 与 S_0 无关来说是一个改进。

Contois 根据研究结果发现，比生长速率 μ 是微生物浓度 X 和限制基质浓度 S 的函数：

$$\mu = \frac{\mu_{\max} S}{K_s X + S} \tag{4-25}$$

Contois 方程描述了高细胞密度时的细胞生长，当 X 增大时，导致底物进入细胞的速率下降，因而 μ 减小。

虽然生物学家早就认为有机体的比生长速率常常是种群密度的函数，但是多数微生物学家(如 Monod 等)的观点是：细菌种群的比生长速率理论上与种群的浓度无关，把限制基质的浓度作为比生长速率的唯一函数。但是 Contois 通过细菌的间歇培养发现了细菌种群的比生长速率是种群浓度的函数。

3. Andrews 模型

对细胞反应，当存在高浓度的底物或产物，以及在培养基中可能存在有抑制作用的物质时，都会抑制细胞的生长。这些抑制作用，或改变了细胞中酶的活性，或影响酶的合成，或使细胞中酶的聚集体发生解离等。因此，相应地产生了有抑制的细胞生长动力学模型。Andrews 模型就是其中的一个典型模型。具体数学表示如下：

$$\mu = \frac{\mu_{\max} S}{K_s + S + \frac{S_2}{K_1}} \tag{4-26}$$

式中：μ 为比生长速率，s^{-1}；$\mu_{\max}$ 为最大比生长速率，s^{-1}；S 为限制性底物浓度，g/L；K_s 为饱和常数，g/L；K_1 为抑制常数。

不难看出，Andrews 模型描述了这样一种状况，即当底物浓度低时，细胞比生长速率随底物浓度的提高而增大，并达到最大值；当底物浓度继续提高时，比生长速率反而下降[4]。

相应的，Andrews 基质去除率方程通过一定的数学变形及定义，可表示为

$$\frac{dS}{dt} = \frac{k_{\max} X S}{\frac{K_s + S + S^2}{K_1}} \tag{4-27}$$

式中：$k_{\max}$ 为最大比基质去除速率常数，s^{-1}；S 为限制性底物浓度，g/L；K_s 为饱和常数，g/L；X 为细胞浓度，g/L；K_1 为抑制常数。

4. Eckenfelder 模型

该模型是 W. W. Eckenfelder. Jr 对间歇试验反应器内微生物的生长情况进行观察后于 1955 年提出的，该模型是基于 VSS(挥发性悬浮固体)积累速率经验公式提出的，因此它也是一个经验模型。

当微生物处于生长率上升阶段时，基质浓度高，微生物生长速度与基质浓度无关，呈零级反应：

$$\frac{dX}{dt} = k_1 X \tag{4-28}$$

式中：X 为微生物浓度，mg/L，k_1 为对数增长速度常数，d^{-1}。

当微生物处于生长率下降阶段时，微生物生长主要受食料不足的限制，微生物的增长与基质的降解遵循一级反应关系：

$$\frac{dX}{dt} = k_2 S \tag{4-29}$$

式中：X 为微生物浓度，mg/L；k_2 为减速增长速度常数，d^{-1}。

当微生物处于内源代谢阶段时，微生物进行自身氧化：

$$\frac{d(X_1 - X)}{dt} = k_3 X \tag{4-30}$$

式中：X 为微生物浓度，mg/L；X_1 为生长率下降阶段末的微生物浓度，mg/L；k_3 为衰减常数，d^{-1}。

4.3.2　劳伦斯-麦卡蒂模型

活性污泥法动力学模型中著名的算是劳伦斯-麦卡蒂（Lawrence-Mc Carty）模型，这一数学模型在实际的工程设计计算中应用最为广泛。

1. 建立模型的假设

① 曝气池处于完全混合状态。

② 进水中的微生物浓度与曝气池中的活性污泥微生物浓度相比很小，可假设为零。

③ 全部可微生物降解的底物都处于溶解状态。

④ 系统处于稳定状态。

⑤ 二沉池中没有微生物的活动。

⑥ 二沉池中没有污泥积累，泥水分离良好。

图 4-4 表示了一个完全混合活性污泥法工艺的典型流程，也是建立活性污泥法数学模型的基础。图中虚线表示建立数学模型的范围。Q、S_0、X_0 表示进入系统的污水流量、有机底物浓度和进水中微生物浓度，曝气池中的活性污泥浓度、有机底物浓度和曝气池容积分别用 X、S_e、V 表示。R 表示回流污泥流量与进水流量之比，叫做回流比；X_R 为回流污泥浓度；Q_w 为剩余污泥排放流量；X_e 为出水中活性污泥的浓度。图中的流量以 m^3/d 计，浓度以 g/m^3 计，活性污泥浓度均以 MLVSS 计。

下面活性污泥法数学模型的推导以从二沉池底部排泥管排出剩余污泥为准。

2. 劳伦斯-麦卡蒂模型推导

劳伦斯和麦卡蒂强调了生物固体停留时间（SRT）即污泥泥龄这一运行参数的重要性。污泥泥龄被定义为在处理系统（曝气池）中微生物的平均停留时间，常用θ_c表示：

$$\theta_c = \frac{(X)_T}{(\Delta X / \Delta t)_T} \tag{4-31}$$

式中：θ_c为污泥泥龄（SRT），d；$(X)_T$ 为处理系统中总的活性污泥质量，kg；$(\Delta X/\Delta t)_T$ 为每天从处理系统中排出的活性污泥质量，包括从排泥管线上有意识排出的污泥加上随出水流失的污泥量，kg/d。

式（4-31）所表达的污泥泥龄的实质是曝气池中的活性污泥全部更新一次所需要的时间。

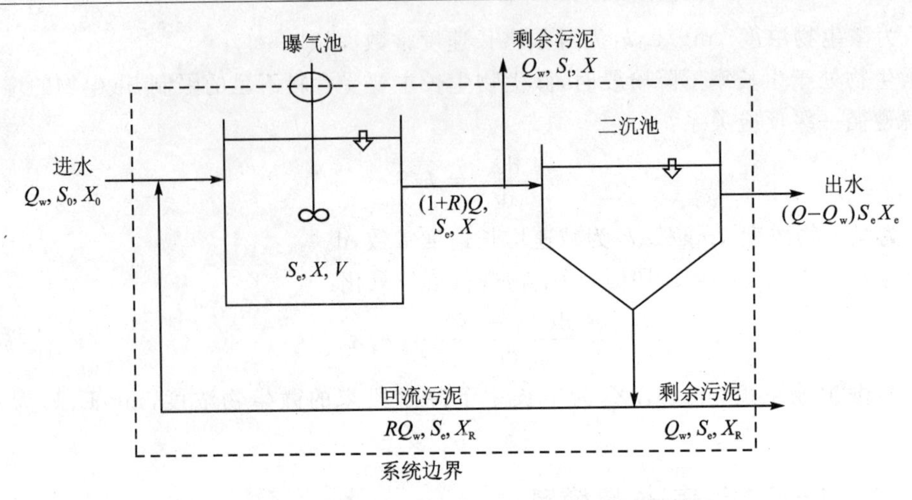

图 4-4　完全混合活性污泥法系统的典型流程

结合图 4-4，根据污泥泥龄的概念，有：

$$\theta_c = \frac{XV}{(Q-Q_w)x_e + Q_w x_R} \tag{4-32}$$

在稳态条件下，对图 4-4 做系统活性污泥的物料平衡，有：

$$Qx_0 - [(Q-Q_w)x_e + Q_w x_R] + \left(\frac{dX}{dt}\right)_g V = 0 \tag{4-33}$$

式中：x_0为进水中微生物浓度，gVSS/m^3；x_e为出水中微生物浓度，gVSS/m^3；x_R为回流污泥浓度，gVSS/m^3；X 为曝气池中活性污泥浓度，gVSS/m^3；V 为曝气池容积，m^3；Q 为进水流量，m^3/d；Q_w为剩余污泥排放量，m^3/d；$\left(\frac{dX}{dt}\right)_g$ 为活性污泥的净增长速率，gVSS/(m^3 · d)。

根据前述假定，进水中微生物浓度可以忽略，因此，式(4-33)变为

$$(Q-Q_w)x_e + Q_w x_R = \left(\frac{dX}{dt}\right)_g V \tag{4-34}$$

再结合微生物生长方程$\left(\frac{dX}{dt}\right)_g = Y\left(\frac{dS}{dt}\right)_u - K_d X$，有：

$$\frac{(Q-Q_w)x_e + Q_w x_R}{XV} = Y\frac{1}{X}\left(\frac{dS}{dt}\right)_u - K_d \tag{4-35}$$

或

$$\frac{1}{\theta_c} = Y\frac{1}{X}\left(\frac{dS}{dt}\right)_u - K_d \tag{4-36}$$

式中：Y 为活性污泥的产率系数，gVSS/gBOD$_5$；K_d为内源代谢系数，d^{-1}；$\left(\frac{dS}{dt}\right)_u$ 为底物利用速率，gBOD$_5$/(m^3 · d)。

$$\mu = \frac{1}{\theta_c} \tag{4-37}$$

式中：μ 为活性污泥的比增长速率，g(新细胞)/[g(细胞) · d]。

通过控制污泥泥龄，可以控制微生物的比增长速率及系统中微生物的生理状态。

劳伦斯和麦卡蒂提出底物利用速率与反应器中微生物浓度及底物浓度之间的动力学关系式，劳伦斯-麦卡蒂方程：

$$r = r_{\max} \frac{S}{K_s + S} \tag{4-38}$$

式中：r 为比例常数，即比底物利用速率；$r_{\max}$ 为最大比底物利用速率，即单位微生物量利用底物的最大速率，$gBOD_5/(gVSS \cdot d)$；K_s 为饱和常数，即 $r = \frac{r_{\max}}{2}$ 时的底物浓度，也称半速率常数，$gBOD_5/m^3$；S 为底物浓度，$gBOD_5/m^3$。

将式(4－38)代入式(4－36)得

$$\frac{1}{\theta_c} = Y \frac{r_{\max} S_e}{K_s + S_e} - K_d \tag{4-39}$$

从式(4－39)中解出 S_e

$$S_e = \frac{K_s(1 + K_d \theta_c)}{\theta_c(Y r_{\max} - K_d) - 1} \tag{4-40}$$

式中：S_e 为出水中溶解性有机底物的浓度，$gBOD_5/m^3$。

式(4－40)说明活性污泥法系统的出水有机物浓度仅仅是污泥泥龄和动力学参数的函数，与进水有机物浓度无关。

在稳态条件下，对图 4－4 做曝气池底物的物料平衡，有

$$QS_0 + RQS_e - \left(\frac{dS}{dt}\right)_u V - (1+R)QS_e = 0 \tag{4-41}$$

整理得

$$\left(\frac{dS}{dt}\right)_u = \frac{Q(S_0 - S_e)}{V} \tag{4-42}$$

将式(4－41)代入式(4－36)得

$$\frac{1}{\theta_c} = Y \frac{Q(S_0 - S_e)}{XV} - K_d \tag{4-43}$$

从上式解出 X 并整理得

$$X = \frac{YQ(S_0 - S_e)\theta_c}{V(1 + K_d \theta_c)} \tag{4-44}$$

从上式可以看出，曝气池中的活性污泥浓度与进出水水质、污泥泥龄和动力学参数密切相关。

式(4－40)、式(4－44)就是劳伦斯和麦卡蒂导出的活性污泥法数学模型，这一模型得到了环境工程界的普遍承认。

4.3.3　活性污泥 ASMs 数学模型

1. ASMs 发展历程

国际水协会(International Water Association，IWA)在总结已有废水生物处理数学模型的基础上，采用偏微分方程组的形式，描述活性污泥系统生物反应的运行过程和状态建立了活性污泥 ASMs 数学模型。模型全面考虑了影响生物反应的各种水质组分，将各种生物反应过程有机地组合在一起，较真实地反映了活性污泥系统生物反应过程的数学模式。自 1987 年起，IWA 陆续推出了 ASM1、ASM2、ASM2D 和 ASM3 等数学模型，为活性污泥过程仿真与控制提供了重要的理论基础。

1987 年推出的活性污泥 1 号模型(ASM1)不仅包括含碳有机物的去除过程,还描述了通过硝化和反硝化作用对含氮物质的去除,它以矩阵的形式描述了污水中好氧、缺氧条件下所发生的水解、微生物生长、衰减等 8 种反应。模型中包含 13 种组分、14 个动力学参数和 5 个化学计量学系数。ASM1 自推出以后得到广泛应用,它能够很好地描述活性污泥法污水处理系统的构造状况、进水水质特性以及系统运行参数,促进关于模型和污水特性描述的进一步研究。但它的缺陷是未包含磷的去除。

针对此问题,1995 年,IWA 专家组提出活性污泥 2 号模型(ASM2)。与 ASM1 相比,它包含了磷的吸收和释放,增加了厌氧水解、发酵及生物除磷和化学沉淀等 8 个反应过程。因为生物除磷机理很复杂,所以 ASM2 非常庞大,它包含 19 种物质、19 种反应、22 个化学计量系数以及 42 个动力学参数。从 ASM1 到 ASM2,最显著的变化是使所描述的生物有了细胞内部构造,而不再简单地用生物总量来表示。然而,ASM2 不区分个体细胞的组成,而是考虑微生物的平均组成。该模型可以对化学需氧量、氮磷去除的综合处理工艺进行动态模拟。ASM2 不是生物除磷模型的最终形式,它介于简单和复杂之间,是许多关于正确的模型应该是什么样子的不同观点的一个折中方案,它更应该被看作是模型进一步发展的一个概念平台。

随着对生物除磷机理的认知,1999 年,IWA 又推出了 ASM2D,对 ASM2 作了进一步完善和延伸,可同时模拟生物除磷和硝化—反硝化。ASM2D 共包括 19 种组分、21 种反应、22 个化学计量系数及 45 个动力学参数。与 ASM2 相比,在模拟硝酸盐和磷酸盐动力学方面,ASM2D 更准确。

1999 年,IWA 还推出了活性污泥 3 号模型(ASM3)。该模型更深入地考虑了胞内存储过程,并考虑环境因素对衰减过程的修正,把溶解性、颗粒性有机氮的降解与微生物的水解、衰减和生长结合在一起,包含氧化、硝化和反硝化过程,没有包括生物除磷过程。迄今为止,ASM3 模型尚未经过大量不同的实验数据验证,模型结构对存储现象的描述还有待改善。

为操作方便,模型应尽量简单,因此不得不做一些简化和假设,但过分简单又会使模型失去准确性,从而也失去使用价值,这是一个问题的两个方面。ASM1、ASM2、ASM2D、ASM3 均为复杂的矩阵,有诸多物质、常数和参数,若要进行动态模拟则难度更大。但如今,随着计算机技术的发展,使组成数学模型的各种复杂微分方程的快速求解成为可能。对应于 ASM1,1998 年就开发出了 SSSP 程序;1998 年对应于 ASM2 则有 Efor 软件。这些程序和软件可十分方便地用于污水厂的设计,也可用于已有污水厂的静态、动态模拟以寻求最佳运行状态。

2. 活性污泥 1 号模型(ASM1)的介绍

(1) 模型建立的方法

① 矩阵格式:ASM1 用表 4-1 所列的矩阵形式来表述。该矩阵描述活性污泥系统中各种组分的变化规律和相互关系。反应过程用行号 j 表示,组分用列号 i 表示。矩阵最上面一行(i)从左到右列出了模型所包含的各种参与反应的组分,左边第一列(j)从上到下列出了各种生物反应过程,最右边的那一列从上到下列出了各种生物反应的动力学表达式或速率方程式。过程速率以 ρ_j 表示。矩阵元素为计量系数,表明组分 i 与过程 j 的相互关系。若某一组分不参与过程变化,相应的计量系数为零,矩阵中用空项表示。矩阵内的化学计量系数 ν_{ij} 描述了单个过程中各组分之间的数量关系。

序号为 i 的组分表观转化速率可以由下式计算:

$$r_i = \sum_j \nu_{ij}\rho_j \tag{4-45}$$

式中:ν_{ij} 为表 4-1 中 i 列 j 行的化学计量系数;ρ_j 为表 4-1 中 j 行的反应过程速率,量纲为 MLT^{-1}。

表4-1　活性污泥ASM1模型的矩阵表达

工艺过程 j ＼ 组分 i		1 S_I	2 S_S	3 X_I	4 X_S	5 $X_{B,H}$	6 $X_{B,A}$	7 X_P	8 S_O	9 S_{NO}	10 S_{NH}	11 S_{ND}	12 X_{ND}	13 S_{ALK}	反应速率 $\rho/[ML^{-3}T^{-1}]$
1	异养菌的好氧生长		$-\frac{1}{Y_H}$			1			$-\frac{1-Y_H}{Y_H}$		$-i_{XB}$			$-\frac{i_{XB}}{14}$	$\frac{S_S}{K_S+S_S}\frac{S_O}{K_{O,H}+S_O}X_{B,H}$
2	异养菌的缺氧生长		$-\frac{1}{Y_H}$			1				$-\frac{1-Y_H}{2.86Y_H}$	$-i_{XB}$			$\frac{1-Y_H}{14\times2.86Y_H}-\frac{i_{XB}}{14}$	$\frac{S_S}{K_S+S_S}\frac{K_{O,H}}{K_{O,H}+S_O}\times\frac{S_{NO}}{K_{NO}+S_{NO}}\eta_g X_{B,H}$
3	自养菌的好氧生长						1		$-\frac{4.57-Y_A}{Y_A}$	$\frac{1}{Y_H}$	$-i_{XB}-\frac{1}{Y_A}$			$-\frac{i_{XB}}{14}-\frac{1}{7Y_A}$	$\frac{S_{NH}}{K_{NH}+S_{NH}}\frac{S_O}{K_{O,A}+S_O}X_{B,A}$
4	异养菌的衰减				$1-f_P$	−1		f_P					$i_{XB}-f_P i_{XP}$		b_H, $X_{B,H}$
5	自养菌的衰减				$1-f_P$		−1	f_P					$i_{XB}-f_P i_{XP}$		B_A, $X_{B,A}$
6	可溶性有机氮的氨化										1	−1		$\frac{1}{14}$	$k_a S_{ND} X_{B,H}$
7	网捕性有机物的水解		1		−1										$k_h\frac{X_S/X_{B,H}}{K_X+(X_S/X_{B,H})}\left[\frac{S_O}{K_{O,H}+S_O}+\eta_h\left(\frac{K_{O,H}}{K_{OH}+S_O}\right)\left(\frac{S_{ND}}{K_{NO}+S_{NO}}\right)\right]\times X_{B,H}$
8	网捕性有机氮的水解											1	−1		$\rho_7\frac{X_{ND}}{X_S}$
观察到的转换速率/$ML^{-3}T$															
化学计量参数：Y_H：异养菌产率；Y_A：自养菌产率；f_P：生物固体的惰性组分值；i_{XB}：生物固体的含氮量；i_{XP}：生物固体惰性组分含氮量		溶解性不可生物降解有机物 $[M(COD)/L^3]$	溶解性快速可生物降解有机物 $[M(COD)/L^3]$	颗粒性不可生物降解有机物 $[M(COD)/L^3]$	慢速可生物降解有机物 $[M(COD)/L^3]$	活性异氧菌生物固体 $[M(COD)/L^3]$	活性自氧菌生物固体 $[M(COD)/L^3]$	生物固体衰减产生的惰性物质 $[M(COD)/L^3]$	溶解氧（−COD）$[M(COD)/L^3]$	硝酸盐与亚硝酸盐氮 $[M(N)/L^3]$	NH_4^++NH_3氮 $[M(N)/L^3]$	溶解性可生物降解有机氮 $[M(N)/L^3]$	颗粒性可生物降解有机氮 $[M(N)/L^3]$	碱度-摩尔单位	动力参数：μ_H, K_S, K_{OH}, K_{NO}, b_H：异养生长与衰减；μ_A, K_{NH}, K_{OA}, b_A：自养生长与衰减；η_g：异养菌缺氧生长的校正因数；k_a：氨化；k_h,k_x：水解；η_h：缺氧水解的校正因数

例如计算可快速生物降解有机物($j=2$)的表观转化速率为

$$r_2 = \sum \nu_{2j}\rho_j = \nu_{21}\rho_1 + \nu_{22}\rho_2 + \nu_{27}\rho_7 \tag{4-46}$$

或将表 4-1 中所列的化学计量系数和反应过程速率表达式代入式(4-46),得

$$\begin{aligned} r_2 = & -\frac{1}{Y_H}\hat{\mu}_H\left(\frac{S_S}{K_S+S_S}\right)\left(\frac{S_O}{K_{O,H}+S_O}\right)X_{B,H} - \\ & \frac{1}{Y_H}\hat{\mu}_H\left(\frac{S_S}{K_S+S_S}\right)\left(\frac{K_{O,H}}{K_{O,H}+S_O}\right)\left(\frac{S_{NO}}{K_{NO}+S_{NO}}\right)\eta_g X_{B,H} + \\ & k_h\frac{\frac{X_S}{X_{B,H}}}{K_X+\left(\frac{X_S}{X_{B,H}}\right)}\left[\left(\frac{S_O}{K_{O,H}+S_O}\right)+\eta_h\left(\frac{K_{O,H}}{K_{O,H}+S_O}\right)\left(\frac{S_{NO}}{K_{NO}+S_{NO}}\right)\right]X_{B,H} \end{aligned} \tag{4-47}$$

在矩阵最右项“反应速率 ρ”中使用了“开关函数 ”这一概念,以反映环境因素改变所产生的遏制作用,即反应的进行与否。采用具有数学连续性的开关函数可以避免那些具有开关型不连续特性的反应过程表达式在模拟过程中出现数值的不稳定。

② 统一单位和基本符号。

③ 质量守恒定律的应用:输入量-输出量+反应量=累积量。

组分 i 的反应速率

$$r_i = \sum_j v_{ij}\rho_j \tag{4-48}$$

系统内某一点微生物 X_B、溶解性底物 S_S、溶解氧 S_O的反应速率

$$r_{X_B} = \frac{\mu S_S}{K_S+S_S}X_B - bX_B \tag{4-49}$$

$$r_{S_S} = -\frac{1}{Y}\frac{\mu S_S}{K_S+S_S}X_B \tag{4-50}$$

$$r_{S_O} = -\left(\frac{1-Y}{Y}\right)\frac{\mu S_S}{K_S+S_S}X_B - bX_B \tag{4-51}$$

④ 连续性检查:单个反应过程中化学计量系数的总和为 0。

⑤ 模型假定:系统运行温度恒定;pH 值恒定而且接近中性;微生物所需营养充足;进水污染物浓度可变,但组成和性质不变;微生物的种群和浓度处于正常状态;假设微生物对颗粒有机物的捕捉是瞬时进行的;有机物和有机氮的水解同时进行,且速率相等;系统中电子受体的存在类型不影响由衰减引起的活性污泥生物量损失;二沉池内无生化反应,仅为一个固液分离装置。

(2) 模型的组分

1) 有机组分(惰性物质)

废水中有机物质的划分是以其生物降解为基础的;不可生物降解的物质是生物惰性的(用下标 I 表示),经过活性污泥系统处理后没有形态上的变化;不可生物降解的物质分为两个部分——可溶的(S)和颗粒性的(X);惰性溶解性有机物(S_I)的进出水浓度相同;惰性悬浮性(颗粒性)有机物(X_I)被活性污泥捕捉,并随剩余污泥排出系统。

2) 有机组分(可生物降解物质)

可生物降解物质(用下标 S 表示)分为两部分——易生物降解物质和慢速生物降解物质;易生物降解物质(S_S)被当做可溶物来处理,而慢速生物降解物质(X_S)被当做颗粒物来处理;

易生物降解物质的分子结构一般比较简单，它们可以直接被异养微生物吸收并用于新微生物的生长，这些分子的一部分能量(COD)被结合到了微生物中(2/3)，另一部分能量被消耗以提供细胞合成所需的能量(1/3)，这部分的电子转移到外部的电子受体(氧或硝酸盐)；慢速生物降解物质一般具有较复杂的分子结构，在其被利用之前，必须经胞外水解反应转化为易生物降解物质，假设慢速生物降解物转化为易生物降解形式过程没有能量的利用，这样也没有与它们相关的电子受体的利用。

3) 异养微生物($X_{B,H}$)

异养微生物的繁殖是通过在好氧或缺氧条件下利用易生物降解物质生长，而假定其在厌氧条件下停止生长；微生物因为衰减而损失，假定衰减的结果是生物体转化为慢速生物降解物 X_S 和颗粒物 X_P；由衰减生成的慢速生物降解物质可转化为用于新细胞生长的物质；X_P 对进一步的生物作用呈惰性。

4) 自养微生物($X_{B,A}$)

自养微生物(硝化菌)的繁殖是通过在好氧条件下利用氨氮为能源，所需碳源为无机碳化合物；自养微生物因为衰减而损失，假定衰减的结果是生物体转化为慢速生物降解物 X_S 和颗粒物 X_P，X_P 对进一步的生物作用呈惰性。

5) 生物衰减生成的颗粒产物 X_P

X_P 由异养菌和自养菌的衰减形成；X_P 是生物惰性的(实际上这部分生物体也许并不完全对生物处理呈惰性，然而，它的降解速率太低，在活性污泥系统的 SRT 内，它可看作是惰性的)；在模型中加入这个组分，是为了解释这样一种现象：在活性污泥系统中并不是所有微生物都是活性的。

6) 含氮组分

含氮组分分为不可生物降解和可生物降解物质；不可生物降解的含氮组分是与不可生物降解颗粒状 COD(X_I)相联系的；可溶不可生物降解的含氮组分少到可忽略不计；可生物降解含氮物质划分为氨氮 S_{NH}、可溶性有机氮 S_{ND} 和颗粒性有机氮 X_{ND}。

7) 总碱度 S_{ALK}

所有包含质子增减的反应都能引起碱度的变化：异养菌和自养菌合成过程中氨氮向氨基酸的转化；有机氮的氨化过程；硝化过程；反硝化过程。碱度可以提供预测 pH 的变化信息，判断反应的正常与异常情况。

(3) 模型中的反应过程

1) 异养菌的好氧生长

异养菌的好氧生长是以溶解性易降解物质为底物，同时有氧的利用；氨氮主要作为营养物质从溶液中去除并结合到细胞中；异养菌好氧生长动力学受双重营养物限制：易生物降解底物 S_S 和 DO(S_O)是速率的决定因素。异养菌的好氧生长过程以异养菌的好氧反应动力学方程为基础：

$$\left(\frac{dX_{B,H}}{dt}\right)_1 = \mu_H\left(\frac{S_S}{K_S + S_S}\right)\left(\frac{S_O}{K_{O,H} + S_O}\right)X_{B,H} \tag{4-52}$$

2) 异养菌的缺氧生长

异养菌的缺氧生长依赖于易生物降解底物，硝态氮作为电子受体；根据 COD 物料恒算，硝态氮的去除量和易生物降解物质去除量与细胞生成量之差成比例；氨氮作为营养转化为微生物中的有机氮；缺氧条件下底物去除的最大速率比好氧条件下要小，考虑到这一影响，所采用的方法是在速率表达式中加入一个经验系数 η_g（$\eta_g<1.0$）。缺氧反硝化过程如下：

$$NO_3^- + 1.08CH_3OH + 0.24H_2CO_3 \rightarrow 0.06C_5H_7NO_2 + 0.47N_2 + 1.68H_2O + HCO_3^-$$

异养菌的缺氧生长以异养菌的缺氧生长动力学方程为基础：

$$\left(\frac{dX_{B,H}}{dt}\right)_2 = \mu_A\left(\frac{S_S}{K_S+S_S}\right)\left(\frac{K_{O,H}}{K_{O,H}+S_O}\right)\left(\frac{S_{NO}}{K_{NO}+S_{NO}}\right)\eta_g X_{B,H} \tag{4-53}$$

3）自养微生物的好氧生长（硝化过程）

$$NH_4^+ + 1.86O_2 + 1.98HCO_3^- \rightarrow (0.018+0.002\,4)C_5H_7NO_2 + 1.04H_2O + 0.98NO_3^- + 1.88H_2CO_3$$

自养菌的好氧生长以自养菌的好氧生长动力学方程为基础：

$$\left(\frac{dX_{B,A}}{dt}\right)_3 = \mu_A\left(\frac{S_{NH}}{K_{NH}+S_{NH}}\right)\left(\frac{S_O}{K_{O,A}+S_O}\right)X_{B,A} \tag{4-54}$$

4）异养菌的衰减

异养菌的衰减以异养菌的衰减的动力学方程为基础：

$$\left(\frac{dX_{B,H}}{dt}\right)_4 = b_H X_{B,H} \tag{4-55}$$

5）自养菌的衰减

和异养菌的衰减完全相似；自养菌的衰减速率常数可能比异养菌的小。自养菌的衰减以自养菌的衰减动力学方程为基础：

$$\left(\frac{dX_{B,A}}{dt}\right)_5 = b_A X_{B,A} \tag{4-56}$$

6）可溶性有机氮的氨化

有机氮在氨化细菌的作用下，可以转化为氨氮；微生物转化为慢速生物降解物质继而至易生物降解物质的同时，也伴随着有机氮向氨氮的转化。可溶性有机氮的氨化以氨氮增长的动力学方程为基础：

$$\left(\frac{dS_{NH}}{dt}\right)_6 = K_a S_{NH} X_{B,H} \tag{4-57}$$

7）絮集性有机物的水解

絮集性有机物的水解速率与存在的异养菌浓度成一级反应关系；当被网捕絮集的慢速可降解有机底物量相当于微生物量来说已很大时，水解速率将接近于饱和；因为需要酶的合成，速率必然与存在的电子受体的浓度有关，因此假定在氧气和硝酸盐都不存在的情况下水解速率趋向 0。絮集性有机物的水解以易降解有机物 S_S 的增长动力学方程为基础：

$$\left(\frac{dS_S}{dt}\right)_7 = k_h \frac{X_S/X_{B,H}}{K_S+(X_S/X_{B,H})}\left[\left(\frac{S_O}{K_{O,H}+S_O}\right)+\eta_h\left(\frac{K_{O,H}}{K_{O,H}+S_O}\right)\left(\frac{S_{NO}}{K_{NO}+S_{NO}}\right)\right]X_{B,H} \tag{4-58}$$

8）絮集性有机氮的水解

假设有机氮被均匀地分散在慢速生物降解有机底物中，这样被絮集有机氮的水解速率与慢速生物降解有机物质的水解速率成正比。絮集性有机氮的水解以易降解有机氮 S_{ND} 的增长动力学方程为基础：

$$\left(\frac{dS_{ND}}{dt}\right)_8 = \frac{X_{ND}}{X_S}\left(\frac{dS_S}{dt}\right)_7 \tag{4-59}$$

(4) 过程动力学方程

相对参与某一子过程反应的某一组分，可写出一个反应动力学方程，来表示该组分的浓度在该子过程反应中随时间的变化情况；对于某一子过程，可写出一个或几个组分的动力学方程；一般以某一组分生长或衰减的反应动力学方程作为基本方程，其他组分的反应动力学方程以该基本方程为基础，通过化学计量系数调整来获得。

(5) 组分的总动力学方程式

$$r_i = \sum_j v_{ij} \rho_j \tag{4-60}$$

3. ASMs 模型实际使用中的约束条件

ASMs 模型描述的是活性污泥系统对生活污水的处理过程，都在一系列的假设条件下，对污水处理过程相对准确的描述，每个模型都有一定的约束条件。

(1) ASM1 使用中的约束条件

温度应在 8～23 ℃之间；pH 值应在 6.5～7.5 之间；微生物的净生长速率和 SRT 必须在合适的范围内，以保证微生物絮体的形成(3～30 d)；污泥的沉降性能受进入二沉池中固体质量浓度的影响(750～7 500 gCOD/m^3)；反应器曝气死区比例不应大于 50%，否则污泥沉降性能将会恶化；曝气反应器中，混合强度不能太大。

(2) ASM2 使用中的约束条件

聚磷菌在高温及低温条件下的性能变异至今还不清楚，所以温度要保持在 10～25 ℃；因为模型的碱度平衡计算基于 pH=6.9 的条件，所以 pH 值的范围保持在 6.3～7.8 之间；污水中必须要有足够的镁离子和钾离子，以保证生物除磷的正常进行；未考虑亚硝酸盐和一氧化氮对生物除磷的抑制作用。

(3) ASM2D 使用中的约束条件

温度应在 10～25 ℃之间；pH 值接近于中性；污水中必须要有足够的镁离子和钾离子，以保证生物除磷的正常进行；不能模拟有发酵产物溢流至曝气池的过程。

(4) ASM3 使用中的约束条件

温度应在 8～23 ℃之间；pH 值应在 6.5～7.5 之间；不能模拟厌氧区占很大比例(>50%)的反应器；不能处理亚硝酸盐浓度升高的情况；不适用于超高负荷或泥龄小于 1 天的活性污泥系统。

4. ASMs 的应用难点

活性污泥数学模型有助于新建废水处理系统的精确设计，有助于对现有废水处理系统的优化运行管理，也有助于对现有废水处理系统的处理能力或功能进行科学评估，为扩建提供重要依据。因此，活性污泥数学模型近年来在污水处理中受到了广泛的关注，但模型的使用还是有一定的困难，主要体现在：

① 模型组分的分析和测定；

② 机理的进一步研究；

③ 模型中各参数的校正；

④ 模型的简化。

4.4 生物膜反应器数学模型

生物膜法作为一种高效的废水处理方法,已经在工业界获得了广泛运用,生物膜废水处理系统的性能在很大程度上取决于生物膜的形成及动力学过程。

4.4.1 生物膜动力学模型

1. 理想生物膜动力学模型

图 4-5 所示为理想生物膜动力学示意图。假设生物膜达到稳定,生物膜内生物体的增长量等于微生物衰亡并通过液固界面水力剪切作用脱落的生物体损失量。该生物膜具有恒定的生物体浓度 $X_{B,Hf}$ 和恒定的厚度 L_f,当液相主体基质浓度为 S_0 时,具有恒定的基质利用速率,稳态时的物质守恒方程为

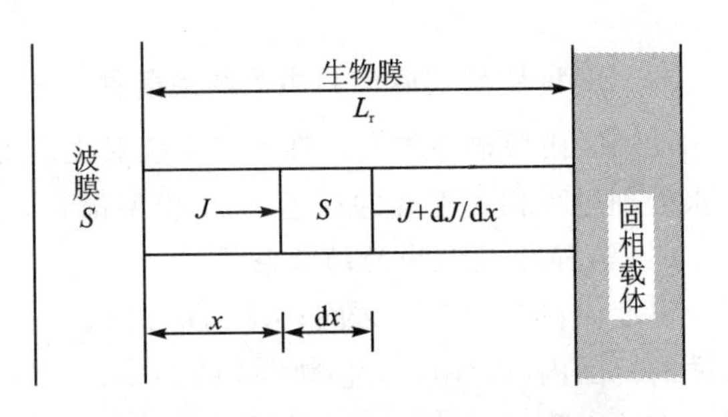

图 4-5 理想生物膜动力学示意图

[输入量]=[输出量]+[去除量]

则进入生物膜内一生物体微元的基质质量守恒方程如下:

$$-D_f A_S \left.\frac{dS}{dx}\right|_x + D_f A_S \left.\frac{dS}{dx}\right|_{x+\Delta x} - r \cdot A_S \cdot \Delta x = 0 \tag{4-61}$$

式中:A_S为垂直于扩散方向的传质表面积;x 为从惰性固体的生物膜载体到生物膜的距离;r 为生物膜内某点基质反应速率;Δx 为扩散方向上生物膜厚度的增量。

如果有效扩散系数D_f为一常数,式(4-61)两边都除以 AS 和 Δx,Δx 取的极限为 0,则式(4-61)转化为

$$D_f \frac{d^2 S}{dx^2} - r = 0 \tag{4-62}$$

2. 零级生物膜动力学模型

当反应速率 r 为零级方程时,把该生物膜称为零级生物膜。对于零级反应,生物膜降解基质的速率与基质浓度无关,对方程(4-62)积分得到

$$S = \frac{1}{2}\frac{r}{D_f}x^2 + K_1 x + K_2 \tag{4-63}$$

根据边界条件在生物膜表面 $(S)_{x=0} = S_0$,在生物膜底部 $\left(\frac{dS}{dx}\right)_{x=L_f} = 0$,代入上述积分方程,可得$K_1 = -\frac{r}{D_f}L_f$,$K_2 = S_0$,将$K_1$、$K_2$代入式(4-63),可得

$$S = \frac{1}{2}\frac{r}{D_f}x^2 - \frac{r}{D_f}L_f\, x + S_0 \tag{4-64}$$

对式(4-64)微分一次,可得下列表达式:

$$\left.\frac{dS}{dx}\right|_{x=z} = \frac{r}{D_f}x - \frac{r}{D_f}L_f \tag{4-65}$$

基质通过生物膜与液膜界面的通量为

$$J = D_f \cdot \left.\frac{dS}{dx}\right|_{x=0} = -rL_f \tag{4-66}$$

3. 一级生物膜动力学模型

当反应速率 r 为一级方程时，把该生物膜称为一级生物膜。对于一级反应，有

$$r = kX_{B,H}S \tag{4-67}$$

式中：k 为本征反应动力学系数；$X_{B,H}$ 为单位体积生物膜内生物体的质量。

将式(4-67)代入式(4-62)得

$$D_f \frac{d^2S}{dx^2} = kX_{B,H}S \tag{4-68}$$

令 $a=\left(\frac{kX_{B,H}}{D_f}\right)^{\frac{1}{2}}$，配齐方程得

$$\frac{d^2S}{dx^2} + 0 \cdot \frac{dS}{dx} - a^2S = 0 \tag{4-69}$$

该常系数二阶齐次微分方程的特征方程为 $R^2-a^2=0$，$R=\pm a$。a 为实数时解为

$$S = Ae^{ax} + Be^{-ax} \tag{4-70}$$

根据边界条件 $(S)_{x=0}=S_0$ 和 $\left(\frac{dS}{dx}\right)_{x=L_f}=0$，可得常数 A 和 B，

$$A = \frac{S_0}{e^{2aL_f}+1},\qquad B = \frac{S_0e^{2aL_f}}{e^{2aL_f}+1}$$

生物膜内基质浓度表达式 S 为

$$S = \frac{S_0}{e^{2aL_f}+1}e^{ax} + \frac{S_0e^{2aL_f}}{e^{2aL_f}+1}e^{-ax} \tag{4-71}$$

对式(4-71)微分一次，可得下列表达式

$$\left.\frac{dS}{dx}\right| = Aae^{ax} - Bae^{-ax} \tag{4-72}$$

基质通过生物膜与液膜界面的通量为

$$\left.\frac{dS}{dx}\right|_{x=0} = Aa - Ba \tag{4-73}$$

4. 莫诺(Monod)及布莱克曼(Blackman)生物膜模型

法国学者 Monod 在研究微生物生长的大量实验数据的基础上，提出在微生物典型生长曲线的对数期和平衡期，微生物的增长速率不仅是微生物浓度的函数，而且是某些限制性营养物浓度的函数，其描述限制增长营养物的剩余浓度与微生物比增长率之间的关系为

$$\mu = \mu_{max} \cdot \frac{S}{K_S+S} \tag{4-74}$$

式中：μ 为微生物比增长速度；μ_{max} 为微生物最大比增长速度；S 为溶液中限制生长的底物浓度；K_S 为饱和常数，即当 $\mu=\mu_{max}/2$ 时的底物浓度，故又称半速度常数。

而 Blackman 模式为

当 $S<2K_S$ 时

$$\mu = \mu_{max} \cdot \frac{S}{2K_S} \tag{4-75}$$

当 $S \geqslant 2K_S$ 时

$$\mu = \mu_{max} \tag{4-76}$$

Monod 方程与 Blackman 模式的曲线如图 4－6所示。在这里各数据是以无量纲形式表示的。将式(4－74)代入式(4－61)并整理,得到生物体微元基质质量守恒方程

$$D_f \frac{d^2 S}{d x^2} - \frac{\mu_{max} S}{K_S + S} = 0 \tag{4-77}$$

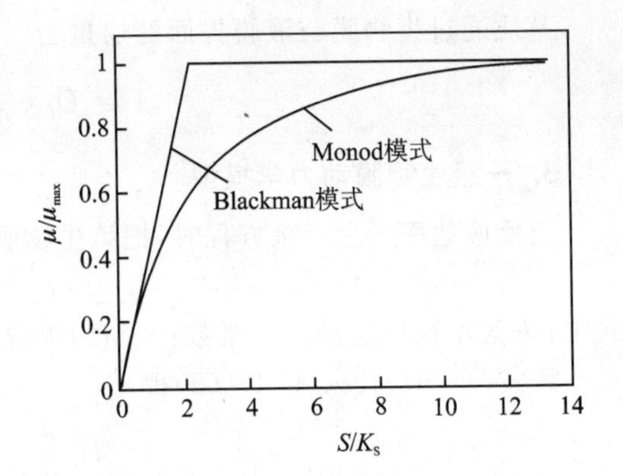

图 4－6　细菌比增殖速率与底物浓度关系的 Monod 及 Blackman 模式

4.4.2　厌氧流化床反应器模型

厌氧流化床反应器(Anaerobic Fluidized-Bed Reactor,AFBR)是一类利用惰性载体为生物膜生长提供机械支撑的反应器,这些生物颗粒能利用进水的流速维持流态化,因此流化床系统可以避免其他生物膜反应器中常见的堵塞问题,具有效率高、能耗低、占地少、运行稳定等优点。为了优化 AFBR 的操作和设计,有必要建立简单而符合实际的数学模型,本文主要探讨 AFBR 模型的构建方法。

1. 流化床层模型

载体所支撑的生物颗粒的流体力学行为对于 AFBR 的设计极为关键:颗粒在长大过程中,其大小、形状和密度会变化,这会对颗粒的水力学行为产生影响。颗粒沉降和流化特征(如流化床层高度)与液速的关系,对于 AFBR 的设计也非常关键,尤其是流化床层高度,因为它决定了固体停留时间和生物活性区域内生物膜的比表面积。在厌氧流化床中,需考虑生物膜对颗粒的影响。

(1) 终端沉降速度

在一个无限的液相范围内%单球体颗粒的沉降速度可表示为

$$u_t = \sqrt{\frac{4g\,d_p(\rho_p - \rho_L)}{3\,C_D\,\rho_L}} \tag{4-78}$$

式中:g 为重力加速度;d_p为颗粒直径;ρ_p为生物膜颗粒密度;ρ_L为液体密度;C_D为曳力系数。

根据生物膜厚度和载体类型,ρ_p通常为 1 100～1 500 kg/m^3,C_D是颗粒雷诺数Re_t的函数。

(2) 流态化机制

在一个厌氧生物流化床反应器中,生物载体通过不断流入的液体保持其流态化,而流化床的孔隙率和生物量由流态化机制所决定。

对于由均匀球体颗粒所组成的流化床,有以下关系式:

$$\left.\begin{aligned} u_p &= u_i\,(\varepsilon)^n \\ u_i &= u_t\,10^{d_p/D} \end{aligned}\right\} \tag{4-79}$$

式中:u_p为空床液体流速;ε 为孔隙度;u_t为无壁效应的终端沉降速度;u_i为有壁效应的终端沉降速度;D 为床体直径;n 为常数。

Mulcahy 等建立了一个模型,确定了适用于流化床中生物颗粒的u_t和 n 值,表达式如下:

$$u_t = \left[\frac{(\rho_p - \rho_L)\,g\,d_p^{1.67}}{27.5\,\rho_L^{0.33}\,\mu^{0.67}}\right]^{0.75} \tag{4-80}$$

$$n = 10.35\,Re_t^{0.18} \quad (40 < Re_t < 90) \tag{4-81}$$

式中：μ 为液体粘度。

2. 生物反应动力学模型

(1) 生物膜模型

具有均匀厚度的生物膜球体颗粒，其基质的去除表达式如下：

$$\frac{D}{r^2}\frac{\mathrm{d}}{\mathrm{d}r}\left(r^2\frac{\mathrm{d}s}{\mathrm{d}r}\right) - R_t \tag{4-82}$$

式中：D 为生物膜内基质的有效扩散系数；r 为从载体中心测得的半径值；s 为生物膜内基质浓度；R_t 为单位体积生物膜的基质消耗本征速率。

对于 AFBR，零级反应动力学可以描述基质的消耗过程，其反应速率 $R_t = \rho k_0$，其中 ρ 为密度，k_0 为表观反应速率常数。

对于基质，可以完全渗透和部分渗透到生物膜内部这两种情况，Mulcahy 等提出了式(4－79)的解。若基质能完全渗透到生物膜内，则

$$表观速率 = \frac{4}{3}\pi\rho k_0 (r_p^3 - r_m^3) \tag{4-83}$$

若基质只能部分渗透到生物膜内，则

$$表观速率 = 1.76\,(\rho k_0)^{1.45}(r_p^3 - r_m^3)^{1.9}\,s_b^{0.45}\,\frac{(r_p^3 - r_m^3)^{1.9}}{r_p^{1.8}\,D^{0.45}} \tag{4-84}$$

式中：r_m 为载体颗粒半径；r_p 为生物颗粒半径；s_b 为流化床内液相主体基质浓度。

在流化床反应器中，可用简单的推流模型描述溶解性基质的轴向传递过程。对于基质可完全渗入到生物膜内部的情况，反应器内基质的浓度模型为

$$s_e = s_0 - \rho k_0 \frac{V_m}{Q}\left[\left(\frac{r_p}{r_m}\right)^3 - 1\right] \tag{4-85}$$

式中：s_0 为进水基质浓度；s_e 为出水基质浓度；Q 为进水流量；V_m 为生物膜体积。

Hirata 等估计了在三相流化床反应器中生化反应的动力学参数，利用在稳态下基质平衡关系 Monod 动力学方程，在基质的消耗速率和基质浓度(用生化需氧量 BOD_5 表示)与生物膜的总面积之间建立了一个关系式。以下的假设用于建模：

① 反应器系统完全混合；

② 用 BOD_5 表示的总有机碳(TOC)是唯一的限制性基质，其他基质均过量；

③ 该反应遵循 Monod 动力学方程，基质抑制可忽略；

④ 反应发生在固定的区域。

在稳态下，基质的平衡方程为

$$F(s_{in} - s_{ss}) = \frac{1}{Y_{X/S}} r_x V \tag{4-86}$$

式中：F 为进水流量；V 为反应器容积；r_x 为生物膜生长速率；$Y_{X/S}$ 为产率系数，为形成的生物量与消耗的基质质量之比；s_{ss} 为反应器内稳态下限制性基质浓度；s_{in} 为进水基质浓度。

如果反应遵循 Monod 的动力学方程，那么其速率方程为

$$r_x = \mu X = \left(\frac{\mu_{max}\,s_{ss}}{k_m + s_{ss}}\right)X \tag{4-87}$$

式中：μ 为比增长速率；μ_{max} 为最大比增长速率；k_m 为 Monod 常数。

把式(4-87)代入式(4-86),可得

$$F(s_{in}-s_{ss})=\frac{1}{Y_{X/S}}\left(\frac{\mu_{max}\ s_{ss}}{k_m+s_{ss}}\right)VX=R_t \tag{4-88}$$

$$VX=\rho_b\delta S_b \tag{4-89}$$

式中:ρ_b为生物膜的干密度;δ为生物膜的有效厚度;S_b为生物膜的总表面积,可通过$S_b=\pi(D_{ave})^2N$得到,N为反应器内总的颗粒数量,D_{ave}为颗粒的平均直径。

修改式(4-88)可得

$$R_t=k\left(\frac{S_b\ s_{ss}}{k_m+s_{ss}}\right) \tag{4-90}$$

其中

$$k=\frac{\rho_b\delta\mu_{max}}{Y_{X/S}} \tag{4-91}$$

Buffiere 等在总碳去除动力学的基础上,为 AFBR 构建了一种模型。他们考虑了模型中产气的两种影响:产气改变了轴向的混合程度,这对反应器内形成浓度梯度有重要的影响;产气会导致床的收缩,这将减少液体和生物颗粒之间的接触。此外,他们还发现 TOC 的去除动力学与 Monod 模型非常吻合。

床的收缩使液固接触减少 10%~25%,

$$\frac{\varepsilon_s}{\varepsilon_{s0}}=1+0.045\,U_g^{0.4} \tag{4-92}$$

式中:ε_s为固含率;ε_{s0}为液固流化床中固含率;U_g为表观气速。

反应器内气含率ε_g可以通过以下关系式得到:

$$\varepsilon_g=(13\pm1.2)d_p^{0.168}\,U_g^{0.7} \tag{4-93}$$

一个沿轴向扩散的推流式模型可用来描述反应器中液相的混合程度。反应器中物料平衡关系为

$$\frac{1}{p_e}\frac{d^2s}{dx^2}=\frac{ds}{dx}+D_a\frac{s}{1+s} \tag{4-94}$$

其中

$$x=\frac{z}{H},\quad s=\frac{s}{k_s},\quad D_a=\frac{r_{max}}{k_s}\frac{H_{\varepsilon_1}}{U_1},\quad p_e=\frac{U_1H}{\varepsilon_1E_{z1}}$$

式中:s为基质浓度;x为床高减少量;H为床层高度;k_s为 Monod 方程中的半饱和浓度;E_{z1}为轴向扩散系数;U_1为表观液速;r_{max}为 Monod 方程中的最大反应速率;z为轴向距离。

利用示踪试验可以得到轴向扩散系数,所得试验结果符合以下方程:

$$\frac{D_c\,U_1}{\varepsilon_1 z}=1.01\,U_g{}^{0.167}\,D_c^{0.583} \tag{4-95}$$

式中:D_c为反应器直径;ε_1为液含率。

(2) 分层生物膜模型

厌氧的生物膜被分割成截然不同的内层和外层,内层由产甲烷细菌组成,而外层则由产酸细菌组成。基质在外层转化为酸,然后在内层转化为甲烷。在这两层中基质利用的偏微分方程分别为

$$D_1\frac{d^2G}{dz^2}=k_1\,x_1 \tag{4-96}$$

$$D_2 \frac{d^2F}{dz^2} = -\alpha k_1 x_1 + \frac{k_2 x_2}{1 + \frac{F}{k_i}} \tag{4-97}$$

式中：D_1、D_2分别指基质通过产酸细菌和产甲烷细菌层时的扩散系数；G、F 分别指葡萄糖和脂肪酸的浓度；k_1为零级速率常数(糖转化的零级动力学常数)；k_2为挥发性脂肪酸(VFA)转化动力学常数；k_i为抑制常数；z 为穿透生物膜的距离；x_1、x_2分别为产酸细菌和产甲烷细菌的生物量。

分层的生物膜较不分层的生物膜更具优势。当 VFA 的浓度很高时，在不分层的生物膜中，产甲烷细菌将会受到 VFA 的抑制，而对于分层的生物膜，膜外层的存在可以将抑制程度降低。

这里探讨了建立基质利用动力学模型的两种方法。在第一种方法中，TOC 被认为是限制性基质，并没有考虑各反应步骤的基质转化动力学、生物膜菌群组成和扩散限制。利用试验结果，可以估计模型所涉及的参数。这种方法很简单，但缺乏令人信服的理论解释，是经验性的。在第二种方法中，动力学模型考虑了各反应步骤的基质转化动力学、生物膜菌群组成和扩散限制，更切合实际。但是，这些模型的有效性最终都需要在大尺度反应器中进行验证。

由于缺乏合理的设计原则，现在 AFBR 并未普遍应用。但是厌氧生物处理技术因运行费用低、能源(甲烷)可回收、剩余污泥量少、处理能力高效等优点，近 20 年来引起了国内外学者的普遍关注，成为未来废水处理技术发展的一个重要趋势。

4.4.3　膜生物反应器膜污染数学模型

膜生物反应器中膜污染因子主要来自三个方面：膜的性质、操作条件和活性污泥混合液性质。用于模拟通量、压力、过滤阻力变化的数学模型，为膜材料的选择、膜生物反应器的设计及运行条件的控制提供了理论依据。

1. 阻力模型

根据 Darcy 定律过滤模型，膜通量可以表示为

$$J = \Delta P / \mu\ (R_m + R_p + R_c) \tag{4-98}$$

式中：J 为膜通量，$m^3/m^2 \cdot s$；ΔP 为膜两侧的压力差，Pa；μ 为渗透液粘度，Pa·s；R_m 为新膜的阻力，m^{-1}；R_p 为膜孔堵塞阻力，m^{-1}；R_c 为膜表面滤饼层阻力，m^{-1}。

2. 膜污染因子数学模型

Rui Liu 等人通过均匀设计得到了适用于活性污泥混合液条件下的膜间液体上升流速计算模型；并实测了膜过滤阻力的上升速率，建立了膜间液体上升流速(uLr)、污泥浓度(X)和膜通量(J)对污泥沉积速率(K)的影响模型：

$$K = (8.933 \times 10^7) \cdot X^{0.532} \cdot J^{0.376} \cdot uLr^{-3.047} \tag{4-99}$$

Shimizu 等人设计了膜过滤数学模型：

$$J_{ss} = V_L = K \cdot u \cdot d \cdot \text{MLSS}^{-0.5} \tag{4-100}$$

式中：V_L、K、u、d 分别为流体反向传递速率、过滤常数、气液两相流速、膜组件几何因子，MLSS 为污泥浓度。

从反应器中微生物增长的角度，膜过滤总阻力(R)是膜固有阻力 R_m、沉积 EPS 阻力之和，公式如下：

$$R = \alpha m + R_{m} \tag{4-101}$$

式中：R 为过滤总阻力，m^{-1}；R_{m} 为膜固有阻力，m^{-1}；α 为 EPS 产生的阻力系数，m/kg；m 为膜表面 EPS 密度，kg/m^{2}。

4.5　纳滤膜分离数学模型

人们认识膜现象已有加 20 多年的历史，直到 20 世纪 70 年代 J. E. Cadotte 才研究开发了 NS-300 膜，弥补反渗透(RO)和超滤(UF)之间的空白，将纳滤(NF)引入了膜技术领域，后来美国 Film-Tech 公司将这种膜定义为“纳滤膜”。纳滤膜具有两个显著特征：一个是其截留分子量介于反渗透膜和超滤膜之间(200～2 000)；另一个是纳滤膜对无机盐有一定的截留率，因为它的表面分离层由聚电解质构成。根据其第一个特征，推测纳滤膜可能拥有 1 nm 左右的微孔结构，故称为“纳滤”。从结构上来看，纳滤膜大多是复合型膜，即膜的表面分离层和它的支撑层的化学组成不同，正是由于纳滤膜特殊的孔径范围和制备方法(如复合化、荷电化)，它的分离性能也很特别，在物质分离和物料回收方面具有独到的优势，近年来已广泛应用于印染、食品、化工、除盐工业，以及生物技术、饮用水生产和废水处理。

1. 纳滤分离机理

由于纳滤膜孔的范围接近分子水平，特别是纳滤膜的荷电性、溶质结构、极性强弱以及膜材料与溶质之间、溶质与溶质之间还可能存在相互作用，使得 NF 的分离机理十分复杂，确切的传质机理尚无定论。目前，普遍认为纳滤传质机理包括浓度差引起的扩散(Difussion)、压力差引起的对流(Convection)以及电位差引起的电迁移(Electric-migration)，可由推广的 Nernst-Planck 方程描述。随着对纳滤技术的应用研究越来越广，对膜分离机理特别是建立纳滤膜的结构与分离性能的数学模型一直是当今膜科学领域的研究热点之一。已建立的一些描述纳滤分离机理的数学模型主要有：不可逆热力学模型、溶解-扩散模型、细孔模型、电荷模型、静电位阻模型、道南-立体细孔模型以及介电排斥-道南-立体细孔模型等。

(1) *不可逆热力学模型*

对于液体膜分离过程，其传递现象通常用不可逆热力学模型来表征。该模型把膜当做一个“黑匣子”，膜两侧溶液存在或施加的势能差就是溶质和溶剂组分通过膜的驱动力。如果在“黑匣子”两边的势能差是电势差，则产生电流流动，其过程称为电渗析。纳滤膜分离过程与微滤、超滤、反渗透膜分离过程一样，以压力差为驱动力，产生溶质和溶剂的透过通量，其通量可以由不可逆热力学模型建立的现象论方程式来表征。如膜的溶剂透过通量 J_{V}(m/s)和溶质透过通量 J_{S}($mol/m^{2}\cdot s$)，可以分别用下列方程式表示：

$$J_{V} = L_{P}(\Delta p - \sigma\Delta\pi) \tag{4-102}$$

$$J_{S} = -(P\Delta x)\frac{dC}{dx} + (1-\sigma)J_{V}C \tag{4-103}$$

式中：σ、P(m/s)及 L_{P}($m/s\cdot Pa$)都是膜的特征参数，分别被称为膜的反射系数、溶质透过系数及纯水透过系数；Δp 和 $\Delta\pi$ 是膜两侧的操作压力差和溶质渗透压力差，Pa；Δx、C 分别是膜厚、膜内溶质浓度。将上述微分方程(4-103)沿膜厚方向积分可以得到膜的截留率 R：

$$R = 1 - C_{p}/C_{m} = \sigma\frac{1-F}{1-F\sigma} \tag{4-104}$$

式中：$F=\exp\left[\dfrac{-J_V(1-\sigma)}{P}\right]$；$C_m$和 C_p分别为料液侧膜面和透过液的浓度，mol/L。

式(4-104)就是众所周知的 Spiegler-Kedem 方程。从式(4-104)不难推出膜的反射系数相当于溶剂透过通量无限大时的最大截留率。膜特征参数可以通过实验数据进行关联而求得，比如根据式(4-102)由纯水透过实验数据可以确定膜的纯水透过系数，根据式(4-104)对某组分的膜截留率随膜的溶剂透过通量的实验数据进行关联可以确定膜的反射系数和溶质透过系数。如果已知膜的结构及其特性，上述膜特征参数则可以根据某些数学模型来确定，从而无须进行实验即可表征膜的传递分离机理。

(2) 溶解-扩散模型

溶解-扩散模型是一种广泛应用于反渗透膜的传质机理。该模型假定表皮分离层是致密无孔的，溶质和溶剂都能溶解于表皮层内，膜中溶解量的大小服从亨利定律，然后各自在浓度或压力造成的化学势推动下扩散通过膜，再从膜下游解吸。有的学者也将纳滤膜视为无孔致密膜，直接应用溶解-扩散模型。由溶解-扩散理论可导出水和溶质(盐)在膜中的迁移遵循下列方程式：

$$J_w = A(\Delta P - \Delta\pi) \tag{4-105}$$

$$J_s = B(C_{1S} - C_{2S}) \tag{4-106}$$

式中：J_w 为水在膜中的透过通量，$m^3/(m^2 \cdot s)$；J_s 为盐在膜中的透过通量，$m^3/(m^2 \cdot s)$；A 为纯水透过系数；B 为溶质透过系数；C_{1S} 进水盐的浓度，mol/m^3；C_{2S} 出水盐的浓度，mol/m^3。

(3) 细孔模型

该模型假定膜分离层具有均一的细孔结构，认为溶质的传递是由于膜两侧的压力差引起的对流扩散和浓度梯度引起的分子扩散，溶质受到的空间阻碍作用以及溶质与孔壁之间相互作用影响溶质的传递过程。应用细孔模型可确定膜特征参数：

$$\sigma = 1 - \left(1 + \frac{16}{9}\lambda^2\right)(1-\lambda)^2\left[2-(1-\lambda)^2\right] \tag{4-107}$$

$$P = (1-\lambda)^2 D_S \frac{A_K}{\Delta x} \tag{4-108}$$

式中：$\lambda = r_s/r_p$；r_s为溶质结构尺寸，nm；r_p为膜孔径，nm；D_S为溶质的扩散系数，m^2/s；$A_K/\Delta x$为膜的开空率与膜厚的比率。

由于反射系数 σ 随着 r_s/r_p 的比率增加而增大，当 $r_s/r_p=1$ 时，$\sigma=1$，表明溶质完全被截留。如果对已知直径的溶质进行透过实验，利用 Spiegler-Kedem 方程对数据进行关联，就可得到膜特征参数(膜的反射系数和溶质透过系数)，进而利用方程(4-104)可以得到膜的孔径。

(4) 电荷模型

电荷模型根据其对膜结构的假设可分为空间电荷模型(the space charge model)和固定电荷模型(the fixed-charge model)。空间电荷模型假设膜由孔径均一且其壁面上电荷均匀分布的微孔组成。空间电荷模型最早由 Osterle 等提出，是表征膜对电解质及离子的截留性能的理想模型。该模型的基本方程由表征离子浓度和电位关系的 Poisson-Boltzmann 方程、表征离子传递的 Nernst-Planck 方程和表征体积透过通量的 Navier-Stokes 方程等组成。它主要应用于描述如流动电位和膜内离子电导率等动电现象的研究。

(5) 静电排斥和立体阻碍模型

将细孔模型和 TMS 模型结合起来，建立了静电排斥和立体阻碍模型(the electrostatic

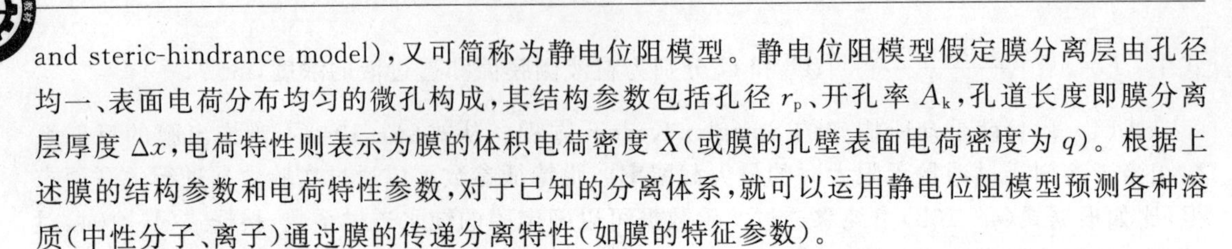

and steric-hindrance model)，又可简称为静电位阻模型。静电位阻模型假定膜分离层由孔径均一、表面电荷分布均匀的微孔构成，其结构参数包括孔径 r_p、开孔率 A_k，孔道长度即膜分离层厚度 Δx，电荷特性则表示为膜的体积电荷密度 X（或膜的孔壁表面电荷密度为 q）。根据上述膜的结构参数和电荷特性参数，对于已知的分离体系，就可以运用静电位阻模型预测各种溶质（中性分子、离子）通过膜的传递分离特性（如膜的特征参数）。

(6) 道南-立体细孔模型(DSPM)

该模型首次由 Bowenw R. 及其合作者提出，后来作了修正。模型认为纳滤为荷电的微孔结构，溶质组分 i 在膜孔内的运动由扩展的 Nernst-Planck 方程表示：

$$j_i = J_v K_{ic} c_i = D_{ip} \frac{dc_i}{dx} - z_i c_i D_{ip} \frac{F}{RT} \frac{d\psi}{dx} \tag{4-109}$$

组分 i 在膜与外部溶液界面上的分离效应由 Donnan 平衡（通过 $\Delta\psi_D$）和位阻效应（通过 ϕ_i）描述：

$$\frac{c_i(0^+)}{c_i(0^-)} = \phi_i \exp(-z_i \Delta\psi_{D,0}) \tag{4-110}$$

$$\frac{c_i(\delta^-)}{c_i(\delta^+)} = \phi_i \exp(-z_i \Delta\psi_{D,\delta}) \tag{4-111}$$

DSPM 模型包括了扩散、对流和电迁移对溶质跨膜传递的贡献，较全面地表述了溶质截留是由筛分效应和电荷效应这两种效应共同决定，可以较好地描述纳滤膜的分离机理，广泛应用于膜的表征和溶质分离性能的模拟与预测。该模型假定的膜的结构参数和电荷特性参数与 Wang 等提出的静电排斥和立体阻碍模型所假定的模型参数完全相同。该模型用于预测硫酸钠和氯化钠的纳滤过程的分离性能，与实验结果较为吻合，因而可以认为该模型也是了解纳滤膜分离机理的一个重要途径。

(7) 介电排斥(dielectic exelusion)与 DSPM&DE 模型

有研究者发现，DSPM 模型不能很好描述纳滤膜对二价离子和高价离子的高截留率，认为膜与溶液界面上的分离效应仅由位阻和 Donnan 效应不充分，还存在一种称为介电排斥(dielectric exclusion)效应。

介电排斥由膜材料与溶液之间电介常数的不同引起离子发生极化，溶液中的离子与极化电荷也存在静电作用。由于溶液的介电常数显著高于膜材料的介电常数，极化电荷总是与溶液离子同号，因此总是对溶液中的离子起排斥作用。这样，电荷效应就包含 Donnan 效应和介电排斥效应。据此，Bandini 等提出了 Donnan steric pore model and dielectic exelusion (DSPM&DE)以描述电解质和中性溶质的传递规律。DSPM&DE 模型将 DSPM 模型中方程(4-110)、(4-111)改为(4-112)、(4-113)，如下，其余方程与 DSPM 模型方程相同。

$$\frac{c_i(0^+)}{c_i(0^-)} = \phi_i \exp(-z_i \Delta\psi_{D,0}) \exp(-z_i^2 \Delta W_0) \tag{4-112}$$

$$\frac{c_i(\delta^-)}{c_i(\delta^+)} = \phi_i \exp(-z_i \Delta\psi_{D,\delta}) \exp(-z_i^2 \Delta W_0) \tag{4-113}$$

4.6 模型软件介绍——BioWin

从 20 世纪 70 年代起，研究人员和机构陆续开发了多种活性污泥系统的数学模型，其中以国际水协提出的活性污泥模型(ASM)和厌氧硝化模型(ADM)最具代表性。在此基础上,研究人员开发了计算机应用软件模拟各种污水处理工艺。商业水处理软件常用的有 GPS-X、WEST、BioWin 等。其中由加拿大 EnvironSim 公司开发的 BioWin 是典型的污水处理厂全流模拟软件,已在北美和澳大利亚等地成为污水处理行业的标准工程工具。

BioWin 模拟软件的核心是 ASDM 综合模型,描述了污水处理过程中的 50 种组分(普通异养菌、氨氧化菌、亚硝酸盐氧化菌等)以及作用于这些组分的 80 个物理、化学和生物反应过程。该模型整合了国际水协会的三套活性污泥生物反应模型(ASM1、ASM2、ASM3),并集成了厌氧消化模型(ADM),pH 平衡、气体转移和化学沉淀等模型。

1. BioWin 模块

以 ASDM 模型为基础,BioWin 提供了 30 个工艺单元模块,包括进水、反应器、沉淀池、污泥处理等。用户通过组合这些模块,可快速建立目标污水处理厂的概化模型。由于模型采用单一矩阵的整体结构,BioWin 可模拟整座污水处理厂的全部流程,可追踪任何一个模型组分或状态变量在不同单元工艺中的变化。同时,BioWin 通过总结最新研究成果和实际污水处理厂测试,提供了模型参数的最佳缺省值。

2. BioWin 模拟步骤

BioWin 软件可运行于多种操作系统,具有十分友好的用户操作界面。使用 BioWin 模拟污水处理工艺需要以下步骤:

① 基础数据的收集与整理。通过调研和现场实测的方法获取污水处理厂的构筑物尺寸、进水水量和水质、水质组分等数据。

② 构建污水处理厂的概化模型。根据污水处理厂的实际工艺形式,在软件界面中选择相关的模块并合理连接,定义模块的几何尺寸和物理参数,建立虚拟的污水处理厂。

③ 确定工艺运行条件。设定污水处理厂模型中的内外回流比、排泥量和曝气池内溶解氧设定值等工艺参数。

④ 设定模型参数。模型中使用的化学计量系数和动力学参数可通过呼吸速率试验来估测,也可直接采用 BioWin 推荐值。

⑤ 输入进水量和水质数据,依次启动流量平衡、静态模拟和动态模拟。

3. BioWin 的应用

BioWin 模拟工具已经在污水处理的许多方面获得了广泛应用。在污水处理工艺设计、评估和比较中利用 BioWin 进行模拟可以使工作量大为减少,起到事半功倍的效果,如智利圣地亚哥最大污水处理厂运行合同的水费谈判中,通过 BioWin 模拟污水处理厂的运行以估计运行费用、污泥产量和能耗要求(氧需求)。在工艺运行中,利用 BioWin 进行模拟可以诊断和优化污水处理厂各种因素的变化对处理效果的影响。例如, F. Wayne Hill 水资源中心污水处理工艺优化中曾运用 BioWin 工艺模拟软件,对于采用或不采用初沉池、不同的运行工况和生物反应池的季节优化、金属盐的投加点和量的影响/优化、污泥的处置和回流影响、DO 优化等问题评价的基础上,开发了该中心污水厂的模拟模型(全污水处理厂模型的结构见图 4-7)。在该例中建立模拟模型包括 4 项任务:

① 测定详细、具体的污水水质特性;

② 进行小试以校正金属盐的投量;

③ 用历史数据和补充的取样数据(包括生物反应器结构)校准和验证模型;

④ 建立最终的执行模型。

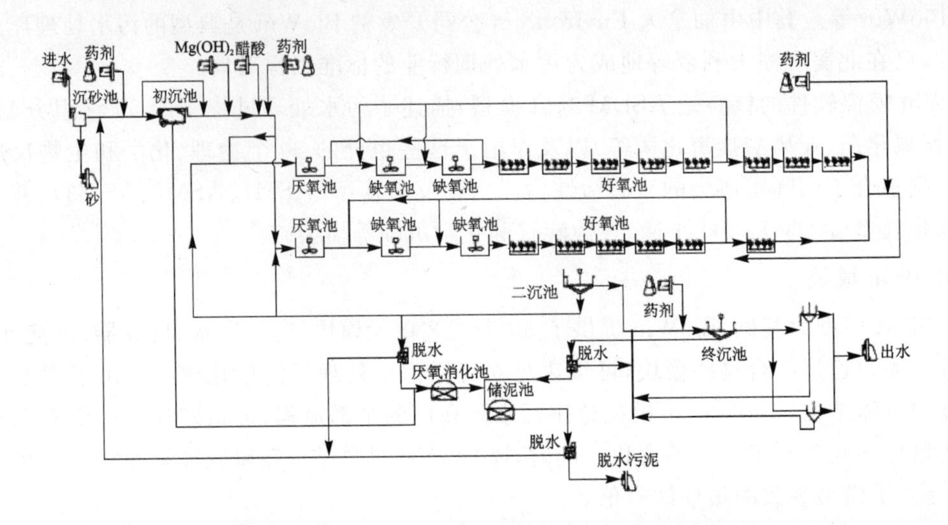

图 4-7　F. Wayne Hill 全污水处理厂模拟模型的结构

4. BioWin 对脱氮除磷中试系统的模拟实例介绍

(1) 模型的建立

以下例子是针对处理规模为 144 吨/日的污水脱氮除磷中试系统进行模拟，该系统为强化生物脱氮除磷工艺，采用预缺氧—厌氧—缺氧—好氧—缺氧—好氧的模式运行。按照中试实际工艺流程，采用 BioWin 软件建立的中试工艺流程如图 4-8 所示，其中好氧池根据实际运行中各池不同的溶解氧浓度分为四部分。

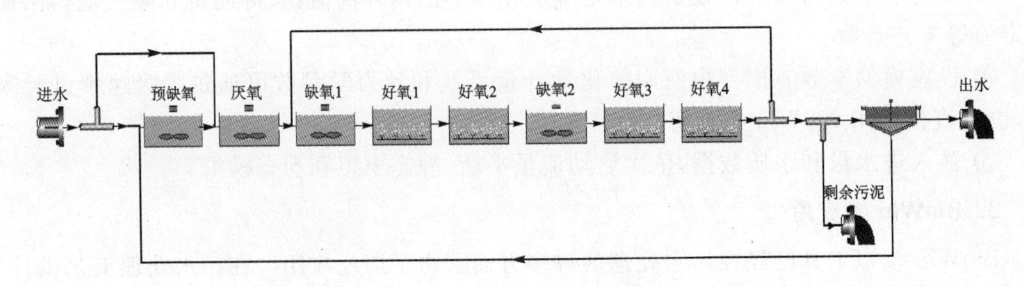

图 4-8　污水脱氮除磷工艺流程

(2) 参数的确定及模型校准

系统参数主要包括三部分：模型参数、工艺参数和污水水质指标。模型参数是指生物反应器的动力学参数和化学计量参数，它们是表征模型固定特性的量。工艺参数是指代表实际污水处理运行工艺的模型工艺参数。污水水质指标是指将污水划分成一定的组分，这些组分是有同样的计量单位并按一定的比例关系组成。

1) 污水水质指标

模型的建立及校准过程采用污水脱氮除磷中试系统 2007 年 12 月 12 日—21 日运行数据的平均值，如表 4-2 所列。模型中进水水质指标设置如图 4-9 所示。

表 4-2　进水水质指标平均值

mg/L

项　目	COD	SCOD	VFA	BOD_5	NH_4^+-N	TKN	PO_4^{3-}	TP
数　值	405.6	156	28.53	206.8	44.64	52.32	4.37	7.19

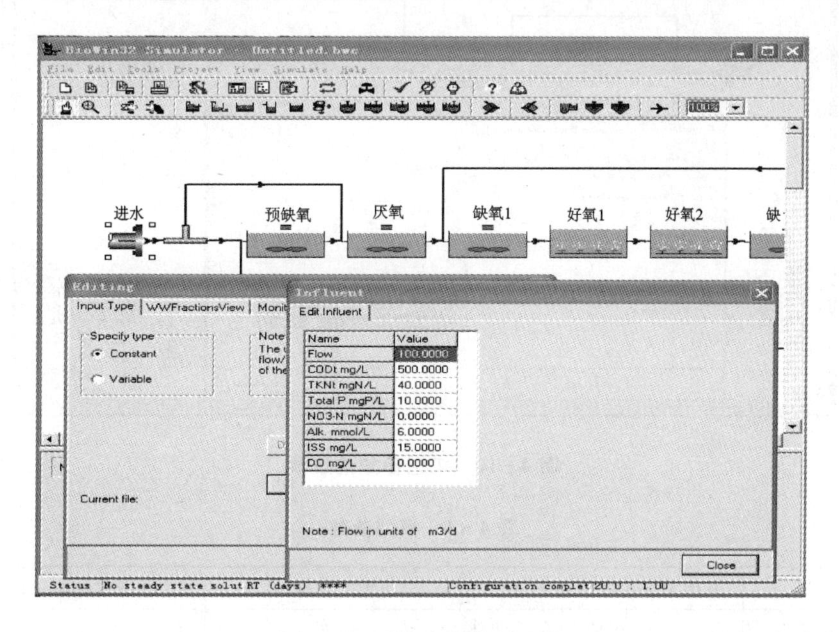

图 4-9　进水水质指标设置

2）工艺参数

根据工艺实际运行情况，模型建立过程所需各项工艺参数列于表 4-3，模型中工艺参数的设置如图 4-10 所示。

表 4-3　工艺参数

项　目	数　值	项　目	数　值
预缺氧 V_1、V_2/m^3	6、9	好氧 1～4 DO/(mg·L^{-1})	0.25、2.6、1、0.5
厌氧 V/m^3	9	内回流/%	300
缺氧 V/m^3	24	外回流/%	100
好氧 V_1～V_4/m^3	6、24、12、9	进水预缺氧分配/%	15
进水流量/(m^3·d^{-1})	144	进水厌氧分配/%	85

3）模型参数

将上述污水组成参数和工艺参数输入 BioWin 软件，准备进行模型的校准。在利用 BioWin 进行模型校准前，还需初步确定模型参数。动力学参数 AOB(氨氧化菌)最大比增长速率 μ_A 取软件默认值 0.9 d^{-1}，二沉池去除率设为 99.8%，剩余污泥排泥量实测为 7～8 m^3/d，在进行模型调试前初步定为 7 m^3/d。根据 2007 年 12 月 12—21 日运行数据的平均值对模型进行调试，模型参数如表 4-4 所列。

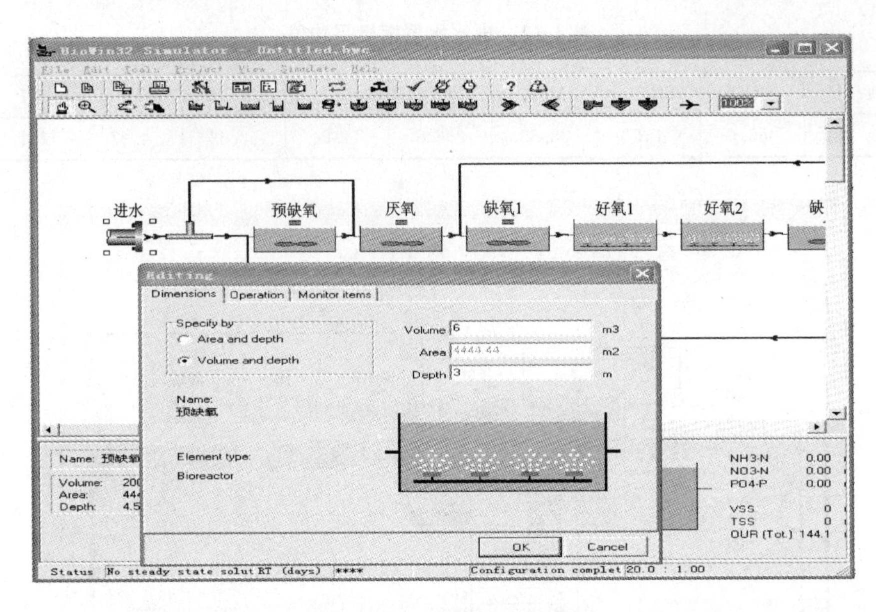

图 4-10　工艺参数的设置

表 4-4　模型参数

模　拟	AOB 最大比增长速率/d^{-1}	二沉池去除率/%	剩余污泥排泥量/($m^3 \cdot d^{-1}$)
第 1 次模拟	0.9	99.8	7
第 2 次模拟	0.9	99.8	7.5
第 3 次模拟	0.85	99.8	7.8

4）运　行

各参数设置完成后，如图 4-11 所示，开始运行。

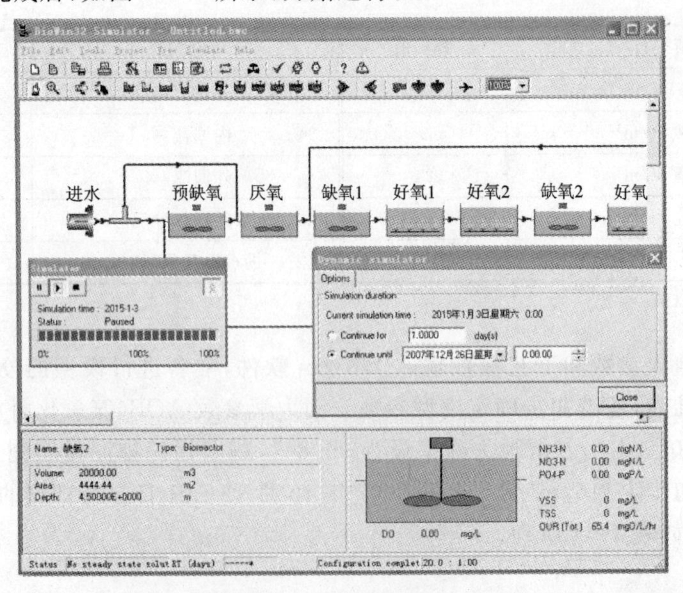

图 4-11　模型运行

5）结　果

第 3 次模拟后，各出水水质指标模拟值与实测值均拟合较好，各次模拟结果如表 4-5 所列。

表 4-5　模拟校准过程

mg/L

项　目	实测值	第 1 次模拟	第 2 次模拟	第 3 次模拟
COD	44.72	45.30	44.80	44.50
TN	12.33	14.84	14.64	14.44
TP	1.05	1.16	1.02	0.91
SS	11.9	14.0	13.3	12.9
NO_3^-—N	10.61	11.80	11.42	10.64
NH_4^+—N	0.56	0.25	0.30	0.49

从表中模拟结果看出，第 3 次模拟的各水质指标模拟值与实测值拟合较好，因此，采用第 3 次模拟后确定的模型参数是可行的。

（3）模型验证

在用 12 月 12—21 日运行数据平均值进行模型校准后，污水组成参数、工艺参数、模型参数均已确定，模型已成功建立。用该模型对 12 月 24 日和 26 日两天的运行情况进行模拟，并将出水水质模拟值与实测值比较，以检验模型的可靠性和预测能力。预测结果列于表 4-6 中。

表 4-6　12 月 24 日和 26 日出水实测值与预测值

项　目	12 月 24 日		12 月 26 日	
	实测值/($mg \cdot L^{-1}$)	预测值/($mg \cdot L^{-1}$)	实测值/($mg \cdot L^{-1}$)	预测值/($mg \cdot L^{-1}$)
COD	43.5	60.1	44.4	54.6
TN	7.7	9.08	8.46	10.37
TP	0.318	0.49	0.122	0.68
SS	13	15.4	12	12.3
NO_3^-—N	6.03	4.34	6.54	10.37
NH_4^+—N	0.331	0.58	0.417	0.45

从表 4-6 中看出，出水 TP、TN、SS、NO_3^-—N、NH_4^+—N 等指标的预测值与实测值拟合较好。COD 预测值与实测值偏差相对稍大，原因可能是在后来的两天里进水水质发生了变化，与模型中的进水水质组分相差较大，例如 24 日和 26 日实际进水 COD 分别为 540 mg/L 和 495 mg/L，远高于 12 日至 21 日的进水 COD 平均值 405.6 mg/L，因此相应的污水组成参数也可能发生了变化，这时用前几天的组分参数所得的模拟结果就会与实测值有一定偏差。

BioWin 软件可以较好地反映污水处理实际工艺运行状况。但是如果实际进水水质与建模所用平均值相差较大，可能会导致部分模拟结果与实际值有较大出入，不能完全准确地反映实际运行，因此模型的建立需要大量准确的运行数据，才能增强模型的可靠性和代表性。任何数学模型都有一定的适用范围。随着时间的变化，进水水质、反应池中污泥的性状和运行状况（如好氧池中溶解氧浓度）也会有一定的变化，因此，在不同季节或月份应该有各自的模型，从

而使模型可以更好地指导污水处理厂的运行。

思考题

1. 水处理单元基本模型定义及基本假定。

2. 简述活性污泥 ASMs 数学模型的建立方法和使用条件。

3. 简述生物膜反应器的数学模型。

4. 说说你知道的常用水处理模型软件并作简要描述。

5. 采用微生物对 2,4 -二硝基甲苯(2,4 - DNT)进行降解,高效液相色谱测定的某菌株在不同时间对 2,4 - DNT 的降解情况如下表:

反应时间/h	0	12	24	36	48	60	72	84	108	132	156	180	204
2,4 - DNT 浓度/($mg \cdot L^{-1}$)	46.06	45.78	39.43	30.26	27.73	25.33	20.68	19.85	19.48	19.30	18.88	18.56	18.55

请根据表中数据,利用 Origin 软件拟合相应的化学反应动力学方程,确定该菌株降解 2,4 - DNT的化学反应级数、化学反应速率常数 k 及拟合的相关系数,并计算 2,4 - DNT 降解的半衰期。

6. 采用生物法对其 2,4,6 -三硝基苯酚(TNP)进行降解过程中,当反应体系中有毒基质浓度达到一定程度时,可选择对抑制现象进行描述的 Andrews 模型来描述其降解过程。Andrews 模型的一般形式如下:

$$\mu = \frac{\mu_{max}}{K_S/S + 1 + S/K_I}$$

式中:μ 为比生长速率,h^{-1};μ_{max} 为最大比生长速率,h^{-1}; S 为限制性底物浓度,mg/L;K_S 为饱和常数,mg/L;K_I为抑制常数,mg/L。

下表为某菌株在不同时间对 TNP 的降解情况以及该菌株的比生长速率。

限制性底物浓度 S/($mg \cdot L^{-1}$)	10	25	50	75	100	200
菌株的比生长速率 μ/h^{-1}	0.150	0.176	0.187	0.177	0.160	0.155
限制性底物浓度 S/($mg \cdot L^{-1}$)	300	400	500	600	700	800
菌株的比生长速率 μ/h^{-1}	0.1168	0.1147	0.0972	0.0934	0.0820	0.0800

请运用自定义函数拟合功能,获得相应的 Andrews 细胞生长动力学模型,确定该菌株的 μ_{max}、K_S和 K_I及拟合的相关系数。

第二篇　环境影响评价

第5章　环境影响评价概述

5.1　环境影响评价的基本概念

1. 环境影响

环境影响，是指人类活动（经济活动、政治活动和社会活动）导致的环境变化，以及由此引起的对人类社会的效应。环境影响分类包括：

① 按影响的来源，可分为直接影响、间接影响和累积影响。直接影响与人类的活动同时同地；间接影响在时间上推迟、在空间上较远，但在可合理预见的范围内；累积影响是指一项活动的过去、现在及可以预见的将来的影响具有累积效应，或多项活动对同一地区可能叠加的影响。

② 按影响的效果，可分为有利影响和不利影响。

③ 按影响的程度，可分为可恢复影响和不可恢复影响。一般认为，在环境承载力范围内对环境造成的影响是可恢复的；超出了环境承载力范围，则为不可恢复影响。

另外，环境影响还可以按时间效应分为长期影响和短期影响，按空间效应分为地方、区域影响或国家、全球影响。

2. 环境影响评价

环境影响评价（EIA）是建立在环境监测技术、污染物扩散规律、环境质量对人体健康影响、自然界自净能力等基础上发展而来的一门科学技术，其功能包括判断功能、预测功能、选择功能和导向功能。

《中华人民共和国环境影响评价法》（2002年施行）规定：环境影响评价，是指对规划和建设项目实施后可能造成的环境影响进行分析、预测和评估，提出预防或者减轻不良环境影响的对策和措施，进行跟踪监测的方法与制度。法律强制规定环境影响评价为指导人们开发活动的必须行为，成为环境影响评价制度，是贯彻“预防为主”环境保护方针的重要手段。

环境影响评价按时间顺序分为环境现状评价、环境影响预测与评价及环境影响后评价，按评价对象分为规划和建设项目环境影响评价，按环境要素分为大气、地面水、地下水、土壤、声、固体废物和生态环境影响评价等。

环境影响评价的基本内容包括：建设方案的具体内容，建设地点的环境本底状况，项目建成实施后可能对环境产生的影响和损害，防止这些影响和损害的对策措施及其经济技术论证。

5.2 环境影响评价制度的应用

环境影响评价作为一项科学方法和技术手段,任何个人和组织都可应用,为人类开发活动提供指导依据,但并没有约束力,因而需要法律强制规定其为指导人们开发活动的必须行为,成为环境影响评价制度。

5.2.1 国外环境影响评价制度

20世纪50年代初期,开始评价核设施的环境辐射状况。60年代,英国总结出环境影响评价"三关键"(关键因素、关键途径、关键居民区),建立了"污染源—污染途径(扩散迁移方式)—受影响人群"的环境影响评价模式。1969年,美国通过立法建立了环境影响评价制度,把环境影响评价作为联邦政府环境管理必须遵守的核心制度,并于1970年1月1日正式实施,是第一个建立环境影响评价制度的国家。1974年,联合国环境规划署与加拿大联合召开了第一次环境影响评价会议,此后的《里约环境与发展宣言》、《21世纪议程》、《跨国界的环境影响评价公约》、《生物多样性公约》、《气候变化框架公约》等,都对环境影响评价制度作了规定。目前已有100多个国家建立了环境影响评价制度。

1. 美国环境影响评价制度

美国的《国家环境政策法》(NEPA)和《国家环境政策法实施程序条例》(CEQ条例),可以看作是从政府角度认识环境问题的一次革命。

《国家环境政策法》第102条规定了环境影响评价制度:"对人类环境质量具有重大影响的各项提案或法律草案、建议报告以及其他重大联邦行为,均应当由负责经办官员提供一份包括下列事项的详细说明:拟议行动对环境的影响;提案行为付诸实施对环境产生的不可避免的不良影响;提案行为的各种可供选择方案;对人类环境的区域性短期使用与维持和加强长期生命力之间的关系;提案行为付诸实施时可能产生的无法恢复和无法补救的资源耗损。"

为实施《国家环境政策法》,联邦行政机关及其下属机构也制定了有关环境影响评价制度的行政规章。《清洁空气法》第309条规定:联邦环境保护局(EPA)具有独立的环境影响评价审查权,规定EPA可以评议联邦机构编制的环境影响报告书,同时可以将书面评议公之于众。《行政程序法》规定:报给EPA的环境影响报告书及EPA对报告书的评议要在《联邦公报》中公布;实行会议公开制度,要求环境影响评价会议要对公众公开;实行民事诉讼制度,规定公民可以投诉政府。

环境影响评价制度是美国环境政策的核心制度,在美国环境法中占有特殊地位,它不仅为实施国家环境政策提供手段,而且为实现国家环境目标提供法律保障。

2. 美国环境影响评价管理机制

在环境影响评价制度的实施方面,美国采取多级管理体制:

① 环境质量委员会(CEQ):负责《国家环境政策法》和环境影响评价程序的监督,制定环境影响评价规章,审查联邦规章以确定联邦各部门规章是否符合CEQ制定的环境影响评价规章的要求,协调部门之间及与公众之间的利益冲突,环境政策的最高行政裁决,向联邦机构签发《国家环境政策法》执行指令。

② 联邦机构：承担大部分的环境影响评价责任，负责执行环境影响评价。

③ 联邦环境保护局(EPA)：作为独立审查者，其主要职责是评议、审查环境影响报告书，根据 EPA 关注程度给环境影响报告书评级，会同联邦机构解决重大环境问题。

④ 公众：是环境影响评价的重要参与者，公众参与环境影响评价有利于决策民主化、科学化，有利于把问题摆到桌面上解决，避免利益冲突，避免诉讼问题的发生。

⑤ 地方政府：包括州政府、地区政府及部落政府，作为利益相关方参与联邦机构的环境影响评价过程，与联邦机构合作编制环境影响报告书，执行州政府环境影响评价程序。

3. 美国环境影响评价的对象和内容

美国环境影响评价的对象很广泛。《国家环境政策法》规定，凡是联邦政府的立法建议或其他行政机关向国会提出的议案、立法建议、申请批准的条约，以及由联邦政府资助或批准的工程项目，制定的政策、规章、计划和方案，都必须进行环境影响评价。

评价对象都须对人类有重大影响。“对人类有重大影响”一般有两个标准：背景和强度。背景，是指以社会整体、受影响地区、受影响利益和行为等方面背景为基础，对行动的环境影响进行分析。强度，是指影响的严重程度，它包括衡量下列各方面的影响：

① 有益的和有害的影响(若有益影响大于有害影响，仍属有重大影响)；

② 对公众健康和安全的影响；

③ 对特殊地理区域(历史文化资源、公园、基本农田等重要生态区等)的影响；

④ 行动的环境影响引起激烈争论的可能性；

⑤ 行动环境影响的高度不确定性和/或未知的危险程度；

⑥ 成为未来行动的先例或代表的可能性；

⑦ 行动的累积影响；

⑧ 对国家历史遗迹不利影响的程度；

⑨ 对濒危物种保护地区不利影响的程度；

⑩ 行动是否可能违反联邦、州或地方的环境保护法。这里的“行动”包括新的和正在进行的行动及按照法律规定应当做但未做的法律行为。

美国环境影响评价的内容，根据 CEQ 条例的规定，主要包括以下三项内容：

① 包括拟议行动在内的各种可供选择方案的环境影响。详细说明各种可供选择的方案是环境影响评价的核心内容，它包括建议行动(the proposed action)和替代行动(the alternatives)两类，后者是相对于前者而言，指可以替代建议行动并实现其预期目的的方案。按照替代方案的性质，它又可分为主要替代方案(primary alternative)、辅助替代方案(secondary alternative)和推迟行动三种。主要替代方案，是以根本不同的方式实现建议行动目的的方案，包括不行动；辅助替代方案，是指在不排斥建议行动的前提下，以不同方式实施建议行动；推迟行动，是指当建议行动的环境影响在科学上具有不确定性时，应当谨慎地推迟行动。

② 拟议行动的环境影响与受影响的环境。在美国，法律要求在环境影响评价阶段就拟议行动的“环境影响”做出基本判断，从而决定是否进一步编制环境影响报告书。依照 CEQ 条例，“影响”是指该行动将要或可能引起的、与行动同时同地发生的直接、间接或叠加的影响，以及对生态、美学、历史、文化、经济、社会、健康的直接、间接或叠加影响，既包括活动的有利影响，也包括行动的有害影响。影响分为一般影响和显著影响。只有那些被认为具有显著影响的行动，才能作为必须编制环境影响报告书的对象。报告书中的数据和分析应当与环境影响

的重要性相称。

③ 各种行动方案及其补救措施的环境后果，是在对包括拟议行动在内的所有可供选择方案的环境影响进行科学对比和分析的基础上展开讨论。讨论的内容包括：

- 直接后果及其程度；
- 间接后果及其程度；
- 拟议行动与联邦、地区、州和地方的土地利用规划、政策和控制之间可能发生的冲突；
- 包括拟议行动在内的各种方案的环境效果；
- 各种方案的能源需求和节能潜力以及控制措施；
- 各种方案对自然或不可再生资源的需求以及控制措施；
- 城市环境质量、历史和文化资源、环境设计，包括各种方案的节约和回收潜力以及控制措施；
- 消除负面环境影响的方法。

4. 美国环境影响评价的法定程序

根据《国家环境政策法》的规定，美国环境影响评价的法定程序实际上可以分为环境评价(EA)和编制环境影响报告书(EIS)两个阶段。

(1) 环境评价阶段

依照《国家环境政策法实施程序条例》，除非一项拟议行动被联邦机构确定为对环境没有显著影响，否则各机构都必须就行动可能造成的环境影响编制环境评价(EA)或环境影响报告书(EIS)。为了帮助联邦机构进行规划和决策，各机构也可以准备环境影响报告书。

编制 EA，是为了以此为根据，判定拟议行动对环境产生的影响，其结果是由联邦机构对行动的环境影响做出基本判断，并做出以下结论：该行为对环境不会产生重大影响，或者应当在 EA 的基础上编制 EIS。如果主管机构已经决定准备 EIS，则可不准备 EA。因此，我们可以将 EA 看作是编制 EIS 的前置程序。只有当 EA 认定拟议行动可能对环境产生显著影响时，才可以要求编制 EIS。

(2) 编制环境影响报告书阶段

编制 EIS 是美国全面实施环境影响评价制度的核心内容。法定的 EIS 编制程序主要包括：项目审查阶段、确定评价范围阶段、准备 EIS 草案阶段、EIS 最终文本编制阶段等，充分征求和考虑公众意见贯穿于环境影响报告书编制的整个过程。

1) 项目审查阶段

项目审查阶段是环境影响评价的最初阶段。主管机构必须在《联邦公报》上发表公告，简要描述该主管机构的拟议行动，确定接受公众意见的最后期限以及准备 EIS 草案与最终文本的初步时间表。公告的目的不是请求公众积极参与，而是主管机构为公众提供相应的联系方式以备将来联系之用，并允许有兴趣的公众对该机构发表意见。

2) 确定评价范围阶段

确定评价范围阶段是联邦机构或者牵头机构在 EIS 中对将要涉及的范围和重要性予以确认的公众程序。

该程序包含：

- 邀请公众与受影响的机构参与；
- 决定评价范围以及环境影响报告书对主要问题的分析程度；

- 确定和删除不重要的或者先前的环境审查中已经涉及的问题，简单说明这些问题为什么对人类环境没有显著影响，或者提供对这些问题进行分析的参考资料；
- 在环境影响报告书中对牵头机构和协作机构的任务进行分工，由牵头机构对报告书负责；
- 提出与本评价报告书有关但不包括在本评价范围之内的正在或准备起草的各种环境评价和其他环境影响报告书；
- 确定其他环境审查和协作需求，以便牵头机构和协作机构在编制环境影响报告书的同时进行必要的分析和研究；
- 明确环境分析与该机构的初步计划以及政策进度在时间上的关系。

3）准备 EIS 草案阶段

一般，除立法建议外，各机构需要分两个阶段准备 EIS，即 EIS 草案和 EIS 最终文本阶段。另外，还可以提交相关的补充报告。

当 EIS 草案编制完毕后，牵头机构应当向 EPA 提交 EIS 草案，并在《联邦公报》进行 EIS 草案可得性公告。在 EIS 草案可得性公告公布的同时，负责机构应当征求所有有关法定管辖权、对所产生的环境影响具有专门经验或者制订执行环境标准机构的意见。EIS 草案的复印本应当送交任何有需要的个人、团体和机构。EPA 应当就 EIS 草案的充分性发表意见。

EPA 在《联邦公报》发布 EIS 草案可得性公告之日起 90 天内，牵头机构应当允许任何有利害关系的个人及机构对该机构遵守《国家环境政策法》的状况发表意见。公众意见应当在主管机构发布 EIS 草案之后送交给 EPA。在此期间，如果公众与其他机构未发表意见，将会对他们随后就 EIS 最终文本进行质疑的权利构成限制。

在准备 EIS 草案的过程中，负责机构听取意见的主要方式是召开公众听证会或公众会议，公众也可主动表示对拟议行动的意见。

当各机构对拟议行动进行了实质性修改，或与拟议行动相关的环境问题出现了新的重大信息时，应当对已编制好的 EIS 进行增补。

4）EIS 最终文本编制阶段

在编制最终文本时，必须包含公众意见以及该主管机构对公众意见的反馈。牵头机构对公众意见反馈的处理可以采取以下方式：

- 调整包括建议的活动方案在内的备选方案；
- 制定和评价过去未慎重考虑的可供选择的方案；
- 补充、改进或修正分析；
- 根据事实进行修改。

对没有采纳的评论意见做出解释，列举能够支持机构意见的数据和原因，如果合适，指出能够引起机构重新评价或进一步回答的情形。

无论公众意见是否被采用，这些意见都应当附录于 EIS 的最终定稿之中。

最终文本编制完毕，牵头机构应当就该文本再次征求公众意见，条例规定牵头机构的征求意见期为 30 天。只有在 30 天之后没有公众意见，负责牵头的机构才能实施拟议行动。

当牵头机构决定实施可能给人类环境质量带来显著影响的拟议行动时，如果该机构对该拟议行动进行了实质性修改及出现了与拟议行动或其带来的环境影响相关的新的情况或信息时，则应当对 EIS 进行增补。条例建议，对 5 年以上的 EIS，牵头机构应当进行详细的再审核，

以决定是否有必要增补。

5.2.2 我国环境影响评价制度

1. 我国环境影响评价制度的发展

(1) 引入和确立阶段

1972年,我国派团出席斯德哥尔摩人类环境会议后,1973年召开第一次全国环境保护会议,环境影响评价概念随之引入我国。

1979年,通过《中华人民共和国环境保护法(试行)》,该法规定:“一切企业、事业单位的选址、设计、建设和生产,都必须注意防止对环境的污染和破坏。在进行新建、改建和扩建工程中,必须提交环境影响报告书,经环境保护主管部门和其他有关部门审查批准后才能进行设计。”这标志着我国的环境影响评价制度正式确立。

(2) 规范和建设阶段

1981年,发布了《基本建设项目环境保护管理办法》,明确把环境影响评价制度纳入到基本建设项目审批程序中。

1986年,通过了《建设项目环境保护管理办法》,规定:“凡从事对环境有影响的一切基本建设项目、技术改造项目、区域开发建设项目、中外合资、中外合作、外商独资等,企业都必须在可行性研究阶段完成建设项目的环境影响报告书(或表)。各级人民政府的环境保护部门负责环境影响报告书(或表)的审批。对未经批准环境影响报告书(或表)的建设项目,规划部门不办理设计任务书的审批手续,土地部门不办理征地手续,银行不予贷款。”至此,建立了较完善的环境影响评价制度。

1989年颁布的《中华人民共和国环境保护法》规定:“建设污染环境的项目必须遵守国家有关建设项目环境管理的规定。建设项目环境影响报告书,必须对其产生的污染和对环境的影响做出评价,规定防治措施,经主管部门预审,并依照规定的程序报环境保护行政主管部门批准。环境影响报告书经批准后,计划部门方可批准建设项目设计任务书。”

(3) 强化和完善阶段

1994年,开始了环境影响评价招标试点工作。

1996年,召开了第四次全国环境保护工作会议,强化了“清洁生产”和“公众参与”的内容,强化了生态环境影响评价、战略环境影响评价以及环境影响后评价。国家加强了对评价队伍的管理,进行了环境影响评价人员的持证上岗培训。

(4) 提高阶段

1998年,颁布了《建设项目环境保护管理条例》,这是建设项目环境管理的第一个行政法规,使得环境影响评价制度更加完善。

1999年,国家环保总局公布的《建设项目环境影响评价资格证书管理办法》,对评价单位的资质进行了规定。

(5) 拓展阶段

2002年,第九届全国人大常委会通过了《中华人民共和国环境影响评价法》,它将规划纳入环境影响评价中,标志着环境影响评价从建设项目层次扩展到规划层次,具有划时代的意义。《中华人民共和国环境影响评价法》详细说明了立法的目的,环境影响评价的法律定义,环境影响评价的原则,环境影响评价的类别、范围及评价要求,报审时限,审查、分类管理的法律

规定，环评报告的法定内容，环评资质管理，环评工程师等有关规定。

2004 年，人事部、国家环保总局决定在全国环境影响评价行业建立环境影响评价工程师职业资格制度，对环境影响评价技术以及从业人员提出了更高的要求。

2005 年，颁布了《环境影响评价工程师职业资格登记管理暂行办法》。

2006 年，开始施行《环境影响评价公众参与暂行办法》。

2009 年，公布了《规划环境影响评价条例》。

2014 年修订通过的《中华人民共和国环境保护法》第十九条规定：编制有关开发利用规划、建设对环境有影响的项目，应当依法进行环境影响评价。未依法进行环境影响评价的开发利用规划，不得组织实施；未依法进行环境影响评价的建设项目，不得开工建设。

2. 我国环境影响评价制度的特点

我国环境影响评价制度的主要特点表现在以下几个方面：

(1) 兼顾规划和建设项目环境影响评价

编制环境影响报告书的规划包括：工业、农业、畜牧业、能源、水利、交通、城市建设、旅游、自然和土地、矿产资源开发等有关专项规划；其他规划需编制环境影响篇章或说明。

建设项目环境影响评价的范围包括：基本建设项目(包括新建、改建、扩建项目)、技术改造项目、资源和流域开发、成片土地开发、开发区建设、城市新区建设和旧区改造等各类开发建设项目以及对环境可能造成影响的饮食、娱乐服务类项目。

建设项目的环境影响评价，应当避免与规划的环境影响评价相重复。作为一项整体建设项目的规划，按照建设项目进行环境影响评价，不再进行规划的环境影响评价；已经进行了环境影响评价的规划所包含的具体建设项目，其环境影响评价可以简化。

(2) 具有法律强制性

环境影响评价制度是国家环境保护法明令规定的一项法律制度，必须遵照执行，具有不可违背的强制性，所有对环境有影响的项目都必须执行这一制度。

(3) 纳入基本建设程序

1998 年颁布的《建设项目环境保护管理条例》规定，对各种投资类型的项目，都要求在可行性研究阶段或开工建设之前，完成其环境影响评价的报批。

(4) 分类管理，行政审批

国家规定，对造成不同程度环境影响评价的建设项目实行分类管理：对环境可能造成重大影响的，必须编写环境影响报告书；对环境可能造成轻度影响的，可以编写环境影响报告表；对环境影响很小的项目，可只填环境影响登记表。评价工作的重点也因类而异，对新建项目，主要解决合理布局、优化选址和总量控制；对扩建和技术改造项目，重点在于工程实施前后可能对环境造成的影响及“以新带老”的改进措施。

(5) 实行评价资格审核认定制，持证评价

承担建设项目环境影响评价工作的单位，必须有“建设项目环境影响评价证书”，按照证书中规定的范围开展环境影响评价，并对评价结论负责。评价资质分为甲、乙两个等级。甲级，即在资质证书规定的评价范围之内，可承担各级环境保护行政主管部门负责审批的建设项目环境影响报告书和环境影响报告表的编制工作。乙级，即在资质证书规定的评价范围之内，可

承担省级以下环境保护行政主管部门负责审批的建设项目环境影响报告书和环境影响报告表的编制工作。从事环境影响评价技术服务的人员，必须取得环境影响评价岗位证书，项目负责人应该取得环境影响评价工程师资格。

评价范围分为环境影响报告书的 11 个小类和环境影响报告表的 2 个小类。环境影响报告书的 11 个小类包括轻工纺织化纤、化工石化医药、冶金机电、建材火电、农林水利、采掘、交通运输、社会区域、海洋工程、输变电及广电通讯、核工业。环境影响报告表的 2 个小类包括特殊项目环境影响报告表和一般项目环境影响报告表。特殊项目环境影响报告表，是指输变电及广电通讯、核工业类别项目的环境影响报告表；一般项目环境影响报告表，是指除输变电及广电通讯、核工业类别以外项目的环境影响报告表。

(6) 环境影响评价文件分级审批制度

各级环境保护部门负责建设项目环境影响评价文件的审批工作。建设项目环境影响评价文件的分级审批权限，原则上按照建设项目的审批、核准和备案权限及建设项目对环境的影响性质和程度确定。实行审批制的建设项目，建设单位应当在报送可行性研究报告前完成环境影响评价文件报批手续。实行核准制的建设项目，建设单位应当在提交项目申请报告前完成环境影响评价文件报批手续。实行备案制的建设项目，建设单位应当在办理备案手续后和项目开工前完成环境影响评价文件报批手续。

环境保护部负责审批下列类型的建设项目环境影响评价文件：核设施、绝密工程等特殊性质的建设项目；跨省、自治区、直辖市行政区域的建设项目；由国务院审批或核准的建设项目，由国务院授权有关部门审批或核准的建设项目，由国务院有关部门备案的对环境可能造成重大影响的特殊性质的建设项目。

环境保护部可以将法定由其负责审批的部分建设项目环境影响评价文件的审批权限，委托给该项目所在地的省级环境保护部门，并应当向社会公告。受委托的省级环境保护部门，应当在委托范围内，以环境保护部的名义审批环境影响评价文件。受委托的省级环境保护部门不得再委托其他组织或者个人。环境保护部应当对省级环境保护部门根据委托审批环境影响评价文件的行为负责监督，并对该审批行为的后果承担法律责任。环境保护部直接审批环境影响评价文件的建设项目的目录、环境保护部委托省级环境保护部门审批环境影响评价文件的建设项目的目录，由环境保护部制定、调整并发布。

其他的建设项目环境影响评价文件的审批权限，由省级环境保护部门参照下述原则提出分级审批建议，报省级人民政府批准后实施，并抄报环境保护部：有色金属冶炼及矿山开发、钢铁加工、电石、铁合金、焦炭、垃圾焚烧及发电、制浆等对环境可能造成重大影响的建设项目环境影响评价文件由省级环境保护部门负责审批；化工、造纸、电镀、印染、酿造、味精、柠檬酸、酶制剂、酵母等污染较重的建设项目环境影响评价文件由省级或地级市环境保护部门负责审批；法律和法规关于建设项目环境影响评价文件分级审批管理另有规定的，按照有关规定执行。

建设项目可能造成跨行政区域的不良环境影响，有关环境保护部门对该项目的环境影响评价结论有争议的，其环境影响评价文件由共同的上一级环境保护部门审批。

5.3　环境影响评价程序

5.3.1　环境影响分类筛选

对于建设项目，根据其对环境的影响程度，按照下列规定对其实行环境保护分类管理：

① 建设项目可能对环境造成重大的不良影响，应当编制环境影响报告书，这类项目要做全面、详细的环境影响评价。此类项目包括：原料、产品或生产过程中涉及的污染物种类多、数量大或毒性大、难以在环境中降解的建设项目；可能造成生态系统结构重大变化、重要生态功能改变或生物多样性明显减少的建设项目；可能对脆弱生态系统产生较大影响或可能引发和加剧自然灾害的建设项目；容易引起跨行政区环境影响纠纷的建设项目；所有流域开发、开发区建设、城市新区建设和旧区建设等区域性开发活动或建设项目。

② 建设项目可能对环境造成轻度影响的，应当编制环境影响报告表，这类项目要做专项的环境影响评价。此类项目包括：污染因素单一，而且污染物种类少、产生量小或毒性较低的建设项目；对地形、地貌、水文、土壤、生物多样性等有一定影响，但不改变生态系统结构和功能的建设项目；基本不对环境敏感区造成影响的小型建设项目。

③ 建设项目对环境的影响很小的，应当填报环境影响登记表。此类项目包括：基本不产生废水、废气、废渣、粉尘、恶臭、噪声、热污染、放射性、电磁波等不利环境影响的建设项目；基本不改变地形、地貌、水文、土壤、生物多样性等，不改变生态系统结构和功能的建设项目；不对环境敏感区造成影响的小型建设项目。

建设单位应当按照《建设项目环境影响评价分类管理名录》的规定，组织编制环境影响报告书、环境影响报告表或者填报环境影响登记表。

对于规划，应根据规划的性质进行分类管理：

① 应该编写有关环境影响的篇章或者说明的规划，包括：国务院有关部门、设区的市级以上地方人民政府及其有关部门组织编制的土地利用的有关规划，区域、流域、海域的建设与开发利用规划，专项规划中的指导性规划。

② 应该编写环境影响报告书的规划，包括：国务院有关部门、设区的市级以上地方人民政府及其有关部门组织编制的工业、农业、畜牧业、林业、能源、水利、交通、城市建设、旅游、自然资源开发的有关专项规划。

5.3.2　环境影响评价的工作程序

环境影响评价的工作程序一般分为三个阶段：

第一阶段为前期准备、调研和工作方案阶段，主要工作包括研究有关文件，进行初步的工程分析和环境现状调查，筛选重点评价项目，确定各单项环境影响评价的工作等级。

第二阶段为分析论证和预测评价阶段，主要工作包括进一步进行工程分析和环境现状调查，进行环境影响预测和评价环境影响。

第三阶段为环境影响评价文件编制阶段，主要工作为汇总、分析前一阶段工作得到的各种资料和数据，得出结论，完成环境影响报告书的编制。

特别指出，如果对所选项目地址给出否定结论，那么对新地址的评价应重新进行。地址的

优选,须对各地址分别进行预测和评价。

环境影响评价工作程序中的相关内容将在第6章中详细介绍。

5.3.3 环境影响报告书的章节设置

环境影响评价文件应概括地反映环境影响评价的全部工作,环境现状调查应全面、深入,主要环境问题应阐述清楚、重点突出、论点明确,环境保护措施可行、有效,评价结论明确;文字应简洁、准确,文本规范,计量单位标准化,数据可靠,资料详实,并尽量采用能反映需求信息的图表和照片;资料表述应清楚,利于阅读和审查,相关数据、应用模式须编入附录,并说明引用来源;所参考的主要文献应注意时效性,并列出目录。跨行业建设项目的环境影响评价或评价内容较多时,其环境影响报告书中各专项评价根据需要可繁可简,必要时,其重点专项评价应另编专项评价分报告,特殊技术问题另编专题技术报告。

根据工程特点、环境特征、评价级别、国家和地方的环境保护要求,选择下列但不限于下列全部或部分专项评价:污染影响为主的建设项目一般包括工程分析,周围地区的环境现状调查与评价,环境影响预测与评价,清洁生产分析,环境风险评价,环境保护措施及其经济、技术论证,污染物排放总量控制,环境影响经济损益分析,环境管理与监测计划,公众参与,评价结论和建议等专题;生态影响为主的建设项目还应设置施工期、环境敏感区、珍稀动植物、社会影响等专题。

建设项目环境影响报告书章节设置如下:

1 前　言

简要说明建设项目的特点、环境影响评价的工作过程、关注的主要环境问题及环境影响报告书的主要结论。

1.1 建设项目的特点

说明项目名称(包括简称),项目类别,环境影响评价文件类型,项目来源,可研编制单位及编制时间,项目选址区域,自然及社会环境特点,项目特点。

1.2 环境影响评价的工作过程

根据环境影响评价工作实际,简介工作过程,附上环境影响评价工作程序框图。

1.3 关注的主要环境问题

可以是评价重点内容提要。结合项目特点,确定评价重点。

1.4 环境影响报告书的主要结论

2 总　则

2.1 编制依据

必须包括建设项目应执行的相关法律法规、导则及技术规范,以及环境影响报告书编制中引用的资料等。

① 任务依据:技术咨询合同书及委托书等。

② 法律依据:含法律法规、国务院规范性文件、部门规章等。

③ 技术依据:环境影响评价技术导则、规范、规程、标准确认函等。

④ 技术资料:建设项目的相关可研、设计、地质等相关参考文献资料。

⑤ 相关政策及规划:产业政策、技术政策等。国家、省市环境保护规划或计划,城市总体规划,环境功能区划及有关规划。

2.2 相关规划及环境功能区划

附图列表说明建设项目所在城镇、区域或流域发展总体规划、环境保护规划、生态保护规划、环境功能区划或保护区规划等。

2.3 评价因子与评价标准

分列现状评价因子和预测评价因子，给出各评价因子所执行的环境质量标准、排放标准、其他有关标准(污染控制标准、清洁生产标准、卫生防护距离标准)及具体限值。

2.4 评价工作等级和评价重点

说明各专项评价工作等级，明确重点评价内容。判据一定要合理、充分，评价重点要结合项目特点确定。

(1) 评价工作等级

建设项目各环境要素专项评价原则上应划分工作等级，一般可划分为三级。

(2) 评价重点

依据建设项目的特点和周围环境状况确定评价重点。一般可分为建设期和运行期。

2.5 评价范围及环境敏感区

以图、表形式说明评价范围和各环境要素的环境功能类别或级别，各环境要素、环境敏感区和功能及其与建设项目的相对位置关系等。

(1) 评价范围

按各专项环境影响评价技术导则的要求，确定各环境要素和专题的评价范围；未制定专项环境影响评价技术导则的，根据建设项目可能影响范围确定环境影响评价范围，当评价范围外有环境敏感区的，应适当外延。

(2) 环境敏感区

项目所在区域及其环境影响范围内的敏感环境目标，主要包括需特殊保护地区、生态敏感与脆弱区及社会关注区。

3 建设项目概况与工程分析

本章应清晰描述建设项目的工程组成，对主要污染源，污染物排放数量、种类、方式和途径等阐述清楚；给出必要的物料平衡、水平衡数据(或图表)；对拟采用的环境工程对策、生态恢复措施和改扩建工程原有设施的环境影响进行客观分析。工程分析应分施工期、生产运行期和服务期满后三个阶段进行；生产运行期应包括正常状态、一般性事故和泄漏情况分析。

3.1 项目概况

包括：项目名称、项目建设单位、项目性质(新建、改扩建)、项目建设地点、项目占地面积及平面布置(附平面布置图、生活区布局)、项目建设内容和规模(扩建项目应说明原有规模)、项目总投资、环保投资额、项目生产制度和劳动定员、年运行时间和项目建设周期等。

3.2 工程概况

包括：项目组成、主要工艺方法及产品方案(工艺的先进性)、产品营销方案和销售价格、原(辅)材料与公用工程消耗(附物料平衡图)、主要工艺设备、给水工程(附水平衡图)、排水工程(说明水的回用情况，附废水排放及接纳协议书)、供电(附供电协议书)、供热、通风、自动化控制、辅助生产设施、交通运输(附运输协议书)和主要技术经济指标等。

3.3 工程污染源分析

(1) 生产方法、生产工艺流程(简述生产工艺流程，附工艺流程图)

(2) 工艺流程排污节点(附排污节点图)

(3) 污染源及污染物排放分析

① 正常工况污染源分析

明确建设项目主要污染源数量、位置、源强、拟采取的污染防治措施。废水、废气、废渣、放射性废物等的种类、排放量和排放方式，以及其中所含污染物种类、性质、排放浓度；产生的噪声、振动的特性及数值等；废弃物的回收利用、综合利用和处理、处置方案等。

② 非正常工况分析

对建设项目生产运行阶段的开车、停车、检修等非正常排放时的污染物进行分析，找出非正常排放的来源，给出非正常排放污染物的种类、成分、数量与强度，产生环节、原因、发生频率及控制措施等。

③ 污染物排放统计汇总

对建设项目有组织与无组织、正常工况与非正常工况排放的各种污染物浓度、排放量、排放方式、排放条件与去向等进行统计汇总。

对改扩建项目的污染物排放总量统计，应分别按现有、在建、改扩建项目实施后汇总污染物产生量、排放量及其变化量，给出改扩建项目建成后最终的污染物排放总量。

3.4 施工期污染源分析

主要针对生态环境影响较大的项目。

4 区域环境现状调查与评价

根据当地环境特征、建设项目特点和专项评价设置情况，从自然环境、社会环境、环境质量和区域污染源等方面选择相应内容进行现状调查与评价。

4.1 区域自然环境状况

包括：地理位置(附项目地理位置示意图)、地质(含地震烈度)、地形地貌、气候与气象、水文(附水系图)、土壤、水土流失、生态、矿产资源、水环境、大气环境、声环境等调查内容。根据专项评价的设置情况选择相应内容进行详细调查。

4.2 区域社会经济状况

包括：行政区划(含辖区及人口构成)、工业、农业、能源、土地利用、交通运输、文物与“珍贵”景观和经济统计数据等现状及相关发展规划、环境保护规划的调查。当建设项目拟排放的污染物毒性较大时，应进行人群健康调查，并根据环境中现有污染物及建设项目给排放污染物的特性选定调查指标。

4.3 环境质量现状调查与评价

说明评价范围内主要污染源，环境功能区划情况，以图、表的形式给出监测点的名称和数量，说明监测仪器、监测时间、监测方法及监测结果，分析敏感目标现状超标情况、受影响的人口数量及超标准的原因。根据监测结果，采用单因子指数法评价区域环境质量，定量说明建设项目实施前评价区域环境质量优劣程度、分布状况和变化特征，并分析造成环境污染的原因和可能发展趋势。

改扩建项目应对已有工程污染源现状进行重点分析评价。

4.4 区域污染源调查

(1) 评价范围内已经投产项目污染源统计。

(2) 评价范围内在建及拟建(已经批复)项目污染源统计。

5 环境影响预测与评价

给出预测时段、预测内容、预测范围、预测方法及预测结果，并根据环境质量标准或评价指标对建设项目的环境影响进行评价。

5.1 施工期环境影响预测和评价

当建设阶段的噪声、振动、地表水、地下水、大气、土壤等的影响程度较重、影响时间较长时，应进行建设阶段的环境影响预测，包括空气环境、地表水环境、地下水环境、声环境、固体废物影响分析、生态环境及社会环境影响分析等。

5.2 运营期环境影响预测和评价

应预测建设项目生产运行阶段，正常排放和非正常排放、事故排放等情况的环境影响，包括空气环境（大气防护距离和卫生防护距离）、地表水环境、地下水环境、声环境、固体废物影响分析、生态环境及社会环境影响分析等。

5.3 服务期满后环境影响预测和评价

适用于矿山开发、垃圾场建设等建设项目，按照建设项目实施过程的不同阶段。

5.4 社会环境影响预测和评价

明确建设项目可能产生的社会环境影响，定量预测或定性描述社会环境影响评价因子的变化情况，提出降低影响的对策与措施。包括征地拆迁、移民安置、人文景观、人群健康、文物古迹、基础设施（如交通、水利、通讯）等方面的影响评价。收集反映社会环境影响的基础数据和资料，筛选出社会环境影响评价因子，定量预测或定性描述评价因子的变化。分析正面和负面的社会环境影响，并对负面影响提出相应的对策与措施。

6 环境保护措施及其经济技术论证

结合环境影响评价结果，论证建设项目拟采取环境保护措施的可行性，并按技术先进、适用、有效的原则，进行多方案比选，推荐最佳方案。按工程实施不同时段，分别列出施工期、运营期和服务期满环境保护投资额，并分析其合理性。给出各项措施及投资估算一览表。

7 清洁生产与循环经济分析

量化分析建设项目清洁生产水平，提高资源利用率、优化废物处置途径，提出节能、降耗，提高清洁生产水平的改进措施与建议。

7.1 产业政策符合性分析

简述国家相关产业政策，明确建设项目属于鼓励、限制或禁止的类别。

7.2 清洁生产全过程污染控制分析（适用于无规范性文件行业）

从原辅材料和燃料的清洁性、产品质量、工艺技术路线和设备的先进性、控制污染水平、节能降耗、节水等方面进行分析。

其中清洁生产工艺与技术装备应从物料管理到产品质量管理，从生产操作管理、设备维修管理到环保管理等，进行全方位的分析。

7.3 清洁生产指标分析（适用于有规范性文件行业）

采用国家颁发的清洁生产标准进行比较。尚未制定统一的清洁生产评价指标体系的行业，可参照其他行业清洁生产评价标准中的有关指标选取。从生产工艺与装备水平、资源能源利用、产品、污染物产生与处理、废物回收利用与环境管理等方面，根据建设项目的生产特点，本着相关指标可比性强、能反映生产全过程与行业环境管理要求，突出污染预防、指标容易量化的原则，选取指标进行定量的清洁生产分析。

7.4 清洁生产管理体系建设

要实现生产过程的清洁生产，除采取先进的生产技术与装备外，还要建立有效的环境管理与清洁生产管理制度，评价应对该项目实施清洁生产提出相应的环境管理建议。从环境审核，原料用量及质量，污染治理设施及运行管理，岗位培训，生产设备的使用、维护、管理，生产用水、电、汽、煤气的管理，事故和非正常状况应急措施，环境管理机构、制度和计划，污染源监测系统，信息交流，以及对原辅料的供应方、协作方和服务方提出相应的要求。

7.5 清洁生产改进措施与建议

必要时应提出节能、降耗、提高清洁生产水平的改进措施与建议，如进一步明确水重复利用率指标，提出具体节水措施等。

7.6 循环经济概述

识别区域各企业主要的副产品与废弃物，筛选共生企业；分析各类企业之间共享资源，梯级利用能源、互换副产品、废弃物综合利用的途径，构建生态产业链；建立与生态示范园区相适应的资源管理与服务的理念与模式；提出区内产业结构优化调整及生态化布局建议。

扩改建项目则需分析回收再利用企业内部（或其他企业）产生的废弃物的可行性，提出废弃物具体利用措施，使污染物处理处置量降到最小；分析可再生能源及劣质能源综合利用的可行性，推进能量的梯级利用及低能耗技术的措施；提出控制过分包装与使用后产品的回收措施；优化项目选址，有利于缩小与其形成产业链企业之间的距离。

8 污染物排放总量控制

根据国家和地方总量控制要求、区域总量控制的实际情况及建设项目主要污染物排放指标分析情况，提出污染物排放总量控制指标建议和满足指标要求的环境保护措施。

8.1 总量控制的原则

8.2 总量控制因子

8.3 总量控制指标建议

8.4 满足指标要求的环境保护措施

建设单位已突破污染物总量控制指标或区域污染物超标的，必须明确新建项目污染物排放总量指标来源，说明由当地环保部门认可的污染物总量指标调拨单位名称、污染物原排放指标量、区域削减方案（关、停、污染治理措施）、实施后可让出的指标量和调拨计划。

技扩改项目原则上应做到增产不增污或减污，如果不能实现，则要结合当地污染控制要求（说明所在区域是否属于“两控区”）和环境质量，新增污染物排放总量平衡方案的实施必须保证当地环境功能不降低，区域削减量必须大于项目新增污染物量。平衡方案须明确、具体、可行。进行污染物市场化运作的，需附相关协议。

若污水接入区域污水处理厂，应列出水污染物接管考核量。清下水中污染物（COD、SS）量单列。

9 环境风险评价

涉及有毒有害、易燃、易爆物质生产、使用、贮存，存在重大危险源，存在潜在事故并可能对环境造成危害，包括健康、社会及生态风险（如外来生物入侵的生态风险）的建设项目，需进行环境风险评价。

9.1 环境风险评价概述

9.2 环境风险识别

9.3 最大可信事故及源项分析

9.4 风险影响分析

9.5 环境风险防范措施

9.6 环境风险事故应急预案

9.7 环境风险评价结论

10 环境经济损益分析

根据建设项目环境影响所造成的经济损失与效益分析结果，提出补偿措施与建议。

10.1 经济效益分析

说明建设项目的直接经济效益、利税、资金回收年限、贷款偿还期，以及对区域社会经济环境的影响。

10.2 环境保护投资及效益分析

明确建设项目环境保护工程和生态恢复措施的投资估算，分析项目的环境效益、社会效益及经济效益；从环境的角度进行经济损益分析，计算年环境损失费用、年环保费用、年环境代价、环境成本等。

10.3 补偿措施与建议

11 公众参与

给出采取的调查方式、调查对象、建设项目的环境影响信息、拟采取的环境保护措施、公众对环境保护的主要意见、公众意见的采纳情况等。

11.1 公众参与的目的与原则

11.2 公众参与调查的内容

11.3 调查结果统计与分析

11.4 公众意见的采纳情况

12 厂址选择合理性分析

建设项目的选址、选线和规模，应从是否与规划相协调，是否符合法规要求，是否满足环境功能区要求，是否影响环境敏感区或造成重大资源经济和社会文化损失等方面进行环境合理性论证。如果要进行多个厂址或选线方案的优选，则应对各选址或选线方案的环境影响进行全面比较，从环境保护角度，提出选址、选线意见。

12.1 厂址(线路)比选

对于同一建设项目多个建设方案，可从环境保护角度进行比选，重点进行选址或选线、工艺、规模、环境影响、环境承载能力和环境制约因素等方面比选。对于不同比选方案，必要时应根据建设项目进展阶段进行同等深度的评价。给出推荐方案，并结合比选结果提出优化调整建议。

12.2 拟选厂址合理性分析

(1) 项目选址环境可行性

明确项目选址所处位置，说明其周围自然社会环境及其与环境敏感点的区位关系，特别说明与饮用水源、城市居民稠密区、自然保护区或环境特殊敏感区的相互关系。

(2) 项目选址规划可行性

根据城市总体规划和详细建设规划，阐明项目选址是否符合城市及其社会经济发展规划，是否符合区域环境功能区划。

(3) 项目的资源利用合理性分析

从资源、交通、供电、供水、燃料、排污途径等方面进行分析。

(4) 项目环境承载能力分析

根据环境质量现状评价结果，从区域环境功能、环境容量等方面进行分析，论证环境能否承受项目建设。

排放有毒有害气体污染物的项目，应计算卫生防护距离，明确说明卫生防护距离内环境敏感点情况。

(5) 项目公众支持度分析

引用项目公众参与调查结论，反映周围受影响的单位和居民对项目选址的意见。调查统计需拆迁安置的居民数量，从而进一步论证项目选址的可行性。

12.3 厂区平面布局合理性分析

工程所在区域未开展规划环境影响评价的，需进行资源利用合理性分析。根据建设项目所在区域资源禀赋，量化分析建设项目与所在区域资源承载能力的相容性，明确工程占用区域资源的合理份额，分析项目建设的制约因素。如建设项目水资源利用的合理性分析，需根据建设项目耗用新鲜水情况及其所在区域水资源赋存情况，尤其是在用水量大、生态或农业用水严重缺乏的地区，应分析建设项目建设与所在区域水资源承载力的相容性，明确该建设项目占用区域水资源承载力的合理份额。

调查建设项目在所在区域、流域或行业发展规划中的地位，与相关规划和其他建设项目的关系，分析建设项目选址、选线、设计参数及环境影响是否符合相关规划的环境保护要求。

13 环境管理与监控计划

根据建设项目环境影响情况，提出设计、施工期、运营期的环境管理及监测计划要求，包括环境管理制度、机构、人员、监测点位、监测时间、监测频次、监测因子等。

13.1 建设项目的环境管理

环境管理的目的、环境管理组织体系、环境管理内容(设计、施工期、运营期的环境管理内容，环境管理制度、执行的法律法规、标准及等级等)、排污口规范化。

13.2 建设项目的环境监测计划

建设项目的环境监测计划包括施工期环境监测计划、运行期污染源监测计划。

13.3 环境保护"三同时"验收计划

14 评价结论与建议

14.1 建设项目概况

包括建设项目概况和污染源概况(根据评价中工程分析结果，简单明了地说明建设项目的影响源和污染源的位置、数量，污染物的种类、数量、排放浓度、排放量、排放方式等)。

14.2 区域环境质量现状评价结论

概括描述环境现状，同时要说明环境中现已存在的主要环境质量问题，例如某些污染物浓度超过厂标准，某些重要的生态破坏现象等。指出现有环境问题，改扩建工程应算清"三本账"。

14.3 区域环境影响预测评价结论

结论中要明确说明建设项目实施过程各阶段(不同时期)对环境的影响及其评价。特别要说明叠加背景值后的影响。

14.4 建设项目建设的环境可行性结论

环境可行性结论应从与法规政策及相关规划一致性、清洁生产和污染物排放水平、环境保护措施可靠性和合理性、达标排放稳定性、公众参与接受性等方面分析得出。环保投资的合理性。

明确建设项目与国家产业政策、法规是否相符；选址或选线与区域总体规划、城市规划、环境功能区划和环境保护规划是否相符；污染物排放达标可行性；是否符合区域污染物总量控制要求；项目实施后是否满足区域环境质量与环境功能的要求；项目清洁生产水平；公众参与的形式与结果。从环境保护的角度，明确项目建设是否可行。结论务必明确、客观、公正。

14.5 综合评价结论

14.6 建议和要求

15 建设项目环境影响审批登记表

(1) 建设项目环境保护审批登记表

(2) 主要生态破坏控制指标

(3) 审批意见

16 相关附件

将建设项目依据文件、评价标准和污染物排放总量批复文件、引用文献资料、原燃料品质等必要的有关文件、资料附在环境影响报告书后。

(1) 建设项目环境影响评价委托书。

(2) 建设项目立项批复(发改委、经贸委立项或者备案文件)。

(3) 建设项目用地批复(国土及规划部门用地批复文件、建设项目选址初步意见)。

(4) 水利部门有关取水的批复意见、水土保持方案批复意见。

(5) 原燃料品质等分析报告(煤炭、煤气、天然气组份分析报告)，矿石及废石淋滤实验结果。

(6) 建设项目评价标准和污染物排放总量批复文件(评价采用标准确认函)。

(7) 区域环境质量现状监测结果报告单(水、气、声、土壤、生态等)。

(8) 公众参与调查样本(最好有少数民族语言问卷)、被调查人明细表。

(9) 固体废物(危险废物)处理处置协议书(危险废物须提供处理处置单位的相关资质证明)。

(10) 污水送城市污水处理厂处理的，须附城市污水处理厂或者其主管部门同意接纳污水的函件。

(11) 报告书技术评估意见。

(12) 下级环保主管部门初审意见。

(13) 需移民安置的，须附当地政府关于移民安置方案的批准文件。

(14) 建设项目所在园区规划环评审查意见。

(15) 项目用地区域不压覆资源的证明。

5.3.4 环境影响评价文件的审批

建设项目环境影响报告书、环境影响报告表或者环境影响登记表，由建设单位报有审批权的环境保护行政主管部门审批；建设项目有行业主管部门的，其环境影响报告书或者环境影响报告表应当经行业主管部门预审后，报有审批权的环境保护行政主管部门审批。

审批环境影响报告书时，应判断项目是否符合下列原则：

① 是否符合环境保护相关法律法规和政策。建设项目涉及依法划定的自然保护区、风景名胜区、生活饮用水水源保护区及其他需要特别保护区域的，应当符合国家有关法律法规及该区域内建设项目环境管理的规定；依法需要征得有关机关同意的，建设单位应当事先取得该机关同意。

② 是否符合国家产业政策，循环经济与清洁生产水平。

③ 建设项目选址、选线、布局是否符合区域、流域规划和城市总体规划。

④ 项目所在区域环境质量是否满足相应环境功能区划和生态功能区划标准或要求。

⑤ 拟采取的污染防治措施能否确保污染物排放达到国家和地方规定的排放标准，满足污染物总量控制要求；涉及可能产生放射性污染的，拟采取的防治措施能否有效预防和控制放射性污染。

⑥ 拟采取的生态保护措施能否有效预防和控制生态破坏。

⑦ 审查该项目的环境风险影响评价结论。

⑧ 审查该项目的公众参与结论。

下列类型项目不得批复：

① 国家明令淘汰、禁止建设、不符合产业政策的项目；

② 不符合国家政策规定的钢铁、电解铝、水泥等项目；

③ 位于饮用水源保护区、风景名胜区等区域，影响生态和污染环境的项目；

④ 不符合城市总体规划、环境保护规划的项目；

⑤ 位于自然保护区核心区、缓冲区内的项目；

⑥ 占用自然保护区实验区，对当地生态环境造成破坏的项目；

⑦ 原有设施污染物排放达不到国家和地方排放标准和总量控制要求的项目；

⑧ 环境污染严重，产品质量低劣，高能耗、高物耗、高水耗，污染物不能达标排放的项目；

⑨ 在环境质量不能满足环境功能区的要求，无法通过区域平衡等替代措施削减污染负荷的项目；

⑩ 被明令限期治理没有按期完成治理任务的企业。

下列类型项目限批：

① 没有环境容量地区的项目；

② 没有完成总量减排任务地区的项目；

③ 发生重特大环境污染事件地区的新建项目。

环境保护行政主管部门应当自收到建设项目环境影响报告书之日起 60 天内、收到环境影响报告表之日起 30 天内、收到环境影响登记表之日起 15 天内，做出审批决定，并将结果书面通知建设单位。

5.4 环境保护法律法规

5.4.1 环境保护法律法规体系

目前，我国建立了由法律、国务院行政法规、政府部门规章、地方性法规和地方政府规章、

环境标准、环境保护国际条约组成的完整的环境保护法律法规体系。

1. 宪　法

《中华人民共和国宪法》规定：

① 矿藏、水流、森林、山岭、草原、荒地、滩涂等自然资源，都属于国家所有，即全民所有；由法律规定属于集体所有的森林、山岭、草原、荒地、滩涂除外。国家保障自然资源的合理利用，保护珍贵的动物和植物。禁止任何组织或者个人用任何手段侵占或者破坏自然资源。

② 城市的土地属于国家所有。农村和城市郊区的土地，除由法律规定属于国家所有的以外，属于集体所有；宅基地和自留地、自留山，也属于集体所有。任何组织或者个人不得侵占、买卖、出租或者以其他形式非法转让土地。一切使用土地的组织和个人必须合理地利用土地。

③ 国家保护名胜古迹、珍贵文物和其他重要历史文化遗产。国家保护和改善生活环境和生态环境，防治污染和其他公害。国家组织和鼓励植树造林，保护林木。

宪法中的这些规定，是环境保护立法的依据和指导原则。

2. 环境保护法律

环境保护法律包括环境保护综合法、环境保护单行法和环境保护相关法。

(1) 环境保护综合法

环境保护综合法是指《中华人民共和国环境保护法》，该法共有 7 章 70 条，于 2014 年 4 月 24 日修订通过，自 2015 年 1 月 1 日起施行。主要内容包括：

1) 总　则

环境保护法所称环境，是指影响人类生存和发展的各种天然的和经过人工改造的自然因素的总体，包括大气、水、海洋、土地、矿藏、森林、草原、湿地、野生生物、自然遗迹、人文遗迹、自然保护区、风景名胜区、城市和乡村等。法律适用于中华人民共和国领域和中华人民共和国管辖的其他海域。

国家采取有利于节约和循环利用资源、保护和改善环境、促进人与自然和谐的经济、技术政策和措施，使经济社会发展与环境保护相协调。环境保护坚持保护优先、预防为主、综合治理、公众参与、损害担责的原则。

一切单位和个人都有保护环境的义务。地方各级人民政府应当对本行政区域的环境质量负责。企业事业单位和其他生产经营者应当防止、减少环境污染和生态破坏，对所造成的损害依法承担责任。公民应当增强环境保护意识，采取低碳、节俭的生活方式，自觉履行环境保护义务。

国务院环境保护主管部门，对全国环境保护工作实施统一监督管理；县级以上地方人民政府环境保护主管部门，对本行政区域环境保护工作实施统一监督管理。县级以上人民政府有关部门和军队环境保护部门，依照有关法律的规定对资源保护和污染防治等环境保护工作实施监督管理。

2) 环境监督管理

县级以上人民政府应当将环境保护工作纳入国民经济和社会发展规划。国务院环境保护主管部门会同有关部门，根据国民经济和社会发展规划编制国家环境保护规划，报国务院批准并公布实施。县级以上地方人民政府环境保护主管部门会同有关部门，根据国家环境保护规划的要求，编制本行政区域的环境保护规划，报同级人民政府批准并公布实施。环境保护规划的内容应当包括生态保护和污染防治的目标、任务、保障措施等，并与主体功能区规划、土地利用总体规划和城乡规划等相衔接。

国务院有关部门和省、自治区、直辖市人民政府组织制定经济、技术政策，应当充分考虑对环境的影响，听取有关方面和专家的意见。

编制有关开发利用规划、建设对环境有影响的项目，应当依法进行环境影响评价。未依法进行环境影响评价的开发利用规划，不得组织实施；未依法进行环境影响评价的建设项目，不得开工建设。

企业事业单位和其他生产经营者，在污染物排放符合法定要求的基础上，进一步减少污染物排放的，人民政府应当依法采取财政、税收、价格、政府采购等方面的政策和措施予以鼓励和支持。

3）保护和改善环境

国家在重点生态功能区、生态环境敏感区和脆弱区等区域划定生态保护红线，实行严格保护。各级人民政府对具有代表性的各种类型的自然生态系统区域，珍稀、濒危的野生动植物自然分布区域，重要的水源涵养区域，具有重大科学文化价值的地质构造、著名溶洞和化石分布区，冰川、火山、温泉等自然遗迹，以及人文遗迹、古树名木，应当采取措施予以保护，严禁破坏。

开发利用自然资源，应当合理开发，保护生物多样性，保障生态安全，依法制定有关生态保护和恢复治理方案并予以实施。引进外来物种以及研究、开发和利用生物技术，应当采取措施，防止对生物多样性的破坏。

国家建立健全生态保护补偿制度。国家加大对生态保护地区的财政转移支付力度。有关地方人民政府应当落实生态保护补偿资金，确保其用于生态保护补偿。国家指导受益地区和生态保护地区人民政府通过协商或者按照市场规则进行生态保护补偿。

各级人民政府应当加强对农业环境的保护，促进农业环境保护新技术的使用，加强对农业污染源的监测预警，统筹有关部门采取措施，防治土壤污染和土地沙化、盐渍化、贫瘠化、石漠化、地面沉降，防治植被破坏、水土流失、水体富营养化、水源枯竭、种源灭绝等生态失调现象，推广植物病虫害的综合防治。

国务院和沿海地方各级人民政府应当加强对海洋环境的保护。向海洋排放污染物、倾倒废弃物，进行海岸工程和海洋工程建设，应当符合法律法规规定和有关标准，防止和减少对海洋环境的污染损害。

城乡建设应当结合当地自然环境的特点，保护植被、水域和自然景观，加强城市园林、绿地和风景名胜区的建设与管理。

国家鼓励和引导公民、法人和其他组织使用有利于保护环境的产品和再生产品，减少废弃物的产生。国家机关和使用财政资金的其他组织应当优先采购和使用节能、节水、节材等有利于保护环境的产品、设备和设施。地方各级人民政府应当采取措施，组织对生活废弃物的分类处置、回收利用。公民应当遵守环境保护法律法规，配合实施环境保护措施，按照规定对生活废弃物进行分类放置，减少日常生活对环境造成的损害。

4）防治污染和其他公害

国家促进清洁生产和资源循环利用。国务院有关部门和地方各级人民政府应当采取措施，推广清洁能源的生产和使用。企业应当优先使用清洁能源，采用资源利用率高、污染物排放量少的工艺、设备以及废弃物综合利用技术和污染物无害化处理技术，减少污染物的产生。

建设项目中防治污染的设施，应当与主体工程同时设计、同时施工、同时投产使用。防治污染的设施应当符合经批准的环境影响评价文件的要求，不得擅自拆除或者闲置。

排放污染物的企业事业单位和其他生产经营者，应当采取措施，防治在生产建设或者其他活动中产生的废气、废水、废渣、医疗废物、粉尘、恶臭气体、放射性物质以及噪声、振动、光辐射、电磁辐射等对环境的污染和危害。排放污染物的企业事业单位，应当建立环境保护责任制度，明确单位负责人和相关人员的责任。重点排污单位应当按照国家有关规定和监测规范安装使用监测设备，保证监测设备正常运行，保存原始监测记录。严禁通过暗管、渗井、渗坑、灌注或者篡改、伪造监测数据，或者不正常运行防治污染设施等逃避监管的方式违法排放污染物。

排放污染物的企业事业单位和其他生产经营者，应当按照国家有关规定缴纳排污费。排污费应当全部专项用于环境污染防治，任何单位和个人不得截留、挤占或者挪作它用。依照法律规定征收环境保护税的，不再征收排污费。

国家实行重点污染物排放总量控制制度。重点污染物排放总量控制指标由国务院下达，省、自治区、直辖市人民政府分解落实。企业事业单位在执行国家和地方污染物排放标准的同时，应当遵守分解落实到本单位的重点污染物排放总量控制指标。对超过国家重点污染物排放总量控制指标或者未完成国家确定的环境质量目标的地区，省级以上人民政府环境保护主管部门应当暂停审批其新增重点污染物排放总量的建设项目环境影响评价文件。

国家依照法律规定实行排污许可管理制度。实行排污许可管理的企业事业单位和其他生产经营者应当按照排污许可证的要求排放污染物；未取得排污许可证的，不得排放污染物。

各级人民政府及其有关部门和企业事业单位，应当依照《中华人民共和国突发事件应对法》的规定，做好突发环境事件的风险控制、应急准备、应急处置和事后恢复等工作。县级以上人民政府应当建立环境污染公共监测预警机制，组织制定预警方案；环境受到污染，可能影响公众健康和环境安全时，依法及时公布预警信息，启动应急措施。企业事业单位应当按照国家有关规定制定突发环境事件应急预案，报环境保护主管部门和有关部门备案。在发生或者可能发生突发环境事件时，企业事业单位应当立即采取措施处理，及时通报可能受到危害的单位和居民，并向环境保护主管部门和有关部门报告。突发环境事件应急处置工作结束后，有关政府部门应当立即组织评估事件造成的环境影响和损失，并及时将评估结果向社会公布。

生产、贮存、运输、销售、使用、处置化学物品和含有放射性物质的物品，应当遵守国家有关规定，防止污染环境。

各级人民政府及其农业等有关部门和机构应当指导农业生产经营者科学种植和养殖，科学合理施用农药、化肥等农业投入品，科学处置农用薄膜、农作物秸秆等农业废弃物，防止农业面源污染。禁止将不符合农用标准和环境保护标准的固体废物、废水施入农田。施用农药、化肥等农业投入品及进行灌溉，应当采取措施，防止重金属和其他有毒有害物质污染环境。畜禽养殖场、养殖小区、定点屠宰企业等的选址、建设和管理应当符合有关法律法规规定。从事畜禽养殖和屠宰的单位和个人应当采取措施，对畜禽粪便、尸体和污水等废弃物进行科学处置，防止污染环境。

5）信息公开和公众参与

公民、法人和其他组织依法享有获取环境信息、参与和监督环境保护的权利。各级人民政府环境保护主管部门和其他负有环境保护监督管理职责的部门，应当依法公开环境信息、完善

公众参与程序，为公民、法人和其他组织参与和监督环境保护提供便利。

国务院环境保护主管部门统一发布国家环境质量、重点污染源监测信息及其他重大环境信息。省级以上人民政府环境保护主管部门定期发布环境状况公报。

重点排污单位应当如实向社会公开其主要污染物的名称、排放方式、排放浓度和总量、超标排放情况，以及防治污染设施的建设和运行情况，接受社会监督。

对依法应当编制环境影响报告书的建设项目，建设单位应当在编制时向可能受影响的公众说明情况，充分征求意见。负责审批建设项目环境影响评价文件的部门在收到建设项目环境影响报告书后，除涉及国家秘密和商业秘密的事项外，应当全文公开；发现建设项目未充分征求公众意见的，应当责成建设单位征求公众意见。

6）法律责任

企业事业单位和其他生产经营者违法排放污染物，受到罚款处罚，被责令改正，拒不改正的，依法做出处罚决定的行政机关可以自责令改正之日的次日起，按照原处罚数额按日连续处罚。

企业事业单位和其他生产经营者超过污染物排放标准或者超过重点污染物排放总量控制指标排放污染物的，县级以上人民政府环境保护主管部门可以责令其采取限制生产、停产整治等措施；情节严重的，报经有批准权的人民政府批准，责令停业、关闭。

建设单位未依法提交建设项目环境影响评价文件或者环境影响评价文件未经批准，擅自开工建设的，由负有环境保护监督管理职责的部门责令停止建设，处以罚款，并可以责令恢复原状。

违反本法规定，重点排污单位不公开或者不如实公开环境信息的，由县级以上地方人民政府环境保护主管部门责令公开，处以罚款，并予以公告。

企业事业单位和其他生产经营者有下列行为之一，尚不构成犯罪的，除依照有关法律法规规定予以处罚外，由县级以上人民政府环境保护主管部门或者其他有关部门将案件移送公安机关，对其直接负责的主管人员和其他直接责任人员，处 10 日以上 15 日以下拘留；情节较轻的，处 5 日以上 10 日以下拘留：建设项目未依法进行环境影响评价，被责令停止建设，拒不执行的；违反法律规定，未取得排污许可证排放污染物，被责令停止排污，拒不执行的；通过暗管、渗井、渗坑、灌注或者篡改、伪造监测数据，或者不正常运行防治污染设施等逃避监管的方式违法排放污染物的；生产、使用国家明令禁止生产、使用的农药，被责令改正，拒不改正的。

环境影响评价机构、环境监测机构以及从事环境监测设备和防治污染设施维护、运营的机构，在有关环境服务活动中弄虚作假，对造成的环境污染和生态破坏负有责任的，除依照有关法律法规规定予以处罚外，还应当与造成环境污染和生态破坏的其他责任者承担连带责任。

提起环境损害赔偿诉讼的时效期间为三年，从当事人知道或者应当知道其受到损害时起计算。

上级人民政府及其环境保护主管部门应当加强对下级人民政府及其有关部门环境保护工作的监督。发现有关工作人员有违法行为，依法应当给予处分的，应当向其任免机关或者监察机关提出处分建议。依法应当给予行政处罚，而有关环境保护主管部门不给予行政处罚的，上级人民政府环境保护主管部门可以直接做出行政处罚的决定。

地方各级人民政府、县级以上人民政府环境保护主管部门和其他负有环境保护监督管理职责的部门有下列行为之一的，对直接负责的主管人员和其他直接责任人员给予记过、记大过或者降级处分；造成严重后果的，给予撤职或者开除处分，其主要负责人应当引咎辞职：不符合行政许可条件准予行政许可的；对环境违法行为进行包庇的；依法应当做出责令停业、关闭的决定而未做出的；对超标排放污染物、采用逃避监管的方式排放污染物、造成环境事故以及不落实生态保护措施造成生态破坏等行为，发现或者接到举报未及时查处的；违反本法规定，查封、扣押企业事业单位和其他生产经营者的设施、设备的；篡改、伪造或者指使篡改、伪造监测数据的；应当依法公开环境信息而未公开的；将征收的排污费截留、挤占或者挪作它用的；法律法规规定的其他违法行为。

违反环境保护法规定，构成犯罪的，依法追究刑事责任。

(2) 环境保护单行法

环境保护单行法包括污染防治法(《中华人民共和国水污染防治法》、《中华人民共和国大气污染防治法》、《中华人民共和国固体废物污染环境防治法》、《中华人民共和国环境噪声污染防治法》、《中华人民共和国放射性污染防治法》等)、生态保护法(《中华人民共和国水土保持法》、《中华人民共和国野生动物保护法》、《中华人民共和国防沙治沙法》等)、《中华人民共和国海洋环境保护法》和《中华人民共和国环境影响评价法》。

(3) 环境保护相关法

环境保护相关法是指一些自然资源保护和其他有关部门法律，如《中华人民共和国森林法》、《中华人民共和国草原法》、《中华人民共和国渔业法》、《中华人民共和国矿产资源法》、《中华人民共和国水法》、《中华人民共和国清洁生产促进法》等都涉及环境保护的有关要求，也是环境保护法律法规体系的一部分。

3. 环境保护行政法规

环境保护行政法规是由国务院制定并公布或经国务院批准有关主管部门公布的环境保护规范性文件。一是根据法律授权制定的环境保护法的实施细则或条例，如《中华人民共和国水污染防治法实施细则》；二是针对环境保护的某个领域而制定的条例、规定和办法，如《建设项目环境保护管理条例》。

4. 政府部门规章

政府部门规章是指国务院环境保护行政主管部门单独发布或与国务院有关部门联合发布的环境保护规范性文件，以及政府其他有关行政主管部门依法制定的环境保护规范性文件。政府部门规章是以环境保护法律和行政法规为依据而制定的，或者是针对某些尚未有相应法律和行政法规调整的领域做出的相应规定。

5. 环境保护地方性法规和地方性规章

环境保护地方性法规和地方性规章是享有立法权的地方权力机关和地方政府机关依据宪法和相关法律制定的环境保护规范性文件。这些规范性文件是根据本地实际情况和特定环境问题制定的，并在本地区实施，有较强的可操作性。环境保护地方性法规和地方性规章不能和法律、国务院行政规章相抵触。

6. 环境标准

环境标准是环境保护法律法规体系的一个组成部分，是环境执法和环境管理工作的技术依据。我国的环境标准分为国家环境标准和地方环境标准。

7. 环境保护国际公约

环境保护国际公约是指我国缔结和参加的环境保护国际公约、条约和议定书。国际公约与我国环境法有不同规定时,优先适用国际公约的规定,但我国声明保留的条款除外。

5.4.2 环境保护法律法规体系中各层次间的关系

宪法是环境保护法律法规体系建立的依据和基础,法律层次不管是环境保护的综合法、单行法还是相关法,其中对环境保护的要求,法律效力是一样的。如果法律规定中有不一致的地方,应遵循后法大于先法。

国务院环境保护行政法规的法律地位仅次于法律。部门行政规章、地方环境法规和地方政府规章均不得违背法律和行政法规的规定。地方法规和地方政府规章只在制定法规、规章的辖区内有效。

我国的环境保护法律法规与参加和签署的国际公约有不同规定时,应优先适用国际公约的规定,但我国声明保留的条款除外。

5.4.3 环境标准

1. 环境标准的定义

环境标准是环境质量、污染物排放(控制)、相关检测规范和方法标准的总称,是为了保护人群身体健康、社会物质财富和促进生态良性循环,针对环境结构和状态,在综合考虑自然环境特征、科学技术水平和经济条件的基础上,对大气、水、土壤等环境质量,污染源、监测方法以及其他需要所制定的标准。

环境标准是国家环境政策在技术方面的具体体现,是执行各项环境法规的基本依据,是进行环境评价的准绳。无论是环境质量现状评价,编制环境质量报告书,还是环境影响评价,编制环境影响报告书,都需要环境标准。只有依靠环境标准,才能做出定量化的比较和评价,正确判断环境质量的好坏,从而为控制环境质量、进行环境污染综合整治以及设计切实可行的治理方案提供科学依据。

2. 环境标准的分类与分级

根据《中华人民共和国环境保护标准管理办法》,按标准控制的对象,我国的环境标准分为三类,即环境质量标准、污染物排放标准、环境保护基础和方法标准(包括环境监测方法标准、环境标准样品标准、环境基础标准等)。

按标准的性质,可以划分为:具有法律效力的强制性标准和推荐性标准。强制性标准必须执行,超标即违法。推荐性标准系强制性标准以外的环境标准。国家鼓励采用推荐性环境标准,推荐性环境标准被强制性标准引用,也必须强制执行。

环境质量标准和污染物排放标准分国家标准和地方标准两级。环境保护基础标准和方法标准只有国家标准。

国家标准,适用于全国范围,针对普遍的和具有深远影响的重要事物。地方标准和行业标准带有区域性和行业特殊性,是对国家标准的补充和具体化,由省、自治区、直辖市人民政府制定。由于地方标准一般严于国家标准,因此,应优先执行地方标准。此外,有行业标准的,优先执行环境保护行业标准。

3. 环境标准体系

各种环境标准之间相互联系、依存和补充。环境标准体系就是按照各个环境标准的性质、功能和内在联系进行分级、分类，构成一个有机整体，这个体系随不同时期的社会经济和科学技术发展水平的变化而修订、充实和发展。中国现行的环境标准体系见图5-1。

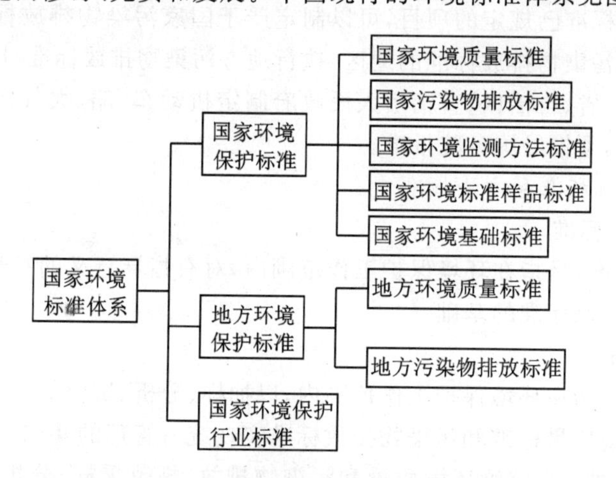

图5-1　中国现行的环境标准体系

这些标准的含义如下所述：

(1) 环境质量标准

环境质量标准是为保障人群健康、维护生态环境和保障社会物质财富，并考虑技术、经济条件，对环境中有害物质和因素所做的限制性规定。环境质量标准是一定时期内衡量环境优劣程度的标准，是环境政策的目标，是制定污染物排放标准的依据。

国家环境质量标准是由国家按照环境要素和污染因子规定的标准，适用于全国范围；地方环境质量标准是地方根据本地区的实际情况对某些指标更严格地要求，是对国家环境标准的补充和完善，即国家环境质量标准中未做规定的项目，可以制定地方环境质量标准；对国家环境质量标准中已做规定的项目，可以制定严于国家环境质量标准的地方环境质量标准。地方环境质量标准应当报国务院环境保护主管部门备案。

国家环境质量标准还包括中央各个部门对一些特定的对象，为了特定的目的和要求而制定的环境质量标准，如《生活饮用水标准》、《工业企业设计卫生标准》等。

污染报警标准是一种环境质量标准，其目的是使人群健康不致被严重损害。当环境中的污染物超过报警标准时，地方政府发布警告并采取应急措施。

(2) 污染物排放标准

污染物排放标准是为了实现环境质量标准目标，结合技术经济条件和环境特点，对排入环境的污染物或有害因素所做的控制规定，或者说是环境污染物或有害因子的允许排放量(浓度)或限值。

污染物排放标准按污染物的状态分为气态、液态和固态污染物排放标准，还有物理污染(如噪声、振动、电磁辐射等)控制标准，按其适用范围可分为通用(综合)排放标准和行业排放标准，行业排放标准又可分为指定的部门行业污染物排放标准和一般行业污染物排放标准。通用排放标准与行业排放标准不交叉执行，有行业标准的执行行业标准，没有行业标准的执行

综合排放标准。

国家污染物排放标准,适用于全国范围。当国家污染物排放标准不适于当地环境特点和要求时,省、自治区、直辖市人民政府,可制定地方污染物排放标准,地方环境标准是对国家环境标准的补充和完善。国家污染物排放标准中未做规定的项目,可以制定地方污染物排放标准。国家污染物排放标准已规定的项目,可以制定严于国家污染物排放标准的地方污染物排放标准。凡颁布地方污染物排放标准的地区,执行地方污染物排放标准,地方标准未做出规定的,仍执行国家标准。省、自治区、直辖市人民政府制定机动车、船、大气污染物地方排放标准严于国家排放标准的,须报经国务院批准。

(3) 环境保护基础标准和方法标准

① 环境保护基础标准

环境保护基础标准,是指在环境保护工作范围内,对有指导意义的符号、指南、导则等所做的规定,是制定其他环保标准的基础。

② 环境方法标准

环境方法标准,是指在环境保护工作范围内,以抽样、分析、试验等方法为对象而制定的标准,是制定和执行环境质量标准和污染物排放标准实现统一管理的基础。其中有:

环境监测方法标准:为监测环境质量和污染物排放,规范采样、分析测试、数据处理等所做的统一规定(包括分析方法、测定方法、采样方法、试验方法、检验方法、生产方法、操作方法等)。

环境标准样品标准:为保证环境监测数据的准确、可靠,对用于量值传递或质量控制的材料、实物样品而制定的标准物质。标准样品在环境管理中起着甄别的作用,可用来评价分析仪器,鉴别其灵敏度;评价分析者的技术,使操作技术规范化。

此外,国家环境保护部对需要统一的技术要求制定相应的标准,包括各项环境管理制度,监测技术,环境区划、规划的技术要求、规范、导则等。

5.4.4 环境影响评价常用标准

环境影响评价常用标准可从中国环境标准网(http://www.es.org.cn/cn/index.html)和环境保护部环境保护标准(http://kjs.mep.gov.cn/hjbhbz/index.htm)获取。

1. 水环境

(1) 水环境质量标准

- 地表水环境质量标准 GB 3838—2002
- 海水水质标准 GB 3097—1997
- 地下水质量标准 GB/T 14848—1993
- 渔业水质标准 GB 11607—1989
- 农田灌溉水质标准 GB 5084—2005

(2) 污染物排放标准

- 污水综合排放标准 GB 8978—1996
- 锡、锑、汞工业污染物排放标准 GB 30770—2014
- 制革及毛皮加工工业水污染物排放标准 GB 30486—2013
- 电池工业污染物排放标准 GB 30484—2013

- 合成氨工业水污染物排放标准 GB 13458—2013
- 柠檬酸工业水污染物排放标准 GB 19430—2013
- 纺织染整工业水污染物排放标准 GB 4287—2012
- 缫丝工业水污染物排放标准 GB 28936—2012
- 毛纺工业水污染物排放标准 GB 28937—2012
- 麻纺工业水污染物排放标准 GB 28938—2012
- 铁合金工业污染物排放标准 GB 28666—2012
- 铁矿采选工业污染物排放标准 GB 28661—2012
- 炼焦化学工业污染物排放标准 GB 16171—2012
- 钢铁工业水污染物排放标准 GB 13456—2012
- 橡胶制品工业污染物排放标准 GB 27632—2011
- 发酵酒精和白酒工业水污染物排放标准 GB 27631—2011
- 汽车维修业水污染物排放标准 GB 26877—2011
- 弹药装药行业水污染物排放标准 GB 14470.3—2011
- 磷肥工业水污染物排放标准 GB 15580—2011
- 钒工业污染物排放标准 GB 26452—2011
- 稀土工业污染物排放标准 GB 26451—2011
- 硫酸工业污染物排放标准 GB 26132—2010
- 硝酸工业污染物排放标准 GB 26131—2010
- 镁、钛工业污染物排放标准 GB 25468—2010
- 铜、镍、钴工业污染物排放标准 GB 25467—2010
- 铅、锌工业污染物排放标准 GB 25466—2010
- 铝工业污染物排放标准 GB 25465—2010
- 陶瓷工业污染物排放标准 GB 25464—2010
- 油墨工业水污染物排放标准 GB 25463—2010
- 酵母工业水污染物排放标准 GB 25462—2010
- 淀粉工业水污染物排放标准 GB 25461—2010
- 制浆造纸工业水污染物排放标准 GB 3544—2008
- 杂环类农药工业水污染物排放标准 GB 21523—2008
- 电镀污染物排放标准 GB 21900—2008
- 羽绒工业水污染物排放标准 GB 21901—2008
- 合成革与人造革工业污染物排放标准 GB 21902—2008
- 发酵类制药工业水污染物排放标准 GB 21903—2008
- 化学合成类制药工业水污染物排放标准 GB 21904—2008
- 提取类制药工业水污染物排放标准 GB 21905—2008
- 中药类制药工业水污染物排放标准 GB 21906—2008
- 生物工程类制药工业水污染物排放标准 GB 21907—2008
- 混装制剂类制药工业水污染物排放标准 GB 21908—2008
- 制糖工业水污染物排放标准 GB 21909—2008

- 煤炭工业污染物排放标准 GB 20426—2006
- 皂素工业水污染物排放标准 GB 20425—2006
- 啤酒工业污染物排放标准 GB 19821—2005
- 医疗机构水污染物排放标准 GB 18466—2005
- 味精工业污染物排放标准 GB 19431—2004
- 兵器工业水污染物排放标准 火炸药 GB 14470.1—2002
- 兵器工业水污染物排放标准 火工药剂 GB 14470.2—2002
- 城镇污水处理厂污染物排放标准 GB 18918—2002
- 污水海洋处置工程污染控制标准 GB 18486—2001
- 畜禽养殖业污染物排放标准 GB 18596—2001
- 烧碱聚氯乙烯行业水污染物排放标准 GB 15581—1995
- 航天推进剂水污染物排放标准 GB 14374—1993
- 肉类加工工业水污染物排放标准 GB 13457—1992
- 海洋石油开发工业含油污水排放标准 GB 4914—1985
- 船舶工业污染物排放标准 GB 4286—1984
- 船舶污染物排放标准 GB 3552—1983

(3) 其　他

- 城市污水再生利用 城市杂用水水质 GB/T 18920—2002
- 再生水回用于景观水体的水质标准 CJ/T 95—2000
- 污水排入城镇下水道水质标准 CJ 343—2010
- 制订地方水污染物排放标准的技术原则与方法 GB 3839—1983

2. 大气环境

(1) 大气环境质量标准

- 环境空气质量标准 GB 3095—2012
- 室内空气质量标准 GB/T 18883—2002
- 乘用车内空气质量评价指南 GB/T 27630—2011
- 相关卫生标准

(2) 大气固定源污染物排放标准

- 大气污染物综合排放标准 GB 16297—1996
- 锡、锑、汞工业污染物排放标准 GB 30770—2014
- 锅炉大气污染物排放标准 GB 13271—2014
- 水泥工业大气污染物排放标准 GB 4915—2013
- 电池工业污染物排放标准 GB 30484—2013
- 砖瓦工业大气污染物排放标准 GB 29620—2013
- 电子玻璃工业大气污染物排放标准 GB 29495—2013
- 水泥窑协同处置固体废物污染控制标准 GB 30485—2013
- 轧钢工业大气污染物排放标准 GB 28665—2012
- 炼钢工业大气污染物排放标准 GB 28664—2012
- 炼铁工业大气污染物排放标准 GB 28663—2012

- 钢铁烧结、球团工业大气污染物排放标准 GB 28662—2012
- 铁合金工业污染物排放标准 GB 28666—2012
- 铁矿采选工业污染物排放标准 GB 28661—2012
- 炼焦化学工业污染物排放标准 GB 16171—2012
- 平板玻璃工业大气污染物排放标准 GB 26453—2011
- 火电厂大气污染物排放标准 GB 13223—2011
- 钒工业污染物排放标准 GB 26452—2011
- 稀土工业污染物排放标准 GB 26451—2011
- 硫酸工业污染物排放标准 GB 26132—2010
- 硝酸工业污染物排放标准 GB 26131—2010
- 橡胶制品工业污染物排放标准 GB 27632—2011
- 镁、钛工业污染物排放标准 GB 25468—2010
- 铜、镍、钴工业污染物排放标准 GB 25467—2010
- 铅、锌工业污染物排放标准 GB 25466—2010
- 铝工业污染物排放标准 GB 25465—2010
- 陶瓷工业污染物排放标准 GB 25464—2010
- 合成革与人造革工业污染物排放标准 GB 21902—2008
- 电镀污染物排放标准 GB 21900—2008
- 煤层气(煤矿瓦斯)排放标准(暂行) GB 21522—2008
- 加油站大气污染物排放标准 GB 20952—2007
- 汽油运输大气污染物排放标准 GB 20951—2007
- 储油库大气污染物排放标准 GB 20950—2007
- 煤炭工业污染物排放标准 GB 20426—2006
- 饮食业油烟排放标准 GB 18483—2001
- 工业炉窑大气污染物排放标准 GB 9078—1996
- 恶臭污染物排放标准 GB 14554—1993

(3) 其　他

- 大气污染物无组织排放监测技术导则 HJ/T 55—2000
- 制定地方大气污染物排放标准的技术方法 GB/T 13201—1991
- 环境空气质量功能区划分原则与技术方法 HJ 14—1996

3. 固体废物

(1) 固体废物鉴别标准

- 国家危险废物名录 2008
- 危险废物鉴别技术规范 HJ/T 298—2007
- 危险废物鉴别标准 腐蚀性鉴别 GB 5085.1—2007
- 危险废物鉴别标准 急性毒性初筛 GB 5085.2—2007
- 危险废物鉴别标准 浸出毒性鉴别 GB 5085.3—2007
- 危险废物鉴别标准 易燃性鉴别 GB 5085.4—2007
- 危险废物鉴别标准 反应性鉴别 GB 5085.5—2007

- 危险废物鉴别标准 毒性物质含量鉴别 GB 5085.6—2007
- 危险废物鉴别标准 通则 GB 5085.7—2007

(2) 固体废物污染控制标准

- 生活垃圾焚烧污染控制标准 GB 18485—2014
- 生活垃圾填埋场污染控制标准 GB 16889—2008
- 进口可用作原料的固体废物环境保护控制标准 骨废料 GB 16487.1—2005
- 进口可用作原料的固体废物环境保护控制标准 冶炼渣 GB 16487.2—2005
- 进口可用作原料的固体废物环境保护控制标准 木、木制品废料 GB 16487.3—2005
- 进口可用作原料的固体废物环境保护控制标准 废纸或纸板 GB 16487.4—2005
- 进口可用作原料的固体废物环境保护控制标准 废纤维 GB 16487.5—2005
- 进口可用作原料的固体废物环境保护控制标准 废钢铁 GB 16487.6—2005
- 进口可用作原料的固体废物环境保护控制标准 废有色金属 GB 16487.7—2005
- 进口可用作原料的固体废物环境保护控制标准 废电机 GB 16487.8—2005
- 进口可用作原料的固体废物环境保护控制标准 废电线电缆 GB 16487.9—2005
- 进口可用作原料的固体废物环境保护控制标准 废五金电器 GB 16487.10—2005
- 进口可用作原料的固体废物环境保护控制标准 供拆卸的船舶及其他浮动结构体 GB 16487.11—2005
- 进口可用作原料的固体废物环境保护控制标准 废塑料 GB 16487.12—2005
- 进口可用作原料的固体废物环境保护控制标准 废汽车压件 GB 16487.13—2005
- 医疗废物焚烧炉技术要求 GB 19128—2003
- 医疗废物转运车技术要求 GB 19217—2003
- 医疗废物焚烧环境卫生标准 GB/T 18773—2008
- 危险废物贮存污染控制标准 GB 18597—2001
- 危险废物填埋污染控制标准 GB 18598—2001
- 危险废物焚烧污染控制标准 GB18484—2001
- 水泥窑协同处置固体废物污染控制标准 GB 30485—2013
- 一般工业固体废物贮存、处置场污染控制标准 GB 18599—2001(2013 年修改单)
- 工业废渣中氰化物卫生标准 GB 18053—2000
- 包装废弃物的处理与利用通则 GB/T 16716—1996
- 含多氯苯废物污染控制标准 GB 13015—1991
- 农用粉煤灰中污染物控制标准 GB 8173—1987
- 城镇垃圾农用控制标准 GB 8172—1987
- 农用污泥中污染物控制标准 GB 4284—1984

4. 噪声和振动

- 声环境质量标准 GB 3096—2008
- 机场周围飞机噪声环境标准 GB 9660—1988
- 城市区域环境振动标准 GB 10070—1988
- 建筑施工场界环境噪声排放标准 GB 12523—2011
- 社会生活环境噪声排放标准 GB 22337—2008

- 工业企业厂界环境噪声排放标准 GB 12348—2008
- 铁路边界噪声限值及其测量方法 GB 12525—1990
- 地下铁道车站站台噪声限值 GB 14227—1993
- 以噪声污染为主的工业企业卫生防护距离标准 GB 18083—2000
- 城市区域环境噪声适用区划分技术规范 GB/T 15190—1994

5. 放射性与电磁辐射

- 电磁环境控制限值 GB 8702—2014
- 低、中水平放射性废物固化体性能要求 水泥固化体 GB 14569.1 —2011
- 核电厂放射性液态流出物排放技术要求 GB 14587—2011
- 核动力厂环境辐射防护规定 GB 6249 —2011
- 辐射防护规定 GB 8703—1988
- 放射性废物管理规定 GB14500—2002
- 低、中水平放射性废物近地表处置设施的选址 HJ/T 23—1998
- 放射性废物近地表处置的废物接收准则 GB 16933—1997
- 医用放射性废物管理的放射卫生要求 WS 2—1996
- 放射性废物分类标准 GB 9133—1995

6. 土壤环境

- 土壤环境质量标准 GB 15618—1995
- 场地环境调查技术导则 HJ 25.1—2014
- 场地环境监测技术导则 HJ 25.2—2014
- 污染场地风险评估技术导则 HJ 25.3—2014
- 污染场地土壤修复技术导则 HJ 25.4—2014
- 展览会用地土壤环境质量评价标准(暂行) HJ 350—2007
- 温室蔬菜产地环境质量评价标准 HJ 333—2006
- 食用农产品产地环境质量评价标准 HJ 332—2006
- 拟开放场址土壤中剩余放射性可接受水平规定(暂行) HJ 53—2000

7. 环境影响评价技术导则

(1) 已经颁布的环境影响评价技术导则

- 环境影响评价技术导则 钢铁建设项目 HJ 708—2014
- 环境影响评价技术导则 输变电工程 HJ 24—2014
- 规划环境影响评价技术导则 总纲 HJ/T 130—2014
- 建设项目环境影响技术评估导则 HJ 616—2011
- 环境影响评价技术导则 总纲 HJ 2.1—2011
- 环境影响评价技术导则 煤炭采选工程 HJ 619—2011
- 环境影响评价技术导则 生态影响 HJ 19—2011
- 企业环境报告书编制导则 HJ 617—2011
- 环境影响评价技术导则 制药建设项目 HJ 611—2011
- 环境影响评价技术导则 地下水环境 HJ 610—2011

- 环境影响评价技术导则 农药建设项目 HJ 582—2010
- 环境影响评价技术导则 声环境 HJ 2.4—2009
- 规划环境影响评价技术导则 煤炭工业矿区总体规划 HJ 463—2009
- 环境影响评价技术导则 城市轨道交通 HJ 453—2008
- 环境影响评价技术导则 大气环境 HJ 2.2—2008
- 环境影响评价技术导则 陆地石油天然气开发建设项目 HJ/T 349—2007
- 建设项目竣工环境保护验收技术规范 生态影响类 HJ/T 394—2007
- 建设项目环境风险评价技术导则 HJ/T 169—2004
- 海洋工程环境影响评价技术导则 GB/T 19485—2004
- 开发区区域环境影响评价技术导则 HJ/T 131—2003
- 环境影响评价技术导则 石油化工建设项目 HJ/T 89 —2003
- 环境影响评价技术导则 水利水电工程 HJ/T 88—2003
- 环境影响评价技术导则 民用机场建设工程 HJ/T 87—2002
- 辐射环境保护管理导则 电磁辐射环境影响评价方法与标准 HJ/T 10.3—1996
- 工业企业土壤环境质量风险评价基准 HJ/T 25—1999
- 500 kV 超高压送变电工程电磁辐射环境影响评价技术规范 HJ/T24—1998
- 环境影响评价技术导则 水环境 HJ/T 2.3—1993
- 核辐射环境质量评价一般规定 GB 11215—1989

(2) 正在征求意见的环境影响评价技术导则

- 环境影响评价技术导则 农业开发项目
- 环境影响评价技术导则 公众参与
- 环境影响评价技术导则 人体健康
- 环境影响评价技术导则 高压直流输电工程
- 环境影响评价技术导则 铁路
- 环境影响评价技术导则 公路建设项目
- 规划环境影响评价技术导则 陆上油气田总体开发规划
- 规划环境影响评价技术导则 城市总体规划
- 规划环境影响评价技术导则 土地利用总体规划
- 规划环境影响评价技术导则 林业规划

5.5 环评中常用的工具

在编制环境影响报告书的过程中会用到不同类型的软件，下面分别介绍。

5.5.1 文本编辑类

常用的文本编辑类软件包括 Word、UltraEdit、ACD/ChemSketch 等。

1. Word

Word 是编制环境影响报告书过程中常用的工具软件，可以方便地编排文字。

2. UltraEdit

UltraEdit 是一款强大的文本编辑工具，它可以把编程的语言关键字高亮彩色显示，占用资源少，运行速度快，操作方便且支持 HTML、ASP 等常用语言的语法。

在环评的编写过程中，一般用来替代写字板和记事本，它最便利的地方就是能横向、竖向的选择和替换功能，特别是处理多文件整理比较及数据量较大的文件，例如网格点浓度数据的整理分析。

3. ACD/ChemSketch

ACD/ChemSketch 是高级化学发展有限公司(ACD/Labs)设计的用于化学画图用软件包，该软件包可单独使用或与其他软件共同使用。

ACD/ChemSketch 软件包的主要应用模式与功能有：结构模式，用于画化学结构和推测它们的性质；画图模式，用于文本和图像处理；分子性质模式，对分子量、组成、摩尔折射率、摩尔体积、折射率、表面张力、密度、介电常数、极性等化学性质进行估算。该软件提供了大量绘制分子式或分子图形所需的各种“元件模板”，如各种类型的化学键、分子母环(从三元环到八元环，包括六元环的船式和椅式构型)、化学分子轨道等。软件具有强大的分子图形编辑功能，对分子图形可进行组合、分块处理。

在应用时，可以方便地利用 Windows 的剪贴板，将绘制的分子结构式与方程式，复制、粘贴至文字编辑软件中，常用于化工类环境影响报告书的编制。

5.5.2　数据处理类

环境影响评价中经常涉及大量数据的计算分析，例如，在进行大气预测时，至少需要一年以上逐日逐时气象数据，一年的基本数据至少 8 760 行，一行数据至少 4 个参数(风速、风向、云量、温度)。采用二维数据表可处理这样的数据，并运用数据库的一些编程和分析功能，对气象数据进行统计分析并输出指定格式文件，方便下一步模型预测参数的输入。在此过程中常用的数据处理类软件包括 Excel 和 Access 等。

1. Excel

Excel 是常用的数据处理软件，具有直观的界面、出色的计算功能和图表工具。Excel 还可以跟踪数据，生成数据分析模型，编写公式以对数据进行计算，以多种方式透视数据，并以各种具有专业外观的图表显示数据。

下文就 Excel 数值计算方面介绍其相关功能：

① 输入和编辑工作表。一个工作簿中可以含有任意多个工作表，每个工作表由大量的单元格组成。一个单元格可以保存三种基本类型的数据：数值、文本、公式。除了数据，工作表还能存储图表、绘图、图片、按钮和其他的对象。

② 公式和函数。公式使得 Excel 电子表格非常有用，我们通常可以使用 Excel 中的公式计算电子表格中的数据得到结果。当数据更新后，无须做额外的工作，公式将自动更新结果。

③ 编辑公式。就像可以编辑任何单元格一样，也可以编辑公式。在对工作表做一些改动时，可能需要编辑公式，并且需要对公式进行调整以配合工作表的改动。或者，公式返回了一个错误值，用户需要对公式进行编辑以改正错误。

总之，使用 Excel 可便捷处理环评中的数据。

2. Access

Access是由微软公司发布的关联式数据库管理系统，是Office套件之一，集表、查询、窗体、报表、模块等各种对象于一体，文件单一，具有较高的安全性；它采用Visual BASIC的编程语言，与Office中的VBA、网站脚本编程语言VBScript有着直接的联系，应用较为广泛。

Access有强大的数据处理、统计分析能力，利用Access的查询功能，可以方便地进行各类汇总、平均等统计，并可灵活设置统计条件，在统计分析上万条记录、十几万条记录及以上的数据时速度快且操作方便。

5.5.3 绘图类

1. Excel

Excel的强大不仅体现在数据计算和分析方面，图形绘制也是游刃有余。对于由公式形成的曲线，曲线上各点的坐标在Excel中通过其自动计算功能生成，然后以点的形式存储在单元格中。除了曲线外，Excel还可以绘制柱状图、饼图、折线图、增长曲线图及回归曲线，复杂一点的可以作三维立体图，甚至可以绘制浓度等值线图。通常，Excel中创建的基本图表能够满足编制环评文件的需求。

2. Visio

Visio是Office套装的一个系列，不过要单独安装。它与Word浑然天成，甚至更简单，能够直接复制、粘贴到Word当中。

Visio是一款功能强大的流程图绘制软件。应用该软件既可以手工绘制流程图，还可以利用Visio自带的模板进行流程图的绘制，各种自定义的方法使得流程图的绘制有了更多的选择。Visio的特点还表现在以下几个方面：

- Visio的界面与Word极其相似，简单易学；
- Visio支持Office软件，可以和Access、Excel等数据表、数据库互联，并可以输出XML格式的文件，通用性强，方便数据的存储和使用；
- Visio视觉化效果好，容易实现业务流程相关人员的沟通。

3. Surfer

Surfer是美国Golden公司自主研究开发的制作等高线和三维地形立体图的软件，以其容易掌握、使用方便（用户只需要输入原始数据，软件可自动生成等值线图）等诸多优点获得了众多用户的青睐。

Surfer软件能够将数字化或者人工读取、实际测绘获得的三维空间数据转换成为格网数据（或称数字高程模型，DEM），并根据格网数据生成等高线图和地形立体图。除此之外，可以利用此软件绘制高分辨率的等值线图，以屏幕显示、打印机、绘图仪三种方式输出图像，使用灵活，精确度高。

该软件可以制作基面图、数据点位图、分类数据图、等值线图、线框图、地形地貌图、趋势图、矢量图以及三维表面图等；提供11种数据网格化方法，包含几乎所有通用的数据统计计算方法；提供各种图形、图像文件格式的输入/输出接口以及各大GIS软件文件格式的输入/输出接口，方便了文件和数据的交流和交换。

Surfer 的功能包括：

① 绘制等高线。这是 Surfer 的主要功能。Surfer 对绘制等高线的数据有特殊的格式要求，即首先要将数据文件转换成 Surfer 认识的 grd 文件格式。

② 在等高线图上加上背景地图。研究人员经常需要把地图放在等高线图下面作为参考，地图在 Surfer 中比较常用的是 *.bln 文件。

③ 应用 Surfer 给出数据文件的统计性质。在应用数据作图前，有时候需要知道每列数据的统计性质，如最大值、最小值、标准差等，应用 Surfer 的 worksheet 可以方便地解决此类问题。

④ 张贴图和分类张贴图。有时候，需要在背景地图中添加台站的坐标，并用三角、五星等符号将其标出，在旁边写上台站的名字，这可以用 postmap 和 classed postmap 完成。

⑤ 制作向量图。可绘制流体向量图。

⑥ 图像的输出。可以将图形复制后直接粘贴到 Word 文档中。此外，还可以通过菜单项 File Export 输出各种格式的图形（如 JPEG、WMF 等）。至于向量图 EPS 的输出，可以通过 EPS 打印机进行。

⑦ 其他辅助功能。函数直接作图（在菜单 Grid 中）、标注文字、画简单的图形等。

在环境影响报告书中需要绘制各种等值线分布图，借助于这个专用的小软件，可以方便地绘出一个水域内的各种污染物、一个区域内大气中的污染物及区域环境噪声的等值线分布图。

4. EIA Drawer

EIA Drawer 是专门为环评系列软件 EIA 开发的绘图工具，用于绘制浓度等值线图、玫瑰图和 $X-Y$ 图。可以从 EIA 软件内部进入 Drawer 环境，也可以单独运行 Drawer。数据可来源于 EIA、内部表格、手工输入或者从文本文件读入。除了 EIP 格式的 Drawer 图形描述文件之外，还可输出 BMP 格式和 EMF 格式的图形。它可以计算等值线的包容面积，这是 Surfer 做不到的功能。

5. ArcView

ArcView 是由美国环境系统研究所（ESRI）研制的基于窗口的集成地理信息系统和桌面制图系统软件，属于地理信息系统方面的专业软件，比它更专业的是 ArcGIS。它支持多类型数据和多种数据库，具有强大空间分析、统计分析功能，并且附带许多扩展模块。ArcView 具有广泛的用户基础，应用方便。其主要特点如下：

① ArcView 采用可视化的图形用户界面，操作简单，功能强大。

② 支持复杂的空间数据、属性数据的查询和显示，ArcView 不仅支持自己的 shape 文件格式和影像数据，还支持 ARC/INFO 的 Coverage 数据格式、各种图像数据格式，支持 AutoCAD 数据文件格式以及表格和文本数据文件格式。

③ 能与其他桌面系统和不同类型的数据进行热链接。

④ 提供面向对象的二次开发语言 Avenue，可以向工程文件内加入声音、动画等多媒体效果，还可以实现许多用户自定义的功能。

⑤ 进行空间分析、网络分析和三维分析等。

ArcView 在环评领域中结合了地理信息系统，配合 GPS 的定位仪，特别适用于公路、管线输送类的环评绘图。此外，目前的一些预测软件，例如 ADMS、BASINS 等都直接提供了与 ArcView 的数据接口。

5.5.4 图像浏览与处理类

1. ACDSee

ACDSee是一个标准的看图软件，它支持多种图形格式文件，能打开包括ICO、PNG、XBM在内的20余种图像格式，并且ACDSee打开图像的速度相对快一些。

在编制环评报告中，ACDSee最主要的功能就是缩小图片和转换图片格式。

2. AutoCAD

AutoCAD(Auto Computer Aided Design)是一款自动计算机辅助设计软件，广泛应用于土木建筑、装饰装潢、城市规划、园林设计、电子电路、机械设计、服装鞋帽、航空航天、轻工化工等诸多领域，现已经成为国际上流行的绘图工具。AutoCAD具有良好的用户界面，通过交互菜单或命令方式便可以进行各种操作。

AutoCAD具有强大的图形绘制和编辑功能，可以采用多种方式进行二次开发或用户定制，可以进行多种图形格式的转换，具有较强的数据交换能力，支持多种硬件设备，支持多种操作平台，具有通用性、易用性，适用于各类用户。

AutoCAD属于工程设计软件，这里将它列入图像浏览类，原因是环评人员很少用该软件设计图纸，较多的情况是打开业主提供的设计图、平面布置图，然后进行简单的修改和输出。

3. Photoshop

Photoshop作为一款图像分析和处理软件，功能强大，具有图像编辑、图像合成、校色调色及特效制作等功能。

Photoshop的专长在于图像编辑，在环评中常用到的功能主要有裁剪图片、拼图，对底图作基本标示和其他一些后期处理。另外，如果要在环评报告书中贴入现场照片，可以用Photoshop色阶和曲线工具，综合调整图像的亮度、对比度和色彩等，对于图像的调整更为精确细腻。

5.5.5 电子地图类

1. 中国电子地图

中国电子地图是一个辅助工具，包含中华人民共和国390余个城市的详细地图，细至乡镇。内容包括各级行政边界、居民地、水系、机场、铁路、高速公路、国道、省道、县乡道、旅游景点等信息，简单实用。

2. Google Earth

Google Earth是Google公司开发的虚拟地球仪软件，它把卫星照片、航空照相和GIS布置在一个地球的三维模型上。结合强大的Google搜索技术，全球地理信息就在眼前。在环评中主要使用Google Earth的查找地名、查看地图等功能。

此外，电子地图类软件还包括SuperMap GIS、ArcGIS、MapInfo等。

5.5.6 标准参考及辅助类

1. 环保工作者实用电子手册

《环保工作者实用电子手册》包含环境质量标准、污染物排放标准、卫生标准、污染物控制标准、卫生防护距离标准、行业规划、技术规范、评价导则、产业政策、环保法律法规等。手册共分 12 章，即概论、环境管理、环境标准、废气处理技术、废水处理技术、固体废物的处理与利用、噪声控制技术、放射性防护与治理技术、工矿绿化与复垦、监测技术、环境质量评价、附录。对工业中常见的污染物分别介绍了其来源、性质、治理技术及其监测技术。

2. 化学品电子手册

《化学品电子手册》共收录了约 14 000 种化学品。该电子手册是一个综合性的化学品手册，收集了包括化学矿物、金属和非金属、无机化学品、有机化学品、基本有机原料、化肥、农药、树脂、塑料、化学纤维、胶粘剂、医药、染料、涂料、颜料、助剂、燃料、感光材料、炸药、纸、油脂、表面活性剂、皮革、香料等常用化学品的中文名称、英文名称、分子式或结构式、物理性质、用途和制备方法等。同时收录了国内 5 000 多家化工企业的信息（包括企业名称、企业简介、主要产品、地址、电话、网页地址、E-mail、邮编等）。

《化学品电子手册》具有多种检索途径，可以通过各种中文名称（如常用名、俗名、学名等）、英文名称、用途、密度、沸点、折射率、分子式、分子量等进行检索。该软件采用全模糊检索技术，检索简便，特别是通过用途检索途径，可以很快获得相关的化学品信息，并可以由用户自行添加和修改相关化学品信息。此外，还可以通过浓度/密度查询表、电离常数查询表、难溶化合物溶度积表等查询、修改、添加相应的参数，并且可以对化学品和企业信息进行添加和修改，是一个智能型“活”的工具手册。

3. 环评手册

《环评手册》收录了环评工作中常用的一些技术导则、技术规范、法律法规、环境质量标准、污染物排放标准、函文解释、产业政策、环境风险、环境管理、技术资料、清洁生产标准和工具软件等内容。手册中收录的部分资料为国家环保部、中国环境标准网、环境影响评价基础数据库、中国环境影响评价网、环境影响评价论坛、环评爱好者论坛等环保网站下载，均为已发布或公开的资料文件。

思考题

1. 环境目标值和环境质量标准是否是同一概念？环境容量和环境容许排放量是否是同一概念？它们之间存在什么关系？
2. 环境评价按时间分类，分为哪三种评价？
3. 环境质量评价与环境影响评价的区别是什么？
4. 建设项目环境影响评价分类管理对报告书、报告表和登记表各有什么规定？
5. 环境敏感区的含义有哪些？
6. 了解环境标准的分类及各自的特点。
7. 了解国家颁布的主要环境质量标准和污染物排放标准。
8. 了解国家环境标准与地方环境标准之间的关系。
9. 熟悉环境功能区和环境质量标准之间的关系。
10. 了解环境质量标准和污染物排放标准之间的关系。
11. 了解综合性污染物排放标准与行业污染物排放标准之间的关系。

第6章　环境影响评价技术导则

6.1　环境影响评价技术导则 总纲

6.1.1　总　则

1. 环境影响评价原则

按照以人为本，建设资源节约型、环境友好型社会和科学发展的要求，遵循以下原则开展环境影响评价工作：

① 依法评价原则。环境影响评价过程中应贯彻执行我国环境保护相关的法律法规、标准、政策，分析建设项目与环境保护政策、资源能源利用政策、国家产业政策和技术政策等有关政策及相关规划的相符性，并关注国家或地方在法律法规、标准、政策、规划及相关主体功能区划等方面的新动向。

② 早期介入原则。环境影响评价应尽早介入工程前期工作中，重点关注选址（或选线）、工艺路线（或施工方案）的环境可行性。

③ 完整性原则。根据建设项目的工程内容及其特征，对工程内容、影响时段、影响因子和作用因子进行分析、评价，突出环境影响评价重点。

④ 广泛参与原则。环境影响评价应广泛吸收相关学科和行业的专家、有关单位和个人及当地环境保护管理部门的意见。

2. 环境影响评价的工作程序

环境影响评价工作一般分三个阶段，即前期准备、调研和工作方案阶段，分析论证和预测评价阶段，环境影响评价文件编制阶段。具体流程见图6－1。

3. 资源利用及环境合理性分析

工程所在区域未开展规划环境影响评价的，需进行资源利用合理性分析。根据建设项目所在区域资源禀赋，量化分析建设项目与所在区域资源承载能力的相容性，明确工程占用区域资源的合理份额，分析项目建设的制约因素。例如，建设项目水资源利用的合理性分析，需根据建设项目耗用新鲜水情况及其所在区域水资源赋存情况，尤其是在用水量大、生态或农业用水严重缺乏的地区，应分析建设项目建设与所在区域水资源承载力的相容性，明确该建设项目占用区域水资源承载力的合理份额。

调查建设项目在所在区域、流域或行业发展规划中的地位，与相关规划和其他建设项目的关系，分析建设项目选址、选线、设计参数及环境影响是否符合相关规划的环境保护要求，进行环境合理性分析。

4. 环境影响因素识别与评价因子筛选

(1) 环境影响因素识别

在了解和分析建设项目所在区域发展规划、环境保护规划、环境功能区划、生态功能区划

及环境现状的基础上，分析和列出建设项目的直接和间接行为，以及可能受上述行为影响的环境要素及相关参数。

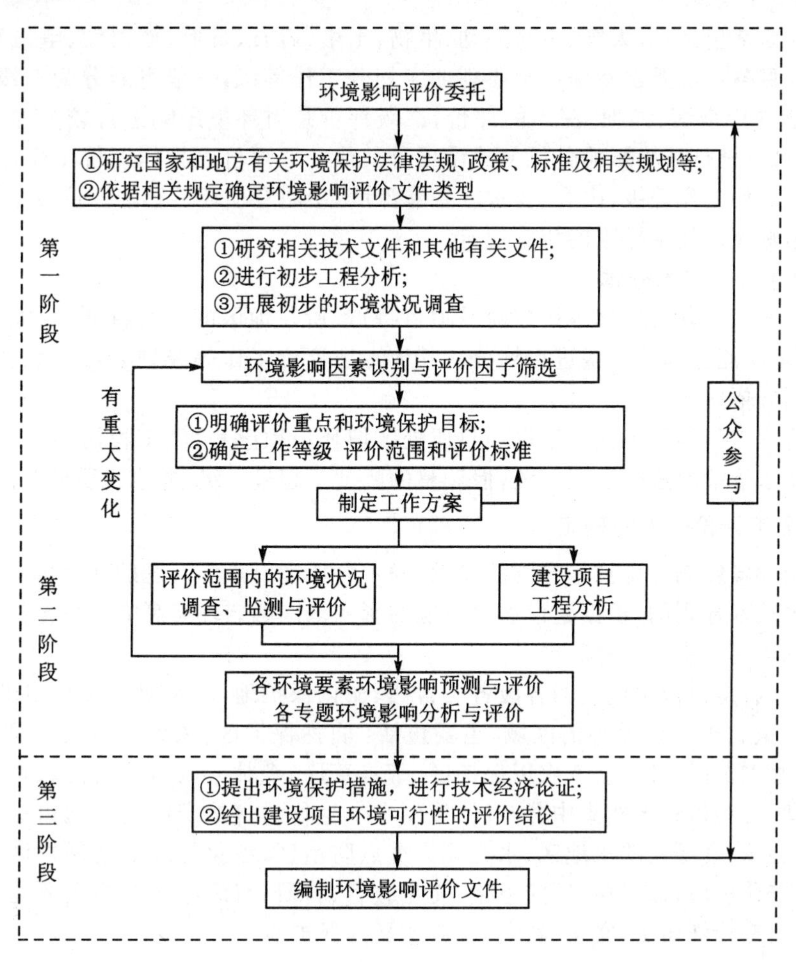

图 6-1　环境影响评价工作程序图

环境影响识别应明确建设项目在施工过程、生产运行、服务期满后等不同阶段的各种行为与可能受影响的环境要素间的作用效应关系、影响性质、影响范围、影响程度等，定性分析建设项目对各环境要素可能产生的污染影响与生态影响，包括有利与不利影响、长期与短期影响、可逆与不可逆影响、直接与间接影响、累积与非累积影响等。对建设项目实施形成制约的关键环境因素或条件，应作为环境影响评价的重点内容。

环境影响因素识别方法可采用矩阵法、网络法、地理信息系统(GIS)支持下的叠加图法等。

(2) 评价因子筛选

依据环境影响因素识别结果，结合区域环境功能要求或所确定的环境保护目标，筛选确定评价因子，应重点关注环境制约因素。评价因子应能够反映环境影响的主要特征、区域环境的基本状况及建设项目特点和排污特征。

5. 环境影响评价的工作等级

(1) 评价工作等级

环境要素通常包括水、大气、声与振动、生物、土壤、岩石、日照、放射性、电磁辐射、人群健康等。建设项目各环境要素专项评价原则上应划分工作等级，一般可划分为三级。一级评价是对环境影响进行全面、详细、深入的评价，二级评价是对环境影响进行较为详细、深入的评价，三级评价可只进行环境影响分析。建设项目其他专题评价可根据评价工作需要划分评价等级。具体的评价工作等级、内容、要求或工作深度，参阅专项环境影响评价技术导则、行业建设项目环境影响评价技术导则的相关规定。

(2) 评价工作等级划分依据

各环境要素专项评价工作等级按建设项目特点、所在地区的环境特征、相关法律法规、标准及规划、环境功能区划等因素进行划分。其他专项评价工作等级划分可参照各环境要素评价工作等级划分依据。

专项评价的工作等级可根据建设项目所处区域环境敏感程度、工程污染或生态影响特征及其他特殊要求等情况进行适当调整，但调整的幅度不超过一级，并应说明调整的具体理由。

6. 环境影响评价范围的确定

按各专项环境影响评价技术导则的要求，确定各环境要素和专题的评价范围；未制定专项环境影响评价技术导则的，根据建设项目可能的影响范围确定环境影响评价范围，当评价范围外有环境敏感区时，应适当外延。

环境敏感区，是指依法设立的各级各类自然、文化保护地，以及对建设项目的某类污染因子或者生态影响因子特别敏感的区域，主要包括：自然保护区、风景名胜区、世界文化和自然遗产地、饮用水水源保护区；基本农田保护区、基本草原、森林公园、地质公园、重要湿地、天然林、珍稀濒危野生动植物天然集中分布区、重要水生生物的自然产卵场及索饵场、越冬场和洄游通道、天然渔场、资源性缺水地区、水土流失重点防治区、沙化土地封禁保护区、封闭及半封闭海域、富营养化水域；以居住、医疗卫生、文化教育、科研、行政办公等为主要功能的区域，文物保护单位，具有特殊历史、文化、科学、民族意义的保护地。

7. 环境影响评价标准的确定

根据评价范围各环境要素的环境功能区划，确定各评价因子所采用的环境质量标准及相应的污染物排放标准。有地方污染物排放标准的，应优先选择地方污染物排放标准；国家污染物排放标准中没有限定的污染物，可采用国际通用标准；生产或服务过程的清洁生产分析，采用国家发布的清洁生产规范性文件。

8. 环境影响评价方法的选取

环境影响评价采用定量评价与定性评价相结合的方法，应以量化评价为主。评价方法应优先选用成熟的技术方法，鼓励使用先进的技术方法，慎用争议或处于研究阶段尚没有定论的方法。选用非导则推荐的评价或预测分析方法的，应根据建设项目特征、评价范围、影响性质等分析其适用性。

6.1.2 工程分析

1. 基本要求

工程分析应突出重点，根据各类型建设项目的工程内容及其特征，对环境可能产生较大影

响的主要因素进行深入分析。应用的数据资料要真实、准确、可信，对建设项目的规划、可行性研究和初步设计等技术文件中提供的资料、数据、图件等，应进行分析后引用；引用现有资料进行环境影响评价时，应分析其时效性；类比分析数据、资料应分析其相同性或者相似性。结合建设项目工程组成、规模、工艺路线，对建设项目环境影响因素、方式、强度等进行详细分析与说明。

工程分析的方法主要有类比分析法、实测法、实验法、物料平衡计算法、查阅参考资料分析法等。

2. 工程分析的内容

(1) 工程基本数据

工程基本数据主要包括：建设项目规模、主要生产设备和公用及储运装置、平面布置，主要原辅材料及其他物料的理化性质、毒理特征及其消耗量，能源消耗数量、来源及其贮运方式，原料及燃料的类别、构成与成分，产品及中间体的性质、数量，物料平衡，燃料平衡，水平衡，特征污染物平衡；工程占地类型及数量，土石方量，取弃土量；建设周期、运行参数及总投资等。

根据“清污分流、一水多用、节约用水”的原则做好水平衡，给出总用水量、新鲜用水量、废水产生量、循环使用量、处理量、回用量和最终外排量等，明确具体的回用部位；根据回用部位的水质、温度等工艺要求，分析废水回用的可行性。按照国家节约用水的要求，提出进一步节水的有效措施。

改扩建及异地搬迁建设项目，需说明现有工程的基本情况、污染排放及达标情况、存在的环境保护问题及拟采取的整改措施等内容。

(2) 污染影响因素分析

绘制包含产污环节的生产工艺流程图，分析各种污染物的产生、排放情况，列表给出污染物的种类、性质、产生量、产生浓度、削减量、排放量、排放浓度、排放方式、排放去向及达标情况；分析建设项目存在的具有致癌、致畸、致突变的物质，以及具有持久性影响的污染物的来源、转移途径和流向；给出噪声、振动、热、光、放射性及电磁辐射等污染的来源、特性及强度等；各种治理、回收、利用、减缓措施状况等。

(3) 生态影响因素分析

明确生态影响作用因子，结合建设项目所在区域的具体环境特征和工程内容，识别、分析建设项目实施过程中的影响性质、作用方式和影响后果，分析生态影响范围、性质、特点和程度。应特别关注特殊工程点段分析，如环境敏感区、隧道与桥梁、淹没区等，并关注间接性影响、区域性影响、累积性影响以及长期影响等特有影响因素的分析。

(4) 原辅材料、产品、废物的贮运

通过对建设项目原辅材料、产品、废物等的装卸、搬运、储藏、预处理等环节的分析，核定各环节的污染来源、种类、性质、排放方式、强度、去向及达标情况等。

(5) 交通运输

给出运输方式（公路、铁路、航运等），分析由于建设项目的施工和运行，使当地及附近地区交通运输量增加所带来环境影响的类型、因子、性质及强度。

(6) 公用工程

给出水、电、气、燃料等辅助材料的来源、种类、性质、用途、消耗量等，并对来源及可靠性进行论述。

(7) 非正常工况分析

对建设项目生产运行阶段的开车、停车、检修等非正常排放时的污染物进行分析，找出非正常排放的来源，给出非正常排放污染物的种类、成分、数量与强度，产生环节、原因、发生频率及控制措施等。

(8) 环境保护措施和设施

按环境影响要素分别说明工程方案已采取的环境保护措施和设施，给出环境保护设施的工艺流程、处理规模、处理效果。

(9) 污染物排放统计汇总

对建设项目有组织与无组织、正常工况与非正常工况排放的各种污染物浓度、排放量、排放方式、排放条件与去向等进行统计汇总。对改扩建项目的污染物排放总量统计，应分别按现有、在建、改扩建项目实施后汇总污染物产生量、排放量及其变化量，给出改扩建项目建成后最终的污染物排放总量。

6.1.3 环境现状调查与评价

1. 基本要求

根据建设项目污染源及所在地区的环境特点，结合各专项评价的工作等级和调查范围，筛选出应调查的有关参数。充分搜集和利用现有的有效资料，当现有资料不能满足要求时，需进行现场调查和测试，并分析现状监测数据的可靠性和代表性。对与建设项目有密切关系的环境状况应全面、详细调查，给出定量的数据并做出分析或评价；对一般自然环境与社会环境的调查，应根据评价地区的实际情况，适当增减。

环境现状调查的方法主要有收集资料法、现场调查法、遥感和地理信息系统分析方法等。

2. 环境现状调查与评价内容

(1) 自然环境现状调查与评价

自然环境现状调查与评价包括地理地质概况、地形地貌、气候与气象、水文、土壤、水土流失、生态、水环境、大气环境、声环境等调查内容。根据专项评价的设置情况，选择相应内容进行详细调查。

(2) 社会环境现状调查与评价

社会环境现状调查与评价包括人口(少数民族)、工业、农业、能源、土地利用、交通运输等现状及相关发展规划、环境保护规划的调查。当建设项目拟排放的污染物毒性较大时，应进行人群健康调查，并根据环境中现有污染物及建设项目将排放污染物的特性选定调查指标。

(3) 环境质量和区域污染源调查与评价

根据建设项目特点、可能产生的环境影响和当地环境特征，选择环境要素进行调查与评价。调查评价范围内的环境功能区划和主要的环境敏感区，收集评价范围内各例行监测点、断面或站位的近期环境监测资料或背景值调查资料，以环境功能区为主兼顾均布性和代表性布设现状监测点位。

确定污染源调查的主要对象，选择建设项目等排放量较大的污染因子、影响评价区环境质量的主要污染因子和特殊因子，以及建设项目的特殊污染因子作为主要污染因子，注意点源与非点源的分类调查。采用单因子污染指数法或相关标准规定的评价方法，对选定的评价因子

及各环境要素的质量现状进行评价，并说明环境质量的变化趋势。

根据调查和评价结果，分析存在的环境问题，并提出解决问题的方法或途径。

(4) 其他环境现状调查

根据当地环境状况及建设项目特点，决定是否进行放射性、光与电磁辐射、振动、地面下沉等环境状况的调查。

6.1.4 环境影响预测与评价

1. 基本要求

对建设项目的环境影响进行预测，是指对能代表评价区环境质量的各种环境因子变化的预测，分析、预测和评价的范围、时段、内容及方法，均应根据其评价工作等级、工程与环境特性、当地的环境保护要求而定。

预测和评价的环境因子应包括反映评价区一般质量状况的常规因子和反映建设项目特征的特性因子；须考虑环境质量背景与已建的和在建的建设项目同类污染物环境影响的叠加；对于环境质量不符合环境功能要求的，应结合当地环境整治计划进行环境质量变化预测。

预测环境影响时应尽量选用通用、成熟、简便并能满足准确度要求的方法。目前使用较多的预测方法有数学模式法、物理模型法、类比调查法和专业判断法等。

2. 环境影响预测和评价内容

建设项目的环境影响，按照建设项目实施过程的不同阶段，可以划分为建设阶段的环境影响、生产运行阶段的环境影响和服务期满后的环境影响；还应分析不同选址、选线方案的环境影响。

当建设阶段的噪声、振动、地表水、地下水、大气、土壤等的影响程度较重、影响时间较长时，应进行建设阶段的环境影响预测；应预测建设项目生产运行阶段的正常排放和非正常排放、事故排放等情况的环境影响；应进行建设项目服务期满的环境影响评价，并提出环境保护措施。

进行环境影响评价时，应考虑环境对建设项目影响的承载能力。涉及有毒有害、易燃、易爆物质生产、使用、储存，存在重大危险源，存在潜在事故并可能对环境造成危害，包括健康、社会及生态风险（如外来生物入侵的生态风险）的建设项目，需进行环境风险评价。

分析所采用的环境影响预测方法的适用性。

6.1.5 社会环境影响评价

社会环境影响评价包括征地拆迁、移民安置、人文景观、人群健康、文物古迹、基础设施（如交通、水利、通讯）等方面的影响评价。收集反映社会环境影响的基础数据和资料，筛选出社会环境影响评价因子，定量预测或定性描述评价因子的变化。分析正面和负面的社会环境影响，并对负面影响提出相应的对策与措施。

6.1.6 公众参与

公众参与应贯穿于环境影响评价工作的全过程中，涉密的建设项目按国家相关规定执行。充分注意参与公众的广泛性和代表性，参与对象应包括可能受到建设项目直接影响和间接影响的有关企事业单位、社会团体、非政府组织、居民、专家和公众等。

可根据实际需要和具体条件，采取包括问卷调查、座谈会、论证会、听证会及其他形式在内的一种或者多种形式，征求有关团体、专家和公众的意见。应告知公众建设项目的有关信息，包括建设项目概况、主要的环境影响、影响范围和程度、预计的环境风险和后果，以及拟采取的主要对策措施和效果等。

按"有关团体、专家、公众"对所有的反馈意见进行归类与统计分析，并在归类分析的基础上进行综合评述；对每一类意见，均应进行认真分析，回答采纳或不采纳并说明理由。

6.1.7 环境保护措施及其经济、技术论证

明确拟采取的具体环境保护措施；分析论证拟采取措施的技术可行性、经济合理性、长期稳定运行和达标排放的可靠性，满足环境质量与污染物排放总量控制要求的可行性，如不能满足要求，应提出必要的补充环境保护措施要求；生态保护措施须落实到具体时段和具体位置，并特别注意施工期的环境保护措施。

结合国家对不同区域的相关要求，从保护、恢复、补偿、建设等方面，提出和论证实施生态保护措施的基本框架；按工程实施的不同时段，分别列出相应的环境保护工程内容，并分析合理性。给出各项环境保护措施及投资估算一览表和环境保护设施分阶段验收一览表。

6.1.8 环境管理与监测

应按建设项目建设和运营的不同阶段，有针对性地提出具有可操作性的环境管理措施、监测计划及建设项目不同阶段的竣工环境保护验收目标。结合建设项目影响特征，制定相应的环境质量、污染源、生态以及社会环境影响等方面的跟踪监测计划。

对于非正常排放和事故排放，特别是事故排放时可能出现的环境风险问题，应提出预防与应急处理预案；施工周期长、影响范围广的建设项目，应提出施工期环境监理的具体要求。

6.1.9 清洁生产分析和循环经济

国家已发布行业清洁生产规范性文件和相关技术指南的建设项目，应按所发布的规定内容和指标进行清洁生产水平分析，必要时提出进一步改进措施与建议。国家未发布行业清洁生产规范性文件和相关技术指南的建设项目，结合行业及工程特点，从资源能源利用、生产工艺与设备、生产过程、污染物产生、废物处理与综合利用、环境管理要求等方面确定清洁生产指标和开展评价。从企业、区域或行业等不同层次，进行循环经济分析，提高资源利用率和优化废物处置途径。

6.1.10 污染物总量控制

建设项目正常运行，在满足环境质量要求、污染物达标排放及清洁生产的前提下，按照节能减排的原则给出主要污染物排放量。

根据国家实施主要污染物排放总量控制的有关要求和地方环境保护行政主管部门对污染物排放总量控制的具体指标，分析建设项目污染物排放是否满足污染物排放总量控制指标要

求，并提出建设项目污染物排放总量控制指标建议。主要污染物排放总量必须纳入所在地区的污染物排放总量控制计划；必要时提出具体可行的区域平衡方案或削减措施，确保区域环境质量满足功能区和目标管理要求。

6.1.11　环境影响经济损益分析

从建设项目产生的正、负两方面环境影响，以定性与定量相结合的方式，估算建设项目所引起环境影响的经济价值，并将其纳入建设项目的费用效益分析中，作为判断建设项目环境可行性的依据之一。

以建设项目实施后的影响预测与环境现状进行比较，从环境要素、资源类别、社会文化等方面筛选出需要或者可能进行经济评价的环境影响因子，对量化的环境影响进行货币化，并将货币化的环境影响价值纳入建设项目的经济分析。

6.1.12　方案比选

对于同一建设项目的多个建设方案，从环境保护角度进行比选，重点进行选址或选线、工艺、规模、环境影响、环境承载能力和环境制约因素等方面比选。对于不同比选方案，必要时应根据建设项目进展阶段进行同等深度的评价。给出推荐方案，并结合比选结果，提出优化调整建议。

6.1.13　环境影响评价文件编制总体要求

环境影响评价文件应概括地反映环境影响评价的全部工作，环境现状调查应全面、深入，主要环境问题应阐述清楚，重点应突出，论点应明确，环境保护措施应可行、有效，评价结论应明确。文字应简洁、准确，文本应规范，计量单位应标准化，数据应可靠，资料应详实，并尽量采用能反映需求信息的图表和照片。资料表述应清楚，利于阅读和审查，相关数据、应用模式须编入附录，并说明引用来源；所参考的主要文献应注意时效性，并列出目录。

跨行业建设项目的环境影响评价，或评价内容较多时，其环境影响报告书中各专项评价根据需要可繁可简，必要时，其重点专项评价应另编专项评价分报告，特殊技术问题另编专题技术报告。

环境影响评价结论是全部评价工作的结论，应在概括全部评价工作的基础上，简洁、准确、客观地总结建设项目实施过程各阶段的生产和生活活动与当地环境的关系，明确一般情况下和特定情况下的环境影响，规定采取的环境保护措施，从环境保护角度分析，得出建设项目是否可行的结论。

环境影响评价的结论一般应包括：建设项目的建设概况、环境现状与主要环境问题、环境影响预测与评价结论、建设项目建设的环境可行性、结论与建议等内容，可有针对性地选择其中的全部或部分内容进行编写。环境可行性结论应从与法规政策及相关规划一致性、清洁生产和污染物排放水平、环境保护措施可靠性和合理性、达标排放稳定性、公众参与接受等方面分析得出。

6.2 大气环境影响评价技术导则

6.2.1 评价工作等级、评价范围及环境空气敏感区的确定

1. 评价工作等级

结合项目的初步工程分析结果，选择正常排放的主要污染物及排放参数，采用推荐模式中的估算模式计算各污染物的最大影响程度和最远影响范围。

根据项目初步工程分析结果，选择1～3种主要污染物，分别计算每一种污染物的最大地面浓度占标率P_i（第i个污染物）及第i个污染物的地面浓度达标准限值10%时所对应的最远距离$D_{10\%}$。评价工作等级按表6-1进行划分，取P_i值中最大者P_{max}和其对应的$D_{10\%}$。

$$P_i = \frac{C_i}{C_{0i}} \times 100\% \qquad (6-1)$$

式中：P_i为第i个污染物的最大地面质量浓度占标率，%；C_i为采用估算模式计算出的第i个污染物的最大地面质量浓度，mg/m³；C_{0i}为第i个污染物的环境空气质量标准，mg/m³。

表6-1　评价工作等级

评价工作等级	评价工作分级判据
一级	$P_{max} \geqslant 80\%$，且$D_{10\%} \geqslant 5$ km
二级	其他
三级	$P_{max} < 10\%$或$D_{10\%}$<污染源距场界最近距离

C_{0i}一般选用GB 3095中1小时平均取样时间的二级标准的浓度限值。对于没有小时浓度限值的污染物，可取日平均浓度限值的三倍值；对该标准中未包含的污染物，可参照TJ 36中的居住区大气中有害物质的最高容许浓度的一次浓度限值。如已有地方标准，应选用地方标准中的相应值。对某些上述标准中都未包含的污染物，可参照国外有关标准选用，但应做出说明，报环保主管部门批准后执行。

评价工作等级的确定还应符合以下规定：

① 同一项目有多个（两个以上，含两个）污染源排放同一种污染物时，按各污染源分别确定其评价等级，并取评价级别最高者作为项目的评价等级。

② 对于高耗能行业的多源（两个以上，含两个）项目，评价等级应不低于二级。对于建成后全厂的主要污染物排放总量都有明显减少的改、扩建项目，评价等级可低于一级。

③ 如果评价范围内包含一类环境空气质量功能区，或者评价范围内主要评价因子的环境质量已接近或超过环境质量标准，或者项目排放的污染物对人体健康或生态环境有严重危害的特殊项目，评价等级一般不低于二级。

④ 对于以城市快速路、主干路等城市道路为主的新建、扩建项目，应考虑交通线源对道路两侧的环境保护目标的影响，评价等级应不低于二级。

⑤ 对于公路、铁路等项目，应分别按项目沿线主要集中式排放源（如服务区、车站等大气污染源）排放的污染物计算其评价等级。

一、二级评价应选择进一步预测模式进行大气环境影响预测工作；三级评价可以不进行大

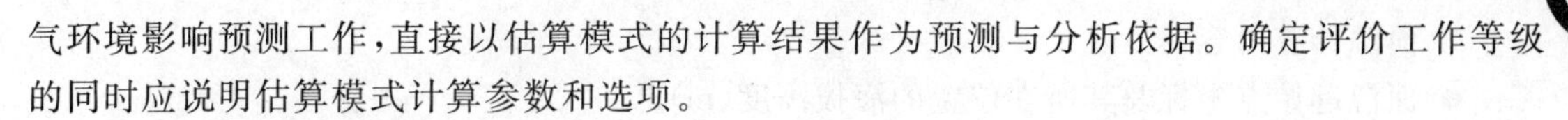

气环境影响预测工作，直接以估算模式的计算结果作为预测与分析依据。确定评价工作等级的同时应说明估算模式计算参数和选项。

2. 评价范围

根据项目排放污染物的最远影响范围，确定项目的大气环境影响评价范围：以排放源为中心点，以 $D_{10\%}$ 为半径的圆或 $2\times D_{10\%}$ 为边长的矩形作为大气环境影响评价范围；当最远距离超过 25 km 时，确定评价范围为半径 25 km 的圆形区域，或边长为 50 km 的矩形区域；评价范围的直径或边长一般不应小于 5 km；对于以线源为主的城市道路等项目，评价范围可设定为线源中心两侧各 200 m 的范围。

3. 环境空气敏感区的确定

环境空气敏感区，指评价范围内按 GB 3095 规定划分为一类功能区的自然保护区、风景名胜区和其他需要特殊保护的地区，二类功能区中的居民区、文化区等人群较集中的环境空气保护目标，以及对项目排放大气污染物敏感的区域。调查评价范围内所有环境空气敏感区，在图中标注，并列表给出环境空气敏感区内主要保护对象的名称、大气环境功能区划级别、与项目的相对距离、方位，以及受保护对象的范围和数量。

6.2.2　污染源调查与分析

1. 大气污染源调查分析对象

对于一、二级评价项目，应调查分析项目的所有污染源（对于改、扩建项目应包括新、老污染源）、评价范围内与项目排放污染物有关的其他在建项目、已批复环境影响评价文件的未建项目等污染源。如有区域替代方案，还应调查评价范围内所有的拟替代的污染源。对于三级评价项目，可只调查分析项目污染源。

2. 污染源调查内容

一级评价项目污染源调查内容包括：

1）污染源排污概况调查

- 在满负荷排放下，按分厂或车间逐一统计各有组织排放源和无组织排放源的主要污染物排放量；
- 对改、扩建项目应给出现有工程排放量、扩建工程排放量，以及现有工程经改造后的污染物预测削减量，并按上述三个量计算最终排放量；
- 对于毒性较大的污染物，还应估计其非正常排放量；
- 对于周期性排放的污染源，还应给出周期性排放系数，周期性排放系数取值为 0～1，一般可按季节、月份、星期、日、小时等给出周期性排放系数。

2）点源调查内容

- 排气筒底部中心坐标以及排气筒底部的海拔高度(m)；
- 排气筒几何高度(m)及排气筒出口内径(m)；
- 烟气出口速度(m/s)；
- 排气筒出口处烟气温度(K)；
- 各主要污染物正常排放量(g/s)、排放工况及年排放小时数(h)；
- 毒性较大物质的非正常排放量(g/s)、排放工况及年排放小时数(h)。

3）面源调查内容

- 面源起始点坐标及其所在位置的海拔高度(m)；
- 面源初始排放高度(m)；
- 各主要污染物正常排放量(g/(s·m^2))、排放工况及年排放小时数(h)；
- 矩形面源初始点坐标、面源长度(m)、面源宽度(m)及与正北方向逆时针的夹角；
- 多边形面源的顶点数或边数(3～20)以及各顶点坐标；
- 近圆形面源的中心点坐标、近圆形半径(m)及近圆形顶点数或边数。

4）体源调查内容

- 体源中心点坐标及其所在位置的海拔高度(m)；
- 体源高度(m)；
- 体源排放速率(g/s)、排放工况及年排放小时数(h)；
- 体源边长(m)；
- 初始横向扩散参数(m)及初始垂直扩散参数(m)。

5）线源调查内容

- 线源几何尺寸(分段坐标)、线源距地面高度(m)、道路宽度(m)及街道街谷高度(m)；
- 各种车型的污染物排放速率(g/(km·s))；
- 平均车速(km/h)、各时段车流量(辆/时)及车型比例。

6）其他需调查的内容

在考虑由于周围建筑物引起的空气扰动而导致地面局部高浓度的现象时，需调查建筑物下洗参数。对于颗粒物污染源，还应调查颗粒物粒径分级(最多不超过 20 级)、颗粒物的分级粒径(μm)、各级颗粒物的质量密度(g/cm^3)，以及各级颗粒物所占的质量比(0～1)。

二级评价项目污染源调查内容参照一级评价项目执行，可适当从简。三级评价项目可只调查污染源排污概况，对估算模式中的污染源参数进行核实。

6.2.3 环境空气质量现状调查与评价

现状调查资料来源包括：评价范围内及邻近评价范围的各例行空气质量监测点的近三年与项目有关的监测资料；近三年与项目有关的历史监测资料；现场监测资料。

1. 现有监测资料的分析

对照各污染物有关的环境质量标准，分析其长期浓度(年均浓度、季均浓度、月均浓度)、短期浓度(日平均浓度、小时平均浓度)的达标情况。若监测结果出现超标，应分析其超标率、最大超标倍数以及超标原因。分析评价范围内的污染水平和变化趋势。

2. 环境空气质量现场监测与分析

确定监测因子、监测制度、监测布点、监测采样，同步收集项目位置附近气象资料。

以列表的方式给出各监测点大气污染物不同取值时间的浓度变化范围，计算并列表给出各取值时间最大浓度值占相应标准浓度限值的百分比和超标率，并评价达标情况；分析大气污染物浓度的日变化规律以及大气污染物浓度与地面风向、风速等气象因素及污染源排放的关系；分析重污染时间分布情况及其影响因素。

6.2.4　气象观测资料调查

1. 气象观测资料调查的基本原则

气象观测资料的调查要求与项目的评价等级有关，还与评价范围内地形复杂程度、水平流场是否均匀一致、污染物排放是否连续稳定有关。常规气象观测资料包括常规地面气象观测资料和常规高空气象探测资料。

对于各级评价项目，均应调查评价范围 20 年以上的主要气候统计资料，包括：年平均风速和风向玫瑰图、最大风速与月平均风速、年平均气温、极端气温与月平均气温、年平均相对湿度、年均降水量、降水量极值、日照等。对于一、二级评价项目，还应调查逐日、逐次的常规气象观测资料及其他气象观测资料。

2. 气象观测资料调查要求

对于一级评价，气象观测资料调查基本要求分两种情况：评价范围小于 50 km，须调查地面气象观测资料，并按选取模式要求补充调查必需的常规高空气象探测资料；评价范围大于 50 km，须调查地面气象观测资料和常规高空气象探测资料。地面气象观测资料调查要求调查距离项目最近的地面气象观测站，近 5 年内的至少连续三年的常规地面气象观测资料。如果地面气象观测站与项目的距离超过 50 km，并且地面站与评价范围的地理特征不一致，还需要补充地面气象观测；常规高空气象探测资料调查要求调查距离项目最近的高空气象探测站，近 5 年内的至少连续三年的常规高空气象探测资料。如果高空气象探测站与项目的距离超过 50 km，高空气象资料可采用中尺度气象模式模拟的 50 km 内的格点气象资料。

对于二级评价项目，气象观测资料调查基本要求同一级评价项目。地面气象观测资料调查要求调查距离项目最近的地面气象观测站，近 3 年内的至少连续一年的常规地面气象观测资料。如果地面气象观测站与项目的距离超过 50 km，并且地面站与评价范围的地理特征不一致，还需要补充地面气象观测；常规高空气象探测资料调查要求调查距离项目最近的常规高空气象探测站，近 3 年内的至少连续一年的常规高空气象探测资料。如果高空气象探测站与项目的距离超过 50 km，高空气象资料可采用中尺度气象模式模拟的 50 km 内的格点气象资料。

3. 气象观测资料调查内容

(1) 地面气象观测资料

观测资料的时次：根据所调查地面气象观测站的类别，并遵循先基准站，次基本站，后一般站的原则，收集每日实际逐次观测资料。

观测资料的常规调查项目：时间(年、月、日、时)、风向(以角度或按 16 个方位表示)、风速、干球温度、低云量、总云量。

根据不同评价等级预测精度要求及预测因子特征，可选择调查的观测资料的内容：湿球温度、露点温度、相对湿度、降水量、降水类型、海平面气压、观测站地面气压、云底高度、水平能见度等。

(2) 常规高空气象探测资料

观测资料的时次：根据所调查常规高空气象探测站的实际探测时次确定，一般应至少调查每日 1 次(北京时间 8 点)的距地面 1 500 m 高度以下的高空气象探测资料。

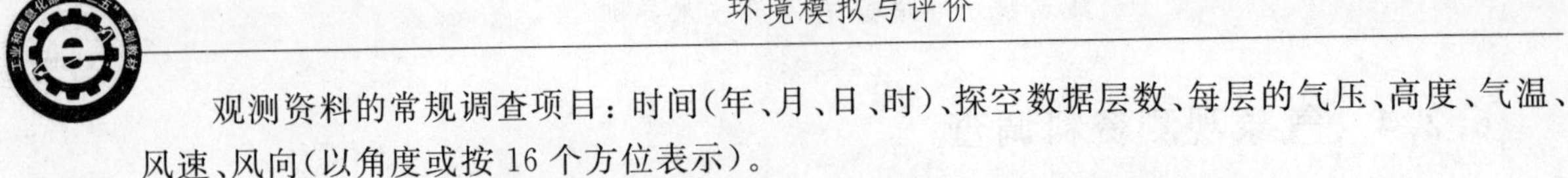

观测资料的常规调查项目：时间(年、月、日、时)、探空数据层数、每层的气压、高度、气温、风速、风向(以角度或按16个方位表示)。

4. 常规气象资料分析内容

温度统计量：统计长期地面气象资料中每月平均温度的变化情况，绘制年平均温度月变化曲线图。

温廓线：对于一级评价项目，需酌情对污染较严重时的高空气象探测资料作温廓线分析，分析逆温层出现的频率、平均高度范围和强度。

风速统计量：统计月平均风速随月份和季小时平均风速的日变化，即根据长期气象资料统计每月平均风速、各季每小时的平均风速变化情况。

风廓线：对于一级评价项目，需酌情对污染较严重时的高空气象探测资料作风廓线分析，分析不同时间段大气边界层内的风速变化规律。

风频统计量：统计所收集的长期地面气象资料中，每月、各季及长期平均各风向风频变化情况。

风向玫瑰图：统计所收集的长期地面气象资料中，各风向出现的频率，静风频率单独统计，在极坐标中按各风向标出其频率的大小，绘制各季及年均风向玫瑰图。

主导风向：指风频最大的风向角的范围，风向角范围一般为22.5°～45°。某区域的主导风向角风频之和应≥30%，否则可称该区域没有主导风向或主导风向不明显，此时应考虑项目对全方位的环境空气敏感区的影响。

6.2.5　大气环境影响预测与评价

常用的大气环境影响预测方法是通过建立数学模型，模拟各种气象条件、地形条件下的污染物在大气中输送、扩散、转化和清除等物理、化学机制。

大气环境影响预测的步骤一般为：分别确定预测因子、预测范围、计算点、污染源计算清单、气象条件、地形数据、预测内容和设定预测情景，选择预测模式和模式中的相关参数，进行大气环境影响预测与评价。

1. 预测因子

预测因子应根据评价因子而定，选取有环境空气质量标准的评价因子作为预测因子。

2. 预测范围

预测范围应覆盖评价范围，同时还应考虑污染源的排放高度、评价范围的主导风向、地形和周围环境敏感区的位置等进行适当调整。计算污染源对评价范围的影响时，一般取东西向为x坐标轴，南北向为y坐标轴，项目位于预测范围的中心区域。

3. 计算点

计算点可分三类：环境空气敏感区、预测范围内的网格点以及区域最大地面浓度点。应选择所有的环境空气敏感区中的环境空气保护目标作为计算点。预测网格点的分布应具有足够的分辨率，尽可能精确预测污染源对评价范围的最大影响，预测网格可以根据具体情况采用直角坐标网格或极坐标网格，并应覆盖整个评价范围。区域最大地面浓度点的预测网格设置，应依据计算出的网格点浓度分布而定，在高浓度分布区，计算点间距应不大于50 m。对于临近污染源的高层住宅楼，应适当考虑不同代表高度上的预测受体。

4. 污染源计算清单

点源、面源、体源和线源源强计算清单见 HJ 2.2 附录 C。

5. 气象条件

计算小时平均浓度需采用长期气象条件，进行逐时或逐次计算。选择污染最严重的（针对所有计算点）小时气象条件和对各环境空气保护目标影响最大的若干个小时气象条件（可视对各环境空气敏感区的影响程度而定）作为典型小时气象条件。

计算日平均浓度需采用长期气象条件，进行逐日平均计算。选择污染最严重的（针对所有计算点）日气象条件和对各环境空气保护目标影响最大的若干个日气象条件（可视对各环境空气敏感区的影响程度而定）作为典型日气象条件。

6. 地形数据

在非平坦的评价范围内，地形的起伏对污染物的传输、扩散会有一定的影响。对于复杂地形下的污染物扩散模拟需要输入地形数据。地形数据的来源应予以说明，地形数据的精度应结合评价范围及预测网格点的设置进行合理选择。

7. 确定预测内容和设定预测情景

大气环境影响预测内容依据评价工作等级和项目的特点。一级评价项目预测内容包括：

① 全年逐时或逐次小时气象条件下，环境空气保护目标、网格点处的地面浓度和评价范围内的最大地面小时浓度；

② 全年逐日气象条件下，环境空气保护目标、网格点处的地面浓度和评价范围内的最大地面日平均浓度；

③ 长期气象条件下，环境空气保护目标、网格点处的地面浓度和评价范围内的最大地面年平均浓度；

④ 非正常排放情况，全年逐时或逐次小时气象条件下，环境空气保护目标的最大地面小时浓度和评价范围内的最大地面小时浓度；

⑤ 对于施工期超过一年，并且施工期排放的污染物影响较大的项目，还应预测施工期间的大气环境质量。

二级评价项目预测内容为上述前四项内容。三级评价项目可不进行上述预测。

根据预测内容设定预测情景，一般考虑：污染源类别、排放方案、预测因子、气象条件和计算点。常规预测情景组合见表 6-2。

表 6-2　常规预测情景组合

序　号	污染源类别	排放方案	预测因子	计算点	常规预测内容
1	新增污染源 （正常排放）	现有方案/ 推荐方案	所有预测因子	环境空气保护目标网格点 区域最大地面浓度点	小时浓度 日平均浓度 年均浓度
2	新增污染源 （非正常排放）	现有方案/ 推荐方案	主要预测因子	环境空气保护目标 区域最大地面浓度点	小时浓度

续表 6-2

序　号	污染源类别	排放方案	预测因子	计算点	常规预测内容
3	削减污染源（若有）	现有方案/推荐方案	主要预测因子	环境空气保护目标	日平均浓度 年均浓度
4	被取代污染源（若有）	现有方案/推荐方案	主要预测因子	环境空气保护目标	日平均浓度 年均浓度
5	其他在建、拟建项目相关污染源（若有）	-	主要预测因子	环境空气保护目标	日平均浓度 年均浓度

8. 预测模式和模式中的相关参数

推荐模式包括估算模式和进一步预测模式。

估算模式是一种单源预测模式，可计算点源、面源和体源等污染源的最大地面浓度，以及建筑物下洗和熏烟等特殊条件下的最大地面浓度，估算模式中嵌入了多种预设的气象组合条件，包括一些最不利的气象条件，此类气象条件在某个地区有可能发生，也有可能不发生。经估算模式计算出的最大地面浓度大于进一步预测模式的计算结果。对于小于 1 h 的短期非正常排放，可采用估算模式进行预测。

进一步预测模式包括 AERMOD、ADMS 和 CALPUFF。

AERMOD 适用于定场的烟羽模型，包括 AERMOD（AERMIC 扩散模型）、AERMAP（AERMOD 地形预处理）和 AERMET（AERMOD 气象预处理），适用于评价范围小于或等于 50 km 的一级、二级评价项目。AERMOD 特殊功能包括对垂直非均匀边界层的特殊处理，不规则形状面源的处理，对流层三维烟羽模型，在稳定边界层中垂直混合的局限性和对地面反射的处理，在复杂地形上的扩散处理和建筑物下洗的处理等。AERMET 是 AERMOD 的气象预处理模型，输入数据包括每小时云量、地面气象观测资料和一天两次的探空资料；输出文件包括地面气象观测数据和一些大气参数的垂直分布数据。AERMAP 是 AERMOD 的地形预处理模型，输入数据包括计算点地形高度数据，地形数据可以是数字化地形数据格式；输出文件包括每一个计算点的位置和高度，计算点高度用于计算山丘对气流的影响。

ADMS(大气扩散模式系统）是三维高斯模型，以高斯分布公式为主计算污染浓度，在非稳定条件下的垂直扩散则使用了倾斜式的高斯模型，适用于评价范围小于或等于 50 km 的一级、二级评价项目。烟羽扩散计算使用了当地边界层的参数，化学模块中使用了远处传输的轨迹模型和箱式模型。可模拟计算点源、面源、线源和体源，模式考虑了建筑物、复杂地形、湿沉降、重力沉降和干沉降以及化学反应、烟气抬升、喷射和定向排放等影响，可计算各取值时段的浓度值，并有气象预处理程序。

CALPUFF 是多层、多种非定场烟团扩散模型，模拟在时空变化的气象条件下对污染物输送、转化和清除的影响。CALPUFF 适用于几十至几百公里范围的评价，包括计算次层网格区域的影响（如地形的影响）以及长距离输送的影响（如由于干湿沉降导致的污染物清除、化学转变和颗粒物浓度对能见度的影响）。

上述模式的说明、执行文件、用户手册以及技术文档可在国家环境保护环境影响评价数值模拟重点实验室网站(http://www.lem.org.cn)下载。

在进行大气环境影响预测时，应对预测模式中的有关参数进行说明。

在计算 1 h 平均浓度时，可不考虑 SO_2 的转化；在计算日平均或更长时间平均浓度时，应考虑化学转化，SO_2 转化可取半衰期为 4 h。对于一般的燃烧设备，在计算小时或日平均浓度时，可以假定 $NO_2/NO_x=0.9$；在计算年平均浓度时，可以假定 $NO_2/NO_x=0.75$。在计算机动车排放 NO_2 和 NO_x 比例时，应根据不同车型的实际情况而定。

在计算颗粒物浓度时，应考虑重力沉降的影响。

9. 大气环境影响预测分析与评价

按设计的各种预测情景分别进行模拟计算。大气环境影响预测分析与评价的主要内容：

① 对环境空气敏感区的环境影响分析，应考虑其预测值和同点位处的现状背景值的最大值的叠加影响；对最大地面浓度点的环境影响分析，可考虑预测值和所有现状背景值的平均值的叠加影响。

② 叠加现状背景值，分析项目建成后最终的区域环境质量状况，即：新增污染源预测值＋现状监测值－削减污染源计算值（如果有）－被取代污染源计算值（如果有）＝项目建成后最终的环境影响。若评价范围内还有其他在建项目、已批复环境影响评价文件的拟建项目，也应考虑其建成后对评价范围的共同影响。

③ 分析典型小时气象条件下，项目对环境空气敏感区和评价范围的最大环境影响，分析是否超标、超标程度、超标位置，分析小时浓度超标概率和最大持续发生时间，并绘制评价范围内出现区域小时平均浓度最大值时所对应的浓度等值线分布图。

④ 分析典型日气象条件下，项目对环境空气敏感区和评价范围的最大环境影响，分析是否超标、超标程度、超标位置，分析日平均浓度超标概率和最大持续发生时间，并绘制评价范围内出现区域日平均浓度最大值时所对应的浓度等值线分布图。

⑤ 分析长期气象条件下，项目对环境空气敏感区和评价范围的环境影响，分析是否超标、超标程度、超标范围及位置，并绘制预测范围内的浓度等值线分布图。

⑥ 分析评价不同排放方案对环境的影响，即从项目选址、污染源的排放强度与排放方式、污染控制措施等方面评价排放方案的优劣，并针对存在的问题（如果有）提出解决方案。

⑦ 对解决方案进行进一步预测和评价，并给出最终的推荐方案。

6.2.6　大气环境防护距离

采用推荐模式中的大气环境防护距离模式，计算各无组织源的大气环境防护距离。计算出的距离是以污染源中心点为起点的控制距离，并结合厂区平面布置图，确定控制距离范围。超出厂界以外的范围，即为项目大气环境防护区域。当无组织源排放多种污染物时，应分别计算，按计算结果的最大值确定其大气环境防护距离。同一生产单元（生产区、车间或工段）的无组织排放源，应合并作为单一面源计算，确定其大气环境防护距离。在大气环境防护距离内不应有长期居住的人群。

大气环境防护距离计算模式是基于估算模式开发的计算模式，此模式主要用于确定无组织排放源的大气环境防护距离，模式的执行文件及使用说明可在国家环境保护环境影响评价数值模拟重点实验室网站（http://www.lem.org.cn）下载。

6.2.7　大气环境影响评价结论与建议

根据大气环境影响预测结果及大气环境防护距离计算结果，评价项目选址及总图布置的

合理性和可行性，并给出优化调整的建议及方案。根据大气环境影响预测结果，比较污染源的不同排放强度和排放方式（包括排气筒高度）对区域环境的影响，并给出优化调整的建议。

大气污染控制措施必须保证污染源的排放符合排放标准的有关规定，同时最终环境影响也应符合环境功能区划要求。根据大气环境影响预测结果评价大气污染防治措施的可行性，并提出对项目实施环境监测的建议，给出大气污染控制措施优化调整的建议及方案。

根据大气环境防护距离计算结果，结合厂区平面布置图，确定项目大气环境防护区域。若大气环境防护区域内存在长期居住的人群，应给出相应的搬迁建议或优化调整项目布局的建议。评价项目完成后，污染物排放总量控制指标能否满足环境管理要求，并明确总量控制指标的来源。

大气环境影响评价结论：结合项目选址、污染源的排放强度与排放方式、大气污染控制措施以及总量控制等方面综合进行评价，明确给出大气环境影响可行性结论。

6.2.8 环境影响报告书附图、附表、附件的要求

1. 附图要求

污染源点位及环境空气敏感区分布图，包括评价范围底图、评价范围、项目污染源、评价范围内其他污染源、主要环境空气敏感区（环境空气保护目标）、地面气象台站、探空气象台站、环境监测点等；基本气象分析图，包括年、季风向玫瑰图等；常规气象资料分析图，包括年平均温度月变化曲线图、温廓线、平均风速的月变化曲线图和季小时平均风速的日变化曲线图、风廓线图等；复杂地形的地形示意图；污染物浓度等值线分布图，包括评价范围内出现区域浓度最大值（小时平均浓度及日平均浓度）时所对应的浓度等值线分布图，以及长期气象条件下的浓度等值线分布图。

2. 附表要求

包括估算模式计算结果表；污染源周期性排放系数统计表、点源参数调查清单、矩形面源参数调查清单、多边形面源参数调查清单、近圆形面源参数调查清单、体源参数调查清单、线源参数调查清单、颗粒物粒径分布调查清单；年平均温度的月变化、年平均风速的月变化、季小时平均风速的日变化、年均风频的月变化、年均风频的季变化及年均风频；环境质量现状监测分析结果；预测点环境影响预测结果与达标分析。

3. 基本附件要求

环境质量现状监测原始数据文件（电子版或文本复印件）；气象观测资料文件（电子版），并注明气象观测数据来源及气象观测站类别；预测模型所有输入文件及输出文件（电子版），包括气象输入文件、地形输入文件、程序主控文件、预测浓度输出文件等，应说明各文件意义及原始数据来源。

6.3 地面水环境影响评价技术导则

6.3.1 评价等级划分

地面水环境影响评价工作级别的划分，根据下列条件进行，即：建设项目的污水排放量、污水水质的复杂程度、各种受纳污水的地面水域（以后简称受纳水域）的规模以及对它的水质

要求。其中：

① 污水排放量不包括间接冷却水、循环水以及其他含污染物极少的洁净下水的排放量，但包括含热量大的冷却水排放量。

② 根据污染物在水环境中输移、衰减特点，以及它们的预测模式，可以将污染物分为四类：持久性污染物(包括在水环境中难降解、毒性大、易长期积累的有毒物质)、非持久性污染物、酸和碱(以 pH 表征)、热污染(以温度表征)。污水水质复杂程度，按污水中拟预测的污染物类型以及某类污染物中水质参数的多少，划分为复杂、中等和简单三类：复杂，污染物类型数大于或等于 3，或者只含有两类污染物，但需预测其浓度的水质参数数目大于或等于 10；中等，污染物类型数等于 2，且需预测其浓度的水质参数数目小于 10，或者只含有一类污染物，但需预测其浓度的水质参数数目大于或等于 7；简单，污染物类型数等于 1，需预测浓度的水质参数数目小于 7。

③ 各类地面水域的规模是指地面水体的大小规模。对于河流与河口，按建设项目排污口附近的多年平均流量或平水期平均流量可划分为：大河(大于或等于 150 m^3/s)、中河(15～150 m^3/s)、小河(<15 m^3/s)。对于湖泊和水库，按枯水期湖泊或水库的平均水深以及水面面积划分：当平均水深≥10 m 时，大湖(库)水面面积≥25 km^2，中湖(库)水面面积 2.5～25 km^2，小湖(库)水面面积<2.5 km^2；当平均水深<10 m 时，大湖(库)水面面积≥50 km^2，中湖(库)水面面积 5～50 km^2，小湖(库)水面面积<5 km^2。在具体应用上述划分原则时，可根据我国南北方以及干旱、湿润地区的特点进行适当调整。

④ 对地面水域的水质要求(即水质类别)以 GB 3838 为依据，该标准将地面水环境质量分为五类。当受纳水域的实际功能与该标准的水质分类不一致时，由当地环保部门对其水质提出具体要求。

地面水环境影响评价分级判据见表 6-3。

表 6-3　地面水环境影响评价分级判据

建设项目污水排放量/($m^3 \cdot d^{-1}$)	建设项目污水水质的复杂程度	一级		二级		三级	
		地面水域规模(大小规模)	地面水水质要求(水质类别)	地面水域规模(大小规模)	地面水水质要求(水质类别)	地面水域规模(大小规模)	地面水水质要求(水质类别)
≥20 000	复杂	大	Ⅰ～Ⅲ	大	Ⅳ、Ⅴ		
		中、小	Ⅰ～Ⅳ	中、小	Ⅴ		
	中等	大	Ⅰ～Ⅲ	大	Ⅳ、Ⅴ		
		中、小	Ⅰ～Ⅳ	中、小	Ⅴ		
	简单	大	Ⅰ、Ⅱ	大	Ⅲ～Ⅴ		
		中、小	Ⅰ～Ⅲ	中、小	Ⅳ、Ⅴ		
10^4(含)～2×10^4	复杂	大	Ⅰ～Ⅲ	大	Ⅳ、Ⅴ		
		中、小	Ⅰ～Ⅳ	中、小	Ⅴ		
	中等	大	Ⅰ、Ⅱ	大	Ⅲ、Ⅳ	大	Ⅴ
		中、小	Ⅰ、Ⅱ	中、小	Ⅲ～Ⅴ		
	简单			大	Ⅰ～Ⅲ	大	Ⅳ、Ⅴ
		中、小	Ⅰ	中、小	Ⅱ～Ⅳ	中、小	Ⅴ

续表 6-3

建设项目污水排放量/($m^3 \cdot d^{-1}$)	建设项目污水水质的复杂程度	一级		二级		三级	
		地面水域规模（大小规模）	地面水水质要求（水质类别）	地面水域规模（大小规模）	地面水水质要求（水质类别）	地面水域规模（大小规模）	地面水水质要求（水质类别）
5×10^3（含）～10^4	复杂	大、中	Ⅰ、Ⅱ	大、中	Ⅲ、Ⅳ	大、中	Ⅴ
		小	Ⅰ、Ⅱ	小	Ⅲ、Ⅳ	小	Ⅴ
	中等			大、中	Ⅰ～Ⅲ	大、中	Ⅳ、Ⅴ
		小	Ⅰ	小	Ⅱ～Ⅳ	小	Ⅴ
	简单			大、中	Ⅰ、Ⅱ	大、中	Ⅲ～Ⅴ
				小	Ⅰ～Ⅲ	小	Ⅳ、Ⅴ
10^3（含）～5×10^3	复杂			大、中	Ⅰ～Ⅲ	大、中	Ⅳ、Ⅴ
		小	Ⅰ	小	Ⅱ～Ⅳ	小	Ⅴ
	中等			大、中	Ⅰ、Ⅱ	大、中	Ⅲ～Ⅴ
				小	Ⅰ～Ⅲ	小	Ⅳ、Ⅴ
	简单					大、中	Ⅰ～Ⅳ
				小	Ⅰ	小	Ⅱ～Ⅴ
200（含）～10^3	复杂					大、中	Ⅰ～Ⅳ
						小	Ⅰ～Ⅴ
	中等					大、中	Ⅰ～Ⅳ
						小	Ⅰ～Ⅴ
	简单					中、小	Ⅰ～Ⅳ

6.3.2 地面水环境现状调查

1. 环境现状的调查范围和时间

① 应能包括建设项目对周围地面水环境影响较显著的区域，在此区域内进行的调查，能全面说明与地面水环境相联系的环境基本状况，并能充分满足环境影响预测的要求。

② 在确定某项具体工程的地面水环境调查范围时，应尽量按照将来污染物排放后可能的达标范围，参考表 6-4、表 6-5、表 6-6，并考虑评价等级的高低后决定。

表 6-4 不同污水排放量时河流环境现状调查范围参考表

污水排放量/($m^3 \cdot d^{-1}$)	调查范围* /km		
	大河	中河	小河
＞50 000	15～30	20～40	30～50
50 000～20 000	10～20	15～30	25～40
20 000～10 000	5～10	10～30	15～30
10 000～5 000	2～5	5～10	10～25
＜5 000	＜3	＜5	5～15

* 指排污口下游应调查的河段长度。

表 6-5 不同污水排放量时湖泊(水库)环境现状调查范围参考表

污水排放量/($m^3\cdot d^{-1}$)	调查范围	
	调查半径/km	调查面积*/km^2
>50 000	4~7	25~80
50 000~20 000	2.5~4	10~25
20 000~10 000	1.5~2.5	3.5~10
10 000~5 000	1~1.5	2~3.5
<5 000	≤1	≤2

*以排污口为圆心、以调查半径为半径的半圆形面积。

表 6-6 不同污水排放量时海湾环境现状调查范围参考表

污水排放量/($m^3\cdot d^{-1}$)	调查范围	
	调查半径/km	调查面积*/km^2
>50 000	5~8	40~100
50 000~20 000	3~5	15~40
20 000~10 000	1.5~3	3.5~15
<5 000	≤1.5	≤3.5

*以排污口为圆心、以调查半径为半径的半圆形面积。

③ 根据当地的水文资料，初步确定河流、河口、湖泊、水库的丰水期、平水期、枯水期，同时确定最能代表这三个时期的季节或月份；对于海湾，应确定评价期间的大潮期和小潮期。根据评价等级，确定不同水域水质调查时期，如表 6-7 所列。当调查区域面源污染严重，丰水期水质劣于枯水期时，一、二级评价的各类水域应调查丰水期，若时间允许，三级评价也应调查丰水期；冰封期较长的水域，且作为生活饮用水、食品加工用水的水源或渔业用水时，应调查冰封期的水质、水文情况。

表 6-7 各类水域在不同评价等级时水质的调查时期

水 域	一 级	二 级	三 级
河流	一般情况，为一个水文年的丰水期、平水期和枯水期； 若评价时间不够，至少应调查平水期和枯水期	若条件许可，可调查一个水文年的丰水期、平水期和枯水期； 一般情况，可只调查枯水期和平水期； 若评价时间不够，可只调查枯水期	一般情况，可只在枯水期调查
河口	一般情况，为一个潮汐年的丰水期、平水期和枯水期； 若评价时间不够，至少应调查平水期和枯水期	一般情况，应调查平水期和枯水期； 若评价时间不够，可只调查枯水期	一般情况，可只在枯水期调查
湖泊、水库	一般情况，为一个水文年的丰水期、平水期和枯水期； 若评价时间不够，至少应调查平水期和枯水期	一般情况，应调查平水期和枯水期； 若评价时间不够，可只调查枯水期	一般情况，可只在枯水期调查
海湾	一般情况，应调查评价工作期限间的大潮期和小潮期	一般情况，应调查评价工作期间的大潮期和小潮期	一般情况，应调查评价工作期间的大潮期和小潮期

2. 水文调查与水文预测

应尽量向有关水文测量和水质监测等部门收集现有资料，当上述资料不足时，应进行一定的水文调查与水文测量，特别需要进行与水质调查同步的水文测量。一般，水文调查与水文测量在枯水期进行，必要时，其他时期（丰水期、平水期、冰封期）也可进行补充调查。

水文测量的主要内容与拟采用的环境影响预测方法密切相关。在采用数学模式时，应根据所选用的预测模式及应输入的水文特征值和环境水力学参数的需要决定其内容。在采用物理模式时，水文测量主要应取得足够的制作模型及模型试验所需的水文要素。

与水质调查同步进行的水文测量，原则上只在一个时期内进行（此时的水质资料应尽量采用水质追踪调查法取得）。它与水质调查的次数和天数不要求完全相同，在能准确求得所需水文要素及环境水力学参数（主要指水体混合输移参数及水质模式参数）的前提下，尽量精简水文测量的次数和天数。

河流水文调查与水文测量应根据评价等级、河流的规模决定，主要包括：丰水期、平水期、枯水期的划分，河流平直及弯曲情况（如平直段长度及弯曲段的弯曲半径等）、横断面、纵断面（比降）、水位、水深、河宽、流量、流速及其分布、水温、糙率及泥沙含量等；丰水期有无分流漫滩；枯水期有无浅滩、沙洲和断流；北方河流还应了解结冰、封冻、解冻等现象。河网地区应调查各河段流向、流速、流量的关系及变化特点。

感潮河口的水文调查与水文测量，除应包括与河流相同的内容外，还应包括：感潮河段的范围，涨潮、落潮及平潮时的水位、水深、流向、流速及其分布，横断面、水面坡度，以及潮间隙、潮差和历时等。

湖泊和水库的水文调查与水文测量，主要包括：湖泊、水库的面积和形状（附平面图），丰水期、平水期、枯水期的划分，流入、流出的水量，停留时间，水量的调度和储量，湖泊、水库的水深，水温分层情况及水流状况（湖流的流向和流速，环流的流向、流速及稳定时间）。

海湾的水文调查与水文测量，主要包括：海岸形状，海底地形，潮位及水深变化，潮流状况（小潮和大潮循环期间的水流变化、平行于海岸线流动的落潮和涨潮），流入的河水流量、盐度和温度造成的分层情况，水温、波浪的情况，及内海水与外海水的交换周期等。

需要预测建设项目的面源污染时，应调查历年的降水资料。

3. 现有污染源调查

在调查范围内能对地面水环境产生影响的主要污染源均应进行调查。污染源包括两类：点污染源（简称点源）和非点污染源（简称非点源或面源）。在通过搜集或实测获得污染源资料时，应注意其与受纳水域的水文、水质特点之间的关系，以便了解污染物自净情况。

（1）点源的调查

1）点源调查的原则

以搜集现有资料为主，只有十分必要时才补充现场调查和现场测试，例如在评价改、扩建项目时，对此项目改、扩建前的污染源应详细了解，常需现场调查或测试。点源调查的繁简程度可根据评价级别及其与建设项目的关系略有不同，若评价级别较高且现有污染源与建设项目距离较近时，应详细调查，例如位于建设项目的排水与受纳河流的混合过程段以内，并对预测计算可能有影响的情况。

2）点源调查的内容

根据评价工作的需要，选择下述全部或部分内容进行调查：

① 点源排放。排放口的平面位置（附污染源平面位置图）及排放方向，排放口在断面上的位置，排放方式（分散排放还是集中排放）。

② 排放数据。根据现有的实测数据、统计报表以及各厂矿的工艺路线等选定的主要水质参数，并调查现有的排放量、排放速度、排放浓度及其变化等数据。

③ 用排水状况。调查取水量、用水量、循环水量及排水总量等。

④ 厂矿企业、事业单位的废污水处理状况。调查废（污）水的处理设备、处理效率、处理水量及事故状况等。

（2）非点源的调查

1）非点源调查的原则

非点源调查基本采用间接搜集资料的方法，一般不进行实测。

2）非点源调查的内容

根据评价工作的需要，选择下述全部或部分内容进行调查：

① 概况。原料、燃料、废料、废弃物的堆放位置（即主要污染源，要求附污染源平面位置图）、堆放面积、堆放形式（几何形状、堆放厚度）、堆放点的地面铺装及其保洁程度、堆放物的遮盖方式等。

② 排放方式、排放去向与处理情况。应说明非点源污染物是有组织的汇集还是无组织的漫流，是集中后直接排放还是处理后排放，是单独排放还是与生产废水或生活污水共同排放等。

③ 排放数据。根据现有实测数据、统计报表以及根据引起非点源污染的原料、燃料、废料、废弃物的物理、化学、生物化学性质选定调查的主要水质参数，并调查有关排放季节、排放时期、排放量、排放浓度及其变化等数据。

4. 水质调查

水质调查应尽量利用现有数据资料，资料不足时应实测。

所选择的水质参数包括两类：一类是常规水质参数，反映水域水质一般状况，以GB 3838中提出的pH、溶解氧、高锰酸盐指数、五日生化需氧量、氨氮、酚、氰化物、砷、汞、铬（六价）、总磷以及水温为基础，根据水域类别、评价等级、污染源状况适当删减；另一类是特征水质参数，代表建设项目将来排放的水质，根据建设项目特点、水域类别及评价等级选定。

当受纳水域的环境保护要求较高（如自然保护区、饮用水源地、珍贵水生生物保护区、经济鱼类繁殖区等），且评价等级为一、二级时，应考虑调查水生生物和底质，其调查项目可根据具体工作要求确定或从下列项目中选择部分内容：水生生物，包括浮游动植物、藻类、底栖无脊椎动物的种类和数量、水生生物群落结构等；底质，主要调查与拟建工程排水水质有关的易积累的污染物。

现有的水质资料主要向当地水质监测部门搜集，搜集的对象涉及水质监测报表、环境质量报告书以及附近的建设项目环境影响报告书等技术文件中的水质资料。按照时间、地点和分析项目排列整理搜集资料，尽量找出各水质参数间的关系及水质变化趋势，并结合可能找到的同步水文资料，分析查找地面水环境对各种污染物的净化能力。

5. 水利用状况(水域功能)调查

水利用状况是地面水环境影响评价的基础资料,调查方法以间接了解为主,并辅以必要的实地踏勘。可根据需要选择下述全部或部分内容:城市、工业、农业、渔业、水产养殖业等用水情况(包括用水时间、用水地点等),以及各类用水的供需关系、水质要求和渔业、水产养殖业等所需的水面面积等。此外,对用于排泄污水或灌溉退水的水体也应调查,还应注意地面水与地下水之间的水力联系。

6. 地面水环境现状评价

现状评价是水质调查的继续。评价水质现状主要采用文字分析与描述,并辅以数学表达式。在文字分析与描述中,可采用检出率、超标率等统计值。数学表达式分两种:一种用于单项水质参数评价,简单明了,可以直接了解该水质参数现状与标准的关系,一般均可采用;另一种用于多项水质参数综合评价,只在调查的水质参数较多时应用,此方法只能了解多个水质参数的综合现状与相应标准的综合情况之间的某种相对关系。

6.3.3 地面水环境影响预测

1. 地面水环境影响预测原则

建设项目地面水环境影响预测的原则和方法参见 HJ 2.1。

对于季节性河流,应依据当地环保部门所定的水体功能,结合建设项目的特性,确定其预测的原则、范围、时段、内容及方法。当水生生物保护对地面水环境要求较高时(如珍贵水生生物保护区、经济鱼类养殖区等),应简要分析建设项目对水生生物的影响,分析时一般可采用类比调查法或专业判断法。

2. 预测范围和预测点的布设

地面水环境预测的范围与地面水环境现状调查的范围相同或略小(特殊情况也可以略大)。确定预测范围的原则与现状调查相同。

在预测范围内应布设适当的预测点,通过预测这些点所受的环境影响,全面反映建设项目对该范围内地面水环境的影响。预测点的数量和预测点的布设应根据受纳水体和建设项目的特点、评价等级以及当地环保要求确定。虽然在预测范围以外,但估计有可能受到影响的重要用水地点,也应设立预测点;环境现状监测点应作为预测点;水文特征突然变化和水质突然变化处的上、下游,重要水工建筑物附近,水文站附近等应布设预测点;当需要预测河流混合过程段的水质时,应在该河段布设若干预测点。

当拟预测溶解氧时,应预测最大亏氧点的位置及该点的浓度,但是分段预测的河段不需要预测最大亏氧点。排放口附近常有局部超标区,如有必要可在适当水域加密预测点,以便确定超标区的范围。

3. 地面水环境影响时期的划分和预测时段

建设项目地面水环境影响预测时期原则上一般划分为建设期、运行期和服务期满后三个阶段。所有建设项目均应预测生产运行阶段对地面水环境的影响。该阶段的地面水环境影响应按正常排放和非正常排放两种情况进行预测。

大型建设项目应根据该项目建设过程阶段的特点和评价等级、受纳水体特点以及当地环

保要求，决定是否预测建设期的环境影响。同时具备以下三个特点的大型建设项目，应预测建设过程环境影响：

① 地面水水质要求较高，达到Ⅲ类以上；

② 可能进入地面水环境的堆积物较多，或土方量较大；

③ 建设阶段时间较长，如超过一年。

建设过程对水环境的影响主要来自水土流失和堆积物的流失。

根据建设项目特点、评价等级、地面水环境特点以及当地环保要求，个别建设项目应预测服务期满后对地面水环境的影响。矿山开发项目一般应预测此种影响。服务期满后地面水环境影响，主要来源于水土流失所产生的悬浮物和以各种形式存在于废渣、废矿中的污染物。

地面水环境预测应考虑水体自净能力不同的各个时段。通常可将其分为自净能力最小、一般、最大三个时段。自净能力最小的时段通常在枯水期(结合建设项目设计的要求考虑水量的保证率)，个别水域由于面污染源严重也可能在丰水期；自净能力一般的时段通常在平水期；冰封期的自净能力很小，如果冰封期较长可单独考虑。海湾的自净能力与时期的关系不明显，可以不分时段。

评价等级为一、二级时，应分别预测建设项目在水体自净能力最小和一般两个时段的环境影响。冰封期较长的水域，当其水体功能为生活饮用水、食品工业用水水域或渔业用水时，还应预测此时段的环境影响。评价等级为三级或评价等级为二级但评价时间较短时，可以只预测自净能力最小时段的环境影响。

4. 拟预测水质参数的筛选

建设项目实施过程各阶段拟预测的水质参数，应根据工程分析和环境现状、评价等级、当地的环境要求筛选和确定。拟预测水质参数的数目应既能说明问题又不过多，一般应少于环境现状调查水质参数的数目。建设过程、生产运行(包括正常和非正常排放两种情况)、服务期满后各阶段，均应根据各自的具体情况决定其拟预测水质参数，彼此不一定相同。

根据上述原则，在环境现状调查水质参数中选择拟预测水质参数。

对于河流，可以按下式将水质参数排序后从中选取：

$$\mathrm{ISE} = C_p Q_p / (C_p - C_h) Q_h \tag{6-2}$$

式中：C_p为污染物排放浓度，mg/L；Q_p为废水排放量，m^3/s；C_h为河流上游污染物浓度或湖(库)、海中污染物现状浓度，mg/L；Q_h为河流流量或湖水流出量，m^3/s。

ISE越大，说明建设项目对河流中该项水质参数的影响越大。

5. 水体简化的要求

地面水环境简化，是指对水体包括边界几何形状的规则化和水文、水力要素时空分布的简化等。简化应根据水文调查与水文测量的结果和评价等级进行。

(1) 河流的简化

河流可以简化为矩形平直河流、矩形弯曲河流和非矩形河流。

河流的断面宽深比≥20时，可视为矩形河流；大中河流，预测河段弯曲较大(最大弯曲系数>1.3)时，可视为弯曲河流，其他简化为平直河流；大中河流断面上水深变化很大且评价等级较高(如一级评价)时，可视为非矩形河流并调查其流场，其他情况均可简化为矩形河流；小河可以简化为矩形平直河流。河流水文特征或水质急剧变化的河段，可在急剧变化之处分段，

各段分别进行环境影响预测。

评价等级为三级时，江心洲、浅滩等均可按无江心洲、浅滩的情况对待。江心洲位于充分混合段，评价等级为二级时，可按无江心洲对待；评价等级为一级且江心洲较大时，可分段进行环境影响预测，江心洲较小时可不考虑。江心洲位于混合过程段，可分段进行环境影响预测，评价等级为一级时，也可采用数值模式进行预测。

人工控制河流根据水流情况，可以视其为水库，也可视为河流。

(2) 河口的简化

河口包括河流感潮段、河流汇合部、河流与湖泊或水库汇合部、口外滨海段。

河流感潮段是指受潮汐作用影响较明显的河段，可以将落潮时最大断面平均流速与涨潮时最小断面平均流速之差等于 0.05 m/s 的断面作为其与河流的界限。河流感潮段一般可按潮周平均、高潮平均和低潮平均三种情况，简化为稳态进行预测。

河流汇合部可分为支流、汇合前主流、汇合后主流三段分别进行环境影响预测。小河汇入大河时，可以把小河看成点源。河流与湖泊或水库汇合部，可按照河流与湖泊或水库两部分分别预测。河口外滨海段可视为海湾。

河口断面沿程变化较大时，可分段进行环境影响预测。

(3) 湖泊与水库的简化

湖泊、水库可简化为大湖(库)、小湖(库)、分层湖(库)三种情况。水深大于 10 m 且分层期较长(大于 30 天)的湖泊、水库可视为分层湖(库)。不存在大面积回流区和死水区，且流速较快、停留时间较短的狭长湖泊可简化为河流，其岸边形状和水文特征值变化较大时可进一步分段。不规则形状的湖泊、水库，可根据流场分布情况和几何形状分区。自顶端入口附近排入废水的狭长湖泊或循环利用湖水的小湖，可分别按各自的特点考虑。

(4) 海湾的简化

预测海湾水质时，一般只考虑潮汐作用，不考虑波浪作用。较大的海湾交换周期长，可视为封闭海湾。潮流可简化为平面二维非恒定流场。在注入海湾的河流中，大河及评价等级为一、二级的中河应考虑其对海湾流场和水质的影响；小河及评价等级为三级的中河，可视为点源，忽略其对海湾流场的影响。

6. 污染源简化的要求

污染源简化包括排放形式的简化和排放规律的简化。排放形式可简化为点源和面源，排放规律可简化为连续恒定排放和非连续恒定排放。

点源位置(排放口)的处理有下列要求：排入河流的两排放口的间距较小时，可简化为一个排放口，其位置假设在两排放口之间，排放量为两者之和；排入小湖(库)的所有排放口可简化为一个排放口，排放量为所有排放量之和；排入大湖(库)的两排放口间距较小时，可简化为一个排放口，其位置假设在两排放口之间，排放量为两者之和。一、二级评价且排入海湾的两排放口间距小于沿岸方向差分网格的步长时，可简化为一个，其排放量为两者之和；三级评价时，海湾污染源简化与大湖(库)相同。无组织排放可以简化成面源；从多个间距很近的排放口排水时，也可简化为面源。

在地面水环境影响预测中，通常把排放规律简化为连续恒定排放。

7. 预测模式选用原则

水质数学模式按来水和排污随时间的变化情况划分为动态、稳态和准稳态(或准动态)模式；按水质分布状况划分为零维、一维、二维和三维模式；按模拟预测的水质组分划分为单一组分和多组分耦合模式；按水质数学模式的求解方法及方程形式划分为解析解和数值解模式。水质影响预测模式的选用主要考虑水体类型和排污状况、环境水文条件及水力学特征、污染物的性质及水质分布状态、评价等级要求等方面。

水质数学模式选用的原则如下：对水质混合区进行水质影响预测时，应选用二维或三维模式；对水质分布均匀的水域进行水质影响预测时，选用零维或一维模式。对上游来水或污水排放的水质、水量随时间变化显著情况下的水质影响预测，应选用动态或准稳态模式，其他情况选用稳态模式。矩形河流、水深变化不大的湖（库）及海湾，对于连续恒定点源排污的水质影响预测，二维以下一般采用解析解模式；三维或非连续恒定点源排污（瞬时排放、有限时段排放）的水质影响预测，一般采用数值解模式。稳态数值解水质模式适用于非矩形河流、水深变化较大的湖（库）和海湾水域连续恒定点源排污的水质影响预测。动态数值解水质模式适用于各类恒定水域中的非连续恒定排放或非恒定水域中的各类污染源排放。

单一组分的水质模式可模拟的污染物类型包括：持久性污染物、非持久性污染物和废热（水温变化预测）；多组分耦合模式模拟的水质因子彼此间均存在一定的关联，如 S－P 模式模拟的 DO 和 BOD。

8. 地面水环境影响预测方法的适用条件

物理模型在地面水环境影响预测中主要指水工模型。水工模型法定量性较高，再现性较好，能反映出比较复杂的地面水环境的水力特征和污染物迁移的物理过程，但需要有合适的试验场所、条件和必要的基础数据，制作水工模型需要较多的人力、物力和时间。水工模型法只适用于解决个别特定问题或有现成模型可利用的情况，应根据相似准则设计。

类比调查法只能做半定量或定性预测。对三级评价或二级评价的个别情况（如对地面水环境影响较小的水质参数或在地面水环境迁移转化过程复杂而其影响又不太大的水质参数），由于评价时间短、无法取得足够的数据，不能利用数学模式法或物理模型法预测建设项目的环境影响时可采用此法。建设项目对地面水环境的某些影响，如感官性状、有害物质在底泥中的累积释放等，目前尚无实用的定量预测方法，这种情况可以采用类比调查法。预测对象与类比调查对象之间应满足以下要求：两者地面水环境的水力、水文条件和水质状况类似；两者的某种环境影响来源应具有相同的性质，其强度应比较接近或成比例关系。

专业判断法只能做定性预测。建设项目对地面水环境的某些影响（如感官性状，有毒物质在底泥中的累积和释放等）以及某些过程（如 pH 值的沿程恢复过程）等，目前尚无实用的定量预测方法，当没有条件进行类比调查法时，可以采用专业判断法。评价等级为三级且建设项目的某些环境影响不大而预测又费时费力时，也可以采用此法预测。

9. 水质数学模型与适用条件

（1）常用河流水质数学模型与适用条件

预测范围内的河段分为充分混合段、混合过程段和上游河段。

混合过程段，指排放口下游达到充分混合以前的河段，需采用二维模式预测断面平均水质。大、中河流一、二级评价，且排放口下游 3～5 km 以内有集中取水点或其他特别重要的环保目标时，均应采用二维模式预测混合过程段水质。

充分混合段，指污染物浓度在断面上均匀分布的河段，当断面上任意一点的浓度与断面平

均浓度之差小于平均浓度的5%时，可以认为达到均匀分布，需采用一维模式或零维模式预测断面平均水质。

河流完全混合模式适用条件：河流充分混合段；持久性污染物；河流为恒定流动；废水连续稳定排放。

河流一维稳态模式适用条件：河流充分混合段；非持久性污染物；河流为恒定流动；废水连续稳定排放 。

河流二维稳态混合模式适用条件：平直、断面形状规则的河流混合过程段；持久性污染物；河流为恒定流动；连续稳定排放；对于非持久性污染物，需采用相应的衰减模式。

河流二维稳态混合累积流量模式适用条件：弯曲河流、断面形状不规则的河流混合过程段；持久性污染物；河流为恒定流动；连续稳定排放；对于非持久性污染物，需采用相应的衰减模式。

S-P模式：河流充分混合段；污染物为耗氧性有机污染物；需要预测河流溶解氧状态；河流为恒定流动；污染物连续稳定排放。

(2)常用河口水质模式与适用条件

一维动态混合模式适用条件：潮汐河口充分混合段；非持久性污染物；污染物排放为连续稳定排放或非稳定排放；需要预测任何时刻的水质。

均匀河口模式适用条件：均匀的潮汐河口充分混合段；非持久性污染物；污染物连续稳定排放；只要求预测潮周平均、高潮平均和低潮平均水质。

(3)常用湖泊(水库)水质模式与适用条件

湖泊完全混合衰减模式适用条件：小湖(库)；非持久性污染物；污染物连续稳定排放；预测需反映随时间的变化时采用动态模式，只需反映长期平均浓度时采用平衡模式。

湖泊推流衰减模式适用条件：大湖、无风条件；非持久性污染物；污染物连续稳定排放。

10. 面源环境影响预测的一般原则

建设项目面源主要有水土流失面源(因水土流失产生的面源)、堆积物面源(露天堆放原料、燃料、废渣、废弃物等，以及垃圾堆放场因冲刷和淋溶而产生的面源)和降尘面源(大气降尘直接落于水体而产生的面源)。

矿山开发项目应预测其生产运行阶段和服务期满后的面源环境影响，其影响主要来自水土流失产生的悬浮物和以各种形式存在于废矿、废渣、废石中的污染物。建设过程阶段是否预测视具体情况而定。

某些建设项目(如冶炼、火力发电)露天堆放的原料、燃料、废渣、废弃物(以下统称为堆积物)较多，这种情况应预测其堆积物面源的环境影响。该影响主要来自降雨径流或淋溶堆积物产生的悬浮物及有毒有害成分。

某些建设项目(如水泥、化工)向大气排放的降尘较多。对于距离这些建设项目较近且要求保持Ⅰ、Ⅱ、Ⅲ类水质的湖泊、水库、河流，应预测其降尘面源的环境影响。此影响主要来自大气降尘及其所含的有毒有害成分。

水土流失面源和堆积面源主要考虑一定时期内(例如一年)全部降雨所产生的影响，也可以考虑一次降雨所产生的影响。一次降雨应根据当地的气象条件、降雨类型和环保要求选择。所选择的降雨应能反映产生面源的一般情况，通常其降雨频率不宜过低。

6.3.4 评价建设项目的地面水环境影响

1. 评价的原则

评价建设项目的地面水环境影响是评定与估价建设项目各生产阶段对地面水的环境影响,它是环境影响预测的继续。地面水环境影响的评价范围与其影响预测范围相同。

所有预测点和所有预测的水质参数均应进行各生产阶段不同情况的环境影响评价,但应有重点。空间方面,水文要素和水质急剧变化处、水域功能改变处、取水口附近等应作为重点;水质方面,影响较重的水质参数应作为重点。

多项水质参数综合评价的评价方法和评价的水质参数应与环境现状综合评价相同。

2. 评价的基本资料

水域功能是评价建设项目环境影响的基本资料。评价建设项目的地面水环境影响所采用的水质标准应与环境现状评价相同。河道断流时应由环保部门规定功能,并据以选择标准,进行评价。规划中几个建设项目在一定时期(如 5 年)内兴建并向同一地面水环境排污时,应由政府有关部门规定各建设项目的排污总量或允许利用水体自净能力的比例(政府有关部门未做规定的,可以自行拟定并报环保部门认可)。向已超标的水体排污时,应结合环境规划酌情处理或由环保部门事先规定排污要求。

3. 单项水质参数评价方法及其推荐

一般情况建议采用标准指数法进行单项评价;规划中几个建设项目在一定时期(如五年)内兴建并且向同一地面水环境排污的情况,可以采用自净利用指数进行单项评价。

6.4 地下水环境影响评价技术导则

6.4.1 建设项目分类和评价基本任务

根据建设项目对地下水环境影响的特征,将建设项目分为三类:Ⅰ类,指在项目建设、生产运行和服务期满后的各个过程中,可能造成地下水水质污染的建设项目;Ⅱ类,指在项目建设、生产运行和服务期满后的各个过程中,可能引起地下水流场或地下水水位变化,并导致环境水文地质问题的建设项目;Ⅲ类,指同时具备Ⅰ类和Ⅱ类建设项目环境影响特征的建设项目。

地下水环境影响评价的基本任务包括:进行地下水环境现状评价,预测和评价建设项目实施过程中对地下水环境可能造成的直接影响和间接危害(包括地下水污染、地下水流场或地下水位变化),并针对这种影响和危害提出防治对策,预防与控制环境恶化,保护地下水资源,为建设项目选址决策、工程设计和环境管理提供科学依据。

6.4.2 地下水环境影响识别和评价工作程序

1. 地下水环境影响识别

建设项目对地下水环境影响识别分析,应在建设项目初步工程分析的基础上进行,在环境影响评价工作方案编制阶段完成。应根据建设项目建设、生产运行和服务期满后三个阶段的工程特征，分别识别其正常与事故两种状态下的环境影响。随着生产运行时间推移对地下水环境影响有可能加剧的建设项目，还应按生产运行初期、中期和后期分别进行环境影响识别。地下水环境影响识别采用矩阵法。

典型建设项目的地下水环境影响：

① 工业类项目。废水的渗漏对地下水水质的影响；固体废物对土壤、地下水水质的影响；废水渗漏引起地下水水位、水量变化而产生的环境水文地质问题；地下水供水水源地产生的区域水位下降而产生的环境水文地质问题。

② 固体废物填埋场工程。固体废物对土壤的影响；固体废物渗滤液对地下水水质的影响。

③ 污水土地处理工程。污水土地处理对地下水水质、地下水水位和土壤的影响。

④ 地下水集中供水水源地开发建设及调水工程水源地开发（或调水）对区域（或调水工程沿线）地下水水位、水质、水资源量的影响；水源地开发（或调水）引起地下水水位变化而产生的环境水文地质问题；水源地开发（或调水）对地下水水质的影响。

⑤ 水利水电工程。水库和坝基渗漏对上、下游地区地下水水位、水质的影响；渠道工程和大型跨流域调水工程，在施工和运行期间对地下水水位、水质、水资源量的影响；水利水电工程可能引起的土地沙漠化、盐渍化、沼泽化等环境水文地质问题。

⑥ 地下水库建设工程。地下水库的补给水源对地下水水位、水质、水资源量的影响；地下水库的水位和水质变化对其他相邻含水层水位、水质的影响；地下水库的水位变化对建筑物地基的影响；地下水库的水位变化可能引起的土壤盐渍化、沼泽化和岩溶塌陷等环境水文地质问题。

⑦ 矿山开发工程。露天采矿人工降低地下水水位工程对地下水水位、水质、水资源量的影响；地下采矿对地下水水位、水质、水资源量的影响；矿石、矿渣、废石堆放场对土壤的影响，渗滤液对地下水水质的影响；尾矿库坝下淋渗、渗漏对地下水水质的影响；矿坑水对地下水水位、水质的影响；矿山开发工程可能引起的水资源衰竭、岩溶塌陷、地面沉降等环境水文地质问题。

⑧ 石油（天然气）开发与储运工程。油田基地采油、炼油排放的生产、生活废水对地下水水质的影响；石油（天然气）勘探、采油和运输储存（管线输送）过程中的跑、冒、滴、漏油对土壤、地下水水质的影响；采油井、注水井、废弃油井以及气井套管腐蚀损坏和固井质量问题对地下水水质的影响；石油（天然气）开发大量开采地下水引起的区域地下水位下降而产生的环境水文地质问题；地下储油库工程对地下水水位、水质的影响。

⑨ 农业类项目。农田灌溉、农业开发对地下水水位、水质的影响；污水灌溉和施用农药、化肥对地下水水质的影响；农业灌溉可能引起的次生沼泽化、盐渍化等环境水文地质问题。

⑩ 线性工程类项目。线性工程对其穿越的地下水环境敏感区水位或水质的影响；隧道、洞室等施工及后续排水引起的地下水位下降而产生的环境问题；站场、服务区等排放的污水对地下水水质的影响。

2. 地下水环境影响评价工作程序和内容

地下水环境影响评价工作程序见图 6-2。

各阶段主要工作内容包括：

① 准备阶段。收集和研究有关资料、法规文件；了解建设项目工程概况；进行初步工程分析；踏勘现场，对环境状况进行初步调查；初步分析建设项目对地下水环境的影响，确定评价工作等级和评价重点，并在此基础上编制地下水环境影响评价工作方案。

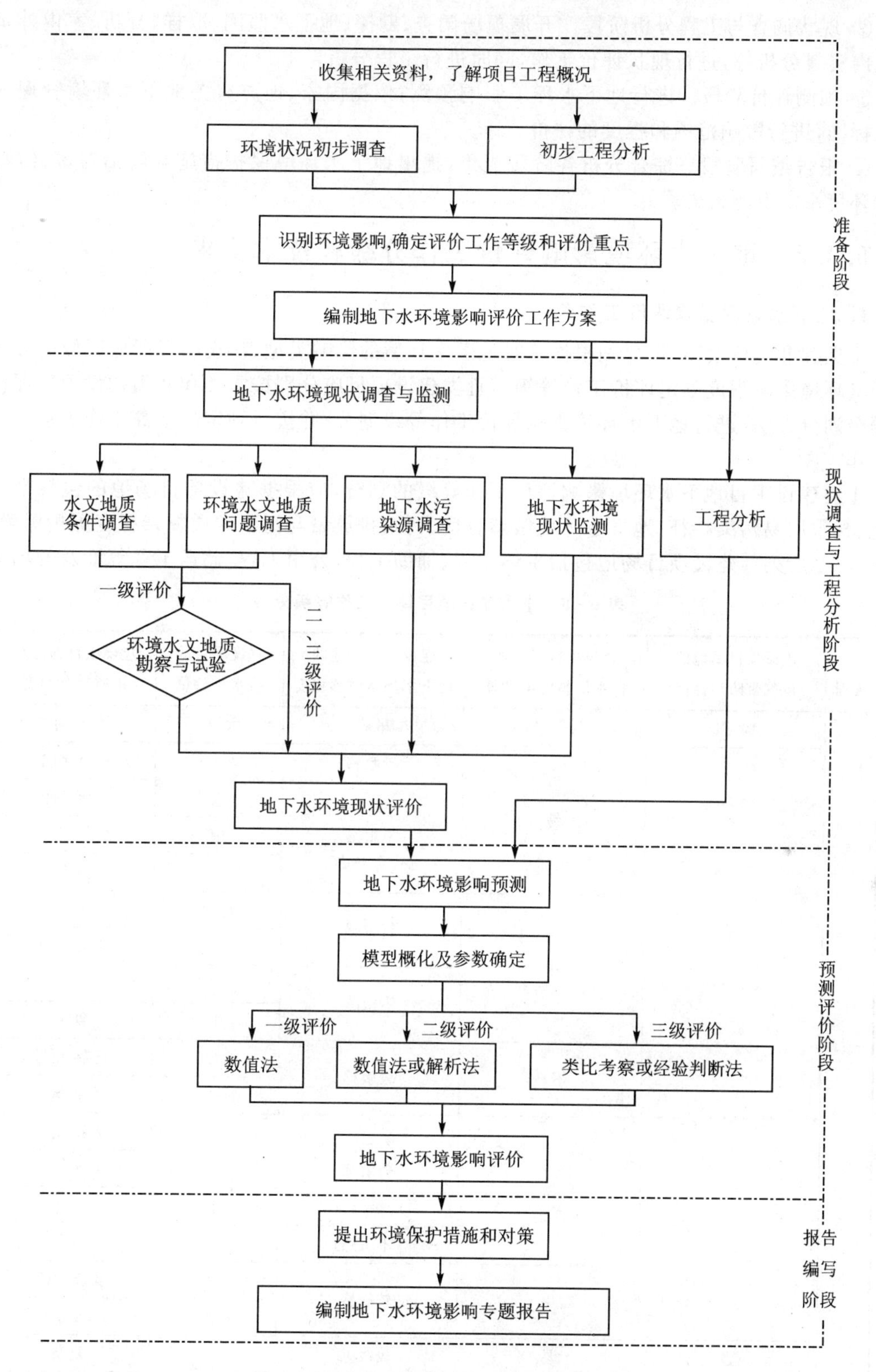

图 6－2　地下水环境影响评价工作程序

② 现状调查与工程分析阶段。开展现场调查、勘探、地下水监测、取样、分析、室内外试验和室内资料分析等，进行现状评价工作，同时进行工程分析。

③ 预测评价阶段。进行地下水环境影响预测；依据国家、地方有关地下水环境管理的法规及标准，进行影响范围和程度的评价。

④ 报告编写阶段。综合分析各阶段成果，提出地下水环境保护措施与防治对策，编写地下水环境影响专题报告。

6.4.3 地下水环境影响评价工作分级和技术要求

1. 地下水环境影响评价工作分级

Ⅰ类和Ⅱ类建设项目，分别根据其对地下水环境的影响类型、建设项目所处区域的环境特征及其环境影响程度划定评价工作等级。Ⅲ类建设项目应分别按Ⅰ类和Ⅱ类建设项目评价工作等级划分办法，进行地下水环境影响评价工作等级划分，并按所划定的最高工作等级开展评价工作。

Ⅰ类建设项目地下水环境影响评价工作等级的划分，应根据建设项目场地的包气带防污性能、含水层易污染特征、地下水环境敏感程度、污水排放量与污水水质复杂程度等指标确定，如表 6-8 所列。建设项目场地包括主体工程、辅助工程、公用工程、储运工程等涉及的场地。

表 6-8 Ⅰ类建设项目评价工作等级分级

评价级别	建设项目场地的包气带防污性能	建设项目场地的含水层易污染特征	建设项目场地的地下水环境敏感程度	建设项目的污水排放量	建设项目的污水水质复杂程度
一级	弱-强	易-不易	敏感	大-小	复杂-简单
	弱	易	较敏感	大-小	复杂-简单
			不敏感	大	复杂-简单
				中	复杂-中等
				小	复杂
		中	较敏感	大-中	复杂-简单
				小	复杂-中等
			不敏感	大	
				中	复杂
		不易	较敏感	大	复杂-中等
				中	复杂
	中	易	较敏感	大	复杂-简单
				中	复杂-中等
				小	复杂
			不敏感	大	复杂
		中	较敏感	大	复杂-中等
				中	复杂
	强	易	较敏感	大	复杂
二级	除了一级和三级以外的其他组合				

续表 6－8

评价级别	建设项目场地的包气带防污性能	建设项目场地的含水层易污染特征	建设项目场地的地下水环境敏感程度	建设项目的污水排放量	建设项目的污水水质复杂程度
三级	弱	不易	不敏感	中	简单
				小	中等-简单
	中	易	不敏感	小	简单
		中	不敏感	中	简单
				小	中等-简单
		不易	较敏感	中	简单
				小	中等-简单
			不敏感	大	中等-简单
				中-小	复杂-简单
	强	易	较敏感	小	简单
			不敏感	大	简单
				中	中等-简单
				小	复杂-简单
		中	较敏感	中	简单
				小	中等-简单
			不敏感	大	中等-简单
				中-小	复杂-简单
		不易	较敏感	大	中等-简单
				中-小	复杂-简单
			不敏感	大-小	复杂-简单

Ⅱ类建设项目地下水环境影响评价工作等级的划分，应根据建设项目地下水供水（或排水、注水）规模、引起的地下水水位变化范围、建设项目场地的地下水环境敏感程度以及可能造成的环境水文地质问题的大小等条件确定，如表 6－9 所列。

表 6－9　Ⅱ类建设项目评价工作等级分级

评价等级	建设项目供水（或排水、注水）规模	引起的地下水水位变化范围	建设项目场地的地下水环境敏感程度	可能造成的环境水文地质问题的大小
一级	小-大	小-大	敏感	弱-强
	中等	中等	较敏感	强
		大	较敏感	中等-强
	大	大	较敏感	弱-强
			不敏感	强
		中	较敏感	中等-强
		小	较敏感	强
二级	除了一级和三级以外的其他组合			
三级	小-中	小-中	较敏感-不敏感	弱-中

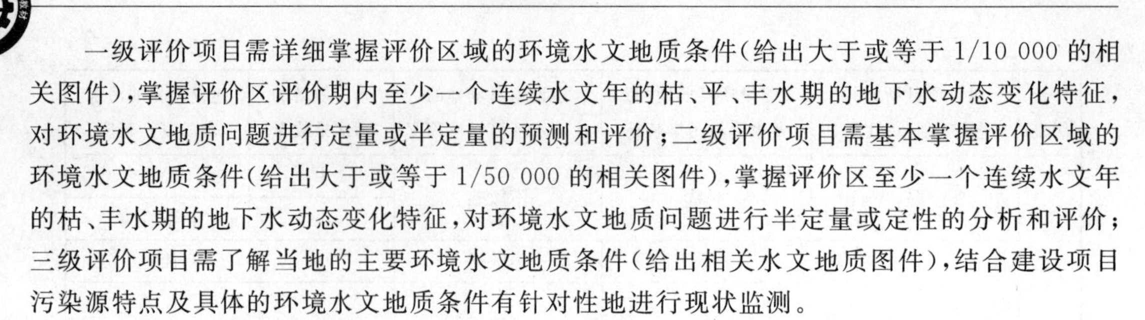

一级评价项目需详细掌握评价区域的环境水文地质条件(给出大于或等于 1/10 000 的相关图件),掌握评价区评价期内至少一个连续水文年的枯、平、丰水期的地下水动态变化特征,对环境水文地质问题进行定量或半定量的预测和评价;二级评价项目需基本掌握评价区域的环境水文地质条件(给出大于或等于 1/50 000 的相关图件),掌握评价区至少一个连续水文年的枯、丰水期的地下水动态变化特征,对环境水文地质问题进行半定量或定性的分析和评价;三级评价项目需了解当地的主要环境水文地质条件(给出相关水文地质图件),结合建设项目污染源特点及具体的环境水文地质条件有针对性地进行现状监测。

2. 地下水环境影响评价技术要求

(1) 一级评价要求

通过搜集资料和环境现状调查,了解区域内多年的地下水动态变化规律,详细掌握评价区域的环境水文地质条件(给出大于或等于 1/10 000 的相关图件)、污染源状况、地下水开采利用现状与规划,查明各含水层之间以及与地表水之间的水力联系,还要掌握评价区评价期内至少一个连续水文年的枯、平、丰水期的地下水动态变化特征;根据建设项目污染源特点及具体的环境水文地质条件有针对性地开展勘察试验,对地下水环境现状进行评价;对地下水水质、水量采用数值法进行影响预测和评价,对环境水文地质问题进行定量或半定量的预测和评价,提出切实可行的环境保护措施。

(2) 二级评价要求

通过搜集资料和环境现状调查,了解区域内多年的地下水动态变化规律,基本掌握评价区域的环境水文地质条件(给出大于或等于 1/50 000 的相关图件)、污染源状况、项目所在区域的地下水开采利用现状与规划,查明各含水层之间以及与地表水之间的水力联系,同时掌握评价区至少一个连续水文年的枯、丰水期的地下水动态变化特征;结合建设项目污染源特点及具体的环境水文地质条件有针对性地补充必要的勘察试验,进行地下水环境现状评价;对地下水水质、水量采用数值法或解析法进行影响预测和评价,对环境水文地质问题进行半定量或定性的分析和评价,提出切实可行的环境保护措施。

(3) 三级评价要求

通过搜集现有资料,说明地下水分布情况,了解当地的主要环境水文地质条件(给出相关水文地质图件)、污染源状况、项目所在区域的地下水开采利用现状与规划;了解建设项目环境影响评价区的环境水文地质条件,进行地下水环境现状评价;结合建设项目污染源特点及具体的环境水文地质条件有针对性地进行现状监测,通过回归分析、趋势外推、时序分析或类比预测分析等方法进行地下水影响分析与评价;提出切实可行的环境保护措施。

6.4.4 地下水环境现状调查与评价

1. 调查与评价范围

① Ⅰ类建设项目地下水环境现状调查与评价的范围可参考表 6-10 确定,调查评价范围应包括与建设项目相关的环境保护目标和敏感区域,必要时还应扩展至完整的水文地质单元。

表 6-10　Ⅰ类建设项目地下水环境现状调查评价范围参考表

评价等级	调查评价范围/km²	备　注
一级	≥50	环境水文地质条件复杂、地下水流速较大的地区，调查评价范围可取较大值；否则可取较小值
二级	20～50	
三级	≤20	

当Ⅰ类建设项目位于基岩地区时，一级评价以同一地下水文地质单元为调查评价范围，二级评价原则上以同一地下水水文地质单元或地下水块段为调查评价范围，三级评价以能说明地下水环境的基本情况，并满足环境影响预测和分析的要求为原则确定调查评价范围。

② Ⅱ类建设项目地下水环境现状调查与评价的范围应包括建设项目建设、生产运行和服务期满后三个阶段的地下水水位变化的影响区域，其中应特别关注相关的环境保护目标和敏感区域，必要时应扩展至完整的水文地质单元，以及可能与建设项目所在的水文地质单元存在直接补排关系的区域。

③ Ⅲ类建设项目地下水环境现状调查与评价的范围应同时包括上述所确定的范围。

2. 调查内容与要求

(1) 水文地质条件调查

水文地质条件调查的主要内容包括：气象、水文、土壤和植被状况；地层岩性、地质构造、地貌特征与矿产资源；包气带岩性、结构、厚度；含水层的岩性组成、厚度、渗透系数和富水程度，隔水层的岩性组成、厚度、渗透系数；地下水类型、地下水补给、径流和排泄条件；地下水水位、水质、水量、水温；泉的成因类型，出露位置、形成条件及泉水流量、水质、水温，开发利用情况；集中供水水源地和水源井的分布情况（包括开采层的成井密度、水井结构、深度以及开采历史）；地下水现状监测井的深度、结构以及成井历史、使用功能；地下水背景值（或地下水污染对照值）。

(2) 环境水文地质问题调查

环境水文地质问题调查的主要内容包括：原生环境水文地质问题，包括天然劣质水分布状况，以及由此引发的地方性疾病等环境问题；地下水开采过程中水质、水量、水位的变化情况，以及引起的环境水文地质问题；与地下水有关的其他人类活动情况调查，如保护区划分情况等。

(3) 地下水污染源调查

对已有污染源调查资料的地区，一般可通过搜集现有资料解决。对于没有污染源调查资料，或已有部分调查资料，尚需补充调查的地区，可与环境水文地质问题调查同步进行。对调查区内的工业污染源，应按《工业污染源调查技术要求及其建档技术规定》的要求进行调查。对分散在评价区的非工业污染源，可根据污染源的特点，参照上述规定进行调查。污染源整理和分析的方法是等标污染负荷比计算法，污染源调查因子应根据拟建项目的污染特征选定。

地下水污染源主要包括工业污染源、生活污染源、农业污染源。调查重点主要包括废水排放口、渗坑、渗井、污水池、排污渠、污灌区，已被污染的河流、湖泊、水库和固体废物堆放（填埋）场等。

(4) 地下水环境现状监测

主要通过对地下水水位、水质的动态监测，了解和查明地下水水流与地下水化学组分的空间分布现状和发展趋势，为地下水环境现状评价和环境影响预测提供基础资料。对于Ⅰ类建设项目，应同时监测地下水水位、水质；对于Ⅱ类建设项目，应监测地下水水位，涉及可能造成土壤盐渍化的Ⅱ类建设项目，也应监测相应的地下水水质指标。

地下水环境现状监测井点采用控制性布点与功能性布点相结合的布设原则。监测井点应主要布设在建设项目场地、周围环境敏感点、地下水污染源、主要现状环境水文地质问题以及对于确定边界条件有控制意义的地点。对于Ⅰ类和Ⅲ类改、扩建项目，当现有监测井不能满足监测井点位置和监测深度要求时，应布设新的地下水现状监测井。

监测井点的层位应以潜水和有开发利用价值的含水层为主。潜水监测井不得穿透潜水隔水底板，承压水监测井中的目的层与其他含水层之间应止水良好。

(5) 环境水文地质勘察与试验

除一级评价应进行环境水文地质勘察与试验外，对环境水文地质条件复杂且缺少资料的地区，二级、三级评价也应在区域水文地质调查基础上，对评价区进行必要的水文地质勘察。

环境水文地质勘察可采用钻探、物探和水土化学分析以及室内外测试、试验等手段。环境水文地质试验项目通常有抽水试验、注水试验、渗水试验、浸溶试验、土柱淋滤试验、弥散试验、流速试验(连通试验)、地下水含水层储能试验等。

6.4.5 环境现状评价

通过等标污染负荷比分析，列表给出主要污染源和主要污染因子，并附污染源分布图。对于改、扩建Ⅰ类和Ⅲ类建设项目，应根据建设项目场地包气带污染调查结果开展包气带水、土壤污染分析，并作为地下水环境影响预测的基础。

地下水水质现状，根据现状监测结果进行最大值、最小值、均值、标准差、检出率和超标率的分析，评价应采用标准指数法进行评价。

对于评价标准为定值的水质因子，其标准指数计算公式为

$$P_i = \frac{C_i}{C_{si}} \tag{6-3}$$

式中：P_i为第i个水质因子的标准指数，无量纲；C_i为第i个水质因子的监测浓度值，mg/L；C_{si}为第i个水质因子的标准浓度值，mg/L。

对于评价标准为区间值的水质因子(如 pH 值)，其标准指数计算公式为

$$P_{pH} = \frac{7.0 - pH}{7.0 - pH_{sd}} \quad (pH \leqslant 7.0) \tag{6-4}$$

$$P_{pH} = \frac{pH - 7.0}{pH_{su} - 7.0} \quad (pH > 7.0) \tag{6-5}$$

式中：P_{pH}为 pH 值的标准指数，无量纲；pH 值为 pH 值的检测值；pH_{su}为标准值中 pH 值的上限值；pH_{sd}为标准值中 pH 值的下限值。

环境水文地质问题的分析应根据水文地质条件及环境水文地质调查结果进行，包括以下方面：

① 区域地下水水位降落漏斗状况分析，应叙述地下水水位降落漏斗面积、漏斗中心水位的下降幅度、下降速度及其与地下水开采量时空分布的关系，单井出水量的变化情况，含水层疏干面积等，阐明地下水降落漏斗的形成、发展过程，为发展趋势预测提供依据。

② 地面沉降、地裂缝状况分析，应叙述沉降面积、沉降漏斗的沉降量(累计沉降量、年沉降

量)等及其与地下水降落漏斗、开采(包括回灌)量时空分布变化的关系,阐明地面沉降的形成、发展过程及危害程度,为发展趋势预测提供依据。

③ 岩溶塌陷状况分析,应叙述与地下水相关的塌陷发生的历史过程、密度、规模、分布及其与人类活动(如采矿、地下水开采等)时空变化的关系,并结合地质构造、岩溶发育等因素,阐明岩溶塌陷发生、发展规律及危害程度。

④ 土壤盐渍化、沼泽化、湿地退化、土地荒漠化分析,应叙述与土壤盐渍化、沼泽化、湿地退化、土地荒漠化发生相关的地下水位、土壤蒸发量、土壤盐分的动态分布及其与人类活动(如地下水回灌过量、地下水过量开采)时空变化的关系,结合包气带岩性、结构特征等因素,阐明土壤盐渍化、沼泽化、湿地退化、土地荒漠化发生、发展规律及危害程度。

6.4.6　地下水环境影响预测

Ⅰ类建设项目,对工程可行性研究和评价中提出的不同选址(选线)方案或多个排污方案等所引起的地下水环境质量变化应分别进行预测,同时给出污染物正常排放和事故排放两种工况的预测结果。Ⅱ类建设项目,应遵循保护地下水资源与环境的原则,对工程可行性研究中提出的不同选址方案,或不同开采方案等所引起的水位变化及其影响范围,应分别进行预测。Ⅲ类建设项目,应同时满足上述要求。

地下水环境影响预测的范围可与现状调查范围相同,但应包括保护目标和环境影响的敏感区域,必要时扩展至完整的水文地质单元,以及可能与建设项目所在的水文地质单元存在直接补排关系的区域。

预测重点包括:已有、拟建和规划的地下水供水水源区;主要污水排放口和固体废物堆放处的地下水下游区域;地下水环境影响的敏感区域(如重要湿地、与地下水相关的自然保护区和地质遗迹等);可能出现环境水文地质问题的主要区域;其他需要重点保护的区域。

Ⅰ类建设项目预测因子应选取与拟建项目排放的污染物有关的特征因子,选取重点应包括:改、扩建项目已经排放的及将要排放的主要污染物;难降解、易生物蓄积、长期接触对人体和生物产生危害作用的污染物,应特别关注持久性有机污染物;国家或地方要求控制的污染物;反映地下水循环特征和水质成因类型的常规项目或超标项目。Ⅱ类建设项目预测因子应选取水位及与水位变化所引发的环境水文地质问题相关的因子。Ⅲ类建设项目,应同时满足上述的要求。

一级评价应采用数值法;二级评价中水文地质条件复杂时应采用数值法,水文地质条件简单时可采用解析法;三级评价可采用回归分析、趋势外推、时序分析或类比预测法。

地下水环境影响预测模型概化包括:

① 水文地质条件概化。应根据评价等级选用的预测方法,结合含水介质结构特征,地下水补、径、排条件,边界条件及参数类型来进行水文地质条件概化。

② 污染源概化。污染源概化包括排放形式与排放规律的概化。根据污染源的具体情况,排放形式可以概化为点源或面源;排放规律可以简化为连续恒定排放或非连续恒定排放。

③ 水文地质参数值的确定。对于一级评价,地下水水量(水位)、水质预测所需用的含水层渗透系数、释水系数、给水度和弥散度等参数值,应通过现场试验获取。对于二级、三级评价所需的水文地质参数值,可从评价区以往环境水文地质勘察成果资料中选取,或依据相邻地区和类比区最新的勘察成果资料确定;对环境水文地质条件复杂而又缺少资料的地区,二级、三

级评价所需的水文地质参数值，也应通过现场试验获取。

6.4.7 地下水环境影响评价

1. 评价原则与范围

Ⅰ类建设项目应重点评价建设项目污染源对地下水环境保护目标（包括已建成的在用、备用、应急水源地，在建和规划的水源地、生态环境脆弱区域和其他地下水环境敏感区域）的影响，评价因子与影响预测因子相同。Ⅱ类建设项目应重点依据地下水流场变化，评价地下水水位（水头）降低或升高诱发的环境水文地质问题的影响程度和范围。

地下水环境影响评价范围与环境影响预测范围相同。

2. 评价方法

Ⅰ类建设项目的地下水水质影响评价，可采用标准指数法评价。

Ⅱ类建设项目评价其导致的环境水文地质问题时，可采用预测水位与现状调查水位相比较的方法进行评价，具体方法如下：地下水位降落漏斗，对水位不能恢复、持续下降的疏干漏斗，采用中心水位降和水位下降速率进行评价；土壤盐渍化、沼泽化、湿地退化、土地荒漠化、地面沉降、地裂缝、岩溶塌陷，根据地下水水位变化速率、变化幅度、水质及岩性等分析其发展的趋势。

3. 评价要求

(1) Ⅰ类建设项目

评价Ⅰ类建设项目对地下水水质影响时，可采用以下判据评价水质能否满足地下水环境质量标准要求：

① 以下情况应得出可以满足地下水环境质量标准要求的结论：建设项目在各个不同生产阶段、除污染源附近小范围以外地区，均能达到地下水环境质量标准要求；在建设项目实施的某个阶段，有个别水质因子在较大范围内出现超标，但采取环保措施后，可满足地下水环境质量标准要求。

② 以下情况应得出不能满足地下水环境质量标准要求的结论：改、扩建项目已经排放和将要排放的主要污染物在评价范围内的地下水中已经超标；削减措施在技术上不可行，或在经济上明显不合理。

(2) Ⅱ类建设项目

评价Ⅱ类建设项目对地下水流场或地下水水位（水头）影响时，应依据地下水资源补采平衡的原则，评价地下水开发利用的合理性及可能出现的环境水文地质问题的类型、性质及其影响的范围、特征和程度等。

(3) Ⅲ类建设项目

Ⅲ类建设项目的环境影响评价应按照上述要求进行。

6.4.8 建设项目污染防治对策

1. Ⅰ类建设项目污染防治对策

① 源头控制措施。主要包括提出实施清洁生产及各类废物循环利用的具体方案，减少污染物的排放量；提出工艺、管道、设备、污水储存及处理构筑物应采取的控制措施，防止污染物

的跑、冒、滴、漏，将污染物泄漏的环境风险事故降到最低限度。

② 分区防治措施。结合建设项目各生产设备、管廊或管线、储存与运输装置、污染物储存与处理装置、事故应急装置等的布局，根据可能进入地下水环境的各种有毒有害原辅材料、中间物料和产品的泄漏(含跑、冒、滴、漏)量及其他各类污染物的性质、产生量和排放量，划分污染防治区，提出不同区域的地面防渗方案，给出具体的防渗材料及防渗标准要求，建立防渗设施的检漏系统。

③ 地下水污染监控。建立场地区地下水环境监控体系，包括建立地下水污染监控制度和环境管理体系，制定监测计划，配备先进的检测仪器和设备，以便及时发现问题，及时采取措施。地下水监测计划应包括测孔位置、孔深、监测井结构、监测层位、监测项目、监测频率等。

④ 风险事故应急响应。制定地下水风险事故应急响应预案，明确风险事故状态下应采取的封闭、截流等措施，提出防止受污染的地下水扩散和对受污染的地下水进行治理的具体方案。

2. Ⅱ类建设项目地下水保护与环境水文地质问题减缓措施

① 以均衡开采为原则，提出防止地下水资源超量开采的具体措施，以及控制资源开采过程中由于地下水水位变化诱发的湿地退化、地面沉降、岩溶塌陷、地面裂缝等环境水文地质问题产生的具体措施。

② 建立地下水动态监测系统，并根据项目建设所诱发的环境水文地质问题制定相应的监测方案。

③ 针对建设项目可能引发的其他环境水文地质问题提出应对预案。

3. Ⅲ类建设项目污染防治对策

Ⅲ类建设项目污染防治对策应综上所述要求进行。

6.4.9　地下水环境影响评价专题文件的编写要求

地下水环境影响专题报告应包括下列内容：

① 总论。包括编制依据、地下水环境功能、评价执行标准及保护目标、地下水评价工作等级、评价范围等。

② 拟建项目概况与工程分析。详细论述与地下水环境影响相关的内容，重点分析给出污染源情况、排放状况和地下水污染途径等，以及项目可行性研究报告中提出的地下水环境保护措施。

③ 地下水环境现状调查与评价。论述拟建项目所在区域的环境状况，重点说明区域水文地质条件、环境水文地质问题及区域污染源状况。说明地下水环境监测的范围、监测井点分布和取样深度、监测时段及监测频次，评价地下水超达标情况，分析超标原因。

④ 地下水环境影响预测与评价。明确地下水环境影响预测方法、预测模型、预测内容、预测范围、预测时段，模型概化及水文地质参数的确定方法及具体取值等，重点给出具体预测结果。依据相关标准评价建设项目在不同实施阶段、不同工况下对地下水水质的影响程度、影响范围，或评价地下水开发利用的合理性及可能出现的环境水文地质问题的类型、性质及其影响的范围、特征和程度等。

⑤ 在评价项目可行性研究报告中提出的地下水环境保护措施有效性及可行性的基础上，提出需要增加的、适用于拟建项目地下水污染防治和地下水资源保护的对策和具体措施，给出

各项措施的实施效果及投资估算，并分析其经济、技术的可行性。提出针对该拟建项目的地下水污染和地下水资源保护管理及监测方面的建议。

⑥ 评价结论及建议。

⑦ 附必要的图表和照片。如拟建项目所在区域地理位置图、敏感点分布图、环境水文地质图、地下水等水位线图和拟建项目特征污染因子预测浓度等值线图等。

6.5 声环境影响评价技术导则

6.5.1 概　述

1. 声环境影响评价类别

按评价对象划分，可分为建设项目声源对外环境的环境影响评价和外环境声源对需要安静的建设项目环境影响评价。

按声源种类划分，可分为固定声源和流动声源的环境影响评价。建设项目既拥有固定声源，又拥有流动声源时，应分别进行噪声环境影响评价；同一敏感点既受到固定声源影响，又受到流动声源影响时，应进行叠加环境影响评价。

2. 声环境质量评价量、声源源强表达量、厂界(场界、边界)噪声评价量

根据 GB 3096，声环境功能区的环境质量评价量为昼间等效声级(L_d)和夜间等效声级(L_n)，突发噪声的评价量为最大 A 声级(L_{max})；根据 GB 9660，机场周围区域受飞机通过(起飞、降落、低空飞越)噪声环境影响的评价量为计权等效连续感觉噪声级(L_{WECPN})。

声源源强表达量：A 声功率级(L_{AW})或中心频率为 63 Hz～8 kHz 8 个倍频带的声功率级(L_W)；距离声源 r 处的 A 声级($L_A(r)$)或中心频率为 63 Hz～8 kHz 8 个倍频带的声压级($L_p(r)$)；等效感觉噪声级(L_{EPN})。

厂界(场界、边界)噪声评价量：根据 GB 12348、GB 12523，工业企业厂界、建筑施工场界噪声评价量为昼间等效声级(L_d)、夜间等效声级(L_n)、室内噪声倍频带声压级，频发、偶发噪声的评价量为最大 A 声级(L_{max})；根据 GB 12525、GB 14227，铁路边界、城市轨道交通车站站台噪声评价量为昼间等效声级(L_d)、夜间等效声级(L_n)；根据 GB 22337，社会生活噪声源边界噪声评价量为昼间等效声级(L_d)、夜间等效声级(L_n)、室内噪声倍频带声压级，非稳态噪声的评价量为最大 A 声级(L_{max})。

3. 声环境评价时段

建设项目声环境影响评价时段可分为施工期和运行期两个时段评价。当运行期声源为固定声源时，固定声源投产运行后作为环境影响评价时段；当运行期声源为流动声源时，将工程预测的代表性时段(一般分为运行近期、中期、远期)分别作为环境影响评价时段。

6.5.2 评价工作等级

声环境影响评价工作等级划分依据：建设项目所在区域的声环境功能区类别、建设项目建设前后所在区域的声环境质量变化程度及受建设项目影响人口的数量。声环境影响评价工作等级一般分为三级：

① 一级评价，评价范围内有适用于 GB 3096 规定的 0 类声环境功能区域，以及对噪声有特别限制要求的保护区等敏感目标，或建设项目建设前后评价范围内敏感目标噪声级增高量达 5 dBA 以上(不含 5 dBA)，或受影响人口数量显著增多时。

② 二级评价，建设项目所处的声环境功能区为 GB 3096 规定的 1 类、2 类地区，或建设项目建设前后评价范围内敏感目标噪声级增高量达 3～5 dBA(含 5)，或受噪声影响人口数量增加较多时。

③ 三级评价，建设项目所处的声环境功能区为 GB 3096 规定的 3 类、4 类地区，或建设项目建设前后评价范围内敏感目标噪声级增高量在 3 dBA(不含)以下，且受影响人口数量变化不大时。

在确定评价工作等级时，如建设项目符合两个以上级别的划分原则，按较高级别的评价等级评价。

6.5.3　评价范围和基本要求

1. 评价范围

声环境影响评价范围依据评价工作等级确定。

对于以固定声源为主的建设项目(如工厂、港口、施工工地、铁路站场等)，边界向外 200 m 一般能满足一级评价的要求；相应的二级、三级评价范围可根据实际情况适当缩小。如果依据建设项目声源计算得到的贡献值在 200 m 处，仍不能满足相应功能区标准值，则应将评价范围扩大到满足标准值的距离。

对于城市道路、公路、铁路、城市轨道交通地上线路和水运线路等建设项目，道路中心线外两侧 200 m 一般能满足一级评价的要求；相应的二级、三级评价范围可根据实际情况适当缩小。如果依据建设项目声源计算得到的贡献值在 200 m 处，仍不能满足相应功能区标准值，则应将评价范围扩大到满足标准值的距离。

机场周围飞机噪声评价范围应根据飞行量计算到 L_{WECPN} 为 70 dB 的区域。主要航迹离跑道两端各 6～12 km、侧向各 1～2 km 的范围一般能满足一级评价的要求；二级、三级评价范围可根据建设项目所处区域的声环境功能区类别及敏感目标等实际情况适当缩小。

2. 评价的基本要求

(1) 一级评价的基本要求

① 在工程分析中，给出建设项目对环境有影响的主要声源的数量、位置和声源源强，并在标有比例尺的图中标识固定声源的具体位置或流动声源的路线、跑道等位置。当缺少声源源强的相关资料时，应通过类比测量取得，并给出类比测量的条件。

② 评价范围内具有代表性的敏感目标的声环境质量现状需要实测，对实测结果进行评价，并分析现状声源的构成及其对敏感目标的影响。

③ 噪声预测应覆盖全部敏感目标，给出各敏感目标的预测值及厂界(或场界、边界)噪声值；固定声源评价、机场周围飞机噪声评价、流动声源经过城镇建成区和规划区路段的评价应绘制等声级线图，当敏感目标高于(含)三层建筑时，还应绘制垂直方向的等声级线图；给出建设项目建成后不同类别声环境功能区内受影响的人口分布、噪声超标范围和程度。

④ 当工程预测的不同代表性时段噪声级可能发生变化的建设项目，应分别预测其不同时

段的噪声级。

⑤ 对工程可行性研究和评价中提出的不同选址(选线)和建设布局方案,应根据不同方案噪声影响人口数量和噪声影响程度进行比选,从声环境保护角度提出最终推荐方案。

⑥ 针对建设项目的工程特点和所在区域的环境特征提出噪声防治措施,并进行经济、技术可行性论证,明确防治措施的最终降噪效果和达标分析。

(2) 二级评价的基本要求

① 在工程分析中,给出建设项目对环境有影响的主要声源的数量、位置和声源源强,并在标有比例尺的图中标识固定声源的具体位置或流动声源的路线、跑道等位置。当缺少声源源强的相关资料时,应通过类比测量取得,并给出类比测量的条件。

② 评价范围内具有代表性的敏感目标的声环境质量现状以实测为主,可适当利用评价范围内已有的声环境质量监测资料,并对声环境质量现状进行评价。

③ 噪声预测应覆盖全部敏感目标,给出各敏感目标的预测值及厂界(或场界、边界)噪声值,根据评价需要绘制等声级线图;给出建设项目建成后不同类别的声环境功能区内受影响的人口分布、噪声超标的范围和程度。

④ 对于工程预测的不同代表性时段噪声级可能发生变化的建设项目,应分别预测其不同时段的噪声级。

⑤ 从声环境保护角度对工程可行性研究和评价中提出的不同选址(选线)和建设布局方案的环境合理性进行分析。

⑥ 针对建设项目的工程特点和所在区域的环境特征提出噪声防治措施,并进行经济、技术可行性论证,给出防治措施的最终降噪效果和达标分析。

(3)三级评价的基本要求

① 在工程分析中,给出建设项目对环境有影响的主要声源的数量、位置和声源源强,并在标有比例尺的图中标识固定声源的具体位置或流动声源的路线、跑道等位置。当缺少声源源强的相关资料时,应通过类比测量取得,并给出类比测量的条件。

② 重点调查评价范围内主要敏感目标的声环境质量现状,可利用评价范围内已有的声环境质量监测资料,若无现状监测资料则应进行实测,并对声环境质量现状进行评价。

③ 噪声预测应给出建设项目建成后各敏感目标的预测值及厂界(或场界、边界)噪声值,分析敏感目标受影响的范围和程度。

④ 针对建设项目的工程特点和所在区域的环境特征提出噪声防治措施,并进行达标分析。

6.5.4 声环境现状调查和评价

1. 主要调查内容

影响声波传播的环境要素:调查建设项目所在区域主要气象特征,包括年平均风速和主导风向、年平均气温、年平均相对湿度等;收集评价范围内 1∶(2 000～50 000)地理地形图,说明评价范围内声源和敏感目标之间的地貌特征、地形高差及影响声波传播的环境要素。

声环境功能区划:调查评价范围内不同区域的声环境功能区划情况,调查各声环境功能区的声环境质量现状。

敏感目标:调查评价范围内的敏感目标的名称、规模、人口的分布等情况,并以图、表相结合的方式说明敏感目标与建设项目的关系(如方位、距离、高差等)。

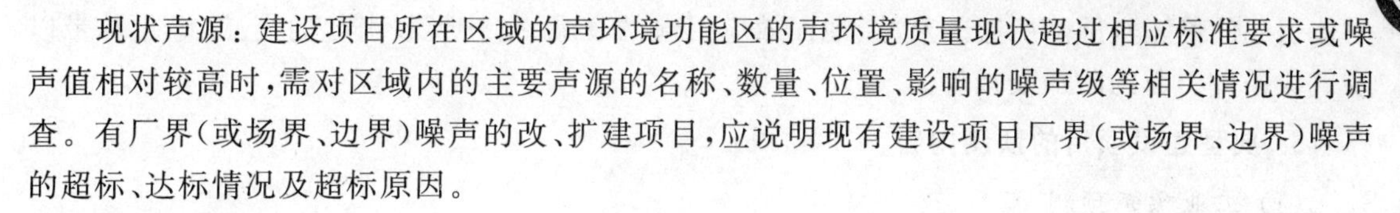

现状声源：建设项目所在区域的声环境功能区的声环境质量现状超过相应标准要求或噪声值相对较高时，需对区域内的主要声源的名称、数量、位置、影响的噪声级等相关情况进行调查。有厂界（或场界、边界）噪声的改、扩建项目，应说明现有建设项目厂界（或场界、边界）噪声的超标、达标情况及超标原因。

2. 调查方法

环境现状调查的基本方法包括收集资料法、现场调查法、现场测量法，评价时应根据评价工作等级的要求确定需采用的具体方法。

3. 现状评价主要内容

以图、表结合的方式给出评价范围内声环境功能区及其划分情况，以及现有敏感目标分布情况；分析评价范围内现有主要声源种类、数量及相应的噪声级、噪声特性等，明确主要声源分布；分别评价不同类别声环境功能区内各敏感目标的超标、达标情况，说明其受到现有主要声源的影响状况；给出不同类别的声环境功能区噪声超标范围内的人口数及分布情况。

6.5.5　声环境影响预测

建设项目厂界（或场界、边界）和评价范围内的敏感目标应作为预测点，预测范围一般应与评价范围相同。

1. 预测需要的基础资料

声源资料，包括声源种类、数量、空间位置、噪声级、频率特性、发声持续时间和对敏感目标的作用时间段等；影响声波传播的各类参量，包括建设项目所处区域的年平均风速和主导风向、年平均气温、年平均相对湿度，声源和预测点间的地形、高差，声源和预测点间障碍物（如建筑物、围墙等；若声源位于室内，还包括门、窗等）的位置及长、宽、高等数据，声源和预测点间树林、灌木等的分布情况，地面覆盖情况（如草地、水面、水泥地面、土质地面等）。

2. 获得噪声源数据的途径

获得噪声源数据的途径包括类比测量法和引用已有的数据。引用类似的噪声源噪声级数据，必须是公开发表的、经过专家鉴定并且是按有关标准测量得到的数据，报告书应当指明被引用数据的来源。

3. 声源的简化

在预测前需根据声源与预测点之间空间分布形式，将声源简化成三类声源，即点声源、线声源和面声源。当声波波长远远大于声源几何尺寸，或声源中心到预测点之间的距离超过声源最大几何尺寸 2 倍时，可将该声源近似为点声源。当许多点声源连续分布在一条直线上时，可认为该声源是线状声源。对于一长度为 L_0 的有限长线声源，在线声源垂直平分线上距线声源的距离为 r，如 $r>L_0$，该有限长线声源可近似为点声源；如 $r<L_0/3$，该有限长线声源可近似为无限长线声源。对于一长方形有限大面声源（长度为 b，高度为 a，且 $a>b$），在该声源中心轴线上距声源中心距离为 r，如当 $r<a/\pi$ 时，该声源可近似为面声源；当 $a/\pi<r<b/\pi$ 时，该声源可近似为线声源；当 $r>b/\pi$ 时，该声源可近似为点声源。

4. 户外声源声波在空气中传播引起声级衰减的主要因素

户外声源声波在空气中传播引起声级衰减的主要因素，包括几何发散引起的衰减（包括反射体引起的修正)、屏障引起的衰减、地面效应引起的衰减、空气吸收引起的衰减、绿化林带以及气象条件引起的附加衰减等。

5. 典型建设项目的预测内容

(1) 工业噪声预测

① 厂界(或场界、边界)噪声预测。预测厂界噪声,给出厂界噪声的最大值及位置。

② 敏感目标噪声预测。预测敏感目标的贡献值、预测值、预测值与现状噪声值的差值,敏感目标所处声环境功能区的声环境质量变化,敏感目标所受噪声影响的程度,确定噪声影响的范围,并说明受影响人口分布情况。当敏感目标高于(含)三层建筑时,还应预测有代表性的不同楼层所受的噪声影响。

③ 绘制等声级线图,说明噪声超标的范围和程度。

④ 根据厂界(或场界、边界)和敏感目标受影响的状况,明确影响厂界(或场界、边界)和周围声环境功能区声环境质量的主要声源,分析厂界和敏感目标的超标原因。

(2) 公路、城市道路交通、铁路、城市轨道交通噪声预测

预测各预测点的贡献值、预测值、预测值与现状噪声值的差值,预测高层建筑有代表性的不同楼层所受的噪声影响。按贡献值绘制代表性路段的等声级线图,分析敏感目标所受噪声影响的程度,确定噪声影响的范围,并说明受影响人口分布情况。给出满足相应声环境功能区标准要求的距离。

(3) 机场飞机噪声预测

在1∶50 000或1∶10 000地形图上给出计权等效连续感觉噪声级(L_{WECPN})为70 dB、75 dB、80 dB、85 dB、90 dB的等声级线图,同时给出评价范围内敏感目标的计权等效连续感觉噪声级(L_{WECPN});给出不同声级范围内的面积、户数、人口。

(4) 施工场地、调车场、停车场等噪声预测

根据建设项目工程特点,分别预测固定声源和流动声源对场界(或边界)、敏感目标的噪声贡献值,进行叠加后作为最终的噪声贡献值。

(5) 敏感建筑建设项目声环境影响预测

敏感建筑建设项目声环境影响预测包括建设项目对项目及外环境的影响预测和外环境(如周边公路、铁路、机场、工厂等)对敏感建筑建设项目的环境影响评价两部分内容。

6.5.6 声环境影响评价

应根据声源的类别和建设项目所处的声环境功能区等确定声环境影响评价标准,没有划分声环境功能区的区域由地方环境保护部门参照GB 3096和GB/T 15190的规定划定声环境功能区。

声环境影响评价主要包括如下内容。

(1) 评价方法和评价量

根据噪声预测结果和环境噪声评价标准,评价建设项目在施工、运行期噪声的影响程度、影响范围,给出边界(厂界、场界)及敏感目标达标分析。进行边界噪声评价时,新建建设项目以工程噪声贡献值作为评价量;改(扩)建建设项目以工程噪声贡献值与受到现有工程影响的边界噪声值叠加后的预测值作为评价量。进行敏感目标噪声环境影响评价时,以敏感目标所受的噪声贡献值与背景噪声值叠加后的预测值作为评价量。对于改(扩)建的公路、铁路等建

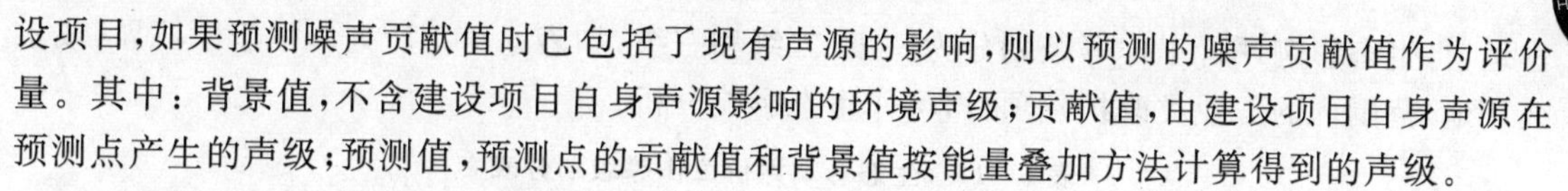

设项目，如果预测噪声贡献值时已包括了现有声源的影响，则以预测的噪声贡献值作为评价量。其中：背景值，不含建设项目自身声源影响的环境声级；贡献值，由建设项目自身声源在预测点产生的声级；预测值，预测点的贡献值和背景值按能量叠加方法计算得到的声级。

(2) 影响范围、影响程度分析

给出评价范围内不同声级范围覆盖下的面积，主要建筑物类型、名称、数量及位置，影响的户数、人口数。

(3) 噪声超标原因分析

分析建设项目边界(厂界、场界)及敏感目标噪声超标的原因，明确引起超标的主要声源。对于通过城镇建成区和规划区的路段，还应分析建设项目与敏感目标间的距离是否符合城市规划部门提出的预防噪声距离。

(4) 对策建议

分析建设项目的选址(选线)、规划布局和设备选型等的合理性，评价噪声防治对策的适用性和防治效果，提出需要增加的噪声防治对策、噪声污染管理、噪声监测及跟踪评价等方面的建议，并进行技术、经济可行性论证。

6.5.7　噪声防治对策

在规划方面，对建设项目的选址(选线)、规划布局、总图布置和设备布局等方面进行调整，提出减少噪声影响的建议。如采用“闹静分开”和“合理布局”的设计原则，使高噪声设备尽可能远离噪声敏感区；建议建设项目重新选址(选线)或提出城乡规划中有关防止噪声的建议等。

在技术方面，噪声防治的技术措施应该考虑声源和噪声传播途径上降低噪声，加强敏感目标自身防护和管理措施。

声源上降低噪声的措施主要包括：改进机械设计(如在设计和制造过程中选用发声小的材料制造机件)、设备结构和形状、传动装置，以及选用已有的低噪声设备等；采取声学控制措施，如对声源采用消声、隔声、隔振和减振等措施；维持设备处于良好的运转状态；改革工艺、设施结构和操作方法等。

噪声传播途径上降低噪声措施主要包括：在噪声传播途径上增设吸声、声屏障等措施；利用自然地形物(如利用位于声源和噪声敏感区之间的山丘、土坡、地堑、围墙等)降低噪声；将声源设置于地下或半地下的室内；合理布局声源，使声源远离敏感目标；通过提出环境噪声管理方案(如制定合理的施工方案、优化飞行程序等)，制定噪声监测方案，提出降噪减噪设施的使用运行、维护保养等方面的管理要求，提出跟踪评价要求等进行噪声防治。

敏感目标自身防护措施主要包括：受声者自身增设吸声、隔声等措施；合理布局噪声敏感区中的建筑物功能和合理调整建筑物平面布局。

6.6　生态影响评价技术导则

6.6.1　总　则

1. 评价工作分级

依据影响区域的生态敏感性和评价项目的工程占地(含水域)范围，包括永久占地和临时占地，将生态影响评价工作等级划分为一级、二级和三级，如表6－11所列。位于原厂界（或永久用地）范围内的工业类改扩建项目，可作生态影响分析。

表6－11　生态影响评价工作等级划分表

影响区域生态敏感性	工程占地（水域）面积		
	面积≥20 km^2 或长度≥100 km	面积 2～20 km^2 或长度 50～100 km	面积≤2 km^2 或长度≤50 km
特殊生态敏感区	一级	一级	一级
重要生态敏感区	一级	二级	三级
一般区域	二级	三级	三级

当工程占地（含水域）范围的面积或长度分别属于两个不同评价工作等级时，原则上应按其中较高的评价工作等级进行评价。改（扩）建工程的工程占地范围以新增占地（含水域）面积或长度计算。在矿山开采可能导致矿区土地利用类型明显改变，或拦河闸坝建设可能明显改变水文情势等情况下，评价工作等级应上调一级。

2. 评价工作范围

生态影响评价应能够充分体现生态完整性，涵盖评价项目全部活动的直接影响区域和间接影响区域。评价工作范围应依据评价项目对生态因子的影响方式、影响程度和生态因子之间的相互影响和相互依存关系确定，可综合考虑评价项目与项目区的气候过程、水文过程、生物过程等生物地球化学循环过程的相互作用关系，以评价项目影响区域所涉及的完整气候单元、水文单元、生态单元、地理单元界限为参照边界。

3. 生态影响判据的依据

① 国家、行业和地方已颁布的资源环境保护等相关法规、政策、标准、规划和区划等确定的目标、措施与要求。

② 科学研究判定的生态效应或评价项目实际的生态监测、模拟结果。

③ 评价项目所在地区及相似区域生态背景值或本底值。

④ 已有性质、规模以及区域生态敏感性相似项目的实际生态影响类比。

⑤ 相关领域专家、管理部门及公众的咨询意见。

6.6.2　工程分析

工程分析内容应包括：项目所处的地理位置、工程的规划依据和规划环评依据、工程类型、项目组成、占地规模、总平面及现场布置、施工方式、施工时序、运行方式、替代方案、工程总投资与环保投资、设计方案中的生态保护措施等。工程分析时段应涵盖勘察期、施工期、运营期和退役期，以施工期和运营期为调查分析的重点。

工程分析的重点应包括：可能产生重大生态影响的工程行为；与特殊生态敏感区和重要生态敏感区有关的工程行为；可能产生间接、累积生态影响的工程行为；可能造成重大资源占用和配置的工程行为。

6.6.3　生态现状调查与评价

1. 生态现状调查要求

生态现状调查是生态现状评价、影响预测的基础和依据，调查的内容和指标应能反映评价工作范围内的生态背景特征和现存的主要生态问题。在有敏感生态保护目标(包括特殊生态敏感区和重要生态敏感区)或其他特别保护要求对象时，应做专题调查。生态现状调查应在收集资料的基础上开展现场工作，生态现状调查的范围应不小于评价工作的范围。

一级评价应给出采样地样方实测、遥感等方法测定的生物量、物种多样性等数据，给出主要生物物种名录、受保护的野生动植物物种等调查资料；二级评价的生物量和物种多样性调查可依据已有资料推断，或实测一定数量的、具有代表性的样方予以验证；三级评价可充分借鉴已有资料进行说明。

生态现状调查方法包括资料收集法、现场勘察法、专家和公众咨询法、生态监测法、遥感调查法、海洋生态调查方法、水库渔业资源调查方法等。

2. 调查内容

(1) 生态背景调查

根据生态影响的空间和时间尺度特点，调查影响区域内涉及的生态系统类型、结构、功能和过程，以及相关的非生物因子特征(如气候、土壤、地形地貌、水文及水文地质等)，重点调查受保护的珍稀濒危物种、关键种、土著种、建群种和特有种，天然的重要经济物种等。如涉及国家级和省级保护物种、珍稀濒危物种和地方特有物种时，应逐个或逐类说明其类型、分布、保护级别、保护状况等；如涉及特殊生态敏感区和重要生态敏感区，应逐个说明其类型、等级、分布、保护对象、功能区划、保护要求等。

(2) 主要生态问题调查

调查影响区域内已经存在的制约本区域可持续发展的主要生态问题，如水土流失、沙漠化、石漠化、盐渍化、自然灾害、生物入侵和污染危害等，指出其类型、成因、空间分布、发生特点等。

3. 生态现状评价

(1) 评价要求

在区域生态基本特征现状调查的基础上，对评价区的生态现状进行定量或定性的分析评价，评价应采用文字和图件相结合的形式。

(2) 评价内容

① 在阐明生态系统现状的基础上，分析影响区域内生态系统状况的主要原因。评价生态系统的结构与功能状况(如水源涵养、防风固沙、生物多样性保护等主导生态功能)、生态系统面临的压力和存在的问题、生态系统的总体变化趋势等。

② 分析和评价受影响区域内动植物等生态因子的现状组成、分布；当评价区域涉及受保护的敏感物种时，应重点分析该敏感物种的生态学特征；当评价区域涉及特殊生态敏感区或重要生态敏感区时，应分析其生态现状、保护现状和存在的问题等。

6.6.4 生态影响预测与评价

1. 生态影响预测与评价内容

生态影响预测与评价内容应与现状评价内容相对应，依据区域生态保护的需要和受影响生态系统的主导生态功能选择评价预测指标。主要包括：

① 评价工作范围内涉及的生态系统及其主要生态因子的影响评价。通过分析影响作用的方式、范围、强度和持续时间判别生态系统受影响的范围、强度和持续时间；预测生态系统组成和服务功能的变化趋势，重点关注其中的不利影响、不可逆影响和累积生态影响。

② 敏感生态保护目标的影响评价应在明确保护目标的性质、特点、法律地位和保护要求的情况下，分析评价项目的影响途径、影响方式和影响程度，预测潜在的后果。

③ 预测评价项目对区域现存主要生态问题的影响趋势。

2. 生态影响预测与评价方法

生态影响预测与评价方法应根据评价对象的生态学特性，在调查、判定该区主要的、辅助的生态功能以及完成功能必需的生态过程的基础上，分别采用定量分析与定性分析相结合的方法进行预测与评价。常用的方法包括列表清单法、图形叠置法、生态机理分析法、景观生态学法、指数法与综合指数法、类比分析法、系统分析法和生物多样性评价等。

(1) 列表清单法

列表清单法，是将拟实施的开发建设活动的影响因素与可能受影响的环境因子分别列在同一张表格的行与列内，逐点进行分析，并逐条阐明影响的性质、强度等，由此分析开发建设活动的生态影响。该方法的特点是简单明了、针对性强，主要用于开发建设活动对生态因子的影响分析、生态保护措施的筛选、物种或栖息地重要性或优先度比选。

(2) 图形叠置法

图形叠置法，是把两个以上的生态信息叠合到一张图上，构成复合图，用以表示生态变化的方向和程度。本方法的特点是直观、形象，简单明了。图形叠置法有指标法和 3S 叠图法两种基本制作手段。

指标法制作手段：确定评价区域范围；进行生态调查，收集评价工作范围与周边地区自然环境、动植物等的信息，同时收集社会经济和环境污染及环境质量信息；进行影响识别并筛选拟评价因子，其中包括识别和分析主要生态问题；研究拟评价生态系统或生态因子的地域分异特点与规律，对拟评价的生态系统、生态因子或生态问题建立表征其特性的指标体系，并通过定性分析或定量方法对指标赋值或分级，再依据指标值进行区域划分；将上述区划信息绘制在生态图上。

3S 叠图法制作手段：选用地形图，或正式出版的地理地图，或经过精校正的遥感影像作为工作底图，在底图上描绘主要生态因子信息，如植被覆盖、动物分布、河流水系、土地利用和特别保护目标等，进行影响识别与筛选评价因子，运用 3S 技术，分析评价因子的不同影响性质、类型和程度，将影响因子图和底图叠加，得到生态影响评价图。该方法主要用于区域生态质量评价和影响评价、具有区域性影响的特大型建设项目评价（如大型水利枢纽工程、新能源基地建设、矿业开发项目等）以及土地利用开发和农业开发。

(3) 生态机理分析法

生态机理分析，是根据建设项目的特点和受其影响的动植物生物学特征，依照生态学原理

分析、预测工程生态影响的方法。

生态机理分析法的工作步骤如下：

① 调查环境背景现状和搜集工程组成和建设等有关资料；

② 调查植物和动物分布，动物栖息地和迁徙路线；

③ 根据调查结果分别对植物或动物种群、群落和生态系统进行分析、描述其分布特点、结构特征和演化等级；

④ 识别有无珍稀濒危物种及重要经济、历史、景观和科研价值的物种；

⑤ 监测项目建成后该地区动物、植物生长环境的变化；

⑥ 根据项目建成后的环境（水、气、土和生命组分）变化，对照无开发项目条件下动物、植物或生态系统演替趋势，预测项目对动物和植物个体、种群和群落的影响，并预测生态系统演替方向。

评价过程需要根据实际情况进行相应的生物模拟试验，如环境条件、生物习性模拟试验、生物毒理学试验、实地种植或放养试验等；或进行数学模拟，如种群增长模型的应用。该方法需与生物学、地理学、水文学、数学及其他多学科合作评价，才能得出较为客观的结果。

(4) 景观生态学法

景观生态学法，是通过研究某一区域、一定时段内的生态系统类群的格局、特点、综合资源状况等自然规律，以及人为干预下的演替趋势，揭示人类活动在改变生物与环境方面的作用的方法。景观生态学对生态质量状况的评判通过两个方面进行，一是空间结构分析，二是功能与稳定性分析。

(5) 指数法与综合指数法

指数法，是利用同度量因素的相对值表明因素变化状况的方法，是建设项目环境影响评价中规定的评价方法，指数法同样可将其拓展而用于生态影响评价中。单因子指数法简明扼要，且符合人们所熟悉的环境污染影响评价思路，难点在于需明确建立表征生态质量的标准体系，且难以赋权和准确定量。综合指数法，是从确定同度量因素出发，把不能直接对比的事物变成能够同度量的方法。指数法可用于生态因子单因子质量评价、生态多因子综合质量评价和生态系统功能评价。

(6) 类比分析法

类比分析法，是一种比较常用的定性和半定量评价方法，一般有生态整体类比、生态因子类比和生态问题类比等。该法根据已有的开发建设活动（项目、工程）对生态系统产生的影响，分析或预测拟进行的开发建设活动（项目、工程）可能产生的影响。选择好类比对象（类比项目）是进行类比分析或预测评价的基础，也是该法成败的关键。

类比对象的选择条件：工程性质、工艺和规模与拟建项目基本相当，生态因子（地理、地质、气候、生物因素等）相似，项目建成已有一定时间，所产生的影响已基本全部显现。类比对象确定后，则需选择和确定类比因子及指标，并对类比对象开展调查与评价，再分析拟建项目与类比对象的差异。根据类比对象与拟建项目的比较，做出类比分析结论。

类比分析法的应用：生态影响识别和评价因子筛选；以原始生态系统作为参照，可评价目标生态系统的质量；进行生态影响的定性分析与评价；进行某一个或几个生态因子的影响评价；预测生态问题的发生与发展趋势及其危害；确定环保目标和寻求最有效、可行的生态保护措施。

(7) 系统分析法

系统分析法,是指把要解决的问题作为一个系统,对系统要素进行综合分析,找出解决问题的可行方案的咨询方法。具体步骤包括:限定问题,确定目标,调查研究,收集数据,提出备选方案和评价标准,备选方案评估和提出最可行方案。

系统分析法因其能妥善地解决一些多目标动态性问题,目前已广泛应用于各行各业,尤其在进行区域开发或解决优化方案选择问题时,系统分析法显示出其他方法所不能达到的效果。在生态系统质量评价中使用系统分析的具体方法有专家咨询法、层次分析法、模糊综合评判法、综合排序法、系统动力学、灰色关联等方法,原则上都适用于生态影响评价。

(8) 生物多样性评价方法

生物多样性评价,是指通过实地调查,分析生态系统和生物种的历史变迁、现状和存在主要问题的方法,评价目的是有效保护生物多样性。

6.6.5 生态影响的防护、恢复、补偿及替代方案

1. 生态影响的防护、恢复与补偿原则

应按照避让、减缓、补偿和重建的次序提出生态影响防护与恢复的措施;所采取措施的效果应有利修复和增强区域生态功能。凡涉及不可替代、极具价值、极敏感、被破坏后很难恢复的敏感生态保护目标(如特殊生态敏感区、珍稀濒危物种)时,必须提出可靠的避让措施或生境替代方案。涉及采取措施后可恢复或修复的生态目标时,也应尽可能提出避让措施,否则,应制定恢复、修复和补偿措施。各项生态保护措施应按项目实施阶段分别提出,并提出实施时限和估算经费。

2. 替代方案

替代方案主要指项目中的选线、选址替代方案,项目的组成和内容替代方案,工艺和生产技术的替代方案,施工和运营方案的替代方案,生态保护措施的替代方案。评价应对替代方案进行生态可行性论证,优先选择生态影响最小的替代方案,最终选定的方案至少应该是生态保护可行的方案。

3. 生态保护措施

生态保护措施应包括保护对象和目标,内容、规模及工艺,实施空间和时序,保障措施和预期效果分析,绘制生态保护措施平面布置示意图和典型措施设施工艺图,估算或概算环境保护投资。

对可能具有重大、敏感生态影响的建设项目,区域、流域开发项目,应提出长期的生态监测计划、科技支撑方案,明确监测因子、方法、频次等。

明确施工期和运营期管理原则与技术要求。可提出环境保护工程分标与招投标原则、施工期工程环境监理、环境保护阶段验收和总体验收、环境影响后评价等环保管理技术方案。

6.6.6 生态影响评价图件的规范与要求

1. 一般原则

生态影响评价图件是指以图形、图像的形式对生态影响评价有关空间内容的描述、表达或定量分析。生态影响评价图件是生态影响评价报告的必要组成内容,是评价的主要依据和成

果的重要表示形式,是指导生态保护措施设计的重要依据。

生态影响评价工作中表达地理空间信息的地图,应遵循有效、实用、规范的原则,根据评价工作等级和成图范围以及所表达的主题内容选择适当的成图精度和图件构成,充分反映出评价项目、生态因子构成、空间分布以及评价项目与影响区域生态系统的空间作用关系、途径或规模。

2. 图件构成

根据评价项目自身特点、评价工作等级以及区域生态敏感性不同,生态影响评价图件由基本图件和推荐图件构成。

基本图件是指根据生态影响评价工作等级不同,各级生态影响评价工作需提供的必要图件,内容包括:项目区域地理位置图、工程平面图、土地利用现状图、地表水系图、植被类型图、特殊生态敏感区和重要生态敏感区空间分布图、主要评价因子的评价成果和预测图、生态监测布点图、典型生态保护措施平面布置示意图。当评价项目涉及特殊生态敏感区域和重要生态敏感区时,必须提供能反映生态敏感特征的专题图,如保护物种空间分布图;当开展生态监测工作时必须提供相应的生态监测点位图。

推荐图件是指在现有技术条件下可以图形、图像形式表达的、有助于阐明生态影响评价结果的选做图件,内容包括:当评价工作范围内涉及山岭重丘区时,可提供地形地貌图、土壤类型图和土壤侵蚀分布图;当评价工作范围内涉及河流、湖泊等地表水时,可提供水环境功能区划图;当涉及地下水时,可提供水文地质图件等;当评价工作范围涉及海洋和海岸带时,可提供海域岸线图、海洋功能区划图,根据评价需要选做海洋渔业资源分布图、主要经济鱼类产卵场分布图、滩涂分布现状图;当评价工作范围内已有土地利用规划时,可提供已有土地利用规划图和生态功能分区图;当评价工作范围内涉及地表塌陷时,可提供塌陷等值线图;此外,可根据评价工作范围内涉及的不同生态系统类型,选做动植物资源分布图、珍稀濒危物种分布图、基本农田分布图、绿化布置图、荒漠化土地分布图等。

3. 图件制作规范与要求

生态影响评价图件制作基础数据来源包括:已有图件资料、采样、实验、地面勘测和遥感信息等。

图件基础数据来源应满足生态影响评价的时效要求,选择与评价基准时段相匹配的数据源。当图件主题内容无显著变化时,制图数据源的时效要求可在无显著变化期内适当放宽,但必须经过现场勘验校核。

生态影响评价制图的工作精度一般不低于工程可行性研究制图精度,成图精度应满足生态影响判别和生态保护措施的实施。

生态影响评价成图应能准确、清晰地反映评价主题内容,成图比例不应低于规范要求(项目区域地理位置图除外)。当成图范围过大时,可采用点、线、面相结合的方式,分幅成图;当涉及敏感生态保护目标时,应分幅单独成图,以提高成图精度。

生态影响评价图件应符合专题地图制图的整饰规范要求,成图应包括图名、比例尺、方向标/经纬度、图例、注记、制图数据源(调查数据、实验数据、遥感信息源或其他)、成图时间等要素。

6.7 开发区区域环境影响评价技术导则

6.7.1 总　则

开发区区域环境影响评价涉及经济技术开发区、高新技术产业开发区、保税区、边境经济合作区、旅游度假区等区域开发，以及工业园区等类似区域开发的环境影响评价。评价重点包括：识别开发区的区域开发活动可能带来的主要环境影响，以及可能制约开发区的环境因素；分析确定开发区主要相关环境介质的环境容量，研究提出合理的污染物排放总量控制方案；从环境保护角度论证开发区环境保护方案，包括污染集中治理设施的规模、工艺和布局的合理性，优化污染物排放口及排放方式；对拟议的开发区各规划方案（包括开发区选址、功能区划、产业结构与布局、发展规模、基础设施建设、环保设施等）进行环境影响分析比较和综合论证，提出完善开发区规划的建议和对策。

6.7.2 环境影响评价的实施方案

1. 环境影响评价实施方案的基本内容

开发区区域环境影响评价实施方案一般包括以下内容：开发区规划简介；开发区及其周边地区的环境状况；规划方案的初步分析；开发活动环境影响识别和评价因子选择；评价范围和评价标准（指标）；评价专题设置和实施方案。

2. 环境影响识别

按照开发区的性质、规模、建设内容、发展规划、阶段目标和环境保护规划，结合当地的社会、经济发展总体规划、环境保护规划和环境功能区划等，调查主要敏感环境保护目标、环境资源、环境质量现状，分析现有环境问题和发展趋势，识别开发区规划可能导致的主要环境影响，初步判断主要环境问题、影响程度以及主要环境制约因素，确定主要评价因子；主要从宏观角度进行自然环境和社会经济两方面的环境影响识别；一般或小规模开发区主要考虑对区外环境的影响，重污染或大规模（大于 10 km^2）的开发区还应识别区外经济活动对区内的环境影响；突出与土地开发、能源和水资源利用相关的主要环境影响的识别分析，说明各类环境影响因子、环境影响属性（如可逆影响、不可逆影响），判断影响程度、影响范围和影响时间等。

环境影响识别方法一般有矩阵法、网络法、GIS 支持下的叠加图法等。

环境影响评价范围应包括开发区、开发区周边地域以及开发建设直接涉及的区域（或设施）。区域开发建设涉及的环境敏感区等重要区域必须纳入环境影响评价的范围，应保持环境功能区的完整性。

3. 规划方案的初步分析

(1) 开发区选址的合理性分析

根据开发区性质、发展目标和生产力配置基本要素，分析开发区规划选址的优势和制约因素，开发区生产力配置一般有 12 个基本要素，即土地、水资源、矿产或原材料资源、能源、人力资源、运输条件、市场需求、气候条件、大气环境容量、水环境容量、固体废物处理处置能力、启动资金。

（2）开发规划目标的协调性分析

按主要的规划要素，逐项比较分析开发区规划所在区域总体规划、其他专项规划、环境保护规划的协调性，包括区域总体规划对该开发区的定位、发展规模、布局要求，对开发区产业结构及主导行业的规定，开发区的能源类型、污水处理、固体废物处置、给排水设计、园林绿化等基础设施建设与所在区域总体规划中各专项规划的关系，开发区规划中制定的环境功能区划是否符合所在区域环境保护目标和环境功能区划要求等。

可采用列表的方式，说明开发区规划发展目标及环境目标与所在区域规划目标及环境保护目标的协调性。

6.7.3　环境影响报告书的编制要求

1. 开发区规划和开发现状

开发区总体规划概述：开发区性质；开发区不同规划发展阶段的目标和指标，包括开发区规划的人口规模、用地规模、产值规模、规划发展目标和优先目标以及各项社会经济发展指标；开发区总体规划方案及专项建设规划方案概述，说明开发区内的功能分区，各分区的地理位置、分区边界、主要功能及各分区间的联系，附总体规划图、土地利用规划等专项规划图；开发区环境保护规划，简述开发区环境保护目标、功能分区和主要环保设施，附环境功能区划图；优先发展项目清单和主要污染物特征；在规划文本中已研究的主要环境保护措施和/或替代方案。

对于已有实质性开发建设活动的开发区，应增加有关开发现状回顾，包括：开发过程回顾；区内现有产业结构、重点项目；能源、水资源及其他主要物料消耗、弹性系数等变化情况及主要污染物排放状况；环境基础设施建设情况；区内环境质量变化情况及主要环境问题。

2. 区域环境状况调查和评价

① 简述开发区地理位置、自然环境概况、社会经济发展概况等主要特征，说明区域内重要自然资源及开采状况、环境敏感区和各类保护区及保护现状、历史文化遗产及保护现状。

② 区域环境现状调查和评价基本内容：空气环境质量现状、二氧化硫和氮氧化物等污染物排放和控制现状；地表水（河流、湖泊、水库）和地下水环境质量现状（包括河口、近海水域水环境质量现状）、废水处理基础设施、水量供需平衡状况、生活和工业用水现状、地下水开采现状等；土地利用类型和分布情况，各类土地面积及土壤环境质量现状；区域声环境现状、受超标噪声影响的人口比例以及超标噪声区的分布情况；固体废物的产生量、废物处理处置以及回收和综合利用现状；环境敏感区分布和保护现状。

③ 概述开发区所在区域社会经济发展现状、近期社会经济发展规划和远期发展目标。

④ 概述区域环境保护规划和主要环境保护目标和指标，分析区域存在的主要环境问题，并以表格形式列出可能对区域发展目标、开发区规划目标形成制约的关键环境因素或条件。

3. 规划方案分析

将开发区规划方案放在区域发展的层次上进行合理性分析，突出开发区总体发展目标、布局和环境功能区划的合理性。内容包括：

① 开发区总体布局及区内功能分区的合理性分析。分析开发区规划确定的区内各功能组团（如工业区、商住区、绿化景观区、物流仓储区、文教区、行政中心等）的性质及其与相邻功

能组团的边界和联系。根据开发区选址合理性分析确定的基本要素，分析开发区内各功能组团发展目标和各组团间的优势和限制因子，分析各组团间的功能配合以及现有的基础设施及周边组团设施对该组团功能的支持，可采用列表的方式说明开发区规划发展目标和各功能组团间的相容性。

② 开发区规划与所在区域发展规划的协调性分析。

③ 开发区土地利用的生态适宜度分析。生态适宜度评价采用三级指标体系，选择对所确定的土地利用目标影响最大的一组因素作为生态适宜度的评价指标；根据不同指标对同一土地利用方式的影响作用大小，进行指标加权；进行单项指标（三级指标）分级评分，单项指标评分可分为 4 级：很适宜、适宜、基本适宜、不适宜；在各单项指标评分的基础上，进行各种土地利用方式的综合评价。

④ 环境功能区划的合理性分析。对比开发区规划和开发区所在区域总体规划中对开发区内各分区或地块的环境功能要求；分析开发区环境功能区划和开发区所在区域总体环境功能区划异同点，根据分析结果，对开发区规划中不合理的环境功能分区提出改进建议。

⑤ 根据综合论证的结果，提出减缓环境影响的调整方案和污染控制措施与对策。

4. 环境容量与污染物总量控制

按照根据区域环境质量目标确定污染物总量控制的原则要求，并提出污染物总量控制方案。在提出污染物总量控制方案的工作内容要求时，应考虑到集中供热、污水集中处理排放、固体废物分类处置的原则要求。

(1) 大气环境容量与污染物总量控制主要内容

① 总量控制指标：烟尘、粉尘、SO_2、NO_x。

② 对所涉及的区域进行环境功能区划，确定各功能区环境空气质量目标。

③ 根据环境质量现状，分析不同功能区环境质量达标情况。

④ 结合当地地形和气象条件，选择适当方法，确定开发区大气环境容量（即满足环境质量目标的前提下污染物允许排放总量）。

⑤ 结合开发区规划分析和污染控制措施，提出区域环境容量利用方案和近期（按 5 年计划）污染物排放总量控制指标。

(2) 水环境容量与废水排放总量控制主要内容

① 总量控制指标因子：COD、NH_3、TN、TP 等因子及受纳水体最为敏感的特征因子。

② 分析基于环境容量约束的允许排放总量和基于技术经济条件约束的允许排放总量。

③ 对于拟接纳开发区污水的水体，如常年径流的河流、湖泊、近海水域，应根据环境功能区划所规定的水质标准要求，选用适当的水质模型分析确定水环境容量（或最小初始稀释度）；对季节性河流，原则上不要求确定水环境容量。

④ 对于现状水污染物实现达标排放，但水体已无足够的环境容量可供利用的情形，应在制定基于水环境功能的区域水污染控制计划的基础上，确定开发区水污染物排放总量。

⑤ 如预测的各项总量值均低于上述基于技术水平约束下的总量控制和基于水环境容量的总量控制指标，可选择最小的指标提出总量控制方案；如预测总量大于上述两类指标中的某一类指标，则需调整规划，降低污染物总量。

(3) 固体废物管理与处置的主要内容

分析固体废物类型和发生量，分析固体废物减量化、资源化、无害化处理处置措施及方案，

可采用固体废物流程表的方式进行分析；分类确定开发区可能发生的固体废物总量；可采用类比的方式预计固体废物的发生量；开发区的固体废物处理处置应纳入所在区域的固体废物总量控制计划之中，对固体废物的处理处置，符合区域所制定的资源回收、固体废物利用的目标和指标要求；按固体废物分类处置的原则，测算需采取不同处置方式的最终处置总量，并确定可供利用的不同处置设施及能力。

5. 生态环境保护与生态建设

生态现状调查包括：调查生态环境现状和历史演变过程、生态保护区或生态敏感区的情况，包括生物量及生物多样性、特殊生境及特有物种，自然保护区、湿地，自然生态退化状况(包括植被破坏、土壤污染及土地退化等)。

分析评价开发区规划实施对生态环境的影响，主要包括生物多样性、生态环境功能及生态景观影响：分析由于土地利用类型改变导致的对自然植被、特殊生境及特有物种栖息地、自然保护区、水域生态与湿地、开阔地、园林绿化等的影响；分析由于自然资源、旅游资源、水资源及其他资源开发利用变化而导致的对自然生态与景观方面产生的影响；分析评价区域内各种污染物排放量的增加、污染源空间结构等变化对自然生态与景观方面产生的影响。

应着重阐明区域开发造成的包括对生态结构与功能的影响、影响性质与程度、生态功能补偿的可能性与预期的可恢复程度、对保护目标的影响程度及保护的可行途径等。对于预计的可能产生的显著不利影响，要求从保护、恢复、补偿、建设等方面提出和论证实施生态环境保护措施的基本框架。

6. 开发区规划的综合论证与环境保护措施

① 开发区规划的环境可行性综合论证内容包括：开发区总体发展目标的合理性；开发区总体布局的合理性；开发区环境功能区划的合理性和环境保护目标的可达性；开发区土地利用的生态适宜度分析。

② 主要环境保护对策，包括对开发区规划目标、规划布局、总体发展规模、产业结构以及环保基础设施建设的调整方案，即：当开发区土地利用的生态适宜度较低，或区域环境敏感性较高时，应考虑选址的大规模、大范围调整；当选址邻近生态保护区、水源保护地、重要和敏感的居住地，或周围环境中有重大污染源并对区域选址产生不利影响以及某类环境指标严重超标且难以短时期改善时，要建议提出调整，一般情况下，开发区边界应与外部较敏感地域保持一定的空间防护距离；开发区内各功能区除满足相互间的影响最小，并留有充足的空间防护距离以外，还应从基础设施建设、各产业间的合理连接，以及适应建立循环经济和生态园区的布局条件考虑开发区布局的调整；规模调整包括经济规模和土地开发规模的调整，在拟定规模的调整建议时，应考虑开发区的最终规模和阶段性发展目标；当开发区发展目标受外部环境影响(如受区外重大污染源影响较大)，在不能进行选址调整时，要提出对区外环境污染控制进行调整的计划方案，并建议将此计划纳入到开发区总体规划之中。

③ 主要环境影响减缓措施：大气环境影响减缓措施，应从改变能流系统及能源转换技术方面进行分析，重点是煤的集中转换以及煤的集中转换技术的多方案比较；水环境影响减缓措施应重点考虑污水集中处理、深度处理和回用系统，以及废水排放的优化布局和排放方式的选择，例如考虑增加土地处理系统、强化深度处理和中水回用系统；对典型工业行业，可根据清洁生产、循环经济原理，从原料输入、工艺流程、产品使用等方面进行分析，提出替代方案和减缓

措施；固体废物影响的减缓措施重点是固体废物的集中收集、减量化、资源化和无害化处理处置措施；对于可能导致对生态环境功能显著影响的开发区规划，应根据生态影响特征制定可行的生态建设方案；提出限制入区的工业项目类型清单。

6.8 规划环境影响评价技术导则

6.8.1 适用范围与评价原则

适用于国务院有关部门、设区的市级以上地方人民政府及其有关部门组织编制的土地利用的有关规划，区域、流域、海域的建设、开发利用规划，以及工业、农业、畜牧业、林业、能源、水利、交通、城市建设、旅游、自然资源开发的有关专项规划的环境影响评价。国务院有关部门、设区的市级以上地方人民政府及其有关部门组织编制的其他类型的规划、县级人民政府编制的规划进行环境影响评价时，可参照执行。

规划环境影响评价的原则：全程互动原则，评价应在规划纲要编制阶段（或规划启动阶段）介入，并与规划方案的研究和规划的编制、修改、完善全过程互动；一致性原则，评价的重点内容和专题设置应与规划对环境影响的性质、程度和范围相一致，应与规划涉及领域和区域的环境管理要求相适应；整体性原则，评价应统筹考虑各种资源与环境要素及其相互关系，重点分析规划实施对生态系统产生的整体影响和综合效应；层次性原则，评价的内容与深度应充分考虑规划的属性和层级，并依据不同属性、不同层级规划的决策需求，提出相应的宏观决策建议以及具体的环境管理要求；科学性原则，评价选择的基础资料和数据应真实、有代表性，选择的评价方法应简单、适用，评价的结论应科学、可信。

6.8.2 规划环境影响评价的内容与范围

规划环境影响评价的基本内容包括：规划分析，包括规划概述、规划的协调性分析和不确定性分析；环境现状调查与评价，包括自然环境状况、社会经济概况、资源赋存与利用状况、环境质量和生态状况；环境影响识别与评价指标体系构建；环境影响预测与评价，包括规划开发强度的分析，水环境（包括地表水、地下水、海水）、大气环境、土壤环境、声环境的影响，对生态系统完整性及景观生态格局的影响，对环境敏感区和重点生态功能区的影响，资源与环境承载能力的评估；规划方案综合论证和优化调整建议；环境影响减缓对策和措施，包括影响预防、影响最小化及对造成的影响进行全面修复补救；环境影响跟踪评价；公众参与；评价结论；编写规划环境影响评价文件（报告书、篇章或说明）。

按照规划实施的时间跨度和可能影响的空间尺度确定评价范围。评价范围在时间跨度上，一般应包括整个规划周期。对于中、长期规划，可以规划的近期为评价的重点时段；必要时，也可根据规划方案的建设时序选择评价的重点时段。评价范围在空间跨度上，一般应包括规划区域、规划实施影响的周边地域，特别应将规划实施可能影响的环境敏感区、重点生态功能区等重要区域整体纳入评价范围。确定规划环境影响评价的空间范围一般应同时考虑三个方面的因素：一是规划的环境影响可能达到的地域范围；二是自然地理单元、气候单元、水文单元、生态单元等的完整性；三是行政边界或已有的管理区界（如自然保护区界、饮用水水源保护区界等）。

6.8.3 规划分析

规划分析应包括规划概述、规划的协调性分析和不确定性分析等。通过对多个规划方案具体内容的解析和初步评估，从规划与资源节约、环境保护等各项要求相协调的角度，筛选出备选的规划方案，并对其进行不确定性分析，给出可能导致环境影响预测结果和评价结论发生变化的不同情景，为后续的环境影响分析、预测和评价提供基础。

1. 规划概述

① 简要介绍规划编制的背景和定位，梳理并详细说明规划的空间范围和空间布局，规划的近期和中远期目标、发展规模、结构(如产业结构、能源结构、资源利用结构等)、建设时序，配套设施安排等可能对环境造成影响的规划内容，介绍规划的环保设施建设以及生态保护等内容。例如，当规划包含具体建设项目时，应明确其建设性质、内容、规模、地点等。其中，规划的范围、布局等应给出相应的图、表。

② 分析给出规划实施所依托的资源与环境条件。

2. 规划协调性分析

① 分析规划在所属规划体系(如土地利用规划体系、流域规划体系、城乡规划体系等)中的位置，给出规划的层级(如国家级、省级、市级或县级)，规划的功能属性(如综合性规划、专项规划、专项规划中的指导性规划)、规划的时间属性(如首轮规划、调整规划；短期规划、中期规划、长期规划)。

② 筛选出与本规划相关的主要环境保护法律法规、环境经济与技术政策、资源利用和产业政策，并分析本规划与其相关要求的符合性。筛选时应充分考虑相关政策、法规的效力和时效性。

③ 分析规划目标、规模、布局等各规划要素与上层位规划的符合性，重点分析规划之间在资源保护与利用、环境保护、生态保护要求等方面的冲突和矛盾。

④ 分析规划与国家级、省级主体功能区规划在功能定位、开发原则和环境政策要求等方面的符合性。通过叠图等方法详细对比规划布局与区域主体功能区规划、生态功能区划、环境功能区划和环境敏感区之间的关系，分析规划在空间准入方面的符合性。

⑤ 筛选出在评价范围内与本规划所依托的资源和环境条件相同的同层位规划，并在考虑累积环境影响的基础上，逐项分析规划要素与同层位规划在环境目标、资源利用、环境容量与承载力等方面的一致性和协调性，重点分析规划与同层位的环境保护、生态建设、资源保护与利用等规划之间的冲突和矛盾。

⑥ 分析规划方案的规模、布局、结构、建设时序等与规划发展目标、定位的协调性。

⑦ 通过上述协调性分析，从多个规划方案中筛选出与各项要求较为协调的规划方案作为备选方案，或综合规划协调性分析结果，提出与环保法规、各项要求相符合的规划调整方案作为备选方案。

3. 规划的不确定性分析

规划的不确定性分析主要包括规划基础条件的不确定性分析、规划具体方案的不确定性分析及规划不确定性的应对分析三个方面。

① 规划基础条件的不确定性分析：重点分析规划实施所依托的资源、环境条件可能发生

的变化，如水资源分配方案、土地资源使用方案、污染物排放总量分配方案等，论证规划各项内容顺利实施的可能性与必要条件，分析规划方案可能发生的变化或调整情况。

② 规划具体方案的不确定性分析：从准确有效预测、评价规划实施的环境影响的角度，分析规划方案中需要具备但没有具备、应该明确但没有明确的内容，分析规划产业结构、规模、布局及建设时序等方面可能存在的变化情况。

③ 规划不确定性的应对分析：针对规划基础条件和具体方案两方面不确定性的分析结果，筛选可能出现的各种情况，设置针对规划环境影响预测的多个情景，分析和预测不同情景下的环境影响程度和环境目标的可达性，为推荐环境可行的规划方案提供依据。

6.8.4 现状调查与评价

通过调查与评价，掌握评价范围内主要资源的赋存和利用状况，评价生态状况、环境质量的总体水平和变化趋势，辨析制约规划实施的主要资源和环境要素。

现状调查与评价一般包括自然环境状况、社会经济概况、资源赋存与利用状况、环境质量与生态状况等内容。

1. 现状调查内容

(1) 自然地理状况调查内容

主要包括地形地貌，河流、湖泊(水库)、海湾的水文状况，环境水文地质状况，气候与气象特征等。

(2) 社会经济概况调查内容

一般包括评价范围内的人口规模、分布、结构(包括性别、年龄等)和增长状况，人群健康(包括地方病等)状况，农业与耕地(含人均)，经济规模与增长率、人均收入水平，交通运输结构、空间布局及运量情况等。重点关注评价区域的产业结构、主导产业及其布局、重大基础设施布局及建设情况等，并附相应图件。

(3) 环保基础设施建设及运行情况调查内容

一般包括评价范围内的污水处理设施规模、分布、处理能力和处理工艺，以及服务范围和服务年限；清洁能源利用及大气污染综合治理情况；区域噪声污染控制情况；固体废物处理与处置方式及危险废物安全处置情况(包括规模、分布、处理能力、处理工艺、服务范围和服务年限等)；现有生态保护工程建设及实施效果；已发生的环境风险事故情况等。

(4) 资源赋存与利用状况调查内容

包括主要用地类型、面积及其分布、利用状况，区域水土流失现状，并附土地利用现状图；水资源总量、时空分布及开发利用强度(包括地表水和地下水)，饮用水水源保护区分布、保护范围，其他水资源利用状况(如海水、雨水、污水及中水)等，并附有关的水系图及水文地质相关图件或说明；能源生产和消费总量、结构及弹性系数，能源利用效率等情况；矿产资源类型与储量、生产和消费总量、资源利用效率等，并附矿产资源分布图；旅游资源和景观资源的地理位置、范围和主要保护对象、保护要求，开发利用状况等，并附相关图件；海域面积及其利用状况，岸线资源及其利用状况，并附相关图件；重要生物资源(如林地资源、草地资源、渔业资源)和其他对区域经济社会有重要意义的资源的地理位置、范围及其开发利用状况，并附相关图件。

(5) 环境质量与生态状况调查内容

环境质量与生态状况调查主要包括：

① 水(包括地表水和地下水)功能区划、海洋功能区划、近岸海域环境功能区划、保护目标及各功能区水质达标情况,主要水污染因子和特征污染因子、主要水污染物排放总量及其控制目标、地表水控制断面位置及达标情况、主要水污染源分布和污染贡献率(包括工业、农业和生活污染源)、单位国内生产总值废水及主要水污染物排放量,并附水功能区划图、控制断面位置图、海洋功能区划图、近岸海域环境功能区划图、主要水污染源排放口分布图和现状监测点位图。

② 大气环境功能区划、保护目标及各功能区环境空气质量达标情况、主要大气污染因子和特征污染因子、主要大气污染物排放总量及其控制目标、主要大气污染源分布和污染贡献率(包括工业、农业和生活污染源)、单位国内生产总值主要大气污染物排放量,并附大气环境功能区划图、重点污染源分布图和现状监测点位图。

③ 声环境功能区划、保护目标及各功能区声环境质量达标情况,并附声环境功能区划图和现状监测点位图。

④ 主要土壤类型及其分布、土壤肥力与使用情况、土壤污染的主要来源及土壤环境质量现状,并附土壤类型分布图。

⑤ 生态系统的类型(森林、草原、荒漠、冻原、湿地、水域、海洋、农田、城镇等)及其结构、功能和过程;植物区系与主要植被类型,特有、狭域、珍稀、濒危野生动植物的种类、分布和生境状况,生态功能区划与保护目标要求,生态管控红线等;主要生态问题的类型、成因、空间分布、发生特点等;附生态功能区划图、重点生态功能区划图及野生动植物分布图等。

⑥ 固体废物(一般工业固体废物、一般农业固体废物、危险废物、生活垃圾)产生量及单位国内生产总值固体废物产生量,危险废物的产生量、产生源分布等。

⑦ 调查环境敏感区的类型、分布、范围、敏感性(或保护级别)、主要保护对象及相关环境保护要求等,并附相关图件。

2. 现状分析与评价

(1)资源利用现状评价

根据评价范围内各类资源的供需状况和利用效率等,分析区域资源利用和保护中存在的问题。

(2) 环境与生态现状评价

按照环境功能区划的要求,评价区域水环境质量、大气环境质量、土壤环境质量、声环境质量现状和变化趋势,分析影响其质量的主要污染因子和特征污染因子及其来源;评价区域环保设施的建设与运营情况,分析区域水环境(包括地表水、地下水、海水)保护、主要环境敏感区保护、固体废物处置等方面存在的问题及原因,以及目前需解决的主要环境问题。

根据生态功能区划的要求,评价区域生态系统的组成、结构与功能状况,分析生态系统面临的压力和存在的问题,生态系统的变化趋势和变化的主要原因。评价生态系统的完整性和敏感性。当评价区面积较大且生态系统状况差异也较大时,应进行生态环境敏感性分级、分区,并附相应的图表。当评价区域涉及受保护的敏感物种时,应分析该敏感物种的生态学特征;当评价区域涉及生态敏感区时,应分析其生态现状、保护现状和存在的问题等。明确目前区域生态保护和建设方面存在的主要问题。

分析评价区域已发生的环境风险事故的类型、原因及造成的环境危害和损失,分析区域环境风险防范方面存在的问题。

分性别、年龄段分析评价区域的人群健康状况和存在的问题。

(3) 主要行业经济和污染贡献率分析

分析评价区域主要行业的经济贡献率、资源消耗率(该行业的资源消耗量占资源消耗总量之比)和污染贡献率(该行业的污染物排放量占污染物排放总量之比),并与国内先进水平、国际先进水平进行对比分析,评价区域主要行业的资源、环境效益水平。

(4) 环境影响回顾性评价

结合区域发展的历史或上一轮规划的实施情况,对区域生态系统的变化趋势和环境质量的变化情况进行分析与评价,重点分析评价区域存在的主要生态、环境问题和人群健康状况与现有的开发模式、规划布局、产业结构、产业规模和资源利用效率等方面的关系。提出本次规划应关注的资源、环境、生态问题,以及解决问题的途径,并为本次规划的环境影响预测提供类比资料和数据。

基于上述现状评价和规划分析结果,结合环境影响回顾与环境变化趋势分析结论,重点分析评价区域环境现状和环境质量、生态功能与环境保护目标间的差距,明确提出规划实施的资源与环境制约因素。

现状调查的方式和方法主要有:资料收集、现场踏勘、环境监测、生态调查、问卷调查、访谈、座谈会等。

现状分析与评价的方式和方法主要有:专家咨询、指数法(单指数、综合指数)、类比分析、叠图分析、灰色系统分析、生态学分析法(生态系统健康评价法、生物多样性评价法、生态机理分析法、生态系统服务功能评价方法、生态环境敏感性评价方法、景观生态学法等)。

6.8.5 环境影响识别与评价指标体系的构建

1. 环境影响的识别

重点从规划的目标、规模、布局、结构、建设时序及规划包含的具体建设项目等方面,全面识别规划要素对资源和环境造成影响的途径与方式,以及影响的性质、范围和程度。如果规划分为近期、中期、远期或其他时段,还应识别不同时段的影响。

识别规划实施的有利影响或不良影响,重点识别可能造成的重大不良环境影响,包括直接影响、间接影响、短期影响、长期影响,各种可能发生的区域性、综合性、累积性的环境影响或环境风险。

对于某些有可能产生具有难降解、易生物蓄积、长期接触对人体和生物产生危害作用的重金属污染物、无机和有机污染物、放射性污染物、微生物等的规划,还应识别规划实施产生的污染物与人体接触的途径、方式(如经皮肤、口或鼻腔等)以及可能造成的人群健康影响。

对资源、环境要素的重大不良影响,可从规划实施是否导致区域环境功能变化、资源与环境利用严重冲突、人群健康状况发生显著变化三个方面进行分析与判断:

① 导致区域环境功能变化的重大不良环境影响,主要包括规划实施使环境敏感区、重点生态功能区等重要区域的组成、结构、功能发生显著不良变化或导致其功能丧失,或使评价范围内的环境质量显著下降(环境质量降级)或导致功能区主要功能丧失。

② 导致资源、环境利用严重冲突的重大不良环境影响,主要包括规划实施与规划范围内或相邻区域内的其他资源开发利用规划和环境保护规划等产生的显著冲突,规划实施导致的环境变化对规划范围内或相关区域内的特殊宗教、民族或传统生产、生活方式产生的显著不良

影响，规划实施可能导致的跨行政区、跨流域以及跨国界的显著不良影响。

③ 导致人群健康状况发生显著变化的重大不良环境影响，主要包括规划实施导致具有难降解、易生物蓄积、长期接触对人体和生物产生危害作用的重金属污染物、无机和有机污染物、放射性污染物、微生物等在水、大气和土壤环境介质中显著增加，对农牧渔产品的污染风险显著增加，规划实施导致人居生态环境发生显著不良变化。

通过环境影响识别，以图、表等形式，建立规划要素与资源、环境要素之间的动态响应关系，给出各规划要素对资源、环境要素的影响途径，从中筛选出受规划影响大、范围广的资源、环境要素，作为分析、预测与评价的重点内容。

2. 环境目标与评价指标的确定

环境目标是开展规划环境影响评价的依据。规划在不同规划时段应满足的环境目标可根据国家和区域确定的可持续发展战略、环境保护的政策与法规、资源利用的政策与法规、产业政策、上层位规划，规划区域、规划实施直接影响的周边地域的生态功能区划和环境保护规划、生态建设规划确定的目标，环境保护行政主管部门以及区域、行业的其他环境保护管理要求确定。

评价指标是量化了的环境目标，一般首先将环境目标分解成环境质量、生态保护、资源利用、社会与经济环境等评价主题，再筛选确定表征评价主题的具体评价指标，并将现状调查与评价中确定的规划实施的资源与环境制约因素作为评价指标筛选的重点。

环境影响识别与评价指标确定的方式和方法主要有：核查表、矩阵分析、网络分析、系统流图、叠图分析、灰色系统分析、层次分析、情景分析、专家咨询、类比分析、压力-状态-响应分析等。

6.8.6　环境影响预测与评价

环境影响预测与评价一般包括规划开发强度的分析，水环境（包括地表水、地下水、海水）、大气环境、土壤环境、声环境的影响，对生态系统完整性及景观生态格局的影响，对环境敏感区和重点生态功能区的影响，资源与环境承载能力的评估等内容。

1. 环境影响预测与评价的内容

（1）规划开发强度分析

通过规划要素的深入分析，选择与规划方案性质、发展目标等相近的国内外同类型已实施规划进行类比分析（如区域已开发，可采用环境影响回顾性分析的资料），依据现状调查与评价的结果，同时考虑科技进步和能源替代等因素，结合不确定性分析设置的不同发展情景，采用负荷分析、投入产出分析等方法，估算关键性资源的需求量和污染物（包括影响人群健康的特定污染物）的排放量。

选择与规划方案和规划所在区域生态系统（组成、结构、功能等）相近的已实施规划进行类比分析，依据生态现状调查与评价的结果，同时考虑生态系统自我调节和生态修复等因素，结合不确定性分析设置的不同发展情景，采用专家咨询、趋势分析等方法，估算规划实施的生态影响范围和持续时间，以及主要生态因子的变化量（如生物量、植被覆盖率、珍稀濒危和特有物种生境损失量、水土流失量、斑块优势度等）。

（2）影响预测与评价

预测不同发展情景下规划实施产生的水污染物对受纳水体稀释扩散能力、水质、水体富营养化和河口咸水入侵等的影响;对地下水水质、流场和水位的影响;对海域水动力条件、水环境质量的影响。明确影响的范围与程度或变化趋势,评价规划实施后受纳水体的环境质量能否满足相应功能区的要求,并绘制相应的预测与评价图件。

预测不同发展情景规划实施产生的大气污染物对环境敏感区和评价范围内大气环境的影响范围与程度或变化趋势,在叠加环境现状本底值的基础上,分析规划实施后区域环境空气质量能否满足相应功能区的要求,并绘制相应的预测与评价图件。

声环境影响预测与评价按照 HJ 2.4 中关于规划环境影响评价声环境影响评价的要求执行。

预测不同发展情景下规划实施产生的污染物对区域土壤环境影响的范围与程度或变化趋势,评价规划实施后土壤环境质量能否满足相应标准的要求,进而分析对区域农作物、动植物等造成的潜在影响,并绘制相应的预测与评价图件。

预测不同发展情景对区域生物多样性(主要是物种多样性和生境多样性)、生态系统连通性、破碎度及功能等的影响性质与程度,评价规划实施对生态系统完整性及景观生态格局的影响,明确评价区域主要生态问题(如生态功能退化、生物多样性丧失等)的变化趋势,分析规划是否符合有关生态红线的管控要求。对规划区域进行了生态敏感性分区的,还应评价规划实施对不同区域的影响后果,以及规划布局的生态适宜性。

预测不同发展情景对自然保护区、饮用水水源保护区、风景名胜区、基本农田保护区、居住区、文化教育区域等环境敏感区、重点生态功能区和重点环境保护目标的影响,评价其是否符合相应的保护要求。

对于某些有可能产生具有难降解、易生物蓄积、长期接触对人体和生物产生危害作用的重金属污染物、无机和有机污染物、放射性污染物、微生物等的规划,根据这些特定污染物的环境影响预测结果及其可能与人体接触的途径与方式,分析可能受影响的人群范围、数量和敏感人群所占的比例,开展人群健康影响状况分析。鼓励通过剂量—反应关系模型和暴露评价模型,定量预测规划实施对区域人群健康的影响。

对于规划实施可能产生重大环境风险源的,应进行危险源、事故概率、规划区域与环境敏感区及环境保护目标相对位置关系等方面的分析,开展环境风险评价;对于规划范围涉及生态脆弱区域或重点生态功能区的,应开展生态风险评价。

对于工业、能源、自然资源开发等专项规划和开发区、工业园区等区域开发类规划,应进行清洁生产分析,重点评价产业发展的单位国内生产总值或单位产品的能源、资源利用效率和污染物排放强度、固体废物综合利用率等的清洁生产水平;对于区域建设和开发利用规划,以及工业、农业、畜牧业、林业、能源、自然资源开发的专项规划,需要进行循环经济分析,重点评价污染物综合利用途径与方式的有效性和合理性。

(3) 累积环境影响预测与分析

识别和判定规划实施可能发生累积环境影响的条件、方式和途径,预测和分析规划实施与其他相关规划在时间和空间上累积的资源、环境、生态影响。

(4) 资源与环境承载力评估

评估资源(水资源、土地资源、能源、矿产等)与环境承载能力的现状及利用水平,在充分考虑累积环境影响的情况下,动态分析不同规划时段可供规划实施利用的资源量、环境容量及总量控制指标,重点判定区域资源与环境对规划实施的支撑能力,重点判定规划实施是否导致生

态系统主导功能发生显著不良变化或丧失。

2. 规划开发强度分析的方式和方法

规划开发强度分析的方式和方法主要有：情景分析、负荷分析(单位国内生产总值物耗、能耗和污染物排放量等)、趋势分析、弹性系数法、类比分析、对比分析、投入产出分析、供需平衡分析、专家咨询等。

环境要素影响预测与评价的方式和方法可参照 HJ 2.2、HJ/T 2.3、HJ 2.4、HJ 19、HJ 610、HJ 624、HJ 627 执行。

累积影响评价的方式和方法主要有：矩阵分析、网络分析、系统流图、叠图分析、情景分析、数值模拟、生态学分析法、灰色系统分析法、类比分析等。

环境风险评价的方式和方法主要有：灰色系统分析法、模糊数学法、数值模拟、风险概率统计、事件树分析、生态学分析法、类比分析等。

资源与环境承载力评估的方式和方法主要有：情景分析、类比分析、供需平衡分析、系统动力学法、生态学分析法等。

6.8.7　规划方案综合论证和优化调整建议

依据环境影响识别后建立的规划要素与资源、环境要素之间的动态响应关系，综合各种资源与环境要素的影响预测和分析、评价结果，论证规划的目标、规模、布局、结构等规划要素的合理性以及环境目标的可达性，动态判定不同规划时段、不同发展情景下规划实施有无重大资源、生态、环境制约因素，详细说明制约的程度、范围、方式等，进而提出规划方案的优化调整建议和评价推荐的规划方案。

规划方案的综合论证包括环境合理性论证和可持续发展论证两部分内容。其中，前者侧重于从规划实施对资源、环境整体影响的角度，论证各规划要素的合理性；后者则侧重于从规划实施对区域经济、社会与环境效益贡献，以及协调当前利益与长远利益之间关系的角度，论证规划方案的合理性。

1. 规划方案的环境合理性论证

① 基于区域发展与环境保护的综合要求，结合规划协调性分析结论，论证规划目标与发展定位的合理性。

② 基于资源与环境承载力评估结论，结合区域节能减排和总量控制等要求，论证规划规模的环境合理性。

③ 基于规划与重点生态功能区、环境功能区划、环境敏感区的空间位置关系，对环境保护目标和环境敏感区的影响程度，结合环境风险评价的结论，论证规划布局的环境合理性。

④ 基于区域环境管理和循环经济发展要求，以及清洁生产水平的评价结果，重点结合规划重点产业的环境准入条件，论证规划能源结构、产业结构的环境合理性。

⑤ 基于规划实施环境影响评价结果，重点结合环境保护措施的经济技术可行性，论证环境保护目标与评价指标的可达性。

2. 规划方案的可持续发展论证

从保障区域、流域可持续发展的角度，论证规划实施能否使其消耗(或占用)资源的市场供求状况有所改善，能否解决区域、流域经济发展的资源瓶颈；论证规划实施能否使其所依赖的

生态系统保持稳定，能否使生态服务功能逐步提高；论证规划实施能否使其所依赖的环境状况整体改善。

综合分析规划方案的先进性和科学性，论证规划方案与国家全面协调可持续发展战略的符合性，可能带来的直接和间接的社会、经济、生态环境效益，对区域经济结构的调整与优化的贡献程度，以及对区域社会发展和社会公平的促进性等。

3. 不同类型规划方案综合论证重点

进行综合论证时，可针对不同类型和不同层级规划的环境影响特点，突出论证重点。

① 对资源、能源消耗量大，污染物排放量高的行业规划，重点从区域资源、环境对规划的支撑能力、规划实施对敏感环境保护目标与节能减排目标的影响程度、清洁生产水平、人群健康影响状况等方面，论述规划确定的发展规模、布局(及选址)和产业结构的合理性。

② 对土地利用的有关规划和区域、流域、海域的建设、开发利用规划，以及农业、畜牧业、林业、能源、水利、旅游、自然资源开发专项规划，重点从规划实施对生态系统及环境敏感区组成、结构、功能所造成的影响，以及潜在的生态风险，论述规划方案的合理性。

③ 对公路、铁路、航运等交通类规划，重点从规划实施对生态系统组成、结构、功能所造成的影响、规划布局与评价区域生态功能区划、景观生态格局之间的协调性，以及规划的能源利用和资源占用效率等方面，论述交通设施结构、布局等的合理性。

④ 对于开发区及产业园区等规划，重点从区域资源、环境对规划实施的支撑能力、规划的清洁生产与循环经济水平、规划实施可能造成的事故性环境风险与人群健康影响状况等方面，综合论述规划选址及各规划要素的合理性。

⑤ 城市规划、国民经济与社会发展规划等综合类规划，重点从区域资源、环境及城市基础设施对规划实施的支撑能力能否满足可持续发展要求，能否改善人居环境质量，能否优化城市景观生态格局，能否促进两型社会建设和生态文明建设等方面，综合论述规划方案的合理性。

4. 规划方案的优化调整建议

根据规划方案的环境合理性和可持续发展论证结果，对规划要素提出明确的优化调整建议，特别是出现以下情形时：

① 规划的目标、发展定位与国家级、省级主体功能区规划要求不符。

② 规划的布局和规划包含的具体建设项目选址、选线与主体功能区规划、生态功能区划、环境敏感区的保护要求发生严重冲突。

③ 规划本身或规划包含的具体建设项目属于国家明令禁止的产业类型或不符合国家产业政策、环境保护政策(包括环境保护相关规划、节能减排和总量控制要求等)。

④ 规划方案中配套建设的生态保护和污染防治措施实施后，区域的资源、环境承载力仍无法支撑规划的实施，或仍可能造成重大的生态破坏和环境污染。

⑤ 规划方案中有依据现有知识水平和技术条件，无法或难以对其产生的不良环境影响的程度或者范围做出科学、准确判断的内容。

规划的优化调整建议应全面、具体、可操作。如对规划规模(或布局、结构、建设时序等)提出了调整建议，应明确给出调整后的规划规模(或布局、结构、建设时序等)，并保证调整后的规划方案实施后资源与环境承载力可以支撑。

将优化调整后的规划方案作为评价推荐的规划方案。

6.8.8　环境影响减缓措施

环境影响减缓对策和措施包括影响预防、影响最小化及对造成的影响进行全面修复补救三方面的内容：

① 预防对策和措施可从建立健全环境管理体系、建议发布的管理规章和制度、划定禁止和限制开发区域、设定环境准入条件、建立环境风险防范与应急预案等方面提出。

② 影响最小化对策和措施可从环境保护基础设施和污染控制设施建设方案、清洁生产和循环经济实施方案等方面提出。

③ 修复补救措施主要包括生态修复与建设、生态补偿、环境治理、清洁能源与资源替代等措施。

如果规划方案中包含具体的建设项目，那么还应针对建设项目所属行业特点及其环境影响特征，提出建设项目环境影响评价的重点内容和基本要求，并依据本规划环境影响评价的主要评价结论提出相应的环境准入（包括选址或选线、规模、清洁生产水平、节能减排、总量控制和生态保护要求等）、污染防治措施建设和环境管理等要求。同时，在充分考虑规划编制时设定的某些资源、环境基础条件随区域发展发生变化的情况下，提出建设项目环境影响评价内容的具体简化建议。

6.8.9　环境影响跟踪评价

对于可能产生重大环境影响的规划，在编制规划环境影响评价文件时，应拟定跟踪评价方案，对规划的不确定性提出管理要求，对规划实施全过程产生的实际资源、环境、生态影响进行跟踪监测。

跟踪评价取得的数据、资料和评价结果应能够为规划的调整及下一轮规划的编制提供参考，同时为规划实施区域的建设项目管理提供依据。

跟踪评价方案一般包括评价的时段、主要评价内容、资金来源、管理机构设置及其职责定位等。其中，主要评价内容包括：对规划实施全过程中已经或正在造成的影响提出监控要求，明确需要进行监控的资源、环境要素及其具体的评价指标，提出实际产生的环境影响与环境影响评价文件预测结果之间的比较分析和评估的主要内容；对规划实施中所采取的预防或者减轻不良环境影响的对策和措施提出分析和评价的具体要求，明确评价对策和措施有效性的方式、方法和技术路线；明确公众对规划实施区域环境与生态影响的意见和对策建议的调查方案；提出跟踪评价结论的内容要求（环境目标的落实情况等）。

6.8.10　评价结论

在评价结论中应明确给出：

① 评价区域的生态系统完整性和敏感性、环境质量现状和变化趋势，资源利用现状，明确对规划实施具有重大制约的资源、环境要素。

② 规划实施可能造成的主要生态、环境影响预测结果和风险评价结论；对水、土地、生物资源和能源等的需求情况。

③ 规划方案的综合论证结论，主要包括规划的协调性分析结论，规划方案的环境合理性和可持续发展论证结论，环境保护目标与评价指标的可达性评价结论，规划要素的优化调整建

议等。

④ 规划的环境影响减缓对策和措施，主要包括环境管理体系构建方案、环境准入条件、环境风险防范与应急预案的构建方案、生态建设和补偿方案、规划包含的具体建设项目环境影响评价的重点内容和要求等。

⑤ 跟踪评价方案，跟踪评价的主要内容和要求。

⑥ 公众参与意见和建议处理情况，不采纳意见的理由说明。

6.9 建设项目环境风险评价技术导则

6.9.1 环境风险评价概述

涉及有毒有害和易燃易爆物质的生产、使用、贮运等的新建、改建、扩建和技术改造项目（不包括核建设项目），须进行环境风险评价。

环境风险评价的目的是分析和预测建设项目存在潜在的危险、有害因素，建设项目建设和运行期间可能发生的突发性事件或事故（一般不包括人为破坏及自然灾害），引起有毒有害和易燃易爆等物质泄漏造成的人身安全与环境影响和损害程度，提出合理可行的防范、应急与减缓措施，以使建设项目事故率、损失和环境影响达到可接受水平。

环境风险评价应把事故引起厂界（场界）外人群的伤害、环境质量的恶化及对生态系统影响的预测和防护作为评价重点。

6.9.2 评价工作等级

根据评价项目的物质危险性和功能单元重大危险源判定结果，以及环境敏感程度等因素，将环境风险评价工作划分为一、二级。

经过对建设项目的初步工程分析，选择生产、加工、运输、使用或贮存中涉及的1～3个主要化学品，进行物质危险性判定。根据建设项目初步工程分析，划分功能单元。凡生产、加工、运输、使用或贮存危险性物质，且危险性物质的数量等于或超过临界量的功能单元的，定为重大危险源。评价工作级别划分见表6-12。

表6-12 评价工作级别（一、二级）

环境风险	剧毒危险性物质	一般毒性危险物质	可燃、易燃危险性物质	爆炸危险性物质
重大危险源	一	二	一	一
非重大危险源	二	二	二	二
环境敏感地区	一	一	一	一

一级评价应按照本标准对事故影响进行定量预测，说明影响范围和程度，提出防范、减缓和应急措施。二级评价可参照本标准进行风险识别、源项分析和对事故影响进行简要分析，提出防范、减缓和应急措施。

环境风险评价的工作程序见图6-3。

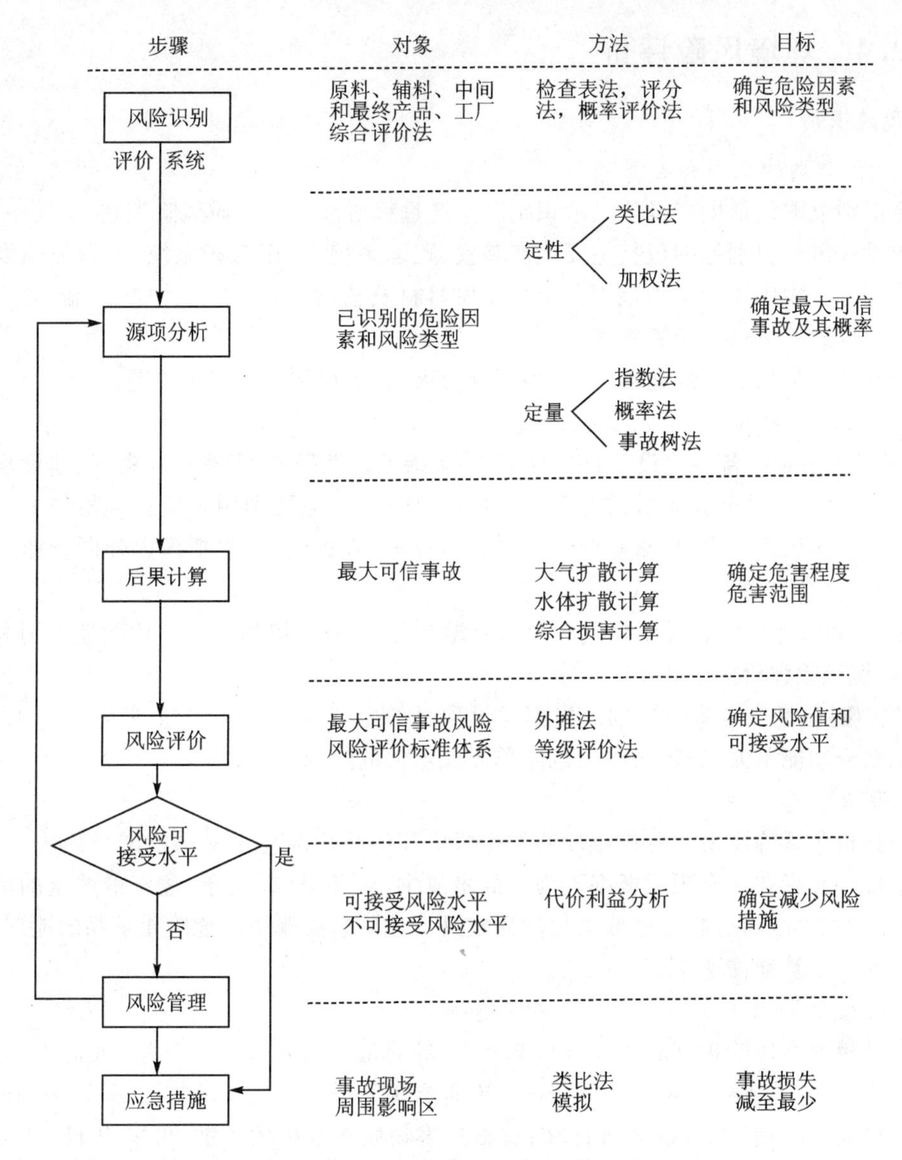

图 6-3　环境风险评价的工作程序

6.9.3　评价的基本内容

评价的基本内容包括风险识别、源项分析、后果计算、风险计算和评价、风险管理。

二级评价可选择风险识别、最大可信事故及源项、风险管理及减缓风险措施等项进行评价。

对危险化学品，按其伤害阈和《工业场所有害因素职业接触限值》及敏感区位置，确定影响评价范围。大气环境影响一级评价范围，距离源点不低于 5 km；二级评价范围，距离源点不低于 3 km 范围。地面水和海洋评价范围按《环境影响评价技术导则 地面水环境》规定执行。

6.9.4 环境风险评价

1. 风险识别

(1) 风险识别的范围和类型

风险识别范围包括生产设施风险识别和生产过程所涉及的物质风险识别。

生产设施风险识别范围包括主要生产装置、贮运系统、公用工程系统、工程环保设施及辅助生产设施等。物质风险识别范围包括主要原材料及辅助材料、燃料、中间产品、最终产品以及生产过程排放的“三废”污染物等。

根据有毒有害物质放散起因，风险类型分为火灾、爆炸和泄漏三种类型。

(2) 风险识别内容

① 资料收集和准备。建设项目工程资料，包括可行性研究、工程设计资料、建设项目安全评价资料、安全管理体制及事故应急预案资料；环境资料，包括利用环境影响报告书中有关厂址周边环境和区域环境资料，重点收集人口分布资料；事故资料，包括国内外同行业事故统计分析及典型事故案例资料。

② 物质危险性识别。对项目所涉及的有毒有害、易燃易爆物质进行危险性识别和综合评价，筛选环境风险评价因子。

③ 生产过程潜在危险性识别。根据建设项目的生产特征，结合物质危险性识别，对项目功能系统划分功能单元，确定潜在的危险单元及重大危险源。

(3) 源项分析

源项分析包括确定最大可信事故的发生概率和估算危险化学品的泄漏量两项工作内容。最大可信事故是指在所有预测概率不为零的事故中，对环境(或健康)危害最严重的事故。可以采用事件树、事故树分析方法或类比法确定最大可信事故概率。危险化学品的泄漏量，通过确定泄漏时间估算泄漏速率。

(4) 后果计算

后果计算是在风险识别和源项分析基础上，针对最大可信事故对环境(或健康)造成的危害和影响进行预测，确定影响范围和程度。有毒有害物质在大气中的扩散，采用多烟团模式或分段烟羽模式、重气体扩散模式等计算；有毒有害物质在水中的扩散，可采用 HJ/T 2.3 推荐的地表水扩散数学模式、湖泊扩散数学模式。突发性事故泄漏形成的油膜(或油块)，按对流扩散方程计算，突发事故溢油的油膜计算，采用 P. C. Blokker 公式。有毒有害物质在海洋的扩散模式，采用《海洋工程环境影响评价技术导则》推荐的模式。

(5) 风险计算和评价

1) 风险评价原则

大气环境风险评价，首先计算浓度分布，然后按《工作场所有害因素职业接触限值》规定的短时间接触允许浓度给出该浓度分布范围及在该范围内的人口分布。水环境风险评价，以水体中污染物浓度分析，包括面积及污染物质质点轨迹漂移等指标进行分析，浓度分布以对水生生态损害阈做比较。对以生态系统损害为特征的事故风险评价，按损害的生态资源价值进行比较分析，给出损害范围和损害值。鉴于目前毒理学研究资料的局限性，风险值计算对急性死亡、非急性死亡的致伤、致残、致畸、致癌等慢性损害后果尚不计入。

2）风险值

风险值是风险评价表征量，包括事故的发生概率和事故的危害程度，风险值定义为

$$风险值\left(\frac{后果}{时间}\right)=概率\left(\frac{事故数}{单位时间}\right)\times危害程度\left(\frac{后果}{每次事故}\right) \tag{6-6}$$

风险可接受分析采用最大可信灾害事故风险值 R_{max} 与同行业可接受风险水平 R_L 比较：$R_{max}\leqslant R_L$，则认为项目风险水平可以接受。$R_{max}>R_L$，则认为项目需要采取降低事故风险的措施，以达到可接受水平，否则建设项目不可接受。

（6）风险管理

当风险评价结果表明风险值达不到可接受水平时，为减轻和消除对环境的危害，应当采取减缓措施和应急预案，这就是风险管理的主要内容。

风险防范措施主要包括：选址、总图布置和建筑安全防范措施；危险化学品贮运安全防范措施；工艺技术设计安全防范措施；自动控制设计安全防范措施；电气、电讯安全防范措施；消防及火灾报警系统；紧急救援站或有毒气体防护站设计。

应确定不同的事故应急响应级别，根据不同级别制定应急预案。具体要求见表 6－13。

表 6－13　应急预案内容

序　号	项　目	内容及要求
1	应急计划区	危险目标：装置区、贮罐区、环境保护目标
2	应急组织机构、人员	工厂、地区应急组织机构、人员
3	预案分级响应条件	规定预案的级别及分级响应程序
4	应急救援保障	应急设施，设备和器材等
5	报警、通信联络方式	规定应急状态下的报警、通信、通知方式和交通保障、管制
6	应急环境监测、抢险、救援及控制措施	由专业队伍负责对事故现场进行侦察监测，对事故性质、参数与后果进行评估，为指挥部门提供决策依据
7	应急检测、防护措施、清除泄漏措施和器材	事故现场、邻近区域、控制防火区域，控制和清除污染措施及相应设备
8	人员紧急撤离、疏散，应急剂量控制，撤离组织计划	事故现场、工厂邻近区、受事故影响的区域人员及公众对毒物应急剂量控制规定，撤离组织计划及救护，医疗救护与公众健康
9	事故应急救援关闭程序与恢复措施	规定应急状态终止程序；事故现场善后处理，恢复措施；邻近区域解除事故警戒及善后恢复措施
10	应急培训计划	应急计划制订后，平时安排人员培训与演练
11	公众教育和信息	对工厂邻近地区开展公众教育、培训和发布相关信息

6.10　建设项目竣工环境保护验收技术规范——生态影响类

6.10.1　总　则

1. 适用范围

适用于交通运输（公路、铁路、城市道路和轨道交通、港口和航运、管道运输等）、水利水电、石油和天然气开采、矿山采选、电力生产（风力发电）、农业、林业、牧业、渔业、旅游等行业和海洋、海岸带开发、高压输变电线路等主要对生态造成影响的建设项目，以及区域、流域开发项目竣工环境保护验收调查工作，其他涉及生态影响的项目可参照执行。

验收调查可分为准备、初步调查、编制实施方案、详细调查、编制调查报告五个阶段。

2. 验收调查分类管理要求

根据国家建设项目环境保护分类管理的规定，编制环境影响报告书的建设项目，应编制建设项目竣工环境保护验收调查报告；编制环境影响报告表的建设项目，应编制建设项目环境保护验收调查表；填报环境影响登记表的建设项目，应填写建设项目竣工环境保护验收登记卡。

3. 验收调查时段和范围

根据工程建设过程，验收调查时段一般分为工程前期、施工期、试运行期三个时段。

验收调查范围原则上与环境影响评价文件的评价范围一致；当工程实际建设内容发生变更或环境影响评价文件未能全面反映项目建设的实际生态影响和其他环境影响时，根据工程实际变更和实际环境影响情况，结合现场踏勘对调查范围进行适当调整。

4. 验收调查标准及指标

① 原则上采用建设项目环境影响评价阶段经环境保护部门确认的环境保护标准与环境保护设施工艺指标进行验收，对已修订新颁布的环境保护标准，应提出验收后按新标准进行达标考核的建议。

② 确定标准及指标的原则：

- 环境影响评价文件和环境影响评价审批文件中有明确规定的按其规定作为验收标准；
- 环境影响评价文件和环境影响评价审批文件中没有明确规定的，可按法律、法规、部门规章的规定，参考国家、地方或发达国家环境保护标准；
- 现阶段暂时没有环境保护标准的，可按实际调查情况给出结果。

③ 标准及指标的来源：

- 国家和地方已颁布的与环境保护相关的法律、法规、标准（包括环境质量标准、污染物排放标准、环境保护行政主管部门批准的总量控制指标）及法规性文件；
- 生态背景或本底值，以项目所在地及区域生态背景值或本底值作为参照指标，如重要生态敏感目标分布、重要生物物种和资源的分布、植被覆盖率与生物量、土壤背景值、水土流失本底值等。

④ 生态验收调查指标：

建设项目涉及的指标：工程基本特征、占地（永久占地和临时占地）数量、土石方量、防护工程量、绿化工程量等。

建设项目环境影响指标：对于不同行业的生态影响类建设项目的环境影响之间的差异，指标可针对项目的具体影响对象筛选，也可按照环境影响评价文件、环境影响评价审批文件及设计文件中提出的指标开展调查工作。

5. 验收调查运行工况要求

对于公路、铁路、轨道交通等线性工程以及港口项目，验收调查应在工况稳定、生产负荷达到近期预测生产能力（或交通量）75% 以上的情况下进行；如果短期内生产能力（或交通量）确实无法达到设计能力 75% 或以上的，验收调查应在主体工程运行稳定、环境保护设施运行正常的条件下进行，注明实际调查工况，并按环境影响评价文件近期的设计能力（或交通量）对主

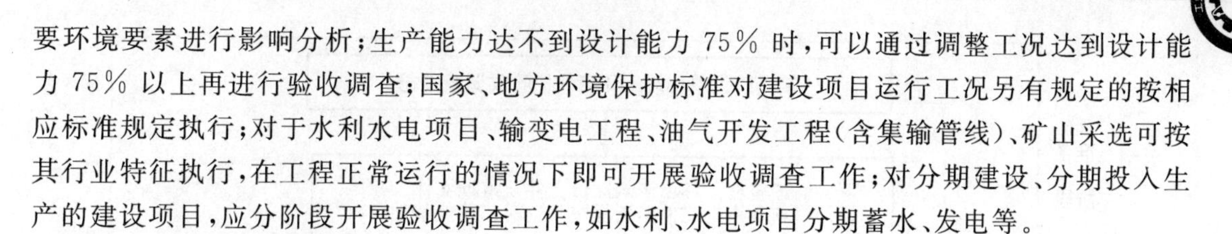

要环境要素进行影响分析；生产能力达不到设计能力 75% 时，可以通过调整工况达到设计能力 75% 以上再进行验收调查；国家、地方环境保护标准对建设项目运行工况另有规定的按相应标准规定执行；对于水利水电项目、输变电工程、油气开发工程（含集输管线）、矿山采选可按其行业特征执行，在工程正常运行的情况下即可开展验收调查工作；对分期建设、分期投入生产的建设项目，应分阶段开展验收调查工作，如水利、水电项目分期蓄水、发电等。

6. 验收调查的重点

核查实际工程内容及方案设计变更情况；环境敏感目标基本情况及变更情况；实际工程内容及方案设计变更造成的环境影响变化情况；环境影响评价制度及其他环境保护规章制度执行情况；环境影响评价文件及环境影响评价审批文件中提出的主要环境影响；环境质量和主要污染因子达标情况；环境保护设计文件、环境影响评价文件及环境影响评价审批文件中提出的环境保护措施落实情况及其效果、污染物排放总量控制要求落实情况、环境风险防范与应急措施落实情况及有效性；工程施工期和试运行期实际存在的及公众反映强烈的环境问题；验证环境影响评价文件对污染因子达标情况的预测结果；工程环境保护投资情况。

7. 验收调查工作程序

验收调查工作可分为准备、初步调查、编制实施方案、详细调查、编制调查报告五个阶段，见图 6－4。

6.10.2　验收调查准备阶段的技术要求

1. 资料收集

环境影响评价文件及环境影响评价审批文件，包括：建设项目环境影响评价文件、环境保护行政主管部门对建设项目环境影响评价文件的审批意见、行业主管部门或国家级总公司对建设项目环境影响评价文件的预审意见、建设项目所在地环境保护行政主管部门对环境影响评价文件的审查意见。

工程资料及审批文件，包括：建设项目初步设计及其环境保护篇章；建设项目施工设计；建设项目竣工统计资料；施工总结报告（涉及环境保护部分）；工程交工报告；工程监理总结报告（含环境监理）；项目有关合同协议，如农田补偿协议，生态恢复工程合同，委托处理废水、废气和噪声的相关文件和合同；有关部门管理要求，如水土保持方案报告、有关规划等；建设项目的工程情况，如工程建设内容、规模、生产工艺、原辅材料、工艺流程，实际建设过程中环境保护设施和措施的工艺、流程图等；其他基础资料和各类审批文件；申请建设项目竣工环境保护验收的函。

2. 现场勘察

（1）勘察目的

对建设项目主体工程、生态保护措施及配套建设的环境保护设施逐项进行实地核查，并结合验收调查重点有针对性地制定验收调查方案。

（2）勘察内容

在收集、研阅资料的基础上，针对建设项目的建设内容、环境保护设施及措施情况进行现场调查；核实工程技术文件、资料的准确性，包括主体工程的完成及变更情况；逐一核实环境影响评价文件及环境影响评价审批文件要求的环境保护设施和措施的落实情况；调查工程影响

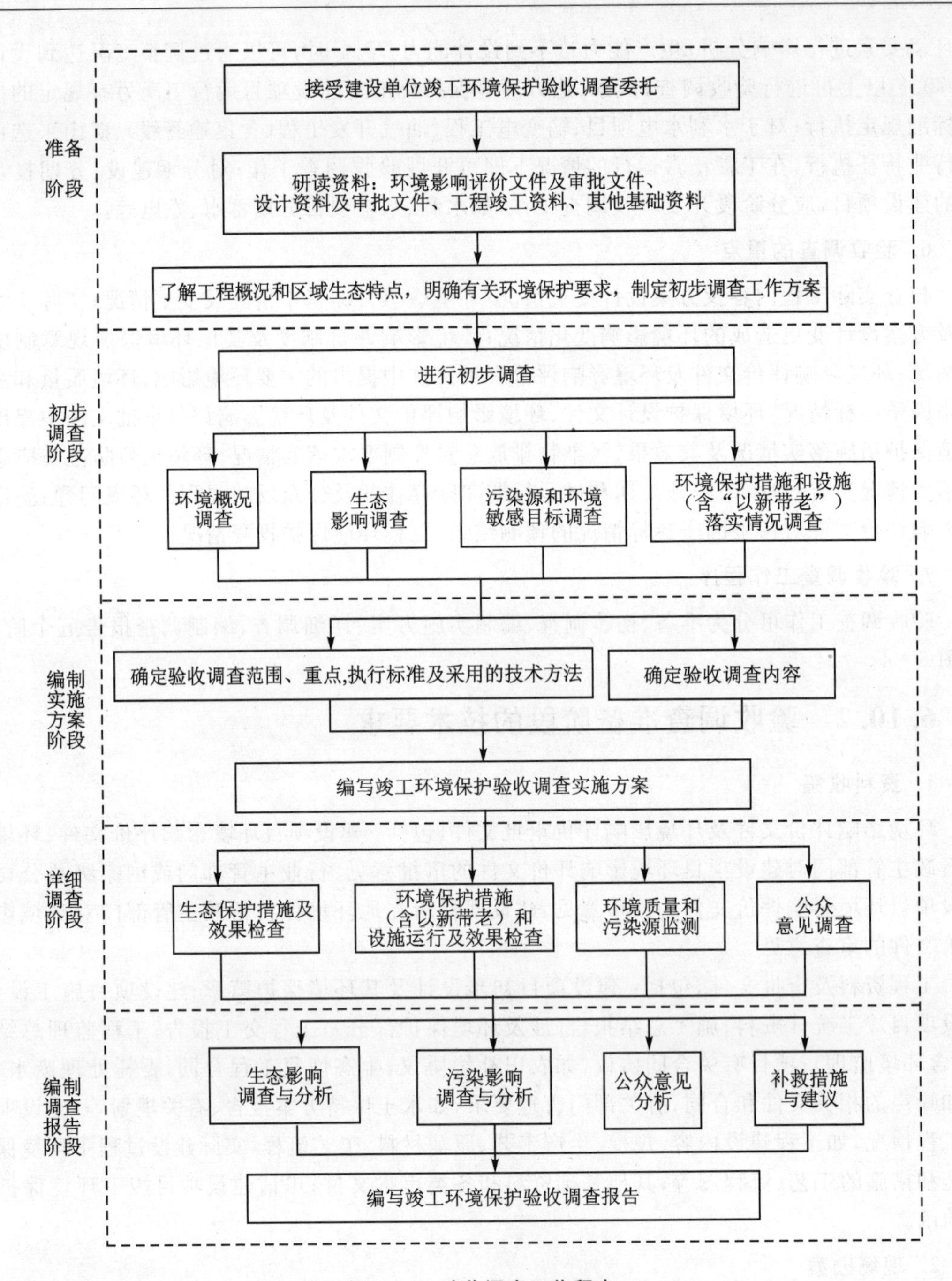

图 6-4　验收调查工作程序

区域内环境敏感目标情况，包括规模、与工程的位置关系、受影响情况等；核查工程实际环境影响情况及环境保护设施和措施的完成、运行情况；工程所在区域环境状况调查；环境保护管理机构和监测机构设置、人员配置及有关环境保护规章制度和档案建立情况。

6.10.3　验收调查的技术要求

1. 环境敏感目标调查

调查其地理位置、规模、与工程相对位置关系、所处环境功能区及保护内容等，附图、列表予以说明，并注明实际环境敏感目标与环境影响评价文件中的变化情况及变化原因。

2. 工程调查

① 工程建设过程：应说明建设项目立项时间和审批部门，初步设计完成及批复时间，环境影响评价文件完成及审批时间，工程开工建设时间，环境保护设施设计单位、施工单位和工程环境监理单位，投入试运行时间等。

② 工程概况：应明确建设项目所处的地理位置、项目组成、工程规模、工程量、主要经济或技术指标(可列表)、主要生产工艺及流程、工程总投资与环境保护投资(环境保护投资应列表分类详细列出)、工程运行状况等。工程建设过程中发生变更时，应重点说明其具体变更内容及有关情况。

③ 提供适当比例的工程地理位置图和工程平面图(线性工程给出线路走向示意图)，明确比例尺，工程平面布置图(或线路走向示意图)应标注主要工程设施和环境敏感目标。

3. 环境保护措施落实情况调查

① 概括描述工程在设计、施工、运行阶段针对生态影响、污染影响和社会影响所采取的环境保护措施，并对环境影响评价文件及环境影响评价审批文件所提各项环境保护措施的落实情况一一予以核实、说明。

② 给出环境影响评价、设计和实际采取的生态保护和污染防治措施对照、变化情况，并对变化情况予以必要的说明；对无法全面落实的措施，应说明实际情况并提出后续实施、改进的建议。

③ 生态影响的环境保护措施主要是针对生态敏感目标(水生、陆生)的保护措施，包括植被的保护与恢复措施、野生动物保护措施(如野生动物通道)、水环境保护措施、生态用水泄水建筑物及运行方案、低温水缓解工程措施、鱼类保护设施与措施、水土流失防治措施、土壤质量保护和占地恢复措施、自然保护区、风景名胜区、生态功能保护区等生态敏感目标的保护措施、生态监测措施等。

④ 污染影响的环境保护措施主要是指针对水、气、声、固体废物、电磁、振动等各类污染源所采取的保护措施。

⑤ 社会影响的环境保护措施主要包括移民安置、文物保护等方面所采取的保护措施。

4. 生态影响调查

(1) 调查内容

调查内容一般包括：工程沿线生态状况，珍稀动植物和水生生物的种类、保护级别和分布状况、鱼类三场分布等；工程占地情况调查，包括临时占地、永久占地，列表说明占地位置、用途、类型、面积、取弃土量(取弃土场)及生态恢复情况等；工程影响区域内水土流失现状、成因、类型，所采取的水土保持、绿化及措施的实施效果等；工程影响区域内自然保护区、风景名胜区、饮用水源保护区、生态功能保护区、基本农田保护区、水土流失重点防治区、森林公园、地质公园、世界遗产地等生态敏感目标和人文景观的分布状况，明确其与工程影响范围的相对位置关系、保护区级别、保护物种及保护范围等，提供适当比例的保护区位置图，注明工程相对位置、保护区位置和边界；工程影响区域内植被类型、数量、覆盖率的变化情况；工程影响区域内不良地质地段分布状况及工程采取的防护措施；工程影响区域内水利设施、农业灌溉系统分布状况及工程采取的保护措施；建设项目建设及运行改变周围水系情况时，应做水文情势调查，必要时须进行水生生态调查；如需进行植物样方、水生生态、土壤调查，应明确调查范围、位置、因子、频次，并提供调查点位图。上述内容可根据实际情况进行适当增减。

（2）生态影响调查方法

主要包括文件资料调查、现场勘察、公众意见调查和遥感调查。

（3）调查结果分析

包括自然生态影响调查结果、农业生态影响调查结果、水土流失影响调查结果、监测结果、措施有效性分析及补救措施与建议。

5. 水环境影响调查

（1）调查内容

- 与本工程相关的国家与地方水污染控制的环境保护政策、规定和要求；
- 水环境敏感目标及分布；
- 列表说明建设项目各设施的用水情况、污水排放及处理情况；
- 调查影响范围内地表水和地下水的分布、功能、使用情况及与本工程的关系，列表说明；
- 调查项目试运行期水环境风险事故应急机制及设施落实情况。

（2）调查结果分析

概括描述建设项目所在区域的水系、河流、水库、水源地、水环境敏感目标分布等基本情况，详细说明与建设项目相关水体的环境功能区划，水利水电项目必要时需说明工程影响区域内的水文情势。重点说明调查范围内河流、水库、水源地与建设项目的相对关系，并给出相应图表。

水污染源调查结果包括污水产生工艺（或环节）分析和水污染源排放情况调查；列表说明污染物来源、排放量、排放去向、主要污染物及采取的处理方式；提供污水处理工艺流程图，必要时需绘制水平衡图。

监测结果分析及措施有效性分析与建议。

6. 大气环境影响调查

（1）调查内容

- 与本工程相关的国家与地方大气污染控制的环境保护政策、规定和要求；
- 工程影响范围内大气环境敏感目标及分布，列表说明目标名称、位置、规模；
- 工程试运行以来的废气排放情况，列表说明废气产生源、排放量、排放特征等；
- 适当收集工程所在区域功能区划、气象资料等；
- 附以必要的图表。

（2）调查结果分析

概括描述与建设项目相关区域的环境功能区划，重点说明调查范围内环境敏感目标与建设项目的相对位置关系，必要时提供图表。

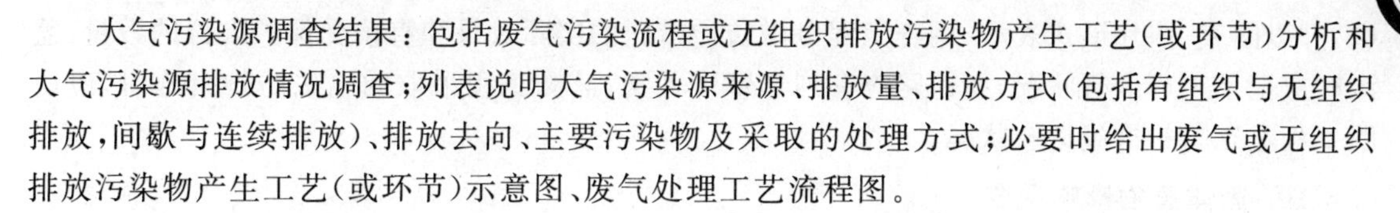

大气污染源调查结果：包括废气污染流程或无组织排放污染物产生工艺(或环节)分析和大气污染源排放情况调查；列表说明大气污染源来源、排放量、排放方式(包括有组织与无组织排放，间歇与连续排放)、排放去向、主要污染物及采取的处理方式；必要时给出废气或无组织排放污染物产生工艺(或环节)示意图、废气处理工艺流程图。

7. 声环境影响调查

(1) 调查内容

- 国家和地方与本工程相关的噪声污染防治的环境保护政策、规定和要求；
- 工程所在区域环境影响评价时和现状声环境功能区划资料；
- 工程影响范围内声环境敏感目标的分布、与工程相对位置关系(包括方位、距离、高差)、规模、建设年代、受影响范围，列表予以说明；
- 工程试运行以来的噪声情况(源强种类、声场特征、声级范围等)；
- 附以必要的图表。

(2) 调查结果分析

概述建设项目调查范围内声环境质量总体水平、区域声环境功能区划和噪声污染源特征，列表说明声环境敏感目标与工程的相对位置关系。

声环境质量调查：调查工程降噪措施的实际效果和直接受保护人群数量；调查工程运行状况，如铁路应有运行列车对数、公路应有车流量、管线工程应有输送量等；监测工程采取的噪声防护措施时，应说明降噪措施的完好程度与运行状况。

8. 环境振动影响调查

(1)调查内容

- 调查国家和地方与本工程相关的振动污染防治的环境保护政策、规定和要求；
- 振动敏感目标分布、与工程相对位置关系、规模、建设年代、受影响范围，列表予以说明；
- 调查工程试运行以来的振动情况(源强种类、特征及影响范围等)；
- 附以必要的图表。

(2) 调查结果分析

概述建设项目所在区域环境振动质量总体水平和振动污染源特征，列表说明振动敏感目标，明确敏感目标所处区域的振动标准限值要求。

环境振动质量调查：调查振动敏感目标的功能、规模、与工程相对关系、受影响范围和规模，附以必要图表和照片；调查工程减振措施的实际效果和直接受保护人群数量；记录工程运行状况；监测工程采取的振动防护措施时，应说明减振措施完好程度与运行状况。

9. 电磁环境影响调查

① 一般输变电项目、电气化铁道和轨道交通项目涉及此项工作内容，涉及的监测因子有工频电场强度、工频磁感应强度、无线电干扰场强、敏感目标电视收视信号场强等；以图表的方式说明电磁污染源或电磁敏感目标名称、位置。

② 调查结果分析。概述建设项目所在区域电磁环境质量总体水平和电磁污染源特征，列表说明电磁敏感目标。

电磁环境影响调查：调查敏感目标的功能、规模、与工程的相对位置关系及受影响的人数，并以图表、照片形式表示；调查工程电磁防护措施的实际效果和直接受保护人群的数量；监测时应记录工程运行状况，如铁路应有列车牵引种类；监测工程采取的电磁防护措施时，应说明工程电磁防护措施运转状况。

10. 固体废物影响调查

（1）调查内容

- 工程污染类固体废物处置相关的政策、规定和要求；
- 核查工程建设期和试运行期产生的固体废物的种类、属性、主要来源及排放量，并将危险固体废物、清库和清淤废物列为调查重点；
- 调查固体废物的处置方式，危险固体废物填埋区防渗措施应作为重点。

（2）调查结果分析

核查工程产生的固体废物的种类、属性、主要来源、排放量、处理（处置）方式，对危险固体废物、Ⅱ类一般固体废物的来源、排放量应重点说明。

11. 社会环境影响调查

（1）移民（拆迁）影响调查

调查内容主要包括：

- 移民（拆迁）区的分布及环境概况；
- 移民（拆迁）安置、迁建企业的实际规模、安置方式；
- 专项设施的影响及复建情况；
- 移民（拆迁）安置区的环境保护措施的落实及其效果。

调查结果分析：调查与分析移民（拆迁）安置区的环境保护措施落实情况；分析移民（拆迁）安置存在或潜在的环境问题，提出整改措施与建议。

（2）文物保护措施调查

调查建设项目施工区、永久占地及调查范围内的具有保护价值的文物，明确保护级别、保护对象、与工程的位置关系等；调查环境影响评价文件及环境影响评价审批文件中要求的环境保护措施的落实情况。

12. 清洁生产调查

管道输送、石油和天然气开采、矿山采选等行业的建设项目需进行清洁生产调查；调查生产工艺与装备要求、资源与能源利用指标、污染物产生指标、废物回收利用指标、环境管理要求等清洁生产指标的实际情况；核查实际清洁生产指标与环境影响评价和设计指标之间的符合度，分析工程的清洁生产水平。

13. 风险事故防范及应急措施调查

根据建设项目可能存在的风险事故的特点及环境影响评价文件有关内容和要求确定调查内容，一般包括：工程施工期和试运行期存在的环境风险因素调查；施工期和试运行期环境风险事故发生情况、原因及造成的环境影响调查；工程环境风险防范措施与应急预案的制定和设置情况，国家、地方及有关行业关于风险事故防范与应急方面相关规定的落实情况，必要的应急设施配备情况和应急队伍培训情况；调查工程环境风险事故防范与应急管理机构的设置情况。根据以上调查结果，评述工程现有防范措施与应急预案的有效性，针对存在的问题提出具有可操作性的改进措施与建议。

14. 环境管理状况及监控计划落实情况调查

（1）调查内容

- 按施工期和运行期两个阶段分别进行调查；
- 建设单位环境保护管理机构及规章制度制定、执行情况、环境保护人员专兼职设置情况；
- 建设单位环境保护相关档案资料的齐备情况；
- 环境影响评价文件和初步设计文件中要求建设的环境保护设施的运行、监测计划落实情况；
- 工程施工期环境监理计划落实与实施情况。

（2）调查结果分析

分析建设单位“三同时”制度的执行情况；针对调查发现的问题，提出切实可行的环境管理建议和环境监测计划改进建议。

15. 公众意见调查

为了了解公众对工程施工期及试运行期环境保护工作的意见，以及工程建设对工程影响范围内的居民工作和生活的影响情况，需开展公众意见调查。在公众知情的情况下开展，可采用问询、问卷调查、座谈会、媒体公示等方法，较为敏感或知名度较高的项目也可采取听证会的方式。调查对象应选择工程影响范围内的人群，从性别、年龄、职业、居住地、受教育程度等方面考虑覆盖社会各阶层的意见，民族地区必须有少数民族的代表。调查样本数量应根据实际受影响人群数量和人群分布特征，在满足代表性的前提下确定。

调查内容可根据建设项目的工程特点和周围环境特征设置，一般包括：工程施工期是否发生过环境污染事件或扰民事件；公众对建设项目施工期、试运行期存在的主要环境问题和可能存在的环境影响方式的看法与认识，可按生态、水、气、声、固体废物、振动、电磁等环境要素设计问题；公众对建设项目施工期、试运行期采取的环境保护措施效果的满意度及其他意见；对涉及环境敏感目标或公众环境利益的建设项目，应针对环境敏感目标或公众环境利益设计调查问题，了解其是否受到影响；公众最关注的环境问题及希望采取的环境保护措施；公众对建设项目环境保护工作的总体评价。

调查结果分析应符合下列规定：给出公众意见调查逐项分类统计结果及各类意向或意见数量和比例；定量说明公众对建设项目环境保护工作的认同度，调查、分析公众反对建设项目的主要意见和原因；重点分析建设项目各时期对社会和环境的影响、公众对项目建设的主要意见和合理性及有关环境保护措施的有效性；结合调查结果，提出热点、难点环境问题的解决方案。

16. 调查结论与建议

调查结论是全部调查工作的结论，编写时需概括和总结全部工作。总结建设项目对环境影响评价文件及环境影响评价审批文件要求的落实情况。重点概括说明工程建设成后产生的主要环境问题及现有环境保护措施的有效性，在此基础上，对环境保护措施提出改进措施和建议。

根据调查和分析的结果，客观、明确地从技术角度论证工程是否符合建设项目竣工环境保护验收条件，主要包括：建议通过竣工环境保护验收；限期整改后，建议通过竣工环境保护

验收。

17. 附　件

与建设项目相关的一些资料与文件，包括竣工环境保护验收调查委托书、环境影响评价审批文件、环境影响评价文件执行的标准批复、竣工环境保护验收监测报告、“三同时”验收登记表等。

6.11　建设项目环境影响技术评估导则

6.11.1　一般规定

适用于各级环境影响评估机构对建设项目环境影响评价文件进行技术评估，不适用于核设施及其他可能产生放射性污染、输变电工程及其他产生电磁环境影响的建设项目环境影响评价文件的技术评估。分为污染影响型建设项目（如石化、化工、火力发电、医药、轻工等）和生态影响型建设项目（如公路、铁路、管线、民航机场、水运、农林、水利、水电、矿产资源开采等）。

6.11.2　环境影响技术评估的基本内容与方法

环境影响评价文件的评估内容包括：

① 评价文件内容的评估：环境现状调查的客观性、准确性；环境影响预测的科学性、可信性；环境保护措施的可行性、可靠性。

② 基础数据的评估内容：根据环境质量标准、环境影响评价技术导则等相关要求，对环境影响评价文件所使用的工程数据与环境数据的来源、时效性和可靠性进行评估。

③ 评价文件规范性的评估：与环境影响评价技术导则的相符性；术语、格式、图件、表格的规范性。

环境影响技术评估，主要采用现场调查、专家咨询、资料对比分析、专题调查与研究、模拟验算等方法。

6.11.3　环境影响技术评估的要点和要求

1. 政策相符性技术评估

① 法律、法规和政策相符性评估：包括法律法规相符性、环境保护政策相符性、产业政策相符性、资源能源利用政策相符性。

② 规划相符性评估：环境保护规划相符性、建设项目与所在地区环境功能区划的符合性、建设项目与城镇体系规划和城镇总体规划的相符性、建设项目与区域流域发展规划和开发区类发展规划的相符性、建设项目与土地利用规划的相符性、建设项目与经批准的国家相关行业发展规划及规划环评的相符性、建设项目与各类保护区规划的相符性。

2. 工程分析技术评估

（1）基本要求

- 组成完整，应包括主体工程、辅助工程、公用工程、环保工程、贮运工程以及依托工程；
- 重点明确，应明确重点工程组成、规模和位置；

- 过程全面，应包括勘探、选线、设计、施工期、营运期和退役期；
- 布局合理，选址、选线与所处区域环境相容；
- 污染物达标排放，污染物种类、源强确定准确；
- 工艺、装置先进，贮运系统环境安全，资源能源节约；
- 数据资料真实、准确。

(2) 污染影响型项目工程分析评估要点

① 新建项目　基本情况；项目组成；建设过程；物耗、能耗；工艺流程和产污分析；物料平衡、水平衡、燃料平衡、蒸汽平衡；污染物产生和排放。

② 改扩建项目　改扩建前工艺、装置、污染物排放；改扩建前后污染物排放变化；评估改扩建项目与现有工程的依托关系及依托可行性，明确现有工程是否存在环保问题，以及"以新带老"措施解决问题的可行性。

对于搬迁项目，除了上述评估要求外，还应重点评估项目搬迁后遗留的环境问题(如土壤、地下水污染等)的性质、影响程度，及解决方案的可行性。

(3) 生态影响型项目工程分析评估要点

除参照污染影响型项目工程分析技术评估外，还需评估项目选址、选线合理性，项目不同时段、地段的影响方式、影响特征和影响显著性，以及施工方式和运行方式的环境合理性，重视可能引起次生生态影响的因素。

(4) 清洁生产与循环经济技术评估

1) 基本要求

从产品生命周期(选址、布局、产品方案选择、原材料和能源方案选择、工艺设备选择、生产各工序、施工建设及产品使用)全过程考虑；与国家和行业颁布的产业政策、清洁生产标准和环保政策一致；以有关行业先进技术、工艺、设备、原材料和污染防治措施为基础；符合国家循环经济和节能减排的要求；国家已颁布清洁生产指标的行业，按已颁布的清洁生产指标进行评估，未颁布清洁生产指标的行业，参照行业同类产品、相同规模、相同工艺和先进工艺的清洁生产指标进行评估。

2) 主要评估指标

主要评估指标包括：布局与产品结构、生产工艺与装备、资源能源利用指标、产品指标、污染物产生指标、污染物排放指标、废物回收利用指标、节能减排。

3) 清洁生产水平分级评估

清洁生产水平分为三级：一级为国际先进水平，二级为国内先进水平，三级为国内基本水平或平均水平。新建和改扩建项目清洁生产水平至少达到国内先进水平；引进项目清洁生产水平力争达到国际先进水平，至少不低于引进国或地区水平。对于目前尚未发布清洁生产标准的行业，将项目清洁生产水平的主要评估指标与国内外同行业的代表企业进行对比分析，应达到或高于现有代表企业的水平。

3. 大气环境影响技术评估

评价标准：评估需根据评价区的环境空气质量功能区分类或项目建设时限判断相应的环境空气质量标准和大气污染物排放标准使用的正确性。

评价等级：评估项目的评价工作等级时，应关注项目排放主要污染物的最大环境影响和最远影响距离，以及评价区域的环境敏感程度、当地大气污染程度等，并注意 HJ 2.2 中对多源项目等特殊情况的补充规定。

评价范围：评估应关注项目对环境的最远影响距离、周围的环境敏感程度等。如评价范围的边界邻近居民区、医院、学校、办公区、自然保护区和风景名胜区等环境空气质量敏感区域，评价范围应适当扩大。根据环境影响评价文件提供的参数和估算模式选项，复核验算评价等级和评价范围。

环境影响识别与评价因子：应包括建设项目排放的常规污染物和特征污染物。评估时应关注与项目相关的本地区特征性污染物、污染已较为严重或有加重趋势的污染物、建设项目实施后可能导致的潜在污染或对周边环境空气敏感保护目标产生重要影响的污染物。

环境空气敏感区：调查环境保护目标应包含评价范围内所有环境空气敏感区，并在图中标注，抽样核实环境影响评价文件中所列的环境空气敏感区的大气环境功能区划级别、与项目的相对距离和方位，以及受保护对象的范围和数量。

环境现状调查与评价的评估要点：大气污染源调查、环境空气质量现状调查与评价。

气象资料评估：气象资料调查和气象资料分析。

环境影响预测与评价评估：预测模式的选取、计算点的选取评估、预测内容设定的评估、环境影响预测的基础数据评估和环境空气质量预测分析与评价评估。

大气环境防护距离评估：对于排放污染物浓度达到场界无组织排放监控浓度限值要求，但对可能影响区域环境质量超标的无组织源，可单独划定大气环境防护距离；根据 HJ 2.2 确定大气环境防护距离，结合厂区平面布置图，确定项目大气环境防护区域。对于大气环境防护区域内存在的长期居住的人群，如集中式居住区、学校、医院、办公区等环境敏感保护目标，应给出相应的搬迁建议或优化调整项目布局的建议。

大气环境保护措施的评估：施工期产生扬尘等大气污染物防治措施的有效达标；运行期生产废气处理工艺符合行业污染防治技术政策，技术经济合理可行，稳定达标排放，主要污染物排放量、可利用废气利用水平符合该行业清洁生产水平要求和相关政策要求，产生的二次污染防治措施可行；大气环境防护距离确定合理，防护距离内的环境保护目标处置方案可行；大气污染防治投资估算合理。

4. 地表水环境影响技术评估

除 HJ/T 2.3 规定内容外，评估应特别注意相关依据文件、水环境敏感问题、水环境影响途径、水污染源强、水污染特征与类型、评价标准等；加强技术方法和参数选择合理性评估；强化排污口附近受纳水体污染带分布预测与超标水域计算结果的可靠性评估。

环境影响因素与评价因子识别：按 HJ 2.1 的要求识别地表水环境影响因素，包括施工期、运行期和服务期满等不同阶段，以及直接影响、间接影响、潜在影响、累积影响等。筛选出的地表水环境影响评价因子应包括建设项目排放的特征污染物、受纳水体（或流域、区域）的水环境特征因子、水质已经超标或有加重污染趋势的污染物、建设项目实施后可能导致潜在污染危害或对水环境敏感保护目标产生明显影响的污染物。分别明确现状调查评价因子和影响预测评价因子。

评价等级：核查评价等级以及确定评价等级所采用的数据及判据的合理性。

评价范围：评估中应特别关注对评价范围内水环境敏感问题和环境保护目标（如水源地、自然保护区等）的影响，评估评价范围确定的合理性。

水环境保护目标：评估水环境保护目标的识别、评价范围内受到社会关注的水环境敏感

问题识别的全面性和准确性，水环境保护目标的基本情况介绍必须清楚。

现状调查与评价的评估包括水污染源调查、水文资料与水文测量、环境质量现状调查的评估等，评估关注的主要问题包括：需要重视水环境敏感问题涉及的主要水质因子和总量控制因子是否达标、是否满足水质控制目标和排污总量控制的要求，底质调查应包括与建设项目排污水质有关的易累积的污染物，如农药类、重金属、氮、磷等；评估时应要求提供完整的地表水环境调查布点图，包括收集利用历史资料和现场调查布设的所有采样点；评估应要求介绍建设项目评价水域附近的国家、省和市三级水环境质量控制断面的设置情况，对与评价水域水环境质量相关及可以反映评价水域水质变化趋势的控制断面，应提供至少近三年的不同水期的水质监测数据，以及相应的区域排污负荷量统计资料。

环境影响预测与评价的评估：包括预测方案、预测条件及模型参数选择、排污口和超标水域的设定、预测结果的评估。

环境保护措施的评估：分为施工期和运行期。

施工期环境保护措施的评估包括：生活污水和生产废水的收集与处理方案、排放去向或回用途径的可行性与可靠性，确保达标排放或满足评价水域的排污控制要求。

运行期环境保护措施的评估包括：

① 生产废水处理工艺符合行业污染防治技术政策，技术经济合理可行；废水排放量、水的重复利用率和循环利用水平符合相关行业的清洁生产水平和节约用水的管理政策要求；生活污水的收集、处理工艺有效可行；按照排污控制要求稳定达标排放，特征污染物满足区域总量控制要求，并明确总量指标的落实情况；对可能导致二次污染的情况，应分析防治二次污染对策措施的技术经济可行性与处理效果的有效性、可靠性。

② 对废水排入已建污水处理厂或园区、城市污水处理厂的项目，应评估相关污水处理厂的截污管网、处理规模、处理工艺对于接纳建设项目废水水质和水量的可行性与有效性。

③ 对存在下泄低温水的项目，应有分层取水或水温恢复措施；对下游河道存在减(脱)水的项目，应根据下泄流量值与下泄流量过程的要求，明确相应的工程保障设施和管理措施；水利灌溉项目关注退水、回水的污染防治措施；防洪项目应关注对区域水力联系(包括地表水与地下水的水力联系)、土地浸没的影响，以及对区域排污、排涝的影响。污染防治投资估算合理。

此外，其他评估要求包括：关注向有灌溉或养殖功能的水系排放易累积或生物富集的污染物的项目，如农药类、重金属等，要求少排或不排。对于废水零排放项目，应分别从技术和经济角度评估零排放的可行性与可靠性。评估水环境监测方案的合理性与规范性，核实评价范围内的水环境保护目标；应按要求进行规范监测，留取背景值，以便于对项目运行后进行监管和后评估。评估风险防范措施的有效性，事故情况下，对可能造成地表水污染危害的途径，应采取严格的风险防范措施，尤其是饮用水水源保护区，应确保饮用水源的水质安全。

5. 地下水环境影响技术评估

评价等级：根据建设项目对地下水环境影响的特征，评估建设项目分类的合理性；根据评价工作等级划分依据，评估不同建设项目评价工作等级划分的正确性。

地下水环境影响识别：根据项目工程特征和所处地下水环境特征，评估影响识别的正确性；结合项目的污染特征，评估评价因子筛选、评价内容确定的合理性；应关注采矿、隧道工程对地下水资源的影响，及次生的生态和社会影响。

环境现状调查与评价：评估污染源调查的全面性；评估水文地质条件调查资料的适用性和合理性，分析地下水开发利用及有关人类活动可能引起的主要地下水环境问题；评估环境质量现状数据是否满足相应评价等级的要求，包括调查范围、监测因子、监测布点和监测频率，必要时，应根据污染源特点及环境水文地质条件，有针对性地进行水文地质试验；评估环境质量现状评价结论的正确性，其中重点评估地下水污染途径和超标原因分析的合理性。

环境影响预测与评价：评估预测方法与模型、边界条件、参数的正确性，水位水质监测数据的有效性，模型验证的合理性，预测时段、预测地段选择的可行性，预测结论的科学性。

环境保护措施的评估：分项目的建设期、运行期和服务期满三个阶段，在综合考虑产污地点、排污渠道、影响途径、影响特征等内容的基础上，对环境保护措施的可行性和可操作性进行评估。

6. 声环境影响技术评估

评估评价等级确定的合理性；评估所采用评价标准的适用性和准确性；根据 HJ 2.4 确定评价范围，大型工程评价范围附近有敏感点的，应扩展至达标范围；选址选线应与城市(镇)总体规划和声环境功能区划相容，在声环境保护方面无明显制约因素，关注选址选线替代方案、噪声控制距离的可行性；评估环境保护目标识别的全面性和准确性，环境保护目标包括学校、医院、机关、科研单位、居民住宅等，应关注农村区域执行的环境功能区类别；声环境敏感目标调查清楚，与工程的方位距离、高差关系、所处声环境功能区及相应执行标准和人口分布情况表达明确，相关图件清晰。

噪声源评估分为污染影响型和生态影响型。

① 污染影响型项目的噪声源评估：噪声源源强确定方法(工程法、准工程法、简易法)选择正确；噪声源种类、分布位置(按照工艺或车间分布，或按照总图布置)、数量、噪声级准确；噪声源源强测量条件和声学修正(必要的条件参数和声学修正量)清楚；对于特殊工况(如排汽放空噪声、开车和试车噪声等)，需给出噪声源源强和持续时间。

② 生态影响型项目的噪声源评估：公路(含城市道路)项目的分段(按互通立交)车流量、车型比例(按吨位)、车速、昼夜车流比例等数据完整清楚；铁路项目的每日货/客车对数、平均小时列车对数、不同车速和状态噪声源的边界条件等参数明确；城市轨道项目的平均小时列车对数、高峰小时列车对数、不同车速和状态噪声源的边界条件等参数明确；机场项目的年飞行量、日均飞行量、不同机型分布和比例、高峰小时飞行量、白天和傍晚及夜间的飞行比例、进场和离场飞行程序及气象条件引起的变化等内容完整清楚。其他生态影响型项目依照噪声源性质、类型，可参照上述各类别进行噪声源的评估。

环境现状调查与评价：评估采用的标准、方法和调查方案具有合理性和可靠性。

环境影响预测与评价：评估预测点选取与评价工作等级、相关规范要求的相符性；评估预测模式选择的正确性、预测条件和参数选取的合理性；评估预测结果的准确性。

环境保护措施：评估项目拟采取的声环境保护措施的针对性和可操作性，分析采取措施后的降噪效果，应以厂(场)界噪声控制和环境保护目标声环境达标为主。不同工程时期、不同区段或不同措施的实施方案清楚，投资估算合理。

7. 固体废物环境影响技术评估

固体废物环境影响评估须根据国家有关规定、标准对固体废物的属性进行鉴别，根据固体

废物所属的类型和贮存、运输、利用、处置方式分别进行评估。固体废物环境影响技术评估的重点是项目选址的环境可行性。

(1) 场址选择评估

场址选择评估分为一般工业固体废物场址、危险废物和医疗废物场址。

1) 一般工业固体废物场址选择评估

评估一般工业固体废物选址与 GB 18599 中关于场址选择的环境保护要求的相符性，重点关注Ⅱ类场的以下问题：所选场址需满足地基承载力要求，以避免地基下沉的影响，特别是不均匀或局部下沉的影响，以“场地工程地质勘察报告”为依据；所选场址中断层、断层破碎带、溶洞区，以及天然滑坡或泥石流影响区的发育程度应以“地质灾害危险性评估报告”作为评估依据；场地是否避开地下水主要补给区和饮用水源含水层，要以场地大于 1∶10 000 比例尺的水文地质图为依据，并提供场地渗透系数和评估其防渗性能的优劣；天然基础层地表距地下水位的距离不得小于 1.5 m，应以当地丰水期地下水水位埋深值作为依据，评估防渗措施的可行性。

2) 危险废物和医疗废物场址选择评估

评估选址与 GB 18484、GB 18597、GB 18598、HJ/T 176 和《危险废物安全填埋处置工程建设技术要求》等要求的相符性。

环境影响预测的评估：环境影响预测方法需符合环境影响评价技术导则的要求，所选用模式或方法应符合建设项目所在环境的特点，确定的参数和条件明确合理。不同阶段、不同季节环境影响预测结果具有代表性，不利条件下预测结果可信，尤其注意防护距离和场界污染物浓度计算结果的科学性、各种预测结果的环境可接纳(承载)性等。危险废物和医疗废物贮存、处置场建设项目的影响预测应重点关注有毒有害物质。

(2) 环境保护措施的评估

环境保护措施的评估分为一般工业固体废物和危险废物。

1) 一般工业固体废物

项目产生的固体废物加工利用符合国家行业污染防治技术政策，应符合作为加工原材料的质量要求，加工利用过程的污染防治措施(包括厂外加工利用)可行并符合实际。固体废物临时(中转)堆场选址合理，需要采取的防渗、防冲刷、防扬尘措施可行；固体废物储存场的选址、关闭与封场应符合 GB 18599 的相关要求，采取的污染防治措施可行，符合所在地区的环境实际，技术经济合理。

2) 危险废物

项目产生的危险废物贮存、加工利用、转移应符合国家相关政策要求，再利用过程的污染防治措施(包括厂外加工利用)可行，技术经济合理；危险废物焚烧炉的技术指标、焚烧炉排气筒的高度、危险废物的贮存、焚烧炉大气污染物排放限值应符合 GB 18484 的相关要求；危险废物的堆放、贮存设施的关闭应符合 GB 18597 的相关要求；危险废物填埋场污染控制、封场应符合 GB 18598 的相关要求。

8. 陆生生态环境影响技术评估

评价范围：应包括项目全部活动空间和影响空间；考虑生态系统结构和功能的完整性特征；能够说明受项目影响的生态系统与周围其他生态系统的关系；包括项目可能影响的所有敏感生态区或敏感的生态保护目标。

评价标准：评价标准应表征规划的生态功能区的主要功能、规划目标与指标，表征自然资源的保护政策与规定，表征环境保护管理的目标、指标。以评价区域同类型基本未受影响的自然生态系统的相对理想状态为评价标准，或进行气候生产力理论计算作为自然生态系统评价标准，根据生态功能区或功能分区目标选择指标并进行指标分级而确定评价标准。污染的生态累积性影响在污染生态影响评价基础上进行，其评价标准可依据科学研究已判明的生态效应、阈值、最高允许量等确定，须评估这些科研成果的应用是否合理。评价生态环境问题及相应的生态系统结构－过程－功能的标准，根据采用的评价方法选择指标和进行指标分级，按保障区域可持续发展要求作标准选择。

生态影响判别的评估：列入识别的影响因素（作用主体）应反映项目的主要影响作用；按项目全过程列出影响因素并将主要影响阶段作为重点；须突出重点工程和重大影响的内容。列入识别的生态环境因素（影响受体）应是主要受影响的生态因子，包括生态敏感区、区域主要生态环境问题和生态风险问题、重要的自然资源。应区分影响性质（可逆与不可逆）、范围、时间、程度、影响受体的数量和敏感程度。

评价因子筛选：选择的评价因子应表征受影响最严重的生态系统和因子、生态环境敏感区、重要自然资源、主要生态问题等；评价因子（指标）可分解和可用参数表征；评价因子和参数应可以测量或计量。

评价等级：对影响不同生态系统或不同保护目标的项目，一个项目只定一个评价等级，按最重要和最大影响确定评价等级。

陆生生态现状调查与评价：包括自然环境调查、生态现状调查和生态现状评价的评估。

陆生生态影响预测和评价的评估：主要包括生态系统影响预测和评价、生态敏感区的影响预测和评价、物种多样性影响、生态风险、区域生态问题和自然资源影响的评估。

农业生态环境影响评估：农田土壤影响的评估，包括土壤侵蚀、土壤退化、土壤污染、土壤盐渍化的评估；农业资源影响的评估，一般包括农用土地和基本农田的评估。

城市生态环境影响评估：包括城市性质与功能影响、城市功能分区及生态环境功能区划、城市自然体系及空间结构、城市绿化体系、城市景观影响、城市可持续发展支持性资源影响和城市生态安全的评估等。

陆生生态保护措施评估：预防为主措施、工程措施、施工期措施和环境保护管理措施。遭遇下述环境问题时，其环保措施须强化：生态系统完整性受到不可逆影响，或主要生态因子发生不可逆影响；对生态敏感区或敏感保护目标产生不可逆影响；可能造成区域内某生态系统（如湿地）消亡或某个生物群落消亡；可能造成一种物种濒危或灭绝的影响；造成再生周期长恢复速度较慢的某种重要自然资源严重损失；环境影响可能导致自然灾害发生。

9．水生生态环境影响技术评估

评价范围：应包括项目全部时空活动范围及其涉及和影响的水生生态系统，体现水生生态系统完整性，包括生态敏感区和环境保护目标。

评价标准：水质应满足水环境规划和生态功能的要求；影响评价指标和标准应科学合理，能表征生态系统特点与功能。

评价等级：主要考虑水生生态功能、生态敏感程度和项目生态影响程度。

水生生态影响识别：列入项目的主要影响因素（作用主体），包含项目全过程的影响，包括污染影响和非污染影响，注意对敏感保护目标的影响，注意累积影响和生态风险等；列入识别

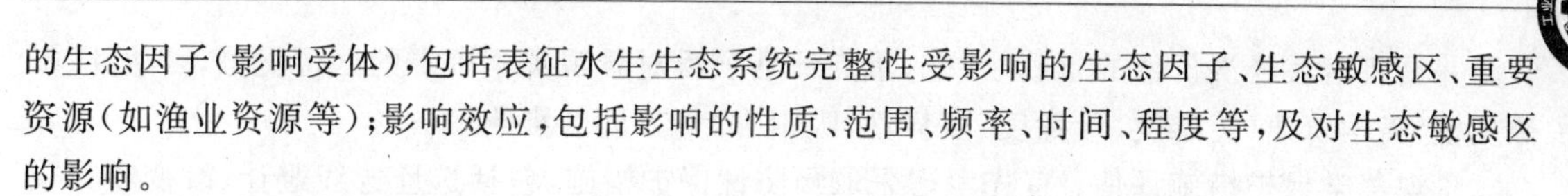

的生态因子(影响受体),包括表征水生生态系统完整性受影响的生态因子、生态敏感区、重要资源(如渔业资源等);影响效应,包括影响的性质、范围、频率、时间、程度等,及对生态敏感区的影响。

评价因子：应能表征主导生态功能、主要生态问题、最敏感或受影响最为严重的环境和生态因子;评价因子应可测量或可计量;底栖生物和鱼类为最具代表性的评价因子。

水生生态调查与评价的评估：包括水生生态调查、水生生物现状监测与调查和水生生态现状评价的评估。

水生生态影响预测与评价的评估：水生生态系统完整性影响,主要包括水生生物多样性、水生生态系统生产力、水生生物种群、水生生物生境、洄游通道、气体过饱和影响等;水质变化的生态影响的评估,一般包括有机物影响、根据浮游生物监测和水体氮磷监测评估水体富营养化程度及生态影响(水体的氮磷应作为水质控制主要指标)、悬浮物和沉积物影响、其他污染物影响(评估重金属、农药和有毒有害化学品污染水体对水生生态的影响,应区分急性毒害作用和累积性影响)。

鱼类资源影响的评估：主要包括鱼类资源影响和外来物种入侵影响。

水生生态敏感区影响的评估：包括重要生境、珍稀濒危和法定保护生物的栖息地评估。

湿地生态系统影响评估：以保护湿地的可持续存在和主要功能为基本原则,包括湿地生态调查与评价、湿地生态系统影响的评估(包括湿地生态系统完整性影响、湿地可持续性、湿地生态功能影响、湿地生物影响评估、湿地生态敏感区或敏感目标影响)。

水生生态保护措施评估要点：水生生态系统完整性保护、水生生态敏感区保护措施、施工期环保措施、污染防治措施评估、水生生态保护管理措施和补偿措施评估等。

10. 景观美学影响技术评估

景观美学影响评估以保护自然景观资源为主要目的,主要针对公路、铁路、矿山、采石、风景旅游区、库坝型水利水电工程、城市区大型建设项目等可能影响重要景观或可能造成不良景观的项目进行。

评价范围：对于处于景观敏感点位的景物或景观保护要求很高的项目,以可视见距离为评价范围。

评价标准：景观敏感度评价,可以敏感度分级,并结合景观性质和规划功能目标,确定可接受标准。景观美感度一般以自然景观现状或规划景观目标为评价标准,景观美学评价标准应与采用的评价方法和指标相适应。

评价等级：主要从景观保护等级和景观影响程度划分评价等级;有特殊景观保护要求的,可适当调升评价等级。

景观影响识别：景观影响因素(项目作用)应包括项目所有主要可影响景观的因子,如烟囱耸立和烟雾排放、山体开挖和植被破坏等,还应考虑项目不同发展阶段的影响因子;景观环境因素(影响受体)应涵盖所有重要的自然景观、人文景观和规划保护目标。

景观因子筛选：评价因子应表征景观保护目标的现状特征和影响问题,表征景观敏感度和景观美感度特征,可定量或半定量。

景观现状调查与评价的评估：包括景观敏感度和敏感景观的美学评价。

景观美学影响评估：包括景观美学影响因素和重要景观保护目标影响。

重要景观美学资源的影响评估：重要景观美学资源是指可能成为旅游或其他可作为观赏

资源并具有潜在经济价值的景物、景点，重点评估项目对景观美学资源的区位优势、可达性、资源规模、美学价值(美感度、珍稀度、多样性、吸引力)等方面的影响。

景观美学保护措施评估：首先考虑采取预防性保护措施，包括选址选线避让、改变项目设计方案等，其次是对受影响的景观采取恢复或其他保护措施，评估保护措施的有效性；对项目应进行景观美化设计，对项目与周围环境景观的协调性进行优化设计，对项目造成的不良景观采取有效的处理措施；将景观保护措施落实到项目设计和项目建设的管理中，估算有关投资；应有公众参与景观影响评价，采纳公众关于景观保护的合理意见或建议。

11. 环境风险技术评估

重大危险源辨识：应以危险物质的在线量为依据，重点评估在线量估算的科学性和合理性，要求识别资料完整，并给出重大危险源分布图。

环境敏感性的评估：调查建设项目周边 5 km 范围内的环境敏感目标，包括居民点(区)、重要社会关注区(学校、医院、文教、党政机关等)、重要水体保护目标(饮用水源等)、生态敏感区及其他可能受事故影响的特殊保护地区等。

环境风险分析：

① 评估火灾、爆炸和泄漏三种事故类型及污染物转移途径分析的正确性，重点关注泄漏、火灾爆炸事故伴生或次生的危险识别和二次污染风险分析。重点评估环境风险源项识别的科学性和合理性、最大可信事故源强和概率确定的合理性，以及预测模式、参数选择的科学性和合理性。

② 有毒有害物质在大气中的扩散，采用多烟团模式；对于重质气体、复杂地形条件下的扩散，对模式进行相应修正。所用污染气象资料应符合项目所在地的实际情况。重点关注有毒有害物质的工业场所有害因素职业接触限值、伤害阈值和半致死浓度，各自的地面浓度分布范围及在该范围内的环境保护目标情况(社会关注区、人口分布等)。

③ 对进入水体的有毒有害物质进行迁移转化特征分析，根据 HJ/T 2.3 要求选择合适的模式进行预测。重点关注有毒有害物质在水体中的浓度分布，损害阈值范围内的环境保护目标情况、相应的影响时段，密度大于水的有毒有害物质在底泥、鱼类、水生生物中的含量。

④ 根据预测结果，从环境风险角度，评估项目的环境可行性。

环境风险防范措施评估：包括风险防范体系完整、可行、可操作；防止事故污染物向环境转移的措施、事故环境风险技术支持系统、环境风险监测技术支持系统落实；环境风险防范区域(或环境安全距离)相应要求明确；环境风险防范“三同时”内容齐全，要求明确。

环境风险应急预案的评估：评估事故环境风险应急体系、响应级别、响应联动、应急监测的可操作性和有效性。

12. 总量控制技术评估

污染物排放总量核算准确，总量控制指标来源清楚、合理，区域削减方案可行，总量控制方案落实。污染物排放总量符合项目实际，与国家的总体发展目标一致，满足流域和区域的容量要求，满足国家和地方污染物总量控制管理要求、总量控制计划和环境质量的要求。

13. 公众参与技术评估

(1) 评估内容和方法

对公众参与的工作程序、信息公开、信息交流和公众意见处理四个部分进行把关，判断环境影响评价文件中公众参与部分形式与内容的合法性。针对公众尤其是直接受影响公众对项目建设的态度与意见，分析建设单位对有关单位、专家和公众意见采纳或者不采纳的说明的合理性。

按照《环境影响评价公众参与暂行办法》分析环境影响评价文件中该部分形式与内容的相符性；根据项目特点、所处位置和评估现场踏勘情况，分析公众参与对象的代表性；针对项目存在的问题，分析公众所提意见的针对性和相应拟采取措施的可行性。

(2) 评估应关注的问题

环境影响评价文件有单独的公众参与章节，采取的公众参与形式满足相关要求。按照《建设项目环境影响评价分类管理名录》和评估现场踏勘，考察项目所处环境的敏感性。公众应包括直接受影响的人群、受影响团体的公共代表、其他感兴趣的团体或个人等，受访人员应便于环境保护行政主管部门核实。项目信息公开采用的方式便于公众知悉，内容中项目对环境可能造成影响的叙述客观准确、拟采取的措施属实，并明确直接受影响的公众范围和影响程度。公众参与问卷调查的内容应包含与本建设项目有关的主要环境保护问题，调查结果应反映公众对本工程建设的基本态度(支持、反对、不表态)，持反对态度的公众应说明理由。采纳公众意见而补充的措施须论证可行性，对不采纳的公众意见应说明合理性。对与公众环境权益相关的合理意见，建设单位或评价单位须提出切实可行的解决办法。对于公众意见较大且建设单位未予采纳的，或者环境特别敏感的，技术评估会应邀请有关公众代表参加并出具书面意见。

14. 环境监管计划技术评估

结合敏感目标分布和项目不同时段(施工期、运行期和服务期满后)的环境影响特点，评估监控计划设计的合理性，重点关注监测项目、监测布点。

评估时关注监控计划中监测布点、监测时间、监测频次、采样和分析技术方法与相关监测规范的符合性。

施工期环境监管计划的评估，应根据施工进度安排、敏感目标分布、污染源特征和分布、项目特点、项目区域特点，评估污染源、环境质量、水土保持监测方案的合理性；评估污染控制管理制度的全面性与可行性，生态影响型项目须包括工程施工期生态监理方面的内容。

运行期环境监管计划的评估，包括污染源监测方案、环境质量监测计划、应急监测方案、排污口规范化和环境管理的评估。

思考题

1. 简述环境影响评价的工作程序。
2. 简述环境影响评价的原则。
3. 简述资源利用合理性和环境合理性分析内容。
4. 如何进行环境影响因素识别及评价因子筛选？
5. 简述环境影响评价工作等级的划分、依据和调整原则。
6. 如何确定环境影响评价范围和标准？
7. 简述环境影响评价方法的选取要求。
8. 简述工程分析的基本要求、方法和内容。

9. 简述环境现状调查与评价的基本要求、主要方法和内容。

10. 简述环境影响预测与评价的基本要求、方法和内容。

11. 社会环境影响评价包括哪些内容？

12. 简述筛选社会环境影响评价因子的要求。

13. 简述社会环境影响分析的要求。

14. 简述公众参与的要求、对象和形式。

15 . 建设项目信息公开包括哪些主要内容？

16. 如何处理公众反馈意见？

17. 简述环境保护措施及其经济、技术论证的要求。

18. 简述环境管理与监测的主要内容。

19. 简述清洁生产和循环经济分析的重点。

20. 简述建设项目主要污染物排放量控制的原则，以及提出污染物排放总量控制指标建议的要求。

21. 简述同一建设项目多个建设方案比选的要求和重点，以及不同比选方案及推荐方案评价的要求。

22. 简述环境影响评价文件编制的总体要求。

23. 大气环境影响评价工作等级如何划分？

24. 如何确定大气环境影响评价范围？

25. 简述大气污染源调查与分析对象。

26. 简述各等级评价项目大气污染源调查的内容及要求。

27. 如何统计分析环境空气质量现状监测结果？

28. 简述气象观测资料调查的基本原则。

29. 简述气象观测资料调查要求。

30. 简述地面气象观测资料和常规高空气象探测资料调查的主要内容。

31. 简述补充地面气象观测要求。

32. 简述大气环境影响预测的一般步骤。

33. 如何确定大气环境影响预测因子和预测范围？

34. 简述各类污染源计算清单的内容。

35. 简述大气环境影响预测计算点的分类。

36. 简述各等级评价项目大气环境影响预测内容及要求。

37. 简述常规预测情景组合。

38. 简述大气环境影响预测推荐模式的适用条件。

39. 如何确定大气环境防护距离？

40. 简述大气环境影响评价结论与建议的主要内容，以及附录中对环境影响报告书附图、附表、附件的要求。

41. 如何划分地面水环境影响评价工作级别？

42. 简述地面水环境现状调查范围的确定原则。

43. 简述不同评价等级各类水域的调查时期，以及各类水域水文调查与水文测量的原则与内容。

44. 简述点污染源和非点污染源调查的原则及基本内容。

45. 如何选择水质调查时的水质参数?

46. 简述地面水环境现状评价的原则。

47. 如何确定建设项目地面水环境影响时期及预测地面水环境影响时段?

48. 简述拟预测水质参数筛选的原则,以及各类地面水体简化和污染源简化的条件。

49. 简述利用数学模式预测各类地面水体水质时,各模式的选用原则。

50. 简述在地面水环境影响预测中物理模型法、类比调查法和专业判断法的适用条件。

51. 简述河流、海域、湖泊、水库和海湾水质数学模式的适用条件。

52. 简述预测点布设的原则。

53. 简述面源环境影响预测的一般原则。

54. 简述评价地面水环境影响的原则。

55. 简述评价地面水环境影响的基本资料要求。

56. 简述单项水质参数评价方法的种类及其适用范围。

57. 地下水环境影响评价中的建设项目如何分类?

58. 简述地下水环境影响评价各阶段的主要工作内容。

59. 简述建设项目地下水环境影响识别的基本要求。

60. 简述典型建设项目对地下水环境的主要影响。

61. 简述Ⅰ类和Ⅱ类建设项目地下水环境影响评价工作等级的划分依据。

62. 简述建设项目地下水环境影响不同评价工作等级的评价技术要求。

63. 简述不同类型建设项目地下水环境现状调查与评价范围确定的原则。

64. 简述水文地质条件调查的主要内容。

65. 简述环境水文地质问题调查与分析的主要内容。

66. 简述地下水污染源调查的主要对象及整理与分析的方法。

67. 简述地下水污染源调查因子确定的原则。

68. 简述地下水环境现状监测井点的布设原则及具体要求。

69. 简述地下水水质现状的评价内容。

70. 简述地下水环境影响预测的原则、范围和时段的划分。

71. 简述不同类型建设项目地下水环境影响预测因子选取重点。

72. 简述不同地下水环境影响评价等级应采用的预测方法。

73. 简述地下水环境影响预测模型概化。

74. 简述不同类型建设项目地下水环境影响评价的原则和要求。

75. 简述地下水环境保护措施与对策的基本要求。

76. 简述声环境影响评价类别划分。

77. 简述声环境质量评价量、声源源强表达量、厂界(场界、边界)噪声评价量及应用条件。

78. 简述声环境影响评价时段。

79. 简述声环境影响评价工作等级的划分,以及各等级声环境影响评价工作的基本要求和评价范围确定的原则。

80. 简述声环境现状调查的主要内容和基本方法。

81. 简述声环境现状评价的主要内容。

82. 简述声环境影响预测范围和预测点的确定原则。
83. 简述声环境影响预测需要的基础资料。
84. 简述声源源强数据获得的途径及要求。
85. 简述简化声源的条件和方法。
86. 简述引起户外声传播声级衰减的主要因素。
87. 简述典型建设项目噪声影响预测内容。
88. 简述声环境影响评价的主要内容。
89. 简述背景值、贡献值、预测值的含义及其应用。
90. 简述制定噪声防治对策的原则。
91. 简述生态影响评价工作等级的划分与调整。
92. 简述生态影响评价工作范围的确定原则。
93. 简述判定生态影响判据的依据。
94. 简述生态影响工程分析的内容、应涵盖的时段和重点。
95. 简述生态影响不同评价工作等级现状调查的要求。
96. 简述生态背景调查的内容。
97. 简述主要生态问题调查的内容。
98. 简述生态现状评价的主要内容。
99. 简述常用的生态现状评价方法。
100. 简述生态现状评价制图的基本要求和方法。
101. 简述生态影响预测与评价内容。
102. 简述常用的生态影响预测与评价方法。
103. 简述采取生态影响防护、恢复与补偿的原则。
104. 简述替代方案的类型与原则要求。
105. 简述生态保护措施应包括的基本内容。
106. 简述开发区区域环境影响评价技术导则的适用范围。
107. 简述开发区区域环境影响评价重点。
108. 简述开发区区域环境影响评价实施方案的基本内容。
109. 简述规划方案初步分析的内容及要求。
110. 简述区域环境现状调查和评价的内容和要求。
111. 简述规划方案分析的内容和要求。
112. 简述环境容量与污染物总量控制的主要内容。
113. 简述生态环境保护与生态建设的主要内容。
114. 简述开发区规划综合论证的内容和要求。
115. 简述确定环境保护对策及环境影响减缓措施的原则要求。
116. 简述规划环境影响评价技术导则的适用范围。
117. 简述规划环境影响评价的原则。
118. 简述规划环境影响评价的基本内容。
119. 简述环境目标和评价指标的含义。
120. 简述规划分析的基本内容。

121. 简述规划环境影响评价中拟定环境保护对策与减缓措施的原则和优先顺序。
122. 简述建设项目环境风险评价技术导则的适用范围。
123. 简述环境风险评价的目的和重点。
124. 简述环境风险评价工作级别的划分。
125. 简述环境风险评价的工作程序。
126. 简述风险识别的范围、类型和内容。
127. 简述风险值的定义。
128. 简述风险评价的原则。
129. 如何进行风险防范？
130. 简述应急预案的主要内容。
131. 简述建设项目竣工环境保护验收技术规范生态影响类规范的适用范围。
132. 简述验收调查的工作程序、时段的划分和标准的确定原则。
133. 简述验收调查的运行工况要求。
134. 简述验收调查的重点。
135. 简述环境敏感目标调查的内容及要求。
136. 简述工程调查的内容及要求。
137. 简述环境保护措施落实情况调查的内容及要求。
138. 简述生态影响调查的内容、方法及调查结果分析的主要内容。
139. 简述调查结论与建议的编写要求及内容。

第7章 案例分析

7.1 污染型建设项目

案例1 新建林纸一体化项目

【素材】

某新建林纸一体化项目，生产规模为35万吨/年的化学木浆工程，生产打印纸、书写纸和包装纸，并建设原料林基地。工程主要包括原料林基地、工艺生产车间（制浆和造纸）、辅助生产车间（碱回收系统、热电站、化学品制备、空压站、机修、白水回收、堆场及仓库等）和公用设施（给水站、污水处理站、配电站、消防站、办公楼及生活区等）。抄纸过程有白水排放，制浆过程产生黑液；制浆设备、碱回收炉、燃煤锅炉、石灰窑均产生废气。

处理后的废水排入厂址北侧的一条河流，该河流纳污段水体功能为一般工业用水及一般景观用水，平均流量为50 m^3/s。经初步工程分析，该项目废水排放量为4 800 m^3/d。

【问题及参考答案】

1. 化学木浆项目营运期主要污染因子有哪些？

（1）化学木浆项目营运期主要污染因子：废水主要来自制浆、碱回收、抄浆和造纸车间，主要污染因子为COD、BOD_5、SS和AOX（可吸收有机卤化物）；废气污染物主要来自热电站、碱回收炉、石灰回转窑、化学品制备及制浆过程，主要污染因子为SO_2、TRS（还原硫化物）、NOx、Cl_2、ClO_2、HCl、烟尘和恶臭等无组织排放；噪声和固体废物。

（2）事故状态下污染：液氯储槽泄漏；烧碱生产中电解槽负压不足排放ClO_2，储罐及管道阀门失灵排放Cl_2；碱回收系统故障黑液溢流；污水处理厂事故。

2. 试分析该项目产业政策符合性。该项目环境影响评价报告书由哪一级环保部门审批？

《产业结构调整指导目录》由鼓励类、限制类和淘汰类三类组成，不属于鼓励类、限制类和淘汰类，且符合国家有关法律、法规和政策规定的，为允许类，允许类不列入《产业结构调整指导目录》。《产业结构调整指导目录》（2011年）（2013年修正）中规定：新建单条化学木浆30万吨/年以下生产线属于限制类项目，5.1万吨/年以下的化学木浆生产线属于淘汰类项目。生产规模为35万吨/年化学木浆项目不属于《产业结构调整指导目录》（2011年）（2013年修正）中限制类和淘汰类项目，属于国家允许类项目。

根据《环境保护部直接审批环境影响评价文件的建设项目目录》及《环境保护部委托省级环境保护部门审批环境影响评价文件的建设项目目录》的公告（2009年第7号），该项目环境影响评价报告书由环境保护部审批。

3. 对该项目所处区域环境调查的内容主要有哪些？

（1）自然环境现状调查与评价。包括地理地质概况、地形地貌、气候与气象、水文、土壤、水土流失、生态、水环境、大气环境、声环境等调查内容。

(2) 社会环境现状调查与评价。包括人口(少数民族)、工业、农业、能源、土地利用、交通运输等现状及相关发展规划、环境保护规划的调查。

(3) 环境质量和区域污染源调查与评价：

① 调查评价范围内的环境功能区划和主要的环境敏感区，收集评价范围内各例行监测点、断面或站位的近期环境监测资料或背景值调查资料，以环境功能区为主兼顾均布性和代表性布设现状监测点位。

② 确定污染源调查的主要对象，选择建设项目等标排放量较大的污染因子、影响评价区环境质量的主要污染因子和特殊因子，以及建设项目的特殊污染因子作为主要污染因子，注意点源与非点源的分类调查。采用单因子污染指数法或相关标准规定的评价方法，对选定的评价因子及各环境要素的质量现状进行评价，并说明环境质量的变化趋势。

③ 根据调查和评价结果，分析存在的环境问题，并提出解决问题的方法或途径。

4. 该项目对生态的影响有哪些？

(1) 该项目的建设、营运均涉及到原材料树木，因此项目的建设对生态的影响主要集中在对林木的种植和采伐过程中，项目所涉及的栽植、施肥、除草、病虫害防治、与浆纸林基地配套的修路与木材运输等活动，会破坏原来的生态系统，大面积连片种植单一树种，可导致生态单一、降低区域生物多样性，将对生态环境造成影响。

(2) 对自然环境的影响可能包括水源涵养、土壤侵蚀、水体富营养化、大气质量、地表水质量等方面。

(3) 对生物的影响可能包括野生生物栖息环境、野生动物、野生植物、土壤微生物、水生生物等。

5. 如何确定地表水环境影响评价等级，其水环境质量现状调查监测时段是什么？监测项目有哪些？

该项目污水排放量为 $4\ 800\ m^3/d$($<5\ 000\ m^3/d$)，污水水质复杂程度属简单(污染物类型为1，均为非持久性污染物，水质参数数目小于7)，地面水域规模属中河(流量 $150\ m^3/s>50\ m^3/s>15\ m^3/s$)，地表水质要求Ⅳ类水体(一般工业用水及一般景观要求水域)，故地表水评价等级为三级。

判定地表水环境影响评价等级为三级，则监测水期应选定枯水期监测一期。

监测项目：pH、COD、BOD_5、DO、SS，同步观测水文参数。

案例2　化学原料药生产项目

【素材】

某原料药生产项目选址在某市化工园区，该化工园区地处平原地区，主要规划为化工和医药工业区，属于环境功能二类区。北面距市区最近距离约 20 km，西面和北面约 5 km 处各有一个村庄，东面距离海岸线最近距离 3.5 km。区内污水进入城镇集中二级污水处理厂，处理达标后排往某河道，该河道执行地表水Ⅵ类水体功能。

项目符合国家产业政策，生产吡虫啉、多菌灵等原药药物。项目建设内容主要包括：生产车间一座，冷却水循环系统，消防水池，供排水系统，供电系统，废水处理站，锅炉烟气处理设施等。项目废水排放量 90 吨/天，属酸性有机废水，并含有一些难降解毒性物质等；排放的特征废气污染物包括：氯化氢、氯气、丙烯醛、丙烯腈等；项目排放的固体废物主要是工艺中的釜残

和废中间产物等。

【问题及参考答案】

1. 项目可能产生的主要环境影响因素和可能导致的环境问题是什么?

建设项目对环境的影响主要取决于两个方面,一方面是建设项目的工程特点,另一方面是项目所在地的环境特征。污染影响型建设项目环境影响识别一般采用列表清单和矩阵法。两者的基本原理一致:首先分析项目产生哪些污染物(废水、废气、噪声、固体废物等)或影响因子(生态等),这些污染物或影响因子的强度如何、去向如何,再分析相应的环境要素(大气环境、水环境、声环境、土壤、地下水环境及生态环境等)的影响及程度。

该项目为医药原料药项目,污染排放比较复杂。大气污染物排放包括锅炉烟气和工艺废气(氯化氢、氯气、丙烯醛、丙烯腈等),如控制治理不当,有可能影响环境空气质量或造成异味影响;废水中有机物、氨氮、总磷浓度高,呈酸性,水质复杂,毒性大,如不达标排放,会给地表水带来严重污染;固体废物多属于危险废物,处置不当会对土壤、地下水、地表水和环境空气产生严重影响。项目噪声源不大,可控制到厂界,对外环境影响不大。项目使用较多危险化学品,一旦发生事故,会有大量有毒气体泄露和事故废水排放,存在环境风险。

作为医药原料药类项目,不可忽视异味影响和环境风险。环境风险包括危险物质和重大危险源识别,调查并列出制药建设项目原辅材料、产品及中间产品的易燃、易爆、有毒物理化学性质,主要包括:闪点(℃)、沸点(℃)、自燃点(℃)、爆炸极限(%(V))、半数致死量(LD_{50})(mg/kg)、半数致死浓度(LC_{50})(mg/m^3)、立即威胁生命与健康浓度(IDLH)(mg/m^3)、车间空气中有害物质的最高允许浓度(MAC)(mg/m^3)。按照按照 GB 18218—2009《危险化学品重大危险源辨识》和 HJ/T 169—2004《建设项目环境风险评价技术导则》对制药建设项目进行工艺单元划分,判断各工艺单元是否属重大危险源。根据重大危险源识别和同类装置环境风险事故调查结果,确定制药建设项目的最大可信事故。重点确定大气环境风险最大可信事故源项,对于泄漏事故应包括:事故设备、设备正常工况的操作参数、事故工况描述、污染物泄漏速率、泄漏时间、蒸发速率、源项高度。预测最不利气象条件下,环境空气中污染物浓度超过LC_{50}、IDLH、MAC 范围,对受影响人口数量进行分析。

2. 项目排放的废水,未处理前的水质复杂程度如何?项目排水系统、废水处理设施应采取哪些应急措施避免事故废水对地表水的重大环境影响?

项目排放的生产废水,未处理前含有酸、持久性污染物(难降解有机物)、非持久性污染物(可降解有机物)三类污染物,按技术导则划分,属于复杂水质。

如果在污水处理设施出现故障或事故情况下直接排放,会对水体造成严重影响。在发生火灾等事故状态下,消防废水也会含有酸和一些有机物,且浓度较高。因此,应该确保项目污水装置的处理能力、保障调节池的容量,设置监控池或根据消防水量的预测,设立功能和容量满足要求的消防水收集系统和事故应急水池。各清水、污水、雨水管网的最终排放口与外部水体间应安装切断设施和切换到事故应急水池的设施,储罐区应设置围堰等。

医药类项目与化工项目有着相似之处,都使用大量的化学药品,多为有毒有害或易燃易爆物质,事故隐患评价应该包含在环境影响评价之中。事故废水对环境的影响和防范措施在实际环评工作中已经成为重点,可根据《环境风险排查技术重点》的有关内容回答。主要把握事故废水(尤其是消防废水)中含有哪些有毒有害物质,其排放后会造成何种程度的影响,事故废

水向外环境排放的切断措施、收集措施和处理处置措施。

减缓和消除事故环境影响的措施，主要应从最大可信事故一旦发生对环境的危害后果最低来考虑，一般应从事前和事后两方面考虑。事前主要考虑选址避开环境敏感目标，如人口保护区、重点保护的水域等，并制定事故风险防范措施；事后主要考虑应急预案，不仅要以避免人员伤亡和财产损失等危害作为出发点，还要关注事故状态下特殊污染排放造成的环境污染带来的次生灾害。

3．该项目清洁生产分析的方法有哪些？主要包括哪些内容？

清洁生产分析方法可采用指标对比法。主要内容如下：

（1）工艺技术先进性分析。对工艺技术来源和技术特点进行分析，说明其在同类技术中所占的地位及设备的先进性，可从装置的规模、工艺技术、设备等方面，分析其在节能、减污、降耗等方面的清洁生产水平。

（2）资源能源利用指标分析。从原辅材料的选取、单位产品物耗指标、新鲜水用量指标等方面进行分析。

（3）产品指标分析。从产品的清洁性，销售、使用过程以及报废后处理处置的环境影响进行分析说明。符合国家产业政策要求和行业市场准入条件，符合产品进出口和国际公约要求。

（4）污染物产生指标。从单位产品废气、废水、固体废弃物产生指标等方面与行业标准指标或国内外同类企业进行比较分析，说明其清洁生产水平。

（5）废物回收利用指标分析。从冷却水循环使用，废水回收、废热利用、有机溶剂回收利用、废气、固体废弃物综合利用等方面进行分析。体现废物、废水和余热等综合利用或者循环使用的途径和效果。

（6）环境管理要求分析。从环境法律法规、标准、环境审核、废物处理处置、生产过程环境管理、相关方面环境管理等方面进行分析，说明其清洁生产水平。

根据清洁生产水平分析结果，提出存在的问题和进一步改进措施与建议。

4．该项目环境空气质量现状调查应包括哪些因子？调查分析的方法如何？

项目环境空气质量现状调查，除了调查常规因子（SO_2、PM_{10}、NO_2、CO）外，还应调查氯化氢、氯气、丙烯醛、丙烯腈以及臭气浓度等项目特征因子的质量现状。

调查分析的方法：收集评价范围内及邻近评价范围的各例行空气质量监测点的近三年与项目有关的监测资料；近三年与项目有关的历史监测资料；现场监测资料。

分析现有监测资料。对照各污染物有关的环境质量标准，分析其长期浓度（年均浓度、季均浓度、月均浓度）、短期浓度（日平均浓度、小时平均浓度）的达标情况。若监测结果出现超标，应分析其超标率、最大超标倍数以及超标原因。分析评价范围内的污染水平和变化趋势。

环境空气质量现场监测与分析，确定监测因子、监测制度、监测布点，监测采样，同步收集项目位置附近气象资料。以列表的方式给出各监测点大气污染物不同取值时间的浓度变化范围，计算并列表给出各取值时间最大浓度值占相应标准浓度限值的百分比和超标率，并评价达标情况；分析大气污染物浓度的日变化规律以及大气污染物浓度与地面风向、风速等气象因素及污染源排放的关系；分析重污染时间分布情况及其影响因素。

5．该项目环境影响报告书应设置哪些专题？

应设置的专题：自然环境与社会环境现状调查；评价区污染源现状调查与评价；环境质量现状调查与评价；工程分析；现有工程回顾性评价；清洁生产和循环经济分析；环境保护措施技

术论证；环境影响预测与评价；环境风险评价；厂址合理性分析与论证；污染物总量控制分析；公众参与；环境管理与环境监测制度；环境影响经济损益分析；评价结论。

案例3 钢铁公司扩建改造项目

【素材】

某公司进行扩建改造工程，将阳极铜产量由15万吨/年提高到21万吨/年，其中19万吨/年阳极铜生产阴极铜，2万吨/年阳极铜作为产品直接外销；阴极铜产量由15万吨/年提高到19万吨/年；硫酸（折算至100%硫酸）产量由49.5万吨/年提高到63.4万吨/年。

改扩建工程内容包括闪速炉熔炼工序、贫化电炉及渣水淬工序、吹炼工序、电解精炼工序、硫酸工序五个工序的改扩建。

改扩建工程完成后，生产过程中的废气主要来源于干燥尾气、环保集烟烟气、阳极炉烟气、硫酸脱硫尾气四个高架排放源，主要污染物排放情况见表7-1。

表7-1 污染源主要污染物排放情况

污染源	烟囱尺寸		烟气出口温度/℃	烟气量/($mg^3 \cdot h^{-1}$)	烟尘质量浓度/($mg \cdot m^{-3}$)	SO_2质量浓度/($mg \cdot m^{-3}$)
	H/m	ϕ/mm				
干燥尾气	120	2 000	60	91 988	84	777
环保集烟烟气	120	3 000	66	94 200	100	714
阳极炉烟气	70	2 200	350	91 799	—	662
硫酸脱硫尾气	90	1 800	40	187 926.8	—	285

项目冶炼过程中产生水淬渣、转炉渣；污酸、酸性废水处理过程中产生砷渣、石膏、中和渣。中和渣浸出试验结果见表7-2。

表7-2 中和渣浸出试验结果

元素	Cu	Pb	Zn	Cd	As
浸出结果/($mg \cdot L^{-1}$)	0.035	0.25	0.64	0.15	0.034

【问题及参考答案】

1. 确定环境空气评价等级、评价范围和环境空气现状监测点数。

各污染源SO_2最大地面浓度及距离见表7-3。

表7-3 SO_2最大地面浓度及距离

污染源	最大地面浓度/($mg \cdot m^{-3}$)	最大地面距离/m	$D_{10\%}$/m
干燥尾气	0.117 6	754	3 500
环保集烟烟气	0.109 2	765	2 800
阳极炉烟气	0.037 38	1 100	—
硫酸脱硫尾气	0.092 4	717	2 200

环境空气评价等级：根据HJ 2.2—2008《环境影响评价等级——大气环境》中评价等级确定依据及表7-4计算，可知该项目SO_2最大地面占标率为23.52%，本项目评价等级为二级。

表 7-4　污染源最大地面浓度和地面占标率

污染源	最大地面浓度/(mg·m^{-3})	地面占标率/%
干燥尾气	0.117 6	23.52
环保集烟烟气	0.109 2	21.84
阳极炉烟气	0.037 38	7.48
硫酸脱硫尾气	0.092 4	18.48

评价范围：$2\times D_{10\%}$ 为边长的矩形作为大气环境评价范围，本项目评价范围为边长 7 km 的矩形范围。

监测布点数：二级评价项目环境空气现状监测点数不应少于 6 个。

2. 干燥尾气、环保集烟烟气、硫酸脱硫尾气是否达标排放？

干燥尾气、环保集烟烟气、硫酸脱硫尾气排放浓度和速率计算结果见表 7-5。

表 7-5　污染源主要污染物排放浓度和速率计算结果

污染源	烟囱尺寸 H/m	烟气量/(mg·h^{-1})	烟　尘		SO_2	
			质量浓度/(mg·m^{-3})	速率/(kg·h^{-1})	质量浓度/(mg·m^{-3})	速率/(kg·h^{-1})
干燥尾气	120	91 988	84	7.73	777	71.5
环保集烟烟气	120	94 200	100	9.42	714	67.3
阳极炉烟气	70	91 799	—	—	662	60.7
硫酸脱硫尾气	90	187 926.8	—	—	285	53.5

根据《大气污染物综合排放标准》二级标准，SO_2 最高允许排放浓度为 960 mg/m^3，排气筒高度为 90 m，最高允许排放速率为 130 kg/h；颗粒物最高允许排放浓度为 120 mg/m^3，排气筒高度为 70 m，最高允许排放速率为 77 kg/h。干燥尾气、环保集烟烟气、硫酸脱硫尾气排放浓度和速率均低于《大气污染物综合排放标准》二级标准限值，其烟气均可达标排放。

对闪速炉、转炉、铸渣炉、沉渣机和阳极炉等系统的烟气泄漏点或散发点布置集烟罩，将泄漏烟气收集经环保烟囱排放，主要解决低空污染问题，用《大气污染物综合排放标准》较合适。

3. 全年工作时间为 8 000 h，计算 SO_2 排放总量。

该项目 SO_2 年排放量为

$$[(71.5+67.3+60.7+53.5)\times 8\,000]\text{kg}=2\,024\,000\text{ kg}=2\,024\text{ t}$$

4. 根据浸出试验结果，说明中和渣是否为危险废物。运营期固体废物应如何处置？

根据 GB 5085.3—2007《危险废物鉴别标准 浸出毒性鉴别》，重金属铜、铅等浸出标准见表 7-6。中和渣浸出试验重金属浸出浓度均低于鉴别标准，中和渣为一般固体废物。

表 7-6　浸出毒性鉴别标准

元　素	Cu	Pb	Zn	Cd	As
浸出结果/(mg·L^{-1})	100	5	100	1	5

运营期工业固体废物有水淬渣、转炉渣、中和渣、石膏、砷渣等。根据《国家危险废物名录》，砷渣属于危险废物，水淬渣、转炉渣、石膏属一般废物，中和渣无明确规定，中和渣浸出试验结果表明，该渣为一般废物。

水淬渣、转炉渣、中和渣、石膏按《一般工业固体废物储存、处置场污染控制标准》进行储存和处置，优先考虑综合利用，不能综合利用的进行堆场堆存。铜冶炼所产生的大部分工业固体废物均可作为建材、炼铁的原料，对铜冶炼项目所产生的工业固体废物，首先应考虑综合利用，如铜冶炼渣采用浮选法回收其中的铜，然后考虑无害化处理。

砷渣按照《危险废物储存污染控制标准》进行储存，砷渣堆场所排废水进入污水处理处理，不直接外排。砷渣经移出地和接受地环保部门批准，与有关厂家签定销售合同，作为砷铜厂原料外售。重有色金属冶炼所用原料大部分为硫化矿，工业固体废物处置重点关注污酸和酸性废水处理产生的砷渣等危险废物，临时堆场或堆场应考虑防渗措施、雨季淋溶水收集等。

案例 4　火电项目

【素材】

工业园位于某中等城市以南近郊，该园区热电站建设项目已列入经批准的城市供热总体规划，设计占地面积 62 000 m^2。主要包括燃煤锅炉 2 台，汽轮发电机组 1 台，湿式脱硫除尘器及相应的配套设备等。

工程所在区域属于平原地带，地势呈南高北低，附近有风景区、村庄和旅游度假区；厂区年主导风向为北风，属空气质量功能二类区；北面 12 km 处有高速公路；西侧隔一条道路与某河流相邻，该河流主要用于工业、渔业、灌溉。灰场位于东南侧约 1 km 的干沟内，地下水埋深约 1.8 m，距离最近的村庄约 530 m。

【问题及参考答案】

1. 该项目厂区和灰场的选址是否合理？为什么？

从环保角度看，该项目厂区选址和灰场选址均合理。

(1) 国家禁止在大中城市城区和近郊区、建成区和规划区新建燃煤火电厂，但以热定电的热电厂除外，该项目位于中等城市近郊，属于以热定电的热电厂，故不在禁令之内。热电厂位于城市主导风向下风向，有利于大气污染物扩散，故厂区选址从环保角度考虑是合理的。

(2) 该项目灰渣属于第Ⅱ类一般固体废物，应满足 GB 18599—2001《一般工业固体废物储存、处置场污染控制标准》有关选址要求。该项目灰场位于主导风向下风向；灰场距离最近的村庄约 530 m，满足“厂界距居民集中区 500 m 以外”的要求；此外，灰场地下水埋深 1.8 m，符合“天然基础层地表距地下水位的距离不得小于 1.5 m”的要求，故灰场选址从环保角度考虑是合理的。

厂址选择合理性是环境可行性分析的重要组成部分，电厂厂址选择涉及厂区、灰场、供水管线、铁路或公路专用线等方面，需要从国家法规政策、设计规程、地区规划、环境功能及环境影响进行分析：

(1) 厂址选择首先要符合国家环境保护法规要求，包括大气、水、噪声、固体废物等污染防治法，城市规划、自然保护条例、风景名胜区条例等自然保护法规。法规禁止的地点，如自然保护区、风景名胜区等，不能作为电厂厂址。

(2) 除了法律法规，国家有关政府主管部门颁布的对火电项目厂址的有关要求，也应在环评中得到执行，如《国务院关于酸雨控制区和二氧化硫污染控制区有关问题的批复》、《国家发展改革委关于燃煤电站项目规划和建设有关要求的通知》等有关电厂选址的要求。

(3) 电厂选址还应符合地方总体发展规划和城镇布局规划，尽可能避免在人口稠密区和城镇规划中的居住、文教、商业社区发展方位及其主导风向的上风向选址建厂。

(4) 根据环境功能要求，在环境质量标准规定的不允许排放污染的地域、水域，如声环境功能0类区，地表水的1类、2类水域及海洋1类海域等，环境影响与现状叠加后不应超过环境质量标准要求。电厂厂址不应位于大中城市主导风向上风向，以避免对城市造成污染影响。

2. 营运期的主要污染源有哪些？主要污染物因子是什么？

营运期主要污染源包括：

(1) 燃煤锅炉排放的烟气，煤装卸、粉碎、运输以及煤堆、灰场等引起的扬尘。

(2) 冷却塔排污水、化学废水、锅炉酸洗水、含油废水、煤场及输煤系统排水、脱硫系统排水、杂用水、生活污水。

(3) 锅炉燃烧产生的废渣、除尘产生的粉煤灰、脱硫产生的脱硫石膏，生活垃圾。

(4) 锅炉、汽轮发电机组以及各类辅助设备如泵、风机等动力机械产生的噪声，各类介质在管道中流动和排气等产生的噪声。

项目污染物因子有：SO_2、NO_x、汞及其化合物、烟(粉)尘，COD、pH值，粉煤灰、脱硫石膏，设备噪声等。一般用装置流程图的方式说明生产过程，并在工艺流程中标明污染物的产生位置和种类。

3. 建设期环境空气污染防治对策有哪些？

建设期环境空气污染防治对策：

(1) 开挖时对作业面和土堆喷水，保持一定的湿度，以减少扬尘量。开挖的泥土和建筑垃圾应及时运走，防止长期堆放导致表面干燥或被雨水冲刷。施工现场须设置围栏或部分围栏，控制扬尘扩散范围。当风速过大时，应停止施工作业，并对堆存的砂粉等建筑材料采取遮盖措施。首选使用商品混凝土，进行现场搅拌砂浆、混凝土时，做到不洒、不漏、不剩、不倒，搅拌时需有喷雾降尘措施。

(2) 运输车辆应采取遮盖、密封措施，避免沿途抛洒，并及时清理散落在地面上的泥土和建材。及时冲洗轮胎，路面定时洒水压尘，以减少运输过程中的扬尘。

(3) 施工期环境监理。

4. 该项目公众参与的内容是什么？

公众参与可以采用发放调查表的方式进行，包括以下内容：建设项目排放的污染物的影响；工程对环境的影响程度；对周围环境现状的满意程度；对工程的了解程度；对该项目在当地经济增长、就业方面的影响所持的看法；项目实施后最关心的污染问题；对项目建设的基本态度等等。内容的设计应当简单、通俗、明确、易懂，避免设计可能对公众产生明显诱导的问题。

建设单位或者其委托的环境影响评价机构，可以采取在建设项目所在地的公共媒体上发布公告或张贴公示、公开免费发放包含有关公告信息的印刷品以及提供环境影响报告书的简本等方式征求公众意见。征求公众意见的期限不得少于10日，并确保其公开的有关信息在整个征求公众意见的期限之内均处于公开状态。

建设单位应按“有关团体、专家、公众”对所有的反馈意见进行归类与统计分析，并在归类分析的基础上进行综合评述；对每一类意见，均应进行认真分析、回答采纳或不采纳并说明理由；同时应将公众参与的原始资料存档备查。

环境保护行政主管部门在对其环评报告书作出审批或者重新审核决定后，应当在政府网站公告审批或者审核结果。公众可以在有关信息公开后，向建设单位或者其委托的环境影响评价机构、相关环境保护行政主管部门，提交书面意见。公告期限不得少于 10 日，并确保其公开信息在整个审核期间处于公开状态。

案例 5　城市商贸中心项目

【素材】

某商贸中心位于市中心繁华地带，周边地区以商业、服务业为主体，建设工程用地面积约 50 000 m^2。开发建设的内容包括写字楼、商场、大型餐饮区、公寓、医疗设施和停车场等。项目周围水电设施齐全，并建有市政污水管网，供暖采用燃煤锅炉房，规定烟囱高度设置为 40 m，制冷采用中央空调系统，配套设备还有水泵、风机、变电站等。

项目选址东侧为一条交通干道；西侧为某市饮用水水源、渔业用水区，属地面水饮用水水源二级保护区；北侧隔马路是一所中学，中学北侧为一风景名胜古迹，是省级文物保护单位；南侧为一高级写字楼，周围 100 m 范围内建筑物最高为 40 m。

【问题及参考答案】

1. 工程的主要污染源有哪些？

该项目对环境的影响主要来自地下停车库的机动车尾气和餐饮业的油烟废气，车库废气中的主要污染物为 CO 和 NO_x 等；噪声来自各类水泵、风机、地下车库、变电站、空调等机电设备噪声，以及商业噪声；废水包括居民生活污水、餐饮废水、医疗废水，主要污染物为 COD、BOD_5、悬浮固体、氨氮、动植物油等；固体废物主要为住户生活垃圾、商业垃圾、餐厨垃圾和清扫垃圾，以及医疗废物等。

房地产类项目建设期和运营期均对环境有影响。对环境的主要污染包括水、声、大气和固体废物。该类项目的废气污染物主要来源于采暖、热水、供气等所用锅炉、茶浴炉的燃料燃烧废气，地下车库集中排放的汽车尾气以及餐饮炊事燃料废气和烹饪油烟等。废水污染源主要来自洗浴、冲厕、餐饮等的生活污水。噪声污染源主要包括开发项目内外的交通噪声和空调、冷却塔、风机、水泵等设备噪声，以及人群各种活动的社会噪声。由于各类噪声源位置不同，噪声影响具有方向性、时间性很强的特点，因此对噪声源和噪声影响必须根据不同对象、不同时段进行具体分析。固体废物主要是居民生活垃圾和办公垃圾，其组成和人均产生量与各地区生活方式、生活习惯以及经济水平有关。另外，随着城市的发展，房地产项目污染源还可能包括高大建筑物的光照遮挡、光反射（玻璃幕墙建筑）等光污染，在环评工作中应引起重视。当项目规模较大，位于文物保护单位、风景名胜区附近时，应考虑城市景观的影响，还应参考《文物保护法》，提出文物保护要求。如果设置了垃圾站，应该考虑垃圾站的臭味对周围环境敏感点的影响。

2. 该项目的工程分析主要包括哪几部分内容？

(1) 项目概况：项目名称、地点、性质、建设规模、占地面积、平面布置图、区域地理位置。

项目组成包括主体工程、配套工程、公用工程和环保工程等，说明环保工程的主要工艺，明

确项目功能、经济技术指标、设计入住人口、总投资等。

(2) 污染源及其污染物量分析。

运营期的污染源应包括：锅炉废气、生活污水、汽车尾气、交通噪声、生活垃圾。污染物产生和排放量的分析常根据燃料消耗量、入住人口数、停车场车辆、车流等进行核算。

建设期的污染源应包括：施工人员生活污水、施工扬尘、施工机械噪声、建筑垃圾及施工人员生活垃圾。污染物产生和排放量的分析常根据施工定员、施工方式、施工机械等进行核算。

(3) 清洁生产：从施工方案设计和原材料选择上考虑。

(4) 环保措施方案分析：污水处理方案分析、噪声治理等。

应注意对设置在某一环境质量可能不达标区域的住宅项目，必须考虑外环境对拟建项目的影响，即项目选址的可行性。

3. 分析、预测该项目的环境影响应收集哪些资料？

对房地产类项目区域环境现状调查一般包括地区自然环境和社会环境状况。对地区环境的污染状况，根据目前房地产项目特别是居住区居民入住后反映和投诉情况的统计，突出的环境问题有：交通噪声和设备噪声；微波发射塔、高压线、变电站等电磁污染；周边一些影响较大的工业污染源；餐饮业油烟等异味污染。

(1) 水环境

污水排放去向：该项目周围有市政污水管网，应该调查该项目离污水管网的距离，拟接入的污水管网的管径，纳入的污水处理厂名称，污水处理厂的实际处理负荷和最大设计能力、处理效率及处理后污水的排向等。必须调查项目选址区西侧的饮用水水源相关情况，包括水文资料(水域面积、水深、水量等)、水体水质、与项目的距离等，调查纳污河流水质现状。

(2) 大气环境

大气环境现状：改成 SO_2、NO_x、NO_2一次值和日均值，TSP 和 PM10 日均值。

分别调查北侧中学和省级文物保护单位，南侧的高级写字楼与该项目的距离和人口分布规模等。当地气象资料，项目周围污染源资料，当地环境空气常规监测资料，项目东侧交通干道的路宽、车流量、车型、设计车速。项目建设地的植被覆盖情况、坡度、坡长、开挖面积等。

(3) 声环境

- 分别调查北侧中学和省级文物保护单位、南侧的高级写字楼与该项目的距离、方位，并在图上标明具体位置，同时调查这三个地方的人口分布规模等。
- 调查项目周边声环境现状。
- 建设施工各机械设备和锅炉、水泵等辅助设施的数量、噪声源强和厂界的距离。
- 项目东侧交通干道的路宽、车流量、车型、设计车速及与本项目的相对距离。

(4) 固体废物

垃圾站的数量和位置，西侧饮用水水源、北侧中学、省级文物保护单位、南侧的高级写字楼与该项目的垃圾站设置点的距离。

(5) 景　观

当项目规模较大，位于文物保护单位附近，应考虑对城市景观的影响。主要调查文物保护单位保护级别、规模、保护范围和建设控制地带的划分情况，相对于建设项目的方位、高差、距离、有无遮挡等内容。

4. 简述噪声、废气污染防治对策。

(1) 噪声污染防治措施主要包括：住宅区加装中空玻璃、提高门窗密封性能，使室内噪声达标；停车场加强车辆管理，禁止鸣笛，汽车减速行驶；风机、水泵等容易产生噪声的设备采取消声、隔振、隔声措施；在项目建筑周边加强绿化，既美化景观，又能起衰减噪声的作用。噪声防治的技术措施应该考虑声源和噪声传播途径上降低噪声，加强敏感目标自身防护和管理措施。

(2) 废气污染防治措施主要有：餐饮区排放的油烟废气经过油烟净化装置处理后排放；燃煤锅炉房排放的废气主要是 SO_2、NO_x 和烟尘，可以采用脱硫设备净化后排放，同时配备除尘设备，烟囱需达到一定高度，减少对周围环境的影响；对于地下停车场的通风系统，应该保证其排风口远离人群活动场所。必要时，要考虑外环境污染源产生的废气对拟建项目的影响。

7.2 生态影响型建设项目

案例 1 输变电工程

【素材】

某电厂 500 kV 送出输变电工程，线路全长 2×86 km。主要设备：主变压器、断路器、隔离开关、高速接地开关、电流互感器、低压并联电抗器等。线路跨越两条河流、一级公路、铁路等，工程周边有村庄，涉及到沿线民房的拆迁工程。线路工程永久占地 8.3 hm^2，临时占地 147.2 hm^2；变电所永久占地 7.94 hm^2，临时占地 2.3 hm^2。

初步工程分析表明，该项目环境敏感点为社会关注区之一的人口密集区，环境保护目标主要为线路两侧一定范围内和变电所周围一定范围内的村庄、有人员活动地带以及排水受纳地表水体(某河流)。

【问题及参考答案】

1. 简述该项目的评价范围。

该项目的评价范围包括：

(1) 噪声：

① 变电所：厂界噪声评价范围为围墙外 1 m，环境噪声评价范围为半径 100 m 的敏感区和附近居民区。

② 线路：边相导线两侧 50 m 带状区域范围内。

③ 项目评价范围由 HJ/T 24—1998《500 kV 超高压送变电工程电磁辐射环境影响评价技术规范》确定。

(2) 工频电磁场：

① 变电所评价范围为以变电所为中心的 500 m 范围以内。

② 输电线路评价范围为送电线路走廊两侧 30 m 带状区域。

(3) 无线电干扰：变电所围墙外 2 000 m 以内的区域，或带电构架投影 2 000 m 内的区域；送电线路走廊两侧 2 000 m 带状区域内。

(4) 生态环境：输电线路和变电所周围 500 m 的范围。

(5) 水土保持：主要输电线路和变电所永久占地、临时占地等项目建设区和直接影响区。

2. 该工程可能涉及的环保问题有哪些？

该工程属于超高压交流输变电工程，运行期的主要污染因子为电磁场(含工频电磁场、无线电干扰)、噪声和值班人员生活污水等；运行期无空气污染物产生、无工业废水产生、无工业固体废弃物产生。

建设期主要是线路施工时对生态环境和水土流失的影响。

3. 输变电项目特有的评价因子有哪些？评价重点是什么？

(1) 输变电项目特征评价因子：

① 电磁辐射：工频电磁场强度；

② 无线电干扰：0.5 MHz 无线电干扰；

③ 生态环境：植被特征与覆盖；

④ 水土保持：水土流失。

(2) 评价重点。以工程分析、施工期影响、电磁环境和噪声环境影响评价及环境保护措施为评价工作的重点，具体为：

① 工程施工期的土地利用和拆迁安置；

② 工程运营期工频电磁场、噪声、无线电干扰的环境影响；

③ 从环境保护角度对可比选方案进行比较，提出最佳环保措施，最大限度地减少工程带来的不利环境影响。

输变电工程属于生态影响型项目，施工期线路架设涉及土地利用类型的变更和居民的拆迁安置，因此施工期对生态和社会的影响属于重点评价内容。此外，线型工程再选址、选线期的比选和运营后的环保措施也是评价重点。运营期存在复杂的工频电场、工频磁场、无线电干扰场强。线路工频电磁场评价应针对敏感目标，着重说明各敏感目标的户数和人数、环境特征(地形特征及建筑物类型等)及与本工程之间的关系(方位、距离、高差等)。明确拆迁居民房是工程拆迁还是环保拆迁(在边导线 5 m 以外仍超过工频电场 4 kV/m 标准的拆迁房屋属环保拆迁)，还应明确预测环保拆迁的户数、拆迁后距线路最近的一户居民与线路的距离及工频电场预测值。这类项目尤其要关注输电线路同周边群众的关系。

4. 该项目的污染防治对策有哪些？

(1) 选线和设计阶段

设计时尽可能减少线路塔基对耕地的占用面积，如果占用，按"占一补一"原则，实现耕地占补平衡；线路走向应最大限度避让居民区及各类保护目标，应用同塔多回线路，导线按逆相序排列设计，合理选择导线截面。线路与公路、铁路、通讯线、电力线交叉跨越时要留有足够的净空距离。线路跨越水体时尽量不在水中建塔，以避免线路对航运和河道泄洪能力的影响。500 kV 线路下及边导线地面投影外侧 5 m 以内不得有长期住人的建筑物。在跨越或临近不居住人的一般建筑物时，导线在最大风偏时必须保持不小于 8.5 m 的净距离。当线路周边为居民密集区或村庄房屋较集中时，可采用抬高线高的方法，尽量减少民房拆迁。当线路周边房屋较少或房屋质量较差时，宜采用拆迁方法。

严格控制变电站变压器、电抗器等主要声源的噪声水平，采用低噪声的设备，站内主控室、值班室或变压器室应采取吸、隔声等噪声控制措施。一般情况下，500 kV 变电站主变设备噪声应低于 80 dBA。

输变电项目选线、选址、选型一般遵照以下原则：

- 选线，输变电线路路径应避开自然保护区、国家森林公园、风景名胜区、城镇规划区、机场、军事目标、集中居民区及无线电收信台等重点保护目标。
- 选址，变电所、开关站选址要尽量少占农田、远离城镇，尽量减少土石方工程量等。
- 选型，设备选型应考虑采用低噪声及降低无线电干扰的主变压器、电感器、风机等设备；杆塔选型应做合理性与可行性论证。

（2）施工期应采取的环保措施

- 合理组织施工时间，选用低噪声的施工设备，尽量少占用临时施工用地，施工完成后应立即恢复；注意减少施工对生态、植物、树木的破坏。
- 对塔基采取护坡措施，以防止塔基附近的水土流失。
- 线路施工、架设时应尽可能减少对交通的影响。

（3）营运期应采取的环保措施

变电站的生活污水需要经过处理后用于站区绿化，或进入城市污水管网，不得外排；变电站的含油废水，属于危险废物，可排至带油水分离功能的事故集油池，由有资质的单位进行回收处理利用。

电网设备检修和运行维护过程中，应保护周围环境和植被，对产生的废油等废弃物应回收利用，严禁随意排放。

案例 2　煤矿开采项目

【素材】

某集团现拟开发利用煤矿资源，规模为 90 万吨/年，矿山服务年限为 37.4 年。项目矿界范围面积 0.45 km^2，矿区地下水位较深，塌陷后 95%的地表不会出现积水，绝大部分塌陷地的生物量没有明显降低。该地区的主要植被为自然植被和农田作物，分别占评价范围的 11.3%和 47.9%。

矿区露采边界南面 50 m 处有一条高速公路，厂区破碎站北侧约 100 m 处有住宅区，约 100 户，矿山北侧有一条季节性河流，主要用于农田灌溉。工程内容包括矿山开采（无爆破开采）、公路开拓运输、破碎系统和皮带运输。矿山年工作 280 天，每天工作两班，每班 8 h。

【问题及参考答案】

1. 项目环境影响评价预测时，应收集哪些资料？

（1）水环境：污水性质及排水去向，纳污水体功能区划，水污染源调查。

（2）大气环境：所在地区环境空气功能区划，当地气象资料，主要大气污染源调查。

（3）生态环境：森林调查，包括类型、面积、覆盖率、生物量、组成物种等，评价生物量损失、物种影响、有无重要保护物种；水土流失调查，包括侵蚀面积、程度、侵蚀量及损失、发展趋势、工程与水土流失关系。

（4）声环境：主要噪声源与敏感点的相对位置。

2. 煤炭开采项目环境影响评价关注的重点是什么？

煤炭开采项目环境影响评价重点关注矿井开采产生的地表沉陷对生态环境的影响评价及保护措施（沉陷预测和生态恢复等）、产业政策与规划相容性分析、工程分析、环境空气影响分析及污染防治措施、水环境影响分析及污染防治措施(地下水、地表水)、声环境影响分析及污染防治措施、固体废物影响分析及污染防治措施和综合利用(废水、瓦斯、煤矸石的综合利用)。

其中,生态影响评价内容包括:

(1) 煤炭采选工程对主要土地利用类型、植被覆盖度与植被类型的影响,分析其影响范围及程度与生产力变化;重点关注耕地、基本农田、林地与草地,分析对农(牧)业经济及生态系统功能的影响。

(2) 煤炭采选工程对生态系统组成和功能的影响;有重要的生态敏感目标时,应对生物多样性和生态系统的稳定性进行分析。

(3) 分析煤炭采选工程导致的生态系统变化趋势,生态脆弱区应着重分析荒漠化、沙漠化与盐渍化发展趋势。

(4) 分析煤矿开采导致的居民搬迁等社会经济影响。

(5) 煤炭采选工程对地形地貌、生态景观的影响分析。

3. 生态环境现状调查的主要内容有哪些?

生态环境现状调查通常包括生态影响评价范围内土地利用现状、植被类型分布现状、植被覆盖度、植被生物量、水土流失现状、土壤类型等;明确评价范围内有无国家级和地方重点保护野生动植物集中分布区或栖息地、国家级和地方级自然保护区、生态功能保护区以及其他类型的保护区域。

技改及改扩建项目应进行移民安置情况调查及开采沉陷影响调查。移民安置情况调查内容应以涉及环境的相关内容为主,包括污水和垃圾处置情况、水土保持情况、移民搬迁前后变化情况等;开采沉陷调查内容包括原有煤矿开采(建设)造成的地表沉陷变形基本情况,如沉陷及裂缝深度、范围;受影响的建构筑物损害、耕地破坏、地表植被破坏、农业生产损失和其他损害情况等。

该项目生态环境现状调查的主要内容包括:

(1)植被类型的调查和分析。主要调查农作物的种类、产量,土地类型,成熟周期等;自然植被的种类、分布、数量、植被覆盖率等。

(2)水土流失现状调查与分析。对土壤的成分、土质、土地类型、地势地貌等地理因素进行调查;同时调查当地的气候条件,如降雨量等;调查当地的植被覆盖率。

(3)土地利用现状调查与分析。对于矿井的面积、土地利用情况,包括周边耕地、园地、林地、牧草地、居民点及独立工矿用地、交通用地、水域、未利用土地等情况。

生态影响评价主要采取定性或半定量评价相结合。

4. 主要的生态环境影响有哪些?其生态保护措施有哪些?

煤炭采选工程主要环境影响一般按施工期、运营期、闭矿期考虑。

(1) 施工期。占用林地和砍伐树木对生态环境的影响;矿区地表覆盖土剥离和排土石场造成的水土流失、施工粉尘、噪声对环境的影响;修建矿山道路的环境影响(占地、施工扬尘、噪声、取弃土场等)

(2) 运营期。空气影响,有组织粉尘排放源主要是矿石破碎、筛分、输送;无组织粉尘排放源主要是凿岩、爆破粉尘、矿山表面剥离的装载机和液压挖掘机铲装作业、矿石运输等。矿区和废土石场水土流失;废石堆场的安全性评价,是否会造成泥石流和滑坡等灾害影响。道路和作业面的喷洒用水可全部被蒸发,无废水产生,主要是生活污水和洗车废水。矿石运输交通噪声，矿山开采中穿孔、爆破、采装、运输、破碎等工序都将产生噪声，高噪声设备主要有凿岩机潜空钻机、挖掘机、空压机、破碎机、筛分机、自卸式载重汽车等。对于炸药库环境风险，应提出相应的措施，若炸药库距居民区较近，应重新考虑选址。对爆破震动的影响，可以控制爆破使用的炸药量，降低爆破震动对居民住房、野生动物的影响。

(3) 服务期满(闭矿)。闭矿后矿区对景观环境的影响以及生态恢复，应考虑矿山土地复垦，对采坑的平台筑堤填土，在平台和边坡上种树及藤蔓植物，进行最终边坡的绿化。

该项目主要的生态环境影响及其防治措施包括：

(1) 施工期

生态环境影响：大量的地表剥离、挖填方将会破坏地表植被，加剧水土流失。

环境保护措施：做好施工规划，划定弃土弃渣点和施工范围，减少施工影响，尽量少破坏原有的地表植被和土壤；施工结束后对于临时占地和临时便道等破坏区，及时进行土地复垦和植被重建。

(2) 运营期

生态环境影响：采煤沉陷及沉陷引发的地下水的漏失对自然植被和农作物的影响，以及由此引发的水土流失、滑坡、泥石流等地质灾害，由地表沉陷引发的建筑物破坏和居民搬迁等社会环境影响。

环境治理措施：对沉陷土地的恢复按照因地制宜、适林则林、适耕则耕的原则进行土地恢复；对无法恢复的基本农田，做到“占补平衡”，对受影响的农户进行经济补偿；对搬迁地进行迁入地的承载力分析；对地质灾害开展评价工作，提出具体的保护措施。

(3) 服务期满闭矿后

对于矿山采掘、矿石汽车内部运输产生的无组织排放粉尘，采用洒水降尘措施；有组织粉尘排放源主要是矿石破碎、皮带输送，采用配置袋式除尘器，并在皮带卸料处安装喷水设施，可有效控制扬尘。对汽车冲洗和含油的场地雨水，必须经隔油沉淀池去除油和悬浮物，经处理后使其废水含油量低于0.5 mg/L。生态保护措施主要是防止水土流失，如：在工程设计中确定合理、稳定的边坡角；对在开采境界内的高边坡和失稳边坡进行加固，如水泥护坡、削坡减载等工程措施；根据采场地形条件设置排水沟。对矿山道路、矿山工业场地等开挖和平整场地后形成的边坡，即时进行防护。对永久性边坡，视其稳定程度可采用挡墙、削坡、永久性植被等措施；对临时性边坡，采取削坡、喷浆等临时性防护措施。对排土场设置挡土墙、周围设置排水沟、永久性植被等措施。矿山服务期满后，对采场边坡进行土地再造工程，结合本地的种植特点和经济作物条件，营造和恢复矿区的绿色植被。

5. 该项目主要保护目标是什么？

该项目主要环境保护目标为住宅区以及高速公路。

建设项目主要保护目标一般考虑项目所在地区的居民点，同时要考虑其他因素，如该项目考虑矿山开采对高速公路是否造成不安全因素。《中华人民共和国矿产资源法》第二十条规定：非经国务院授权的有关主管部门同意，不得在下列地区开采矿产资源：港口、机场、国防工程设施圈定地区以内；重要工业区、大型水利工程设施、城镇市政工程设施附近一定距离以内；铁路、重要公路两侧一定距离以内；重要河流、堤坝两侧一定距离以内；国家划定的自然保护区、重要风景区，国家重点保护的不能移动的历史文物和名胜古迹所在地；国家规定不得开采矿产资源的其他地区。

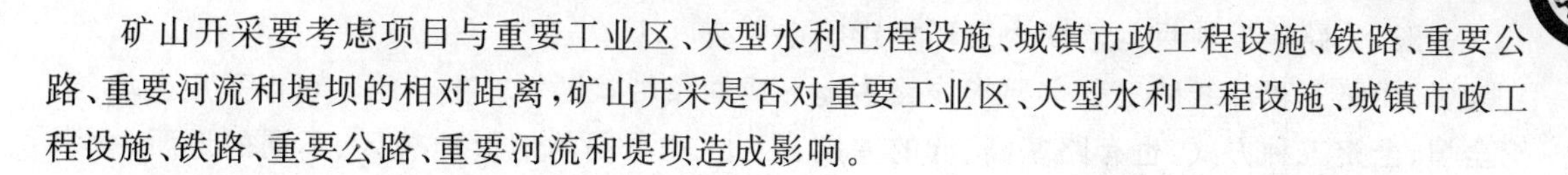

矿山开采要考虑项目与重要工业区、大型水利工程设施、城镇市政工程设施、铁路、重要公路、重要河流和堤坝的相对距离，矿山开采是否对重要工业区、大型水利工程设施、城镇市政工程设施、铁路、重要公路、重要河流和堤坝造成影响。

案例 3　新建高速公路项目

【素材】

某高速公路全长 85 km，其中山岭区路段长 20 km，植被茂密，丘陵地带路段长 30 km，沿途穿越大小河流 4 条，其中某一段气候状况为夏季雨水较多，容易产生洪水，且此项目经过 1 处国家级自然保护区和 1 处具有饮用水功能的河流，穿越小镇 15 个，沿线居民 15 847 人。主要工程内容包括：收费、通信、监管中心 1 处，服务区 1 处，收费站 5 处；特大桥 5 座，大桥 20 座；隧道 5 座；永久占地包括水田、荒地、经济林、松杂林共 292 km^2；临时占用旱地 104 hm^2，荒地 126 hm^2；工程预计需设 14 处取土场，20 处弃土场。

【问题及参考答案】

1. 该项目工程分析主要包括哪些内容?

公路项目工程分析一般包括工程概况、施工规划、生态影响源强分析、主要污染物排放量、替代方案，涉及敏感点的要重点分析。该项目工程分析主要包括：

(1) 建设项目基本情况：推荐路线的地理位置、起讫点名称及主要控制点、建设规模、技术标准、预测交通量、工程内容（技术指标与技术工程数量、筑路材料与消耗量、路基工程、路面工程、桥梁涵洞、交叉工程等）、建设进度计划、占地面积、总投资额。

(2) 重点工程的详细描述：如重点工程名称、规模、分布，永久占地和临时占地应包括取土场、弃土场、综合施工场地（可能包括拌和场和料场）、桥梁施工场、施工便道等，占用基本农田的数量。

(3) 施工场地、料场占地及其分布；取、弃土量与取、弃土场设置，施工方式。

(4) 服务区设置情况（规模）。

(5) 拆迁安置及环境敏感点分布，包括砍伐树木的种类和数量。

(6) 工程项目全过程，主要考虑施工期、运行期，一定要给出各环境要素污染源强。

2. 该项目的主要环境影响有哪些? 评价重点是什么?

项目的主要环境问题分别考虑建设期和运营期，主要环境影响包括：

(1) 运营期的噪声影响；

(2) 运营期的汽车尾气影响；

(3) 施工期的扬尘、水土流失影响；

(4) 水环境影响：项目部分路段经过水源地，施工过程以及运营期风险会对饮用水源水质造成影响；隧道施工对地下水的影响；

(5) 生态环境影响：工程建设造成的植被破坏，对国家级自然保护区的影响等。

(6) 景观影响。

评价重点：运营期机动车辆对沿线主要环境敏感点的声环境、大气环境的影响，对饮用水源的环境风险，对国家级自然保护区的影响，植被破坏、耕地占用以及采取的环保措施，以及施工期的影响。

一般,公路建设项目运营期生态环境影响主要有:

(1)线路工程。线路工程主要指线路占地形成的条带状区域。由于路基可以采用全填、半挖全填、全挖三种方式,也有路基高、低的差别,因此,在不同的地形地貌区、不同的地质(含水文地质)和不同的生态敏感类型地区,表现出不同程度的切割生境、阻断和阻隔生态功能和过程的负面生态影响,表现为切割生境,影响地表径流、地下径流等,对动植物繁衍有一定影响。

(2)桥涵工程。桥梁建成应与景观协调,在风景秀丽的地区要注意维护区域整体景观资源的自然性、时空性、科学性和综合性,桥梁体量大小、色调配置要经过评价。桥涵(尤其是过河桥)需要注意运输危险物品的风险。

(3)隧道工程。隧道工程只要不改变地下水自然流态,进出口避免大规模削山劈山,就可以减少穿山带来的严重生态破坏,正面作用明显。

(4)辅助工程和取弃土(渣)场。项目建成后,临时用地的生物量可以恢复,但物种组成将有改变,这种影响可能在几十年或上百年消除,也可能永远不会恢复所有的物种。

3. 该工程建设的环境可行性分析应从哪些方面进行分析?

项目的环境可行性分析主要从国家相关法律法规、主要生态敏感点、主要环境影响因子、公众支持与否等方面进行分析。铁路(公路)工程如遇沙化土地封禁保护区时,须经国务院或其指定部门批准。铁路(公路)等交通运输类工程如遇有自然保护区、饮用水源保护区、风景名胜区、地质公园时,路线布设时应采取避让措施;一定要经过的,需经主管部门同意。铁路(公路)工程经山区、丘陵区、风沙区时,结合当地的水土保持要求实施水土保持方案,水土保持需先行经行政主管部门审批。该工程建设的环境可行性分析包括:

(1)是否符合国家的法律法规,符合总体规划、环境保护规划、功能区划等。

(2)方案比选:选择对生态环境、水环境、声环境、水土保持等影响最小的。

(3)工程占地:工程占地的类型、占地数量,最好不占用基本农田;占用基本农田需经国务院同意,同时占补平衡。

(4)对沿线的国家级自然保护区、风景名胜区和村庄等环境敏感点的环境影响情况,选择对敏感点影响最小的。

(5)环保措施与达标排放情况:环保措施包括工程采取的防止水土流失措施,防止重要生态环境破坏措施,生态恢复措施,防止敏感点生态环境破坏措施,防止国家级自然保护区、风景名胜区生态系统完整性破坏措施,敏感点噪声达标及噪声防护措施等。

(6)环境风险:运输危险品对沿线国家级自然保护区、风景名胜区和村庄的大气环境、水环境可能产生的环境风险。

(7)公众参与:项目穿越的15个小镇居民对项目的支持比例。

(8)结论。

4. 如何评价该项目运营期环境风险?风险防范措施有哪些?

公路项目环境风险源于环境敏感点位交通事故所产生的环境污染风险,包括:运输高毒、剧毒化学物质时,在桥面上发生交通事故,有毒物质大量泄漏并流入地表水中;运输剧毒、易燃、易爆化学物质通过公路的环境敏感区,如居民集中区等,发生交通事故,大量有毒物质、有害气体泄漏外溢或引起火灾和爆炸。

该项目营运期环境风险存在危险品运输风险:公路投入运营后,存在着由于交通事故、储罐老化破裂、桥梁坍塌等导致车运危险品泄露流入河流或水库,从而污染饮用水水源的风险;

项目建设期还存在隧道施工爆破作业的环境风险。

防范措施：设置桥面径流收集系统，并设置事故应急水池；提高桥面建设安全等级；在桥入口处设置警示标志和监控设施，运输危险品的机动车辆车身侧面须有统一的标识，加强危险化学品运输车辆的管理，可为其指定特殊的行驶路线；限制运输危险化学品车辆的速度；制定完善的敏感点防范措施和风险应急预案。

5. 请阐述 6 项保护耕地的措施。

（1）合理选线，尽可能少占耕地；临时占地选址也应尽可能避开耕地。

（2）以桥代路，采用低路基或以桥隧代替路基，缩减路基宽度，减少耕地占用。

（3）利用隧道弃渣作路基填料，减少从耕地取土。

（4）保留表层土壤，对于临时占用耕地，建设完工后及时回填表土，复垦为耕地。

（5）合理设置取、弃土场位置。

（6）充分利用粉煤灰等固体废物作为路基填料，减少从耕地内取土。

案例 4　水电站扩建项目

【素材】

某水电站项目，现有 4 台 600 MW 发电机组。水库淹没面积 120 km^2，安排移民 3 万人，移民开垦陡坡、毁林开荒等现象严重。改（扩）建工程拟新增一台 600 MW 发电机组，用于增加调峰能力，库容、运行场所等工程不变，职工人员不变，新增机组只在用电高峰时使用。在山体上开河，引水进入电站。工程所需的砂石料距项目 20 km，由汽车运输。路边 500 m 有一村庄。原有工程弃渣堆放在水电站下游 200 m 的滩地上，有防护措施。

【问题及参考答案】

1. 该项目生态环境调查需重点注意哪些问题？

生态环境重点调查动植物物种清单，生态系统的完整性、稳定性、生产力等，生态系统与其他系统的连通性和制约问题，水土流失等问题。

水利水电项目生态环境调查内容如下，需根据项目具体特点进行分析和取舍：

（1）森林调查：类型、面积、覆盖率、生物量、组成的物种等；评价生物量损失、物种影响，有无重点保护物种，有无重要功能要求（如水源林等）。

（2）陆生和水生动物：种群、分布、数量；评价生物量损失、物种影响，有无重点保护物种。

（3）农业生态调查与评价：占地类型、面积，占用基本农田数量，农业土地生产力，农业土地质量。

（4）水土流失调查与评价：侵蚀面积、程度、侵蚀量及损失，发展趋势及造成的生态环境问题，工程与水土流失的关系。

（5）景观资源调查与评价：水库周边景观敏感点段，主要景观保护目标及保护要求，水库建设与重要景观景点的关系。

现状调查方法：现有资料收集、分析，规划图件收集；植被样方调查，主要调查物种、覆盖率及生物量；现场勘察景观敏感点段；利用遥感信息测算植被覆盖率、地形、地貌及各类生态系统面积、水土流失情况等。

2. 大坝建设对半洄游性鱼类、洄游性鱼类有何影响？应采取什么措施？

大坝建设对鱼类的影响：

(1) 大坝修建后，下游的半洄游性鱼类、洄游性鱼类无法洄游至上游，位于库区的产卵场将不复存在，影响鱼类的繁殖。

(2) 大坝修建后，一些适应于激流环境并以摄食底栖生物为主的鱼类，因其适应生境的消失，导致其在水库中灭绝。

可采取工程措施，建成鱼梯、鱼道，让洄游鱼类正常返回栖息和繁殖地，也可对洄游鱼类进行人工繁殖。应设定水电站大坝的下泄基流量。

大坝建设对生态环境的影响是水利水电建设项目必须关注的问题，评价时必须调查河流生态结构与功能。水利水电项目水生生态影响要分析水文情势变化造成的生境变化，对浮游植物、浮游动物、底栖生物、高等水生植物的影响，对国家和地方重点保护水生生物，以及珍稀濒危特有鱼类及渔业资源等的影响，对“三场”分布、洄游通道(包括虾、蟹)、重要经济鱼类及渔业资源等的影响。

3. 水电站运行期对环境的主要影响因素有哪些？

(1) 水环境影响：

① 对水文情势的影响：库区水文情势的影响(水位变幅、水库内流速变慢)；减少河段内的流量变化；项目下游水文情势分析。

② 对泥沙情势的影响。

③ 对水温的影响：水库水温结构。

④ 对水质的影响：重点分析对减水河段的影响。

(2)生态环境影响：

① 对局地气候的影响：可采用类比分析法。

② 对水生生物多样性的影响：库区鱼类等水生生物；减水河段鱼类等水生生物；产卵场、索饵场、越冬场。

③ 对陆生生物多样性的影响。

④ 大坝建设对河流廊道的生态功能的影响，分析大坝建设导致的淹没、阻隔、径流变化对河流生态系统的影响。

⑤ 新增水土流失预测：主要为工程永久占地、渣场、料场、施工公路占地、施工辅助企业占地、围堰、暂存表土等引起的水土流失。

(3)社会环境影响：对减水河段、下游用水的影响；对社会经济的影响；对人群健康的影响。

(4)对移民安置区的影响：新的移民搬迁后，生活过程中对周围环境的影响。

(5)对环境地质的影响：主要是渣场等是否会引起滑坡、塌陷、泥石流等灾害，是否会引发地震等。

4. 弃渣场位置是否合理？拟采取什么整改措施？

弃渣场位置不合理。应采取搬迁措施整改。弃渣场不能设在水库下游的滩地上，发电排泄的水量大，易阻塞河道，导致行水困难。

5. 项目现有的主要环境问题有哪些？

移民所造成的开垦陡坡、毁林开荒等，容易造成山体不稳定而导致塌方，大面积的毁林开荒可引起水土流失，最终导致下游河道淤积；山体上开河可能造成水土流失；施工期噪声和扬尘；工程弃渣。

7.3　环境影响评价计算例题

【例 7－1】 已知水洗工段新鲜水用量为 13.6 m^3/h，反渗透排水 13.6 m^3/h，反渗透系统循环水量为 20.4 m^3/h，绘制该工段水平衡图，计算水重复利用率。

解：(1)水洗工段水平衡图见图 7－1。

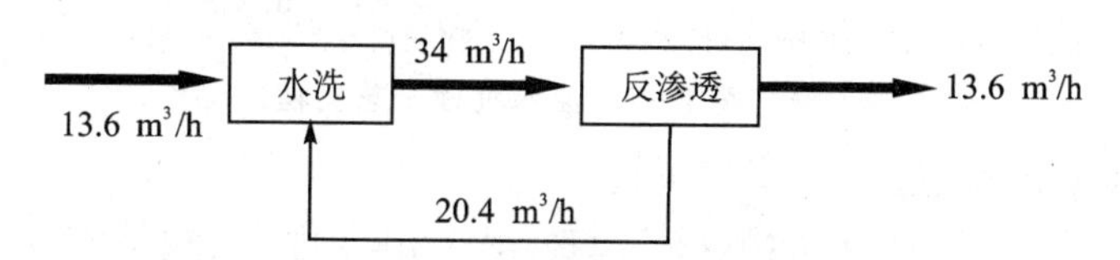

图 7－1　水洗工段水平衡图

(2) 重复利用率＝(重复利用量/用水总量)×100％ ＝

［重复利用量/(新鲜水量＋重复用水量)］×100％＝

20.4/(13.6＋20.4)×100％＝ 60％

【例 7－2】 某工业园区拟建生产能力 3.0×10^7 m/a 的纺织印染项目。生产过程包括织造、染色、印花、后续工序，其中染色工序含碱减量处理单元。年生产 300 d，每天 24 h 连续生产。按工程方案，项目新鲜水用量 1 600 t/d，染色工序重复用水量 165 t/d，冷却重复用水量 240 t/d，此外，生产工艺废水处理后部分回用生产工序。项目主要生产工序产生的废水量、水质特点见表 7－7。废水处理和回用方案：拟将各工序废水混合处理，其中部分进行深度处理后回用(刚好满足项目用水需求)，其余排入园区污水处理厂，处理工艺流程见图 7－2。如果该项目排入园区污水处理厂废水 COD 限值为 500 mg/L，COD 去除率至少应达到多少？试计算该项目水重复利用率。

表 7－7　项目主要生产工序产生的废水量、水质特点

废水类别项目		废水量/($t\cdot d^{-1}$)	COD/($mg\cdot L^{-1}$)	色度/倍	废水特点
织造废水		420	350		可生化性好
染色废水	退浆、精炼废水	650	3 100	100	浓度高，可生化性差
	碱减量废水	40	13 500		超高浓度，可生化性差
	染色废水	200	1 300	300	可生化性校差，色度高
	水洗废水	350	250	50	可生化性较好，色度低
印花废水		60	1 200	250	可生化性较差，色度高

解：(1) 各工序废水混合后的浓度＝

$$\frac{420\times350+650\times3\,100+40\times13\,500+200\times1\,300+350\times250+60\times1\,200}{420+650+40+200+350+60}\ \text{mg/L}\approx1\,815\ \text{mg/L}$$

$$\text{COD 去除率}=\frac{1\,815-500}{1\,815}\times100\%\approx72.4\%$$

(2)废水回用量：

(1 720(总废水量)×0.4×0.6) t/d＝412.8 t/d

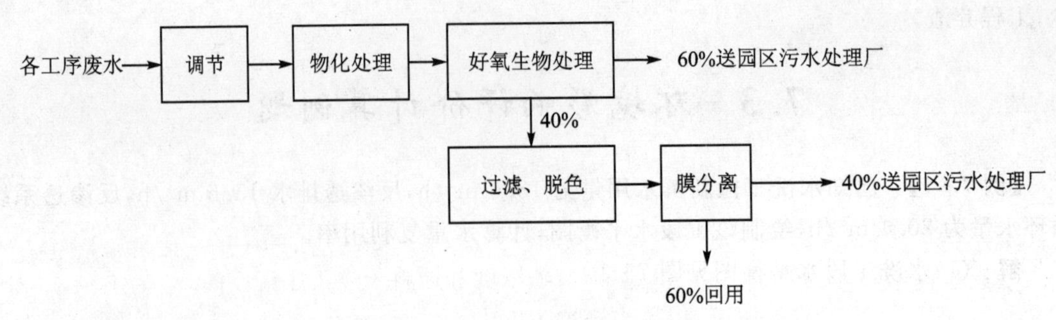

图 7-2　废水处理工艺流程

该项目的重复用水量：

$$(165+240+412.8)\ t/d=817.8\ t/d$$

(3) 该项目水重复利用率：

$$\frac{817.8}{1\,600+817.8}\times 100\%\approx 33.8\%$$

【例 7-3】 某新建铜冶炼项目采用具有国际先进水平的富氧熔炼工艺和制酸工艺。原料铜精矿含硫 30%，年用量 41×10^4 t。补充燃料煤含硫 0.5%，年用量 1.54×10^4 t。年工作时间 7 500 h。

熔炼炉产生的含 SO_2 冶炼烟气经收尘、洗涤后，进入制酸系统制取硫酸，烟气量为 16×10^4 m^3/h，烟气含硫 100 g/m^3。制酸系统为负压操作，总转化吸收率为 99.7%。制酸尾气排放量为 19.2×10^4 m^3/h，经 80 m 高烟囱排入大气。

原料干燥工序排出的废气经 100 m 高烟囱排入大气，废气排放量为 20×10^4 m^3/h，SO_2 浓度为 800 mg/m^3。

对污酸及酸性废水进行中和处理，年产生的硫酸钙渣（100%干基计）为 8 500 t。年产生的冶炼水淬渣中含硫总量为 425 t。

环境保护行政主管部门要求该工程 SO_2 排放总量控制在 1 500 t/a 以内。SO_2 排放控制执行《大气污染物综合排放标准》，最高允许排放浓度分别为 550 mg/m^3（硫、二氧化硫、硫酸和其他含硫化物使用）和 960 mg/m^3（硫、二氧化硫、硫酸和其他含硫化物生产）；最高允许排放速率：排气筒高 80 m 时为 110 kg/h，排气筒高 90 m 时为 130 kg/h，排气筒高 100 m 时为 170 kg/h。（注：S、O、Ca 的原子量分别为 32、16、40。）

(1) 计算硫的回收利用率；

(2) 计算制酸尾气烟囱的 SO_2 排放速率、排放浓度和原料干燥工序烟囱的 SO_2 排放速率；

(3) 列出硫平衡表；

(4) 简要分析该工程 SO_2 达标排放情况，并根据环境保护行政主管部们要求对存在的问题提出解决措施；

(5) 若原料干燥工序和制酸尾气两排气筒的距离为 160 m，计算其等效排气筒高度与位置，并分析是否达标。

解：(1) 计算硫的回收利用率。

① 本工程使用的原材料和燃料的含硫量：

原料铜精矿的含硫量 $=(41\times 10^4\times 30\%)$ t/a $=$ 123 000 t/a

燃料煤的含硫量＝$(1.54\times10^4\times0.5\%)$ t/a＝77 t/a

本工程使用的原材料和燃料的含硫量＝(123 000＋77)t/a＝123 077 t/a

② 硫的回收量：据“烟气量为 16×10^4 m^3/h，烟气含硫 100 g/m^3。制酸系统为负压操作，总转化吸收率为99.7%”计算可得：

硫的回收量＝$(16\times10^4\times100\times10^{-6}\times99.7\%\times7500)$ t/a＝119 640 t/a

③ 硫的回收利用率＝(119 640÷123 077)×100%＝97.2%

(2)计算制酸尾气烟囱的 SO_2 排放速率、排放浓度和原料干燥工序烟囱的 SO_2 排放速率。

① 制酸尾气烟囱的排放速率、排放浓度：

制酸尾气烟囱的 SO_2 排放速率 $Q_1=[16\times10^4\times100\times10^{-3}\times(1-99.7\%)\times2]$ kg/h＝96 kg/h

制酸尾气烟囱的 SO_2 排放浓度＝$[(96\times10^6)\div(19.2\times10^4)]$ mg/m^3＝500 mg/m^3

② 原料干燥工序烟囱的 SO_2 排放速率 Q_2＝$(20\times10^4\times800\times10^{-6})$ kg/h＝160 kg/h

(3)列出硫平衡表。

① 硫投入：

铜精矿硫投入＝123 000 t/a

燃煤的含硫量投入＝77 t/a

两项合计为 123 077 t/a

② 硫产出：

硫酸含硫量＝119 640 t/a

制酸尾气烟囱排气含硫量＝$[(96\div2)\times10^{-3}\times7\,500]$ t/a＝360 t/a

原料干燥工序烟囱排气含硫量＝$[(160\div2)\times10^{-3}\times7\,500]$ t/a＝600 t/a

硫酸钙渣含硫量＝$\{[32\div(40+32+16\times4)]\times8\,500\}$ t/a≈2 000 t/a

水淬渣含硫量＝425 t/a

五项合计为 123 025 t/a

③ 硫产出与投入的差额为“其他损失”：

其他损失＝(123 077－123 025) t/a＝52 t/a

据上述计算得到硫平衡表，如表7-8所列。

表7-8　硫平衡表

项　目	硫投入/$(t\cdot a^{-1})$	硫产出/$(t\cdot a^{-1})$
铜精矿	123 000	
燃煤	77	
硫酸		119 640
制酸尾气烟囱排气		360
原料干燥工序烟囱排气		600
硫酸钙渣		2 000
水淬渣		425
其他损失		52
合计	123 077	123 077

(4) 简要分析该工程SO_2达标排放情况，并根据环境保护行政主管部们要求对存在的问题提出解决措施。

本工程为铜冶炼，硫、二氧化硫、硫酸和其他含硫化物为铜冶炼中产生并被“使用”，因此，其适用标准类别为：硫、二氧化硫、硫酸和其他含硫化物使用。

① 从上述计算结果可知：制酸尾气烟囱的SO_2排放速率、排放浓度和原料干燥工序烟囱的SO_2排放速率能达到控制标准，原料干燥工序烟囱的SO_2排放浓度超标。

② SO_2实际排放总量：

制酸尾气SO_2排放总量$=(96\times7500\times10^{-3})$ t/a$=720$ t/a

原料干燥工序烟囱的SO_2排放总量$=(160\times7500\times10^{-3})$ t/a$=1\,200$ t/a

两者合计为1 920 t/a>1 500 t/a，大于环保部门下达的总量指标，因此，本项不能满足总量控制的要求。

③ 由于该工程SO_2排放总量超过总量控制指标420 t/a，因此必须削减。基于原料干燥工序烟囱的SO_2排放总量较大(1 200 t/a)，可以对原料干燥工序进行烟气脱硫，脱硫效率需达到35%以上。由此可见，大气污染物达标排放要求排气筒高度、排放速率、排放浓度和排放总量均达标。

(5) 若原料干燥工序和制酸尾气两排气筒的距离L为160 m，计算其等效排气筒高度与位置，并分析是否达标。

① 等效排气筒的高度：

$$h=\sqrt{\frac{h_1^2+h_2^2}{2}}=\sqrt{\frac{80^2+100^2}{2}}\ \text{m}=91\ \text{m}$$

② 等效排气筒位置计算：

等效排气筒的排放速率：$Q_{1+2}=Q_1+Q_2=256$ kg/h

等效排气筒位于制酸尾气和原料干燥工序烟囱排气筒的连接线(160 m)上，若以制酸尾气排气筒为原点，等效排气筒距原点的位置：

$$x=L\times Q_2/\ Q_{1+2}=(160\times160/256)\ \text{m}=100\ \text{m}$$

③ 等效排气筒高度为90 ～ 100 m，可采用内插法计算其允许排放速率Q：

$$Q=Q_a+(Q_{a+1}-Q_a)\times(h-h_a)/(h_{a+1}-h_a)=$$
$$[130+(170-130)\times(91-90)/(100-90)]\ \text{kg/h}=134\ \text{kg/h}$$

式中：Q为某排气筒最高允许排放速率，kg/h；Q_a为比某排气筒低的表列限值中的最大值，kg/h；Q_{a+1}为比某排气筒高的表列限值中的最大值，kg/h；h为某排气筒的几何高度，m；h_a为比某排气筒低的表列高度中的最大值，m；h_{a+1}为比某排气筒高的表列高度中的最大值，m。

等效排气筒的排放速率$Q_{1+2}=256$ kg/h>134 kg/h。因此，不达标。

【例7-4】 某工厂建一台10 t/h蒸发量的燃煤蒸汽锅炉，最大耗煤量1 800 kg/h，引风机风量为20 000 m^3/h，全年用煤量5 000 t，煤的含硫量1.3%，排入气相80%，SO_2的排放标准1 200 mg/m^3。计算达标排放的脱硫效率。

解： 最大SO_2的小时排放浓度为

$$C_{so_2}=\frac{1\,800\times1.3\%\times80\%\times2\times10^6}{20\,000}\text{mg/m}^3=1872\ \text{mg/m}^3$$

达标排放的脱硫率：

$$\frac{1\ 872-1\ 200}{1\ 200}\times 100\%=56\%$$

【例7-5】 2008年，某企业15 m高排气筒颗粒物最高允许排放速率为3.50 kg/h，受条件所限，排气筒高度仅达到7.5 m，计算颗粒物最高允许排放速率。

解：当某排气筒的高度大于或小于《大气污染物综合排放标准》列出的最大或最小值时，以外推法计算其最高允许排放速率。计算公式为

$$Q=Q_c\times(h/h_c)^2 \quad 或 \quad Q=Q_b\times(h/h_b)^2$$

式中：Q为某排气筒最高允许排放速率，kg/h；Q_c为表列排气筒最低高度对应的最高允许排放速率，kg/h；Q_b为表列排气筒最高高度对应的最高允许排放速率，kg/h；h为某排气筒的几何高度，m；h_c为表列排气筒的最低高度，m；h_b为表列排气筒的最高高度，m。则

$$Q=3.50\times(7.5/15)^2\ \text{kg/h}=0.875\ \text{kg/h}\approx 0.88\ \text{kg/h}$$

《大气污染物综合排放标准》规定：当新污染源的排气筒必须低于15 m时，其排放速率标准按外推法计算结果再严格50%执行。因此，本题排放速率为0.44 kg/h。

【例7-6】 某化工企业年产400 t柠檬黄，另外每年从废水中可回收4 t产品，产品的化学成分和所占比例为：铬酸铅（$PbCrO_4$）占54.5%，硫酸铅（$PbSO_4$）占37.5%，氢氧化铝[$Al(OH)_3$]占8%。排放的主要污染物有六价铬及其化合物、铅及其化合物、氮氧化物。已知单位产品消耗的原料为：铅（Pb）621 kg/t，重铬酸钠（$Na_2Cr_2O_7$）260 kg/t，硝酸（HNO_3）440 kg/t。则该厂全年六价铬的排放量为多少吨？（已知各元素的原子量为：Cr = 52，Pb = 207，Na = 23，O = 16）

解：(1) 分别计算铬在产品和原材料的换算值

产品（铬酸铅）铬的换算值 $=\frac{52}{207+52+16\times 4}\times 100\%=\frac{52}{323}\times 100\%=16.1\%$

原材料（重铬酸钠）铬的换算值$=\frac{2\times 52}{23\times 2+52\times 2+16\times 7}\times 100\%=\frac{104}{262}\times 100\%=39.69\%$

(2)每吨产品所消耗的重铬酸钠原料中的六价铬质量为=260 kg×39.69%=103.2 kg

每吨产品中含有六价铬质量=1 000 kg×54.5%×16.1%=87.7 kg

(3)生产每吨产品六价铬的损失量=103.2 kg−87.7 kg=15.5 kg

(4)全年六价铬的损失量=15.5×400 kg= 6 200 kg =6.2 t

(5)回收的产品中六价铬的质量=4 000 kg×54.5%×16.1%=351 kg = 0.351 t

(6)全年六价铬的实际排放量=6.2 t−0.351 t=5.849 t≈5.85 t

【例7-7】 某企业进行锅炉技术改造并增容，现有SO_2排放量是200 t/a（未加脱硫设施），改造后，SO_2产生总量为240 t/a，安装了脱硫设施后SO_2最终排放量为80 t/a，则每年"以新带老"削减量为多少吨？

解：第一本账（改扩建前排放量）：200 t/a。

第二本账（扩建项目最终排放量）：技改后增加部分为240 t/a−200 t/a=40 t/a，处理效率为[(240−80)/240]×100%=66.7%，技改新增部分排放量为40 t/a×(1−66.7%)=13.32 t/a；

"以新带老"削减量：200 t/a×66.7%=133.4 t/a。

第三本账（技改工程完成后排放量）：80 t/a。

思考题

1. 某公司拟新建 1.0×10^6 t/a 的焦化项目(含 1.8×10^6 t/a 洗煤)。该项目洗煤采用重介质分选(产品为精煤、中煤和矸石)、煤泥浮选及尾煤压滤回收工艺。焦化备煤采用先配煤后破碎工艺,配煤含硫 0.6%。炼焦采用炭化室高 7.63 m,1×60 孔顶装煤焦炉。年产焦炭 9.5×10^5 t(干),吨焦耗煤 1.33 t,煤气产率 320 m^3/t(煤),焦炭含硫 0.56%。采用干法熄焦,同时配置湿熄焦系统。配套建设一套 20 MW 凝气式汽轮余热发电机组。

焦化生产工艺及排污节点示意图如下:

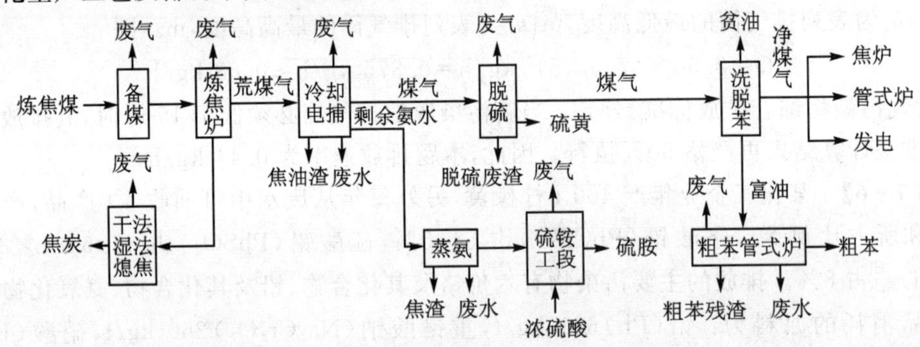

焦化废水采用 A^2/O^2 工艺。脱硫工序可将煤气中的硫化氢脱至 200 mg/m^3。经洗脱苯工序净化后的煤气除用于焦炉和管式炉外,剩余煤气用于发电。洗脱苯工序产粗苯 1.3×10^4 t/a。设粗苯储罐两座,每罐储存量为 684 t。试回答下列问题:

(1) 给出该项目洗煤废水和固体废物的处理处置要求;

(2) 列出该项目产生的危险废物;给出该项目焦化生产涉及的风险物质;

(3) 列出该项目炼焦炉的大气特征污染物;

(4) 计算进入洗脱苯工序煤气中的硫含量;

(5) 说明该工程竣工环境保护验收应调查的内容。

2. 某坑口火电厂扩建现有 2×135 MW 燃煤发电机组,燃煤含硫 0.8 %,配备电除尘器,未配脱硫设施,烟囱高度 120 m,生产用水取自自备井。燃煤由皮带输送机运输到厂内露天煤场,煤场未设置抑尘设施,电场采用水力除灰,灰场设在煤矿沉陷区,灰水处理后排入距厂区 1.5 km 的纳河。

拟在现有厂区预留工业用地内建设 2×600 MW 超临界凝气式发电机组,采用五电场静电除尘器,石灰石-石膏湿法脱硫,低碳燃煤技术,烟囱高度为 240 m,燃煤来源和成分与现有机组相同,扩建工程燃煤量为 480 t/h,每吨煤燃烧产生烟气量为 6 500 m^3,新建机组供水水源为纳河。

灰渣属一般工业固体废物 II 类,新建干灰场位于电场西北方向 25 km,灰场长 1.2 km,宽 0.25 km,为山谷型灰场。灰场所在的沟谷长 5 km,两侧为荒坡,地势为西北高东南低,水文地质调查表明岩土的渗透系数大于 1.0×10^{-5} cm/s。该地区主导风向为 ENE,不属于酸雨控制区和二氧化硫污染控制区,环境功能区为二类。试回答下列问题:

(1) 列出现有工程应采取的"以新带老"环保措施;指出该项目在水资源使用方面应优先利用的水源。

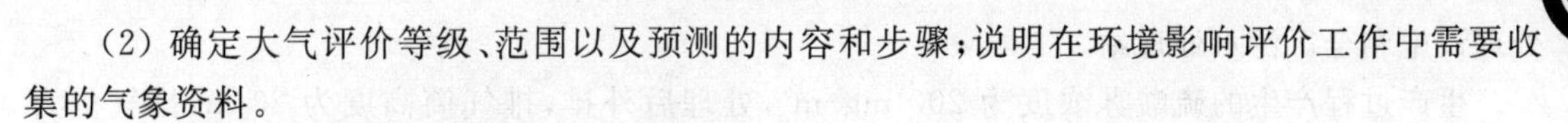

(2) 确定大气评价等级、范围以及预测的内容和步骤；说明在环境影响评价工作中需要收集的气象资料。

(3) 确定该项目二氧化硫控制总量来源。

(4) 分析现有灰场存在哪些环境问题？如何改进？提出防止新建灰场对地下水污染的防治措施及地下水监测布点要求；分析灰场与环境保护要求的相符性。

(5) 煤炭堆场可采取的环境保护措施有哪些？

3. 某拟建化工项目位于城市规划的工业区。拟建厂址东、南厂界附近各有一上千人口的村庄。经工程分析，拟建项目正常工况废水量及主要污染物见下表（项目拟建污水处理场，废水经处理后排入水体功能为Ⅲ类的河流）：

序　号	污染源名称	废水量/ $(t\cdot d^{-1})$	pH	污染物浓度/ $(mg\cdot L^{-1})$						
				COD	醋酸	醋酸甲酯	甲醇	Co	Mn	石油类
W_1+W_2	生产工艺废水	900		3 000	700	100	200	<3	<1	
W_3	焚烧炉淋洗塔排水	240		220						
W_4	锅炉及热煤炉排水	80	6～9	20						
W_5	纯水厂排水	330	1～14	20						
W_6	罐区污水	30		100～300						50～100
W_7	生活污水	10		300						
W_8	初期雨水	150 t/次		200						
W_9	循环水系统排水	3 630		<60						

拟焚烧的固体废物产生情况如下：

序　号	产生部位	产生量/ $(t\cdot a^{-1})$	组　成	性　质
1	烛芯过滤和催化剂回收残渣	12 560	Co：705 mg/kg；醋酸：1%；有机物：68%	含有机物、重金属，属危险废物
2	污水厂压滤脱水后污泥	700	含水<85%	工业废水污泥，属危险废物

试回答下列问题：

(1) 指出哪几部分废水可作为清净下水外排；计算必须进入污水处理厂处理的废水量和污水处理厂的进水 COD 浓度。

(2) 按 GB 8978—1996《污水综合排放标准》要求，COD 的一级排放标准限值为 100 mg/L，二级排放标准限值为 150 mg/L。拟将废水处理后排往河流，试确定对污水处理场 COD 去除率的要求。

(3) 对该焚烧炉的环境影响评价至少应包括哪些方面？为评价焚烧炉对附近村庄的影响，应调查哪些基本情况？

(4) 该项目环境影响评价公众参与应向公众公示哪些主要信息？指出该项目的环境保护目标。

4. 拟建年产电子元件 144 万件的电子元件厂。该厂年生产 300 d，每天工作 1 班，每班 8 h。各车间的厂房高 12 m，废气处理装置的排气筒均设置在厂房外侧，配套建设车间废水预

处理设施和全厂污水处理站。

生产过程产生的硫酸雾浓度为 200 mg/m³,处理后外排,排气筒高度为 20 m,排气量为 30 000 m³/h,排气浓度为 45 mg/m³。喷涂和烘干车间的单件产品二甲苯产生量为 5 g,产生的含二甲苯废气经吸收过滤后外排,净化效率为 80%,排气量为 9 375 m³/h,排气筒高 15 m。

各车间生产废水均经预处理后送该厂污水处理站,污水处理站出水达标后排入厂南 1 000 m处的一小河。各车间废水预处理设施、污水处理站的出水水质见下表:

项　目		废水量/($m^3 \cdot h^{-1}$)	COD/($mg \cdot L^{-1}$)	磷酸盐/($mg \cdot L^{-1}$)	总镍/($mg \cdot L^{-1}$)	六价铬/($mg \cdot L^{-1}$)	pH 值
生产车间预处理	阳极氧化废水	70	200	30.0	0.2	0.1	9.0
	化学镀镍废水	6	450	30.0	4.0	0.2	7.0
	涂装废水	1	0	6.0	2.0	20.0	3.0
	电镀废水	3	70	10.0	0.9	2.0	3.0
污水处理站		80	≤60	≤0.5	≤0.5	≤0.1	7.7
《污水综合排放标准》限值			100	0.5	1.0	0.5	6～9

试回答下列问题:

(1) 计算并分析该厂二甲苯的排放是否符合《大气污染物综合排放标准》的要求。

(2) 指出该厂废水处理方案中存在的问题。

(3) 进行水环境影响评价时,需要哪些方面的现状资料?

(4) 列出环境空气现状评价应监测的项目。

5. 某电厂监测烟气流量为 200 m³/h,烟气进治理设施前烟尘浓度为 1 200 mg/m³,排放浓度为 200 mg/m³,年运转 300 d,每天 20 h;年用煤量为 300 t,煤含硫率为 1.2 %,无脱硫设施。试计算该电厂烟尘去除量、烟尘排放量和二氧化硫排放量。

6. 某企业车间的水平衡图如下,计算该车间的重复水利用率。

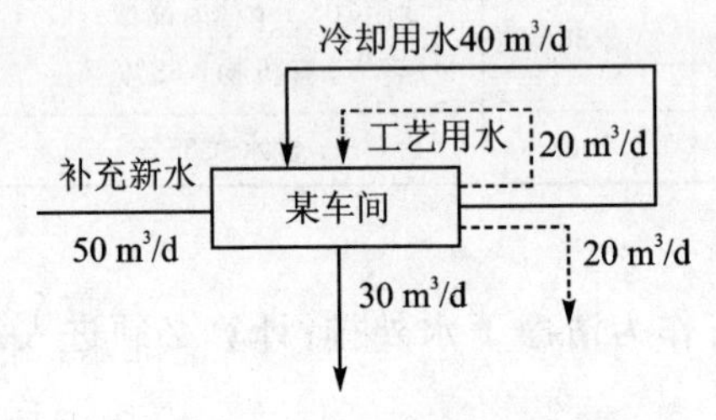

参考文献

[1] 中华人民共和国环境保护部. HJ 2.1—2011 环境影响评价技术导则 总纲[S]. 北京：中国环境科学出版社，2011.

[2] 中华人民共和国环境保护部. HJ 2.2—2008 环境影响评价技术导则 大气环境[S]. 北京：中国环境科学出版社，2008.

[3] 中华人民共和国环境保护部. HJ/T 2.3—93 环境影响评价技术导则 水环境[S]. 北京：中国环境科学出版社，1993.

[4] 中华人民共和国环境保护部. HJ 610—2011 环境影响评价技术导则 地下水环境[S]. 北京：中国环境科学出版社，2011.

[5] 中华人民共和国环境保护部. HJ 19—2011 环境影响评价技术导则 生态影响[S]. 北京：中国环境科学出版社，2011.

[6] 中华人民共和国环境保护部. HJ/T 131—2003 开发区区域环境影响评价技术导则[S]. 北京：中国环境科学出版社，2003.

[7] 中华人民共和国环境保护部. HJ/T 130—2014 规划环境影响评价技术导则 总纲 [S]. 北京：中国环境科学出版社，2014.

[8] 中华人民共和国环境保护部. HJ/T 169—2004 建设项目环境风险评价技术导则[S]. 北京：中国环境科学出版社，2004.

[9] 中华人民共和国环境保护部. HJ/T 394—2007 建设项目竣工环境保护验收技术规范 生态影响类[S]. 北京：中国环境科学出版社，2007.

[10] 中华人民共和国环境保护部. HJ 616—2011 建设项目环境影响技术评估导则[S]. 北京：中国环境科学出版社，2011.

[11] 何新春. 环境影响评价案例分析基础过关 50 题[M]. 北京：中国环境科学出版社，2012.

[12] 环境保护部环境工程评估中心. 环境影响评价案例分析[M]. 北京：中国环境科学出版社，2012.

[13] 徐颂. 环境影响评价技术方法基础过关 800 题[M]. 北京：中国环境科学出版社，2012.

[14] 贾生元. 环境影响评价案例分析试题解析[M]. 北京:中国环境科学出版社，2014.

[15] 汪劲. 中外环境影响评价制度比较研究——环境与开发决策的正当法律程序[M]. 北京：北京大学出版社，2006.